Gert Roepstorff

**Pfadintegrale in der Quantenphysik**

**Aus dem Programm Physik**

**Berkeley Physik Kurs,** Bände 1–6

**Atome, Moleküle, Festkörper**
von A. Beiser

**Wärmetheorie**
von G. Adam und O. Hittmair

**Phasenübergänge und kritische Phänomene**
von W. Gebhard und U. Krey

**Probability and Heat**
Fundamentals of Thermostatistics
von F. Schlögl

**Einführung in die Grundlagen der Theoretischen Physik**
Bände 1–4
von G. Ludwig

**Phänomene und Konzepte der Elementarteilchenphysik**
von O. Nachtmann

**Photonen**
von H. Paul

**Die Debatte um die Quantentheorie**
von F. Selleri

**Symmetrie und Symmetriebrechung in der Physik**
von H. Genz und R. Decker

Vieweg

Gert Roepstorff

# Pfadintegrale in der Quantenphysik

2., durchgesehene Auflage

**Anschrift des Autors:**
Prof. Dr. Gert Roepstorff
Institut für Theoretische Physik
RWTH Aachen
Sommerfeldstr.
5100 Aachen

1. Auflage 1991
2., durchgesehene Auflage 1992

Alle Rechte vorbehalten
© Friedr. Vieweg & Sohn Verlagsgesellschaft mbH, Braunschweig/Wiesbaden, 1992

Der Verlag Vieweg ist ein Unternehmen der Verlagsgruppe Bertelsmann International.

Das Werk einschließlich aller seiner Teile ist urheberrechtlich geschützt. Jede Verwertung außerhalb der engen Grenzen des Urheberrechtsgesetzes ist ohne Zustimmung des Verlags unzulässig und strafbar. Das gilt insbesondere für Vervielfältigungen, Übersetzungen, Mikroverfilmungen und die Einspeicherung und Verarbeitung in elektronischen Systemen.

Druck und buchbinderische Verarbeitung: Lengericher Handelsdruckerei, Lengerich
Gedruckt auf säurefreiem Papier
Printed in the Federal Republic of Germany

ISBN 3-528-16394-1

# Vorwort

Das vorliegende Buch ist aus einführenden Vorlesungen entstanden, die ich wiederholt für Hörer nach dem sechsten Fachsemester Physik an der RWTH Aachen hielt. Die Vorträge und die sie begleitenden Skripten waren als Wegführer durch die Welt der Pfadintegrale gedacht, sie sollten modernes Gedankengut erschließen helfen und verließen bewußt die ausgetretenen Pfade der Quantenphysik, typisch für einen großen Teil der Lehrbuchliteratur, in der die Operatortheorie dominiert. Stattdessen sollte der stochastische Aspekt hervorgehoben und die Idee der Zufallspfade in den Vordergrund gestellt werden. Dieses Ziel verfolgt nun auch das gedruckte Werk, das seine Entstehung dem vereinten freundlichen Zuspruch der Studenten, der Kollegen und des Verlages verdankt.

Die moderne Betrachtungsweise, die Quantenmechanik und Quantenfeldtheorie gleichermaßen erfaßt und revolutioniert hat, fußt ganz wesentlich auf den Ideen von R.Feynman. Sie hat schließlich so glänzende Verfechter wie M.Kac, E.Nelson und B.Simon gefunden, die den mathematischen Ausbau besorgten, dabei die besondere Rolle der Brownschen Bewegung betonten und das Werkzeug des Wiener-Prozesses mit Erfolg anwandten. Von hier führte ein gerader Weg zur stochastischen Interpretation euklidischer Felder, deren Bedeutung zuvor von J.Schwinger und K.Symanzik erkannt worden war, und damit auch zur konstruktiven Feldtheorie, um die sich in der Folge viele hervorragende Köpfe verdient gemacht haben. Unstrittig ist, daß die gegenwärtigen Bestrebungen (und Teilerfolge), über eine Gitterformulierung der Eichtheorien wesentliche Züge des Mikrokosmos zu erfassen, ohne diese mühevolle Strukturanalyse undenkbar sind. Die Notwendigkeit, in allgemeinen Kategorien zu denken, wird auch in Zukunft bestehen bleiben: Sie sind der Boden, auf dem wir stehen werden, wenn dermaleinst zuverlässige numerische Rechnungen mit unseren Beobachtungen im Einklang sind.

Ansichten und Denkweisen, die sich in diesem Buch niederschlagen, wurden durch zahlreiche Gespräche mit befreundeten Kollegen geprägt. Ihnen allen bin ich Respekt und Dank schuldig. Auch bin ich mir bewußt, daß ich diese Schuld nicht abtragen kann, indem ich meine Freunde namentlich erwähne.

Aachen, im Oktober 1990                                               Gert Roepstorff

# Inhaltsverzeichnis

1 **Die Brownsche Bewegung** — **1**
  1.1 Die eindimensionale Zufallsbewegung . . . . . . . . . . . . . . . . . 1
  1.2 Die d-dimensionale Irrfahrt . . . . . . . . . . . . . . . . . . . . 6
  1.3 Erzeugende Funktionen . . . . . . . . . . . . . . . . . . . . . 9
  1.4 Der Kontinuumslimes . . . . . . . . . . . . . . . . . . . . . . 12
  1.5 Imaginäre Zeit . . . . . . . . . . . . . . . . . . . . . . . . . . 13
  1.6 Der Wiener-Prozeß . . . . . . . . . . . . . . . . . . . . . . . . 17
      1.6.1 Die Analysis zufälliger Pfade . . . . . . . . . . . . . . . 17
      1.6.2 Mehrdimensionale Gaußsche Integrale . . . . . . . . . . . 20
      1.6.3 Unabhängige Zuwächse . . . . . . . . . . . . . . . . . . 21
  1.7 Erwartungswerte . . . . . . . . . . . . . . . . . . . . . . . . . 22
  1.8 Der Ornstein-Uhlenbeck-Prozeß . . . . . . . . . . . . . . . . . 25

2 **Die Feynman-Kac-Formel** — **31**
  2.1 Das bedingte Wiener-Maß . . . . . . . . . . . . . . . . . . . . 31
  2.2 Approximation durch äquidistante Zeiten . . . . . . . . . . . . 35
  2.3 Die Trotter-Produktformel . . . . . . . . . . . . . . . . . . . . 37
  2.4 Die Brownsche Röhre . . . . . . . . . . . . . . . . . . . . . . . 41
  2.5 Die Golden-Thompson-Symanzik-Schranke . . . . . . . . . . . 44
  2.6 Der mit einem Energie-Operator verknüpfte Prozeß . . . . . . . 47
  2.7 Der thermodynamische Formalismus . . . . . . . . . . . . . . . 52
  2.8 Von den Spinsystemen zur Mehlerschen Formel . . . . . . . . . 55
  2.9 Das Reflexionsprinzip . . . . . . . . . . . . . . . . . . . . . . . 58

3 **Die Brownsche Brücke** — **61**
  3.1 Die kanonische Zerlegung eines Pfades . . . . . . . . . . . . . . 61
  3.2 Schranken für die Übergangsamplitude . . . . . . . . . . . . . . 65
  3.3 Variationsprinzipien . . . . . . . . . . . . . . . . . . . . . . . . 70

4 **Die Fourier-Zerlegung** — **75**
  4.1 Die Fourier-Koeffizienten . . . . . . . . . . . . . . . . . . . . . 75
  4.2 Korrekturen zur semiklassischen Näherung . . . . . . . . . . . 77
  4.3 Gekoppelte Systeme . . . . . . . . . . . . . . . . . . . . . . . . 81
  4.4 Der getriebene harmonische Oszillator . . . . . . . . . . . . . . 84
  4.5 Oszillierende elektrische Felder . . . . . . . . . . . . . . . . . . 87

## 5 Lineare Kopplung von Bosonen — 91
- 5.1 Pfadintegrale für Bosonen .................. 91
- 5.2 Schranken für die freie Energie ............... 95
- 5.3 Das Polaron-Problem...................... 97
- 5.4 Die Feldtheorie des Polaron-Modells ............ 105

## 6 Magnetische Felder — 109
- 6.1 Heuristische Betrachtungen .................. 109
- 6.2 Itô-Integrale........................... 111
- 6.3 Die semiklassische Näherung ................. 115
- 6.4 Das konstante Magnetfeld................... 116
- 6.5 Landauscher Diamagnetismus ................. 119
- 6.6 Magnetische Flußlinien..................... 121

## 7 Euklidische Feldtheorie — 127
- 7.1 Was ist ein euklidisches Feld? ................. 127
- 7.2 Die euklidische Zweipunktfunktion .............. 129
- 7.3 Das freie euklidische Skalarfeld ................ 133
  - 7.3.1 Die $n$-Punktfunktionen ............... 133
  - 7.3.2 Die stochastische Interpretation........... 135
- 7.4 Gaußsche Funktionalintegrale ................. 137
- 7.5 Grundforderungen an eine euklidische Feldtheorie .... 141

## 8 Feldtheorie auf dem Gitter — 149
- 8.1 Die Gitterversion des Skalarfeldes............... 149
- 8.2 Der euklidische Propagator auf dem Gitter ......... 151
  - 8.2.1 Darstellung durch Fourier-Zerlegung ........ 151
  - 8.2.2 Darstellung durch Zufallswege auf dem Gitter .. 156
- 8.3 Das Variationsprinzip ..................... 158
  - 8.3.1 Modelle mit diskretem Phasenraum......... 158
  - 8.3.2 Modelle mit kontinuierlichem Phasenraum .... 161
- 8.4 Die effektive Wirkung ..................... 166
- 8.5 Das effektive Potential..................... 171
- 8.6 Die Ginsburg-Landau-Gleichungen .............. 174
- 8.7 Die Molekularfeldnäherung .................. 177
- 8.8 Gaußsche Approximation ................... 182

## 9 Quantisierung der Eichtheorien — 185
- 9.1 Die euklidische Version der Maxwell-Theorie........ 185
  - 9.1.1 Die klassische Situation ($\hbar = 0$) .......... 185
  - 9.1.2 Die allgemeine Situation ($\hbar > 0$) .......... 190
- 9.2 Nicht-abelsche Eichtheorien .................. 191
  - 9.2.1 Einige Vorbetrachtungen............... 192
  - 9.2.2 Die Faddeev-Popov-Theorie ............. 194
- 9.3 Eichtheorien auf dem Gitter .................. 200

9.4 Die Kunst der Schleifen (Wilson Loops) . . . . . . . . . . . . . . . 204
9.5 Das $SU(n)$-Higgs-Modell . . . . . . . . . . . . . . . . . . . . . . . 209

**10 Fermionen**         **213**
10.1 Das Dirac-Feld auf dem Minkowski-Raum . . . . . . . . . . . . . 213
10.2 Das euklidische Dirac-Feld . . . . . . . . . . . . . . . . . . . . . . 215
10.3 Grassmann-Algebren . . . . . . . . . . . . . . . . . . . . . . . . . 219
10.4 Formale Ableitungen . . . . . . . . . . . . . . . . . . . . . . . . . 223
10.5 Formale Integration . . . . . . . . . . . . . . . . . . . . . . . . . 225
    10.5.1 Integrale über $A(E)$ . . . . . . . . . . . . . . . . . . . . 225
    10.5.2 Integrale über $A(E \oplus F)$ . . . . . . . . . . . . . . . . . 227
    10.5.3 Integrale vom Exponentialtyp . . . . . . . . . . . . . . . 228
    10.5.4 Die Fourier-Laplace-Transformation . . . . . . . . . . . 229
10.6 Funktionalintegrale der QED . . . . . . . . . . . . . . . . . . . . 231
10.7 Die $SU(n)$-Gittereichtheorie mit Fermionen . . . . . . . . . . . . 233

**Anhang A: Symbolverzeichnis und Glossar**     **237**

**Anhang B: Häufig benutzte Gauß-Prozesse**     **245**

**Anhang C: Die Ungleichung von Jensen**     **249**

**Bibliographie**     **251**

**Stichwortverzeichnis**     **261**

# Kapitel 1

# Die Brownsche Bewegung

> *The main advantages of a discrete approach are pedagogical, inasmuch as one is able to circumvent various conceptual difficulties inherent to the continuous approach. It is also not without a purely scientific interest.*
> — Marc Kac

Der Ursprung der Physik wird allgemein in jenem Gebiet gesehen, das sich mit der *Beschreibung* von Bewegung befaßt: Oft hatte bei der Analyse von Naturvorgängen die Frage nach dem *Wie* Vorrang vor der Frage nach dem *Warum*. Zufallsbewegungen von mikroskopischen Teilchen in einer Flüssigkeit, wie sie zum erstenmal von dem britischen Botaniker R.Brown 1827 beobachtet wurden, gaben Anlaß zur Entwicklung einer mathematischen Disziplin, der *Theorie der Brownschen Bewegung*, mit ungeahnter Tragweite für die gesamte Physik. Die heutigen Anwendungen reichen von der Astronomie bis zur Physik der Elementarteilchen. Andererseits paßt das entwickelte Konzept nicht, weder in Teilen noch als Ganzes, in das traditionelle Begriffssystem der Mechanik, die — einem Wort A.Sommerfelds zufolge — das „Rückgrat der mathematischen Physik" darstellt.

Die scheinbar regellose Bewegung, folgt sie auch keinem deterministischen Entwicklungsgesetz, geschieht dennoch nicht ohne die Einhaltung gewisser Spielregeln. Als erster hat A.Einstein die Bedeutung dieser Spielregeln erkannt und aus ihnen physikalische Gesetze abgeleitet. Durch seine bahnbrechenden Arbeiten [54] hat die Brownsche Bewegung schließlich Bürgerrecht innerhalb der Physik erworben.

## 1.1 Die eindimensionale Zufallsbewegung

Um die grundlegenden Ideen kennenzulernen, begnügen wir uns mit der Analyse der einfachsten Situation. Wir denken hierbei an ein Teilchen, das sich entlang der x-Achse bewegt, so daß es in der Zeiteinheit $\tau$ einen Schritt nach rechts oder nach links macht mit der Schrittweite $h$. In unserem Modell sind also sowohl der Raum als auch die Zeit diskret (diskontinuierlich). Darüberhinaus ist der Raum quasi-eindimensional, nämlich durch eine Folge von äquidistanten Punkten ersetzt.

Wirkt kein äußerer Einfluß, der *rechts* vor *links* bevorzugt, so sind die Wahrscheinlichkeiten für den Rechtsschritt und den Linksschritt einander gleich, also gleich $\frac{1}{2}$, und damit ist allgemein die Wahrscheinlichkeit für den Übergang vom Platz $x = jh$ zum Platz $x = ih$ während der Zeit $t = \tau$ durch die Funktion

$$P(ih - jh, \tau) = \begin{cases} \frac{1}{2} & |i - j| = 1 \\ 0 & \text{sonst} \end{cases} \qquad (i, j \in \mathbb{Z}) \tag{1.1}$$

beschrieben. Es handelt sich hier, wollen wir dem üblichen Sprachgebrauch folgen, um einen stochastischen Prozeß, genauer, um eine *Markoff-Kette* mit abzählbar vielen Zuständen. Der Prozeß ist

1. *homogen:* $P$ hängt nur von der Differenz $i - j$ ab.

2. *isotrop:* $P$ hängt nicht von der Richtung im Raum ab, d.h. $P$ ist invariant gegenüber der Ersetzung $(i, j) \to (-i, -j)$.

Allgemein kann man eine Markoff-Kette durch ein Paar $(P, p)$ charakterisieren, wobei $P = (P_{ij})$ die *Übergangsmatrix* und $p = (p_i)$ die *Anfangsverteilung* beschreibt: $p_i$ ist die Wahrscheinlichkeit, das Teilchen zur Zeit $t = 0$ im Zustand $i$ zu finden. Es gilt immer $0 \leq p_i \leq 1$, $\sum_i p_i = 1$, $0 \leq P_{ij} \leq 1$ und $\sum_i P_{ij} = 1$. In unserer Situation ist der Zustand $i$ mit dem Aufenthalt im Punkt $x = ih$ gleichzusetzen, und die Matrix $P$ hat die Komponenten

$$P_{ij} = P(ih - jh, \tau). \tag{1.2}$$

Diese Matrix ist beidseitig unendlich: $-\infty < i, j < \infty$. Nach Verstreichen der Zeit $n\tau$ ($n \in \mathbb{N}$) errechnen wir die neuen Übergangswahrscheinlichkeiten als

$$P(ih - jh, n\tau) = (P^n)_{ij}, \tag{1.3}$$

wobei $P^n = P \cdot P \cdots P$ ($n$ Faktoren) das $n$-fache Matrixprodukt bezeichnet. Ist die Position des Teilchens zur Zeit $t = 0$ mit Sicherheit bekannt, etwa $x = 0$, so gilt $p_i = 0$ für $i \neq 0$ und $p_0 = 1$. Nach Verstreichen der Zeit $n\tau \geq 0$ entsteht daraus die Verteilung $P^n p$. Mit anderen Worten, $P^n$ ist der Evolutionsoperator des Systems, und die Zeit ist grundsätzlich nur positiver Werte fähig.

Die Operatoren

$$R = \begin{pmatrix} \ddots & & & & 0 \\ 1 & 0 & & & \\ & \ddots & \ddots & & \\ & & 1 & 0 & \\ 0 & & & \ddots & \ddots \end{pmatrix} \qquad L = \begin{pmatrix} \ddots & \ddots & & & 0 \\ & 0 & 1 & & \\ & & \ddots & \ddots & \\ & & & 0 & 1 \\ 0 & & & & \ddots \end{pmatrix}$$

verschieben das Teilchen nach rechts bzw. nach links um die vorgegebene Schrittweite $h$. Es gilt $L = R^{-1}$, insbesondere also $RL = LR$. Die unserem Modell zugrunde liegende Übergangsmatrix $P$ läßt sich nun so darstellen:

$$P = \tfrac{1}{2}(R + L). \tag{1.4}$$

Eine unmittelbare Folge davon ist

$$P^n = \frac{1}{2^n} \sum_{k=0}^{n} \binom{n}{k} R^k L^{n-k} , \qquad (1.5)$$

und wir erhalten somit die Übergangswahrscheinlichkeiten nach $n$ Zeitschritten als

$$P(ih - jh, n\tau) = \frac{1}{2^n} \binom{n}{k} \qquad i - j = k - (n - k). \qquad (1.6)$$

Es ist leicht zu sehen, daß die Rekursionsformel

$$\binom{n+1}{k} = \binom{n}{k} + \binom{n}{k-1}$$

für die Binomialkoeffizienten (Pascalsches Dreieck!) mit der Differenzengleichung

$$P(x, t + \tau) = \tfrac{1}{2} P(x + h, t) + \tfrac{1}{2} P(x - h, t) \qquad (1.7)$$

identisch ist, wobei wir $x = (i - j)h$ und $t = n\tau$ gesetzt haben. Die Gleichung (1.7) kann wie folgt umgeschrieben werden:

$$\frac{P(x, t + \tau) - P(x, t)}{\tau} = \frac{h^2}{2\tau} \frac{P(x + h, t) - 2P(x, t) + P(x - h, t)}{h^2}. \qquad (1.8)$$

Auch dies ist eine Differenzengleichung, die aber schon die Nähe zu einer Differentialgleichung erkennen läßt. Entsprechend unserer Auffassung sind nämlich sowohl $h$ als auch $\tau$ *mikroskopische* Größen. Eine *makroskopische* Beschreibung der Zufallsbewegung erzielen wir durch den Grenzübergang $h \to 0$, $\tau \to 0$, wobei die *Diffusionskonstante*

$$D = \frac{h^2}{2\tau}$$

konstant gehalten wird. In diesem Limes werden $x$ und $t$ zu kontinuierlichen Variablen: $x \in \mathbb{R}$, $t \in \mathbb{R}_+$. Die Gleichung (1.8) geht in die (eindimensionale) *Diffusionsgleichung* über[1]:

$$\frac{\partial}{\partial t} P(x, t) = D \frac{\partial^2}{\partial x^2} P(x, t). \qquad (1.9)$$

Das Ergebnis einer Simulation der eindimensionalen Irrfahrt mit zwei verschiedenen Diffusionskonstanten auf dem Computer zeigt die Abbildung 1.1.

Die Gleichung (1.9) und ihre mehrdimensionalen Varianten sind die Basis der Einsteinschen Theorie der Brownschen Bewegung. Die Art des Grenzüberganges läßt erkennen: Die instantane Geschwindigkeit, nämlich der Quotient $h/\tau$, besitzt keinen Limes. Vielmehr strebt der Quotient über alle Werte. Dieses Verhalten ist

---

[1] Bei dem Übergang zum Kontinuum muß die Funktion $P(x, t)$ mit Hilfe eines zusätzlichen Faktors $h$ umnormiert werden, der berücksichtigt, daß $\sum_i P_{ij} = 1$ in die Bedingung $\int dx\, P(x, t) = 1$ übergeht.

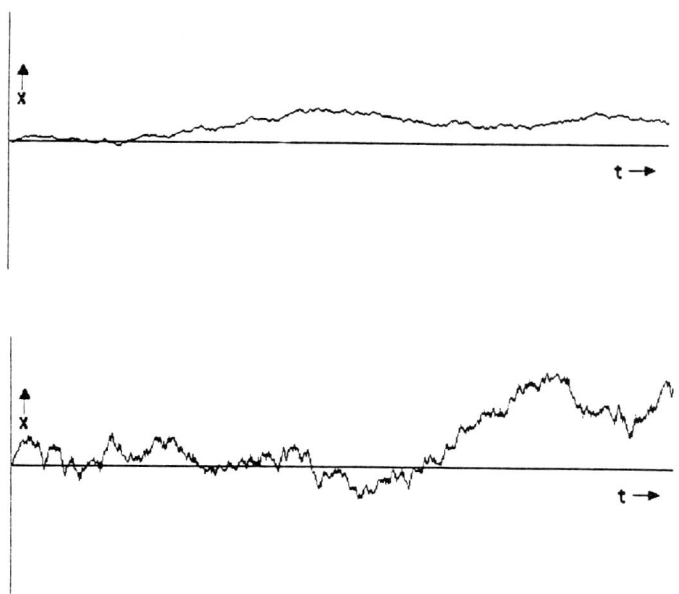

*Abb. 1.1: Pfade eines irrfahrenden Teilchens in einer Raumdimension für $D = \frac{1}{2}$ (oberes Bild) und $D = 10$ (unteres Bild). Für die Computer-Simulation wurden Raum und Zeit diskretisiert und jeweils 500 Zeitschritte gewählt.*

dafür verantwortlich, daß man dem Brownschen Teilchen keine Geschwindigkeit zuordnen kann. Mathematisch gesehen bedeutet dies, daß die Pfade der Brownschen Bewegung nichtdifferenzierbare Funktionen der Zeit sind.

Eine bedeutende Leistung von Einstein war die Ableitung der Beziehung $D = k_B T/f$. Hier bezeichnen $k_B$ die Boltzmann-Konstante, $T$ die Temperatur und $f$ die Reibungskonstante. Durch die Beziehung gelang es, die Diffusionskonstante $D$ auf makroskopische Größen zurückzuführen. Zu diesem Zweck benutzte Einstein die Formel von Stokes: $f = 6\pi a \eta$ ($a$=Radius der kugelförmig gedachten Teilchen, $\eta$=Koeffizient der Viskosität). Gerechtfertigt ist ein solcher Ansatz, wenn die mittlere freie Weglänge der umgebenden Moleküle klein gegenüber $a$ ist. Denn in diesen Fall wirkt das umgebende Medium wie ein Kontinuum, so daß die Resultate der Hydrodynamik anwendbar sind. Insbesondere ist $f$ dann unabhängig von dem Druck des Gases bzw. der Flüssigkeit. Einsteins Vorschrift zur Bestimmung von $D$ benutzte die Beziehung $\langle x^2 \rangle = 2Dt$ für die mittlere quadratische Abweichung. Verknüpft man weiter $D$ mit $f$, so stellt der Zusammenhang die erste bekannt gewordene Version des Fluktuations-Dissipations-Theorems der statistischen Physik dar: Eine Fluktuation (die mittlere quadratische Abweichung) steht in Relation zu einer dissipativen Größe (der Reibungskonstanten). Durch Experimente an Brownschen Teilchen kann wegen $k_B = R/N$ die Avogadro-Zahl $N$ bestimmt werden. Die hierfür erforderlichen Experimente wurden von Perrin mit dem Ziel ausgeführt, die Realität der Atome nachzuweisen.

**Die Diffusionsgleichung ist formal identisch mit der Wärmeleitungsgleichung.**

## 1.1. Die eindimensionale Zufallsbewegung

Der Unterschied liegt lediglich in der Interpretation der Funktion $P(x,t)$ und der Konstanten $D$. Ergebnisse, die bei der Diskussion der Wärmeleitung erzielt wurden, lassen sich somit übertragen. So kennt man etwa die Lösung

$$P_0(x,t) = \frac{1}{2\sqrt{\pi Dt}} \exp\left\{-\frac{x^2}{4Dt}\right\} \qquad (t>0) \qquad (1.10)$$

des Anfangswertproblems $P_0(x,0) = \delta(x)$ (das Brownsche Teilchen startet im Ursprung). Das klassische Theorem von Laplace-De Moivre (Konvergenz der Binomialverteilung gegen die Gauß-Verteilung) sorgt dafür, daß im Kontinuumslimes ($h, \tau \to 0, n \to \infty, h^2/(2\tau) \to D, n\tau \to t$) die Gauß-Funktion $P_0$ an die Stelle der Übergangswahrscheinlichkeit $P$ tritt:

$$\lim \sum_{x_1 < ih < x_2} P(ih, n\tau) = \frac{1}{2\sqrt{\pi Dt}} \int_{x_1}^{x_2} dx \exp\left\{-\frac{x^2}{4Dt}\right\} . \qquad (1.11)$$

Dies ist, historisch gesehen, der erste bekannt gewordene Fall eines *Grenzwertsatzes* der Wahrscheinlichkeitstheorie. Das Integral

$$W(A,t) = \int_A dx\, P_0(x,t) \qquad (1.12)$$

stellt die Wahrscheinlichkeit dar, daß sich das Teilchen zur Zeit $t$ im Gebiet $A \subset \mathbb{R}$ aufhält, falls es zur Zeit $t=0$ im Ursprung startete. Die Normierung $\int dx\, P_0(x,t) = 1$, zu irgendeiner Zeit vorgenommen, erweist sich als zeitunabhängig und sorgt dafür, daß $0 \leq W(A,t) \leq 1$ für alle $t \geq 0$ gilt.

An die Stelle der trivialen Matrixidentität $P^n P^m = P^{n+m}$ tritt, bei dem Übergang zum Kontinuum, die *Chapman-Kolmogoroff-Gleichung*

$$\int dx'\, P_0(x-x',t) P_0(x'-x'',t') = P_0(x-x'',t+t'). \qquad (1.13)$$

Sie drückt eine Halbgruppen-Eigenschaft des Integralkerns $P_0$ aus und tritt immer dann auf, wenn das irrfahrende Teilchen kein Gedächtnis hat. Die Gleichung (1.13) ist ferner Ausdruck der zeitlichen Homogenität des stochastischen Prozesses [33].

Für die eindimensionale Irrfahrt setzten wir von Beginn an voraus, daß die Wahrscheinlichkeiten für den Rechts- und den Links-Schritt gleich sind. Dies charakterisiert die sog. *einfache Irrfahrt*. Eine allgemeinere Situation finden wir in der *Bernoulli-Irrfahrt*: Hier sind diese Wahrscheinlichkeiten $p$ bzw. $q = 1-p$, und es gilt anstelle von (1.7) die Gleichung

$$P(x, t+\tau) = pP(x+h,t) + qP(x-h,t).$$

Falls im Kontinuumslimes ($h \to 0, \tau \to 0, h^2(2\tau)^{-1} \to D$) die Differenz $p-q$ geeignet gegen Null strebt, nämlich in einer Weise, daß der Limes

$$v = \lim \frac{h}{\tau}(p-q)$$

existiert, so erhalten wir anstelle von (1.9) die allgemeine Diffusionsgleichung

$$\frac{\partial}{\partial t} P(x,t) = \left(D\frac{\partial^2}{\partial x^2} + v\frac{\partial}{\partial x}\right) P(x,t). \qquad (1.14)$$

Der Parameter $v$ übernimmt hier die Rolle einer mittleren *Driftgeschwindigkeit*. Sei $P_v(x,t)$ die Lösung der erweiterten Gleichung (1.14) mit $P_v(x,0) = \delta(x)$, so haben wir offensichtlich die Beziehung

$$P_v(x,t) = P_0(x - vt, t)$$

und sind somit in der Lage, die Situation $v \neq 0$ durch eine einfache Galilei-Transformation $x' = x - vt$ auf die spezielle Situation $v = 0$ zurückzuführen.

## 1.2 Die d-dimensionale Irrfahrt

Wir verallgemeinern die Betrachtungen des vorigen Abschnittes und kommen nun zu der Zufallsbewegung eines Teilchens auf dem $d$-dimensionalen kubischen Gitter $(\mathbb{Z}h)^d$ mit der Gitterkonstanten $h$. Eine solche Irrfahrt könnte — auf einem zweidimensionalen Gitter — etwa einen Verlauf nehmen, wie es die Abbildung 1.2 angedeutet.

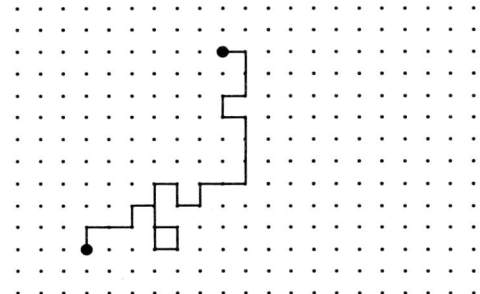

*Abb. 1.2: Die Irrfahrt eines Teilchens auf einem zweidimensionalen Gitter*

In der Zeiteinheit $\tau$ hat das Teilchen die Freiheit, in eine der $2d$ Richtungen des Gitters einen Schritt der Länge $h$ auszuführen. Die Wahrscheinlichkeit — für alle Richtungen gleich — ist $(2d)^{-1}$. Betrachten wir zeitliche Entwicklungen dieser Art aus großer Ferne und lassen wir dem Teilchen genügend Zeit, seine Irrfahrt durch den Raum fortzusetzen, so bietet sich ein Bild, das die Gitterstruktur kaum noch erkennen läßt. Je feiner das Gitter, um so chaotischer die Bewegung (siehe das von einem Computer erzeugte Bild 1.3).

Wird die Gitterstruktur nicht mehr wahrgenommen, handelt es sich in guter Näherung um eine Zufallsbewegung im Kontinuum. Wir sprechen dann von einer *Brownschen Bewegung*, und was die Abbildung 1.2 uns zeigt, nennen wir eine *Brownsche Spur*. Da wir die „Länge" der Spur nicht mehr feststellen und damit auch die benötigte Zeit zwischen Anfang und Ende nicht angeben können, ist es im Kontinuum notwendig, zwischen dem *Brownschen Pfad* $t \to \omega(t)$ und seiner

## 1.2. Die d-dimensionale Irrfahrt

*Abb. 1.3: Die Spur eines Brownschen Pfades in der Ebene. Das Bild wurde mit Hilfe eines Zufallszahlen-Generators gewonnen.*

*Spur* (der Bahnkurve im $\mathbb{R}^d$) zu unterscheiden, so wie wir bei der Planetenbewegung ebenfalls zwischen der Kepler-Ellipse einerseits und dem zeitlichen Verlauf der Bewegung andererseits unterscheiden. Den Graphen eines Brownschen Pfades können wir nur in $d+1$ Dimensionen sichtbar machen, die Brownsche Spur dagegen schon in $d$ Dimensionen.

Über Brownsche Pfade und ihre Spuren sind viele Details bekannt. Zunächst ist klar: Pfade wie Spuren sind stetig; sie lassen sich zeichnen, ohne den Zeichenstift vom Papier zu nehmen. Ungewöhnlich sind andere Eigenschaften: (1) Die unendlich erweiterte Brownsche Spur ($t \to \infty$) kommt jedem Punkt des Raumes beliebig nahe, sie ist damit eine *raumfüllende Kurve*. (2) Sowohl Spur wie Pfad sind, um einen aktuellen Begriff zu verwenden, fraktale Mengen [130] mit einer fraktalen Dimension $d_{fr} = 2$ bzw. $d_{fr} = 3/2$. (3) Die Niveaumengen $M_x = \{t : \omega(t) = x\}$ sind ebenfalls fractal; ihre Dimension ist $d_{fr} = 1/2$. Zum Vergleich: Die Niveaumengen einer glatten Funktion haben $d_{fr} = 0$.

Wir kehren nun zum Gitter zurück und werfen einen Blick auf den individuellen Übergang von einem Gitterplatz zum nächsten. Im eindimensionalen Fall war es bequem, die Matrixnotation für den Übergang zu verwenden. Im mehrdimensionalen Fall erweist sich die Operatornotation als wesentlich günstiger, d.h. anstelle der Übergangsmatrix benutzen wir nun den durch sie induzierten linearen

Operator $P$:

$$[Pf](x) = \frac{1}{2d}\sum_{k=1}^{d}\{f(x+he_k)+f(x-he_k)\}\,. \tag{1.15}$$

Die Ortsvariable $x$ ist hier nur diskreter Werte fähig: $x \in (\mathbb{Z}h)^d$; $e_k$ ist der Einheitsvektor in Richtung der $k$ten Koordinatenachse, also $(e_k)^i = \delta_k^i$. Ist $0 \leq f(x) \leq 1$ und $\sum_x f(x) = 1$, so kann $f$ als eine Verteilungsfunktion für den Aufenthalt des Brownschen Teilchen zur Zeit $t$ gedeutet werden. In diesem Fall wäre $Pf$ die entsprechende Funktion zur Zeit $t+\tau$. Es ist jedoch nicht nur bequem, sondern aus mathematischen Gründen geradezu zwingend, hier einen größeren Raum von Funktionen $f$ zuzulassen, so daß darin die Spektralzerlegung des Operators $P$ vorgenommen werden kann, etwa den Hilbertraum

$$\mathcal{H} = \{f \mid \sum_x |f(x)|^2 < \infty\}\,.$$

Auf $\mathcal{H}$ ist $P$ selbstadjungiert und beschränkt. Die Potenzen $P^n$ haben wir besser im Griff, sobald die Spektralzerlegung von $P$ bekannt ist. Eine Fourier-Transformation

$$f(x) = \int_B dp\, e^{ipx} \tilde{f}(p) \qquad\qquad dp = dp_1 \cdots dp_d$$

$$\tilde{f}(p) = \left(\frac{h}{2\pi}\right)^d \sum_x e^{-ipx} f(x) \qquad\qquad px = p_1 x^1 + \cdots + p_d x^d$$

leistet das Gewünschte. Die Ähnlichkeit mit der Zerlegung einer Welle, die durch einen Kristall läuft, nach ebenen Wellen mit dem Impuls $p$ ist offensichtlich. Innerhalb der Theorie der Zufallsbewegung jedoch benutzen wir diese Zerlegung lediglich als ein bequemes Werkzeug. Deshalb verwenden wir den Begriff *Impuls* für den Vektor $p$ auch nur im Sinne einer formalen Analogie.

Das Integrationsgebiet für den Impuls ist die *Brillouin-Zone*

$$B = \{p \in \mathbb{R}^d \mid -\pi/h \leq p_i \leq \pi/h,\ i=1,\ldots,d\} \tag{1.16}$$

mit dem Volumen

$$|B| = \left(\frac{h}{2\pi}\right)^d\,.$$

Nach einer Fourier-Transformation erhält die Gleichung (1.15) eine neue Gestalt, aus der das Spektrum des Operators $P$ unmittelbar abgelesen werden kann:

$$\widetilde{[Pf]}(p) = \lambda(p)\tilde{f}(p) \tag{1.17}$$

$$\lambda(p) = \frac{1}{d}\sum_{i=1}^{d}\cos(p_i h) \tag{1.18}$$

$$\operatorname{spec} P = \{\lambda(p) \mid p \in B\}\,. \tag{1.19}$$

Das Spektrum des Operators $P$ ist somit kontinuierlich. Indem wir

$$[P^n f](x) = \sum_{x'} P(x-x', n\tau) f(x') \qquad (n \in \mathbb{N}) \tag{1.20}$$

setzen, wird $P(x-x', n\tau)$ zur Wahrscheinlichkeit für den Übergang $x' \to x$ während eines Zeitintervalls der Länge $n\tau$. Explizit haben wir die Darstellung

$$P(x, n\tau) = \frac{1}{|B|} \int_B dp\, e^{ipx} \lambda(p)^n \qquad (1.21)$$

für diese Größe durch ein $d$-dimensionales Integral.

## 1.3 Erzeugende Funktionen

Die Formel (1.21) ist nicht sonderlich geeignet, wenn man $P(x, n\tau)$ für ein mehrdimensionales Gitter ($d \geq 3$) berechnen möchte. Hier empfiehlt sich ein anderes Verfahren, das zunächst Formeln für eine geeignet gewählte erzeugende Funktion $P(x|z)$ bereitstellt. Wir wählen

$$P(x|z) = \sum_{n=0}^{\infty} P(x, n\tau) \frac{z^n}{n!} \;, \qquad (1.22)$$

damit nach Vertauschung von Summation und Integration der Integrand separiert. Wir machen sodann von der Integraldarstellung

$$I_n(z) = \frac{1}{2\pi} \int_{-\pi}^{\pi} d\theta\, \exp(in\theta + z\cos\theta) \qquad (n \in \mathbb{Z}) \qquad (1.23)$$

der modifizierten Bessel-Funktionen Gebrauch und erhalten

$$P(x|z) = \prod_{i=1}^{d} I_{x^i/h}(z/d) \;. \qquad (1.24)$$

Aus den bekannten Reihendarstellungen für die Bessel-Funktionen lassen sich die Glieder einer Reihenentwicklung von $P(x|z)$ nach Potenzen von $z$ berechnen. Für $x = 0$ ermittelt man so die Wahrscheinlichkeiten $P(0, n\tau)$ für die *Wiederkehr* des Zufallspfades zu seinem Ausgangspunkt nach $n$ Zeitschritten. Selbstverständlich gilt $P(0, n\tau) = 0$, falls $n$ eine *ungerade* Zahl ist. Für eine gerade Zahl von Schritten findet man [137]:

$$P(0, 2n\tau) = \begin{cases} 2^{-2n} \binom{2n}{n} & d = 1 \\ 4^{-2n} \binom{2n}{n}^2 & d = 2 \\ 6^{-2n} \binom{2n}{n} \sum_{k=0}^{n} \binom{2k}{k} \binom{n}{k}^2 & d = 3. \end{cases} \qquad (1.25)$$

Diese Formeln, obwohl mit den Methoden der Analysis gewonnen, deuten auf einen anderen Zugang: Ableitung durch kombinatorische Verfahren. Hiernach bestimmt sich $P(0, 2n\tau)$ als Quotient $Z/N$ zweier natürlicher Zahlen; $N$ ist die Anzahl *aller* Pfade der Länge $2n$, die von einem Punkt ausgehen, also $N = (2d)^{2n}$, und $Z$ ist die Anzahl der geschlossenen Pfade derselben Länge. Der analytische Weg ist, wie so oft, bequemer. Er kann wie im vorliegenden Fall dazu dienen, die Zahl $Z$ der sich schließenden Pfade zu ermitteln[2].

Wenn ein Zufallspfad nach $2n$ Zeitschritten zu seinem Ausgangspunkt zurückkehrt, so ist nicht ausgeschlossen, daß er schon früher, nämlich nach $2(n-m)$ Schritten, bereits dort angelangt war. Dies bedeutet, daß $P(0, 2n\tau)$ als eine Summe der Form

$$P(0, 2n\tau) = \sum_{m=1}^{n} P(0, 2(n-m)\tau) Q(0, 2m\tau) \tag{1.26}$$

geschrieben werden kann, wobei $Q(0, 2m\tau)$ die Wahrscheinlichkeit dafür ist, daß ein Pfad zum erstenmal nach $2m$ Schritten zum Ausgangspunkt zurückkehrt. Das Gleichungssystem (1.26) definiert die $Q(0, 2m\tau)$ implizit. Es kann als Grundlage eines rekursiven Verfahrens zur Bestimmung der $Q$'s dienen. Andererseits können wir das Problem der Auflösung auch anders angehen, indem wir zwei, für dieses Problem geeignete, erzeugende Funktionen einführen:

$$P(z) = P(-z) = 1 + \sum_{n=2}^{\infty} P(0, n\tau) z^n = \frac{1}{|B|} \int_B \frac{dp}{1 - z\lambda(p)} \tag{1.27}$$

$$Q(z) = Q(-z) = \sum_{n=2}^{\infty} Q(0, n\tau) z^n \ . \tag{1.28}$$

Wir betrachten $P(z)$ und $Q(z)$ als formale Potenzreihen ohne Angabe des Konvergenzradius. Das Gleichungssystem (1.26) ist der folgenden Identität äquivalent:

$$P(z) - 1 = P(z) Q(z) \ . \tag{1.29}$$

Indem man $1 - P(z)^{-1}$ in eine Reihe entwickelt, erhält man alle unbekannten Größen $Q(0, n\tau)$.

**Wiederkehr oder Flucht?** Alle Ereignisse $n$, für die $Q(0, n\tau)$ die Wahrscheinlichkeit angibt, sind statistisch unabhängig. Deshalb ist

$$Q(1) = \sum_{n=2}^{\infty} Q(0, n\tau) = 1 - P(1)^{-1} \tag{1.30}$$

die Wahrscheinlichkeit dafür, daß der Pfad überhaupt (nämlich irgendwann einmal) zum Ausgangspunkt zurückkehrt. Die hierfür entscheidende Größe ist $P(1)$ (keine Wahrscheinlichkeit!). Wie können wir sie berechnen?

Der Schlüssel ist das Integral

$$\int_0^\infty dz\, e^{-z} \frac{z^n}{n!} = 1.$$

Aus (1.22) und (1.24) erhalten wir so die Darstellung

$$P(1) = \int_0^\infty dz\, e^{-z} \bigl(I_0(z/d)\bigr)^d \ , \tag{1.31}$$

---

[2] Es gibt Situationen in der Physik, wo es wünschenswert ist, die Zahl $Z$ zu kennen. Ein Beispiel finden wir in der Theorie der Phasenübergänge von zweidimensionalen Spingittern, in dem sog. *Argument von Peierls*. Geschlossene Pfade trennen Bereiche verschiedener Phase. Siehe hierzu [82], Ch.5.4.

## 1.3. Erzeugende Funktionen

andererseits aber auch die Beschreibung durch ein Integral über die Brillouin-Zone:

$$P(1) = \frac{1}{|B|} \int_B \frac{dp}{1 - \lambda(p)}. \tag{1.32}$$

Die Gleichung (1.31) eignet sich für die numerische Bestimmung von $P(1)$ für Dimensionen $d \geq 3$, die Gleichung (1.32) läßt erkennen, daß das definierende Integral für $d = 1$ und $d = 2$ *infrarot-divergent* ist. Begründung: Es gilt

$$1 - \lambda(p) \approx \frac{1}{2d} \sum_{i=1}^{d} p_i^2 \qquad p \to 0.$$

Um das Argument zu vervollständigen, wählt man eine kugelförmige Umgebung von $p = 0$ mit dem Radius $\epsilon$, transformiert dort auf Kugelkoordinaten und führt die Winkelintegration aus. Es bleibt ein Integral der Art:

$$\int_0^\epsilon dr \, r^{d-3} \begin{cases} = \infty & d = 1, 2 \\ < \infty & d \geq 3. \end{cases}$$

Wir erhalten so das Ergebnis von Polya [138]:

$d = 1, 2 \quad P(1) = \infty \quad Q(1) = 1 \quad :$ keine Fluchtmöglichkeit

$d \geq 3 \quad P(1) < \infty \quad Q(1) < 1 \quad :$ Flucht und Wiederkehr mit endlicher Wahrscheinlichkeit.

Man sagt auch, die Irrfahrt sei *rekurrent* für $d = 1$ oder 2, dagegen *transient* für $d \geq 3$.

Mit wachsender Dimension wird es immer unwahrscheinlicher, daß ein Zufallspfad zu seinem Ursprung zurückkehrt. Dies belegen die folgenden Zahlen:

| $d$ | $P(1)$ | $Q(1)$ |
|---|---|---|
| 3 | 1,5163 86059 | 0,34053 73296 |
| 4 | 1,2394 67122 | 0,19320 16733 |
| 5 | 1,1563 08125 | 0,13517 86095 |
| 6 | 1,1169 63373 | 0,10471 54955. |

Asymptotisch gilt $Q(1) \to (2d - 2)^{-1}$ $(d \to \infty)$. Diese Zahlen spielen auch in der Theorie der Phasenübergänge eine wichtige Rolle (siehe beispielsweise [68] und [82] Kap.16.4).

Für $d = 1, 2$ ist es sinnvoll, nach der Zeit zu fragen, die ein Pfad im Mittel benötigt, um zurückzukehren. Die *mittlere Wiederkehrzeit* (in Einheiten von $\tau$)

$$Q'(1) = \sum_{n=2}^{\infty} n Q(0, n\tau)$$

ist zugleich auch die mittlere Länge eines geschlossenen Pfades (in Einheiten von $h$). Der Leser ist aufgefordert zu entscheiden, ob $Q'(1) < \infty$ in allen Dimensionen gilt.

## 1.4 Der Kontinuumslimes

Der *Kontinuumslimes* für die Irrfahrt auf einem $d$-dimensionalen Gitter besteht nun darin, daß wir, wie schon im Abschnitt 1.1 geschehen, sowohl die Gitterkonstante $h$ wie auch den Zeitschritt $\tau$ so gegen Null streben lassen. Dabei soll die Diffusionskonstante

$$D = \frac{h^2}{2\tau d} \quad (1.33)$$

konstant gehalten werden. Indem $h$ gegen Null strebt, wächst die Brillouin-Zone für die Impulse $p$, bis sie schließlich ganz $\mathbb{R}^d$ umfaßt.

Wir finden für kleine Werte von $h$ (große Werte von $n = t/\tau$):

$$\begin{aligned}
\lambda(p)^n &= \exp\left\{n \log\left(\frac{1}{d}\sum_{i=1}^{d} \cos p_i h\right)\right\} \\
&= \exp\left\{\frac{t}{\tau}\log\left(1 - \frac{h^2}{2d}p^2 + O(h^4)\right)\right\} \\
&= \exp\left\{-Dtp^2 + O(h^2)\right\} \qquad (t > 0)
\end{aligned}$$

mit $p^2 = \sum_i p_i^2$. Die Wahrscheinlichkeit pro Volumen, $h^{-d}P(x,t)$, strebt daher im Kontinuumslimes gegen die Dichte

$$\begin{aligned}
P_0(x,t) &= (2\pi)^{-d}\int dp\, e^{ipx}e^{-Dtp^2} \\
&= (4\pi Dt)^{-d/2}\exp\left\{-\frac{x^2}{4Dt}\right\} \qquad (t > 0). \quad (1.34)
\end{aligned}$$

Wie man sieht, handelt es sich hierbei um eine Gauß-Verteilung, deren Breite proportional $\sqrt{t}$ anwächst. Genau betrachtet, ist $P_0(x,t)$ die Wahrscheinlichkeitsdichte für den Aufenthalt des Brownschen Teilchens, wenn bekannt ist, daß es zur Zeit $t = 0$ im Ursprung startete. Als *mittlere quadratische Auslenkung*, abhängig von $t$, bezeichnet man den Erwartungswert von $x^2$:

$$E_t(x^2) = \int dx\, x^2 P_0(x,t) = 2dDt. \quad (1.35)$$

Die Proportionalität mit $t$ ist charakteristisch. Bei Beobachtungen unter dem Mikroskop (effektiv: $d = 2$) läßt sich auf diese Weise leicht die Diffusionskonstante bestimmen.

Wir machen die folgende Beobachtung: Obwohl das kubische Gitter nur eine eingeschränkte Rotationssymmetrie besitzt, stellt der Kontinuumslimes die volle Rotationssymmetrie des euklidischen Raumes wieder her, indem die Dichte $P_0(x,t)$ eine Funktion des euklidischen Abstandes $r = \sqrt{x^2}$ des Punktes $x$ vom Ursprung ist. Dies ist für Grenzprozesse dieser Art keineswegs selbstverständlich und muß als ein Geschenk betrachtet werden.

Es ist leicht, ad-hoc-Beispiele zu konstruieren, bei denen der Kontinuumslimes nicht die gewünschte Rotationssymmetrie restauriert. Angenommen, die Spektralfunktion auf dem Gitter sähe so aus:
$$\lambda(p) = 1 - \{d^{-1}\sum_{i=1}^{d}|\sin p_i h|\}^2.$$

## 1.5. Imaginäre Zeit

Diese Funktion ist invariant unter allen Spiegelungen und 90°-Rotationen des Gitters. Im Kontinuumslimes entsteht jedoch ein ungewöhnlicher Ausdruck,

$$\lim \lambda(p)^n = \exp\{-D't|p|^2\} \qquad |p| = \sum_i |p_i|$$

($D' = \lim h^2/(\tau d^2) = 2D/d$), der die erwartete Rotationssymmetrie vermissen läßt, weil $|p|$ nicht die übliche Metrik, vielmehr die *Taxifahrer-Metrik* verkörpert: Sie ist nämlich vergleichbar mit der Art der Entfernungsbestimmung eines Taxifahrers in einer Stadt mit schachbrettartigem Straßenmuster.

Kehren wir zum Resultat (1.34) zurück. Man überzeugt sich leicht, daß die Gauß-Funktion $P_0(x,t)$ die $d$-dimensionale Diffusionsgleichung erfüllt:

$$\frac{\partial}{\partial t} P_0(x,t) = D\Delta P_0(x,t). \tag{1.36}$$

Hier bezeichnet $\Delta$ den $d$-dimensionalen Laplace-Operator. Uns interessiert daran die formale Ähnlichkeit mit der Schrödinger-Gleichung eines freien Teilchens: Wir gelangen von der statistischen Mechanik zur Quantenmechanik, rein formal betrachtet, durch die Einführung einer imaginären Zeit.

## 1.5 Imaginäre Zeit

Die Schrödinger-Gleichung für ein freies Teilchen (Masse $m = 1$, Plancksche Konstante $\hbar = 1$) kann so geschrieben werden, daß schon durch die bloße Schreibweise die Einführung der Variablen $it$ anstelle von $t$ nahegelegt wird:

$$\tfrac{1}{2}\Delta\psi = \frac{\partial}{\partial(it)}\psi. \tag{1.37}$$

Indem wir bei quantenmechanischen Rechnungen konsequent die imaginäre Zeitvariable $it$ in allen Ausdrücken benutzen, können wir etwa die Lösung des Anfangswertproblems in der Form

$$\psi(x,it) = \int dx' \, K(x-x',it)\psi(x',0) \tag{1.38}$$

angeben[3], wobei die komplexe *Übergangsfunktion*

$$K(x,it) = \begin{cases} (2\pi it)^{-3/2}\exp(-(2it)^{-1}x^2) & t \neq 0 \\ \delta(x) & t = 0 \end{cases} \tag{1.39}$$

durch analytische Fortsetzung aus der Dichte $P_0(x,t)$ für $D = \tfrac{1}{2}$ und $d = 3$ in der Variablen $t$ entsteht. Formal bedeutet dies die Ersetzung von $t$ durch $it$. Zugleich ist $K(x,it)$ der Integralkern des unitären Operators $e^{it\Delta/2}$ ist, der im Falle der Quantenmechanik die zeitliche Evolution von Zuständen beschreibt:

$$\psi(x,it) = [e^{it\Delta/2}\phi](x) \qquad (t \in \mathbb{R}) \tag{1.40}$$
$$\psi(x,0) = \phi(x). \tag{1.41}$$

---

[3]Bekanntermaßen bevorzugen alle Lehrbücher der Quantenmechanik die Schreibweise $\psi(x,t)$ anstelle von $\psi(x,it)$.

Das Erstaunliche angesichts dieser ersten kurzen Liste von Formeln ist, daß tatsächlich an allen Plätzen die imaginäre Variable $it$ in natürlicher Weise auftritt, so als ob $i$ und $t$ im quantentheoretischen Kontext untrennbar verbunden sind.

Es ist auch eine bekannte Tatsache, daß, indem wir $t$ variieren, die Operatoren $e^{it\Delta/2}$ eine einparametrige unitäre Gruppe beschreiben. Für den Integralkern bedeutet dies die Gültigkeit einer Gleichung, die der Chapman-Kolmogorov-Gleichung völlig analog ist, nämlich

$$\int dx' \, K(x - x', it) K(x' - x'', it') = K(x - x'', it + it'). \qquad (1.42)$$

Gewisse Unterschiede gilt es allerdings im Auge zu behalten:

- Die Zeit $t$ ist nicht auf die Halbachse $\mathbb{R}_+$ allein beschränkt; alle reellen Werte treten gleichberechtigt auf. Aus diesem Grund ist die Zeitrichtung umkehrbar, und eine eindeutige Richtung, in der die Zeit abläuft (der Unterschied zwischen Vergangenheit und Zukunft also), ist aus der Struktur der Quantenmechanik nicht ableitbar.

- Der Integralkern $K(x, it)$ ist nicht positiv, sondern komplex. Er hat einen oszillatorischen Charakter. Die Schrödinger-Gleichung, im Gegensatz zur Diffusionsgleichung, besitzt wellenartige Lösungen.

Der oszillatorische Charakter des Kernes $K(x, it)$ bewirkt, daß Zustände freier Teilchen nicht wie in einer diffusiven Theorie exponentiell, sondern nur gemäß einem Potenzgesetz mit der Zeit 'zerfließen'. Dies kommt in der folgenden Formel zum Ausdruck:

$$|K(x, it)| = |2\pi t|^{-3/2} \qquad (t \neq 0). \qquad (1.43)$$

Denn daraus resultiert die Ungleichung

$$|\psi(x, it)| \leq \int dx' \, |K(x - x', it)| |\psi(x', 0)| = |2\pi t|^{-3/2} \int dx' \, |\psi(x', 0)| \qquad (1.44)$$

gültig für absolut integrable Anfangswerte. Das $|t|^{-3/2}$-Gesetz ist charakteristisch für die Dimension $d = 3$. Allgemein, für einen Konfigurationsraum der Dimension $d$ nämlich, strebt $|\psi(x, it)|$ wie $|t|^{-d/2}$ gegen Null, sobald $\psi(x, 0)$ absolut integrabel über dem $\mathbb{R}^d$ ist.

Die Quantenmechanik, im Gegensatz zur klassischen Diffusion, benutzt einen Zustandsbegriff, der es nicht erlaubt, Wellenfunktionen unmittelbar im Experiment zu beobachten. Vielmehr werden, bei der Bestimmung der Aufenthaltswahrscheinlichkeit etwa, die Absolutquadrate herangezogen: Es sind nicht die Amplituden, sondern deren Quadrate, die einer klassischen Dichteverteilung unter dem Einfluß von Diffusion entsprechen. Die unterschiedliche Auffassung äußert sich besonders deutlich in den Interferenzerscheinungen. Diese wiederum beruhen auf dem Superpositionsprinzip: Sind $\phi_1$ und $\phi_2$ zwei Lösungen der Schrödinger-Gleichung, so ist auch $\phi_1 + \phi_2$ eine Lösung. Diese einfache Feststellung enthält logisch gesehen drei Bestandteile. Sie definiert erstens *'Superposition'* als eine mathematische Operation, sie führt zweitens in die Quantenmechanik das Axiom ein,

## 1.5. Imaginäre Zeit

daß, falls $\phi_1$ und $\phi_2$ zur Zeit $t = 0$ zwei realisierbare Zustände sind, dies auch für $\phi_1 + \phi_2$ gilt, und sie behauptet drittens, daß die Zeitentwicklung Superpositionen erhält. Die letzte Behauptung folgt aus der Linearität der Schrödinger-Gleichung.

Während wir die Gültigkeit des Superpositionsprinzips nicht bezweifeln, wächst das Unbehagen, sobald Amplituden der Schwingung als prinzipiell unbeobachtbar erklärt und bei einem Vergleich mit dem Experiment ihre Absolutquadrate verwendet werden. Gewöhnlich entzündet sich die Debatte an dem berühmten *Doppelspalt-Experiment*. Wir wollen daher die bei diesem Experiment entstehende Interferenzfigur bestimmen.

Zur Beschreibung wählen wir nur zwei kartesische Koordinaten, $(x, y)$. Zwei Spalte, einer bei $(a, L)$, der andere bei $(-a, L)$, stehen einem Schirm, der $x$-Achse, gegenüber. Anstelle einer definierten Spaltbreite wählen wir schmale Gauß-Funktionen (in der Variablen $x$ mit dem Maximum bei $x = a$ bzw. $x = -a$ und Varianz $s$) für die Anfangswerte bei $t = 0$. Im übrigen geben wir dem Teilchen einen definierten Impuls in $y$-Richtung:

$$\psi_\pm(x, y, 0) = K(x \pm a, s) \exp(ipy) \qquad (1.45)$$

($K(x, z)$=Übergangsfunktion für *eine* Raumdimension). Die Einführung hypothetischer *Gauß-Spalte* erleichtert die Rechnung; mit Stufenfunktionen anstelle von Gauß-Funktionen würden wir schnell den Bereich der elementaren Funktionen verlassen. Passiert das Teilchen einen Spalt, während der zweite Spalt verdeckt ist, so geht von dem Ort des Spaltes eine Welle

$$\psi_\pm(x, y, it) = K(x \pm a, s + it) \exp(ipy - itp^2/2) \qquad (1.46)$$

aus, die von dem Schirm in Form einer Gauß-Verteilung $|\psi_\pm|^2$ der Varianz $(2s)^{-1}(s^2 + t^2)$ registriert wird. Soweit, so gut. Noch befindet sich das Experiment in Übereinstimmung mit dem klassischen Teilchenbild. Geben wir jedoch den zweiten Spalt frei und passiert das Teilchen beide Öffnungen mit gleicher Wahrscheinlichkeit, so finden wir im Bereich $0 \leq y \leq L$ die Superposition

$$\psi = 2^{-1/2}(\psi_+ + \psi_-). \qquad (1.47)$$

Die Intensitätsverteilung auf dem Schirm, nach einer Flugzeit $t$, beschreibt nun der Ausdruck

$$|\psi(x, 0, it)|^2 \propto \left| \exp\left\{ -\frac{(x-a)^2}{2(s+it)} \right\} + \exp\left\{ -\frac{(x+a)^2}{2(s+it)} \right\} \right|^2. \qquad (1.48)$$

Eine Momentaufnahme zeigt uns das Bild 1.4 für eine bestimmte Wahl der Parameter. Eine weitgehende Übereinstimmung mit den aus der Optik vertrauten Interferenzfiguren ist offensichtlich.

Zurück zu unserem Versuch, die Schrödinger-Gleichung aus der Diffusionsgleichung zu gewinnen. Für ein einzelnes Teilchen ist die Dimension $d$ des Konfigurationsraumes 1,2 oder 3. Für mehrere Teilchen gleicher Masse nimmt $d$ i.allg. größere Werte an. Bei Vernachlässigung jeder Form von Wechselwirkung können

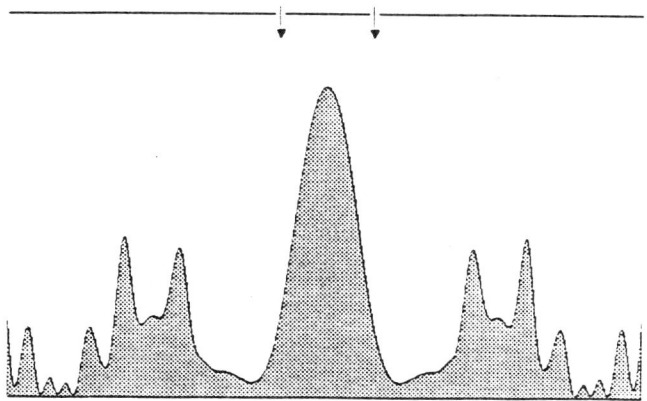

*Abb. 1.4: Interferenzerscheinung bei dem Experiment mit massiven Teilchen am Doppelspalt*

wir heuristisch formulieren: Für 'vernünftige' Anfangswerte $\psi(x,0)$ ist die Lösung $\psi(x,it)$ der freien Schrödinger-Gleichung Randwert einer analytischen Funktion $\psi(x,z)$, definiert in der Halbebene $\Re z > 0$ und gegeben durch das Integral

$$\psi(x,z) = \int dx'\, K(x-x',z)\psi(x',0) \qquad (1.49)$$

mit

$$K(x,z) = (2\pi z)^{-d/2} \exp\left(-\frac{x^2}{2z}\right). \qquad (1.50)$$

Unter der Bedingung $\Re z > 0$ ist das Integral (1.49) exponentiell gedämpft und somit konvergent; für $\Re z < 0$ würde der Integrand exponentiell anwachsen. Eine Grenzsituation, die Situation der Quantenmechanik, stellt $\Re z = 0$ dar: Unter der Bedingung $\int dx\,|\psi(x,0)| < \infty$ ist das Integral (1.49) im gewöhnlichen Sinne konvergent. Für $\psi(\cdot,0) \in L^2(\mathbb{R}^d)$ ist lediglich gewährleistet, daß $\psi(\cdot,it)$ im Sinne von $L^2$ als *Randwert* der zugehörigen analytischen Funktion existiert:

$$\psi(\cdot,it) = \lim_{s\downarrow 0} \psi(\cdot, s+it). \qquad (1.51)$$

In der rechten $z$-Halbebene eingebettet liegt die rechte Halbachse $z = s \geq 0$. Auf ihr verwandelt sich die Schrödinger-Gleichung in die Diffusionsgleichung mit der Diffusionskonstanten $D = \frac{1}{2}$ (indem wir die Masse $m$ und $\hbar$ wieder einführen: $D = \hbar^2/(2m)$). Während die zeitliche Evolution in der Quantenmechanik durch eine unitäre Gruppe $e^{it\Delta/2}$ beschrieben wird, bilden die entsprechenden Operatoren $e^{s\Delta/2}$ für die Brownsche Bewegung nur eine *Halbgruppe*, da sie nicht invertierbar sind und somit die Einschränkung $s \geq 0$ nicht überwunden werden kann. Der Verlust der Gruppeneigenschaft bei dem Übergang $it \to s$ wird jedoch wettgemacht durch zwei wichtige neue Eigenschaften, die wir entlang der Halbachse $z = s \geq 0$ finden:

1. Der Integralkern $K(x,s)$ besitzt eine strikt positive Fourier-Transformierte (vgl. (1.34)). Für alle (komplexen) Wellenfunktionen $\phi$ gilt deshalb

$$(\phi, e^{s\Delta/2}\phi) = \int dx \int dx' \, \bar{\phi}(x) K(x-x',s) \phi(x') \geq 0 \qquad (1.52)$$

wobei das rechte Gleichheitszeichen nur für $\phi = 0$ angenommen wird.

2. Der Integralkern selbst ist strikt positiv: $K(x,s) > 0$. Aus $\phi(x) \geq 0$ folgt deshalb stets $[e^{s\Delta/2}\phi](x) = \int dx' \, K(x-x',s)\phi(x') \geq 0$. Man sagt, die Halbgruppe $e^{s\Delta/2}$ *erhält die Positivität*.

3. Der Integralkern ist normiert: $\int dx \, K(x,s) = 1$. Dies hat zur Konsequenz, daß die konstante Funktion $\phi(x) = 1$ stationär ist.

**Anmerkung** Der hier vorgetragenen Auffassung zufolge benutzen Quantentheorie und Feldtheorie eine *imaginäre* Zeitvariable $it$, die statistische Mechanik hingegen eine *reelle* Zeitvariable $s$. Man kann genau so gut auch die umgekehrte Auffassung vertreten. Jedoch, angesichts der pseudo-euklidischen Struktur des Minkowski-Raumes war schon frühzeitig eine Beschreibung der Feldtheorie nahegelegt, bei der $ix^0 = x^4$ gesetzt und mithin die gewöhnliche Zeit $x^0$ zugunsten einer rein imaginären Zeit $x^4$ aufgegeben wurde. Es wurden viele Einwände gegen die formale 'Ersetzung' von reeller Zeit durch eine imaginäre Zeit in der Vergangenheit von Physikern vorgetragen. Die Kritik, auf die ein solches Vorgehen stößt, ist allemal gerechtfertigt. Jedoch: Die analytische Fortsetzbarkeit in der Zeitvariablen bringt einen neuen Gesichtpunkt in die Diskussion und wirft ein neues Licht auf die Frage: *Was ist Zeit?* Wir überlassen die Beantwortung der Kompetenz der Wissenschaftstheoretiker.

Nachdem nun klar geworden ist, daß Lösungen der Schrödinger-Gleichung nichts anderes sind als analytische Fortsetzungen von Lösungen der Diffusionsgleichung und daß die Diffusionsgleichung die zeitliche Evolution für den statistischen Aufenthalt eines Brownschen Teilchens beschreibt, bleibt zu klären, wie man die Brownschen Pfade für die Zwecke der Quantenmechanik nutzbar machen kann. Die Einführung des Pfadintegrals, die unser Ziel ist, basiert auf der Konstruktion des Wiener-Maßes, und dieses verlangt zuvor eine Diskussion des Wiener-Prozesses.

## 1.6 Der Wiener-Prozeß

### 1.6.1 Die Analysis zufälliger Pfade

Ein Brownsches Teilchen mit der Diffusionskonstanten $D = \frac{1}{2}$ starte zur Zeit $s = 0$ im Punkt $x = 0 \in \mathbb{R}^d$. Der Ort dieses Teilchens zu einem späteren Zeitpunkt $s > 0$ ist eine bestimmte Zufallsvariable, die wir mit $X_s$ bezeichnen. Kleine Buchstaben (wie $x, x', \ldots$) benutzen wir weiterhin für Vektoren des Ereignisraumes $\mathbb{R}^d$, also zur Kennzeichnung von *Elementar-Ereignissen*.

Alle Punkte $x \in \mathbb{R}^d$ sind eben nur mögliche Werte, die die Zufallsvariable $X_s$ annehmen kann. Ein wirkliches, also feststellbares oder meßbares Ereignis, dem eine *endliche* Wahrscheinlichkeit zugeordnet werden kann, lautet: $X_s \in A$, wobei $A$ irgendeine meßbare Teilmenge des $\mathbb{R}^d$ bezeichnet. Wenn wir den zufälligen Brownschen Pfad zeichnerisch veranschaulichen, so bedeutet ein solches Ereignis, daß der Pfad durch das 'Fenster' $A$ zum Zeitpunkt $s$ hindurchgeht (Abb.1.5).

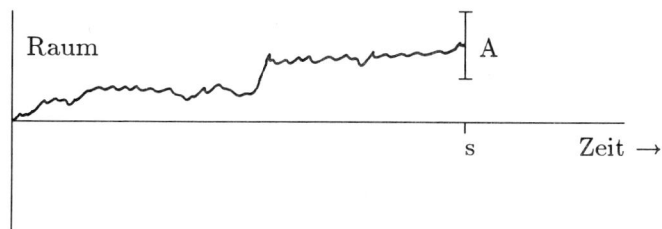

*Abb. 1.5: Ein Brownscher Pfad, der bei $x = 0$ startet und das 'Fenster' $A$ zur Zeit $s$ passiert*

Die Zufallsvariable $X_s$ gilt als bekannt, sobald für jedes $A \subset \mathbb{R}^d$ die Wahrscheinlichkeit $\boldsymbol{P}(X_s \in A)$ definiert ist. Die Vorschrift, die jeder Menge $A$ die Wahrscheinlichkeit $\boldsymbol{P}(X_s \in A)$ zuordnet, heißt die *Verteilung* von $X_s$. Jede solche Verteilung wird auch ein Wahrscheinlichkeitsmaß, kurz ein **W-Maß** auf dem Raum $\mathbb{R}^d$ genannt.

Durch Wahl einer geeigneten Zeitskala läßt sich stets erreichen, daß der Wert der Diffusionskonstanten $D$ für die Brownsche Bewegung gleich $\frac{1}{2}$ ist. An diese Normierungsvorschrift wollen wir uns von nun an halten. Dann gilt

$$\boldsymbol{P}(X_s \in A) = \int_A dx \, K(x,s) \qquad (1.53)$$

mit der Dichte

$$K(x,s) = (2\pi s)^{-d/2} \exp\left(-\frac{x^2}{2s}\right). \qquad (1.54)$$

Man sagt, $X_s$ sei *normal verteilt* und nennt $X_s$ eine *Gaußsche Zufallsvariable*.

Die Abbildung $s \mapsto X_s$, die jedem $s \in \mathbb{R}_+$ eine Zufallsvariable $X_s$ zuordnet, heißt ein *stochastischer Prozeß*. Damit der Prozeß definiert ist, muß eine Vorschrift formuliert sein, die es erlaubt, Wahrscheinlichkeiten *allgemeiner* Ereignisse zu berechnen (dies ist mehr als die bloße Kenntnis aller Verteilungen $\boldsymbol{P}(X_s \in A)$). Ein allgemeines Ereignis hat die Form

$$X_{s_1} \in A_1 \text{ und } X_{s_2} \in A_2 \text{ und } \ldots X_{s_n} \in A_n$$

mit $0 < s_1 < s_2 < \cdots < s_n$ und $A_i \subset \mathbb{R}^3$, wobei $n \in \mathbb{N}$ beliebig ist. Es muß also eine Antwort geben auf die Frage, mit welcher Wahrscheinlichkeit ein Brownsches Teilchen, das im Ursprung startete, der Reihe nach die Fenster $A_1, \ldots, A_n$ zu vorgegebenen Zeiten (Abb.1.6) passiert.

Diese Wahrscheinlichkeit bezeichnen wir mit $\boldsymbol{P}(X_{s_1} \in A_1, \ldots, X_{s_n} \in A_n)$. Es handelt sich hierbei um die gemeinsame Verteilung der $n$ Zufallsvariablen

## 1.6. Der Wiener-Prozeß

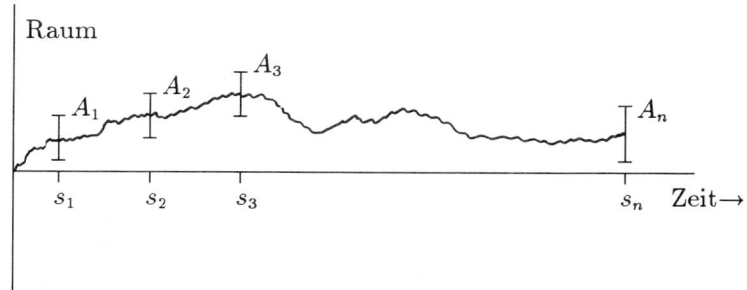

*Abb. 1.6: Ein Brownscher Pfad passiert die Fenster $A_1, A_2, A_3 \ldots, A_n$ zu den Zeiten $s_1, s_2, s_3, \ldots, s_n$*

$X_{s_1}, \ldots, X_{s_n}$. Die Abbildung $A_1 \times \cdots \times A_n \mapsto \boldsymbol{P}(X_{s_1} \in A_1, \ldots, X_{s_n} \in A_n)$ wird dann eine *n-Verteilung* des Prozesses genannt.

Es ist notwendig, zwischen dem stochastischen Prozeß $X_s$ und seinen Pfaden $\omega(s)$ zu unterscheiden. Jeder Pfad ist für sich genommen ein Elementar-Ereignis des Prozesses; alle Pfade zusammen ergeben den Ereignisraum oder Wahrscheinlichkeitsraum $\Omega$. In der Sprache der mathematischen Stochastik: $X_s$ ist für festes $s$ eine *Funktion* auf $\Omega$ mit Werten in $\mathbb{R}^d$, d.h. für jedes $\omega \in \Omega$ gilt $X_s(\omega) = \omega(s)$. Jeder individuelle Pfad ist eine Funktion $\omega : \mathbb{R}_+ \to \mathbb{R}^d$, $s \mapsto \omega(s)$.

Der stochastische Prozeß $X_s$ heißt *Wiener-Prozeß*, wenn die n-Verteilungen die Form

$$\boldsymbol{P}(X_{s_1} \in A_1, \ldots, X_{s_n} \in A_n) =$$
$$\int_{A_n} dx_n \cdots \int_{A_2} dx_2 \int_{A_1} dx_1 \, K(x_n - x_{n-1}, s_n - s_{n-1})$$
$$\cdots K(x_2 - x_1, s_2 - s_1) K(x_1, s_1) \qquad (1.55)$$

haben und wenn für die Anfangsverteilung gilt: $\boldsymbol{P}(X_0 \in A) = 1$ falls $A \ni 0$ und $= 0$ sonst (das Teilchen startet im Ursprung). Hierfür schreiben wir kurz $X_0 = 0$. Die Dichte $K(x,s)$ ist die (1.54) angegebene Funktion. Inhaltlich drückt die Formel (1.55) folgendes aus: Die Kenntnis darüber, welchen Ort $x_1$ das Teilchen zur Zeit $s_1$ erreicht hat, reicht aus, um den weiteren Verlauf der Bewegung im Intervall $[s_1, s_2]$ mit Hilfe der Übergangswahrscheinlichkeit zu bestimmen. Und dies ist hierbei wesentlich: Der Weg, den das Teilchen bis zum Erreichen seiner Position zur Zeit $s_1$ genommen hat, ist irrelevant für die weitere Bewegung. Nur der gegenwärtige Zustand, nicht seine Vergangenheit, beeinflußt die Zukunft. Man sagt auch, der Prozeß habe *kein Gedächtnis*, und nennt Prozesse mit dieser Eigenschaft *Markoff-Prozesse*. Markoff-Prozesse sind somit sehr einfach strukturiert. Wie auch immer $K(x,s)$ aussehen mag, ein Markoff-Prozeß ist bereits vollständig durch die bedingte Wahrscheinlichkeit

$$\boldsymbol{P}(X_{s'} \in A | X_s = x) = \int_A dx' \, K(x' - x, s' - s) \qquad (s' > s) \qquad (1.56)$$

und durch die Anfangsverteilung $\boldsymbol{P}(X_0 \in A)$ festgelegt. Man bezeichnet allgemein mit $\boldsymbol{P}(X_{s'} \in A | X_s = x)$ die Wahrscheinlichkeit für das Ereignis $X_{s'} \in A$ unter der Voraussetzung $X_s = x$ (das Teilchen startet zur Zeit $s$ im Punkt $x$). Die durch (1.56) definierte Funktion von $A$ und $x$ mit Werten in [0,1] nennt man auch die *Übergangsfunktion* des Markoff-Prozesses. Sie hängt im allgemeinen noch von den Zeiten $s$ und $s'$ ab. Ein Markoff-Prozeß heißt *zeitlich homogen*, wenn in die Übergangsfunktion nur die Zeitdifferenz $s' - s$ eingeht. Er heißt *räumlich homogen*, wenn die Übergangsfunktion translationsinvariant ist. Der Wiener-Prozeß ist zeitlich wie räumlich homogen.

**Skaleninvarianz.** Den Wiener-Prozeß $X_s$ zeichnet eine bemerkenswerte Eigenschaft aus, die man direkt der Übergangsfunktion entnimmt. Es sei $Y_s = \ell X_{s/\ell^2}$ für $\ell > 0$ erklärt; $Y_s$ ist wiederum ein Wiener-Prozeß, der sich in keiner Weise von $X_s$ unterscheidet, d.h. alle seine Pfade starten im Ursprung, und die Diffusionskonstante ist $\frac{1}{2}$. Dies bedeutet: Auf jeder Längenskala zeigt die Brownsche Bewegung das gleiche Verhalten; die Bewegung ist *selbstähnlich*, falls nur die Zeitskala gemäß einem quadratischen Gesetz verändert wird. Die Brownsche Spur im $\mathbb{R}^d$ ist, da sie keine Informationen über den zeitlichen Verlauf mehr enthält, in vollkommener Weise selbstähnlich. Ob mit der Lupe oder dem Fernglas betrachtet sehen wir hier immer die gleiche (fraktale) Struktur.

### 1.6.2 Mehrdimensionale Gaußsche Integrale

Es ist möglich, die Formel (1.55) sehr viel kompakter zu schreiben und durch die neue Schreibweise ihre Struktur zu erhellen. Es sei also $n$ fest gewählt, $N = nd$ und $x = \{x_1, x_2, \ldots, x_n\}^T \in \mathbb{R}^N$ der Multivektor eines Elementarereignisses. Wir schreiben auch $dx = dx_1 dx_2 \cdots dx_n$. Durch

$$x^T Q x = \frac{x_1^2}{s_1} + \frac{(x_2 - x_1)^2}{s_2 - s_1} + \cdots + \frac{(x_n - x_{n-1})^2}{s_n - s_{n-1}} \qquad (1.57)$$

($0 < s_1 < s_2 < \cdots < s_n$) ist eine positive quadratische Form definiert; $Q$ selbst ist eine $N \times N$-Matrix. Sie ist reell, symmetrisch und positiv. Man kann sie durch eine reelle Ähnlichkeitstransformation $Q = M^T D M$ in Diagonalgestalt bringen:

$$M = \begin{pmatrix} \mathbf{1} & & & 0 \\ -\mathbf{1} & \mathbf{1} & & \\ & \ddots & \ddots & \\ 0 & & -\mathbf{1} & \mathbf{1} \end{pmatrix} \quad D = \begin{pmatrix} s_1^{-1}\mathbf{1} & & & 0 \\ & (s_2 - s_1)^{-1}\mathbf{1} & & \\ & & \ddots & \\ 0 & & & (s_n - s_{n-1})^{-1}\mathbf{1} \end{pmatrix}.$$

Wir haben uns hier der Blockdarstellung bedient und mit $\mathbf{1}$ die $d \times d$-Einheitsmatrix bezeichnet. Aus $\det M = 1$ folgt

$$\det Q = \det D = [s_1(s_2 - s_1) \cdots (s_n - s_{n-1})]^{-d}. \qquad (1.58)$$

### 1.6. Der Wiener-Prozeß

Mit dem kartesischen Produkt $A = A_1 \times A_2 \times \cdots \times A_n$ können wir nun schreiben:

$$P(\{X_{s_1}, X_{s_2}, \ldots, X_{s_n}\} \in A) = \left[\det\left(\frac{Q}{2\pi}\right)\right]^{\frac{1}{2}} \int_A dx \, \exp\{-\tfrac{1}{2} x^T Q x\}. \qquad (1.59)$$

Diese Formel gestattet zwei Verallgemeinerungen:

1. $Q$ könnte irgendeine nichtsinguläre positive Matrix sein. Dann würde man immer noch von einer (mehrdimensionalen) Gaußschen Verteilung sprechen. Sind alle $n$-Verteilungen eines stochastischen Prozesses Gaußsch, so heißt er ein *Gauß-Prozeß*. In diesem Sinne ist der Wiener-Prozeß ein spezieller Gauß-Prozeß.

2. Die Teilmenge $A \subset \mathbb{R}^N$ könnte eine beliebige (meßbare) Menge sein, also eine, die sich nicht als ein kartesisches Produkt darstellen läßt. In diesem Fall ist das Ereignis $\{X_{s_1}, X_{s_2}, \ldots, X_{s_n}\} \in A$ nicht mehr mit einem Ereignis der Art $X_{s_1} \in A_1$ und $X_{s_2} \in A_2$ und $\ldots X_{s_n} \in A_n$ identisch. Die Rechtfertigung für diese Verallgemeinerung liegt darin, daß man eine beliebige Menge $A$ immer als Vereinigung disjunkter Mengen schreiben kann, wobei jede dieser Mengen für sich genommen ein kartesisches Produkt darstellt (Parkettierung).

#### 1.6.3 Unabhängige Zuwächse

Wir kommen nun zu einer einfachen Anwendung der Formel (1.59) für $n = 2$. Es sei $G \subset \mathbb{R}^d$ ein beliebiges Gebiet und

$$A = \{x_1, x_2 \mid x_2 - x_1 \in G\} \subset \mathbb{R}^{2d}. \qquad (1.60)$$

Wir können uns $A$ als einen beidseitig unendlichen Zylinder im $2d$-dimensionalen Raum vorstellen, dessen Basis die Menge $G$ ist. Die Berechnung des Wertes von $P(\{X_{s_1}, X_{s_2}\} \in A)$ beantwortet die Frage: *Mit welcher Wahrscheinlichkeit nimmt der Zuwachs $x_2 - x_1$ entlang des Brownschen Pfades zwischen den Zeiten $s_1$ und $s_2$ einen Wert in dem Gebiet $G$ an?* Die Vorschrift (1.59) liefert die Antwort:

$$P(X_{s_2} - X_{s_1} \in G) = \int_G dy \, K(y, s_2 - s_1), \qquad (1.61)$$

wobei wir die Substitution $y = x_2 - x_1$ (anstelle von $x_2$) vorgenommen haben und ausnutzten, daß $\int dx_1 K(x_1, s_1) = 1$ ist. Das verbleibende Integral interpretieren wir in gewohnter Weise und erhalten

$$P(X_{s_2} - X_{s_1} \in G) = P(X_{s_2 - s_1} \in G) \qquad (1.62)$$

für $0 \leq s_1 \leq s_2$. Das Ergebnis in Worten: *Die Zufallsvariablen $X_{s_2} - X_{s_1}$ und $X_{s_2-s_1}$ besitzen die gleiche Verteilung*[4]. Der Versuch, die Geschwindigkeit des Brownschen Teilchens als Zufallsvariable einzuführen, scheitert. Sei nämlich

---
[4]Warnung: Dies sagt nicht, daß $X_{s_2} - X_{s_1} = X_{s_2-s_1}$ gilt.

$V_s(\tau) = \tau^{-1}(X_{s+\tau} - X_s)$ mit $s > 0, \tau > 0$. Das Ereignis $V_s(\tau) \in G$ ist mit dem Ereignis $X_{s+\tau} - X_s \in \tau G$ identisch. Wir berechnen seine Wahrscheinlichkeit:

$$P(V_s(\tau) \in G) = (2\pi\tau)^{-d/2} \int_{\tau G} dx\, e^{-(2\tau)^{-1}x^2} = \left(\frac{\tau}{2\pi}\right)^{d/2} \int_G dv\, e^{-\tau v^2/2}.$$

Die Dichte $[\tau/(2\pi)]^{d/2} \exp(-\tau v^2/2)$ wird für $\tau \to 0$ immer flacher und breiter: Es existiert *keine* Grenzverteilung. Für das Brownsche Experiment ($d = 2$ oder $3$) bedeutet dies, daß die genäherte Geschwindigkeit $V_s(\tau)$ beliebig große Werte mit immer größerer Wahrscheinlichkeit annimmt. Sei etwa $c$ die Lichtgeschwindigkeit, so gibt es ein $\tau$ derart, daß $P(|V_s(\tau)| > c) > 1 - \epsilon$ gilt: Die Wahrscheinlichkeit, daß die Geschwindigkeit des Brownschen Teilchens dem Betrage nach größer als die Lichtgeschwindigkeit ist, kommt dem Wert 1 beliebig nahe, sofern man die Zeitdifferenz $\tau$ für die Messung nur beliebig klein macht. Der Wiener-Prozeß stellt somit eine Idealisierung dar, die — allzu ernst genommen — sogar wichtige physikalische Prinzipien verletzt.

Wir wollen das eingangs betrachtete Beispiel verallgemeinern. Es sei jetzt $A \subset \mathbb{R}^{nd}$ durch die Bedingungen $x_i - x_{i-1} \in G_i$, $i = 2, \ldots, n$, definiert. Aus der Grundformel (1.59) folgt

$$P(\{X_{s_1}, \ldots, X_{s_n}\} \in A) = \prod_{i=2}^{n} \int_{G_i} dy\, K(y, s_i - s_{i-1}) \tag{1.63}$$

($0 < s_1 < \cdots < s_n$), oder etwas anders geschrieben:

$$P(X_{s_i} - X_{s_{i-1}} \in G_i\,;\, i = 2, \ldots, n) = \prod_{i=2}^{n} P(X_{s_i} - X_{s_{i-1}} \in G_i). \tag{1.64}$$

Was bringt diese Identität inhaltlich zum Ausdruck? Wir erinnern an eine bekannte Begriffsbildung aus der Wahrscheinlichkeitstheorie: Eine Folge von Zufallsvariablen $Y_1, Y_2, \ldots$ (endlich oder unendlich) heißt *unabhängig*, wenn ihre n-Verteilungen vollständig faktorisieren. Für jedes $n$ gilt also

$$P(Y_1 \in A_1, \ldots, Y_n \in A_n) = P(Y_1 \in A_1) \cdots P(Y_n \in A_n).$$

Man sagt, ein stochastischer Prozeß besitze *unabhängige Zuwächse*, wenn für ihn die Formel (1.64) gilt. Fazit: Der Wiener-Prozeß ist ein homogener Gauß-Prozeß mit unabhängigen Zuwächsen.

## 1.7 Erwartungswerte

Aus der Symmetrie $K(x, s) = K(-x, s)$ folgt, daß der Mittelwert für den Ort des Brownschen Teilchens verschwindet:

$$E(X_s) = \int dx\, x K(x, s) = 0\,. \tag{1.65}$$

## 1.7. Erwartungswerte

Gewissermaßen oszilliert der Pfad um den Ausgangspunkt, wobei alle Richtungen des Raumes gleichmäßig bedacht werden. Obwohl der Prozeß kein Gedächtnis hat, spielt der Punkt $x = 0$ eine scheinbar ausgezeichnete Rolle. Der Widerspruch löst sich, sobald wir erkennen, daß es sich im Grunde bei der Größe $E(X_s)$ um einen *bedingten Erwartungswert* handelt, nämlich um den Mittelwert von $X_s$ *unter der Information* $X_0 = 0$. Allgemein finden wir jedoch den Mittelwert

$$\int dx'\, x'\, K(x' - x, s' - s) = x \qquad (0 \leq s \leq s') \tag{1.66}$$

von $X_{s'}$ unter der Information $X_s = x$. Die Gleichberechtigung aller Punkte des Raumes wird somit deutlich. Auch muß davor gewarnt werden, Erwartungswerte durch *zeitliche* Mittelwerte individueller Pfade berechnen zu wollen: Solche Mittelwerte existieren im allgemeinen nicht.

Die mittlere quadratische Abweichung haben wir schon an früherer Stelle (siehe (1.35)) betrachtet. Bezeichnen wir mit $X_{sk}$ ($k = 1, \ldots, d$) die einzelnen Komponenten von $X_s$, so führen Symmetriebetrachtungen bereits auf die Darstellung

$$E(X_{sk} X_{s'k'}) = G(s, s')\delta_{kk'}, \qquad \delta_{kk'} = \begin{cases} 1 & k = k' \\ 0 & k \neq k' \end{cases}. \tag{1.67}$$

Abkürzend, $E(X_s X_{s'}) = G(s, s')\mathbf{1}$. Indem wir auf beiden Seiten die Spur bilden und mit (1.35) vergleichen, finden wir die einfache Aussage $G(s, s) = s$ (für $D = \frac{1}{2}$).

Nun sei $0 \leq s \leq s'$ vorausgesetzt. Dann sind die Zuwächse $X_s - X_0$ und $X_{s'} - X_s$ unabhängig. Folglich zerfällt ihr gemeinsamer Erwartungswert in zwei Faktoren (beide gleich Null), und wir erhalten, erneut unter der Voraussetzung $X_0 = 0$,

$$E(X_s X_{s'}) = E((X_s - X_0)(X_{s'} - X_s)) + E(X_s^2) = s\mathbf{1}.$$

Selbstverständlich ist $E(X_s X_{s'})$ symmetrisch unter der Vertauschung von $s$ und $s'$, und somit haben wir bereits die fundamentale *Kovarianz-Matrix* für den Wiener-Prozeß gefunden:

$$E(X_s X_{s'}) = \mathrm{Min}(s, s')\mathbf{1} \tag{1.68}$$

d.h. $G(s, s') = \mathrm{Min}(s, s')$.

**Der Kovarianz-Operator des Wiener-Prozesses.** Bemerkenswert ist, daß der Ausdruck $G(s, s') = \mathrm{Min}(s, s')$ zugleich die Greensche Funktion für das klassische Problem des schwingendes Seiles darstellt. Dies wollen wir kurz erläutern. Die Koordinate $s \geq 0$ bezeichnet Punkte entlang des Seiles. Man denke sich das unendlich lange Seil an einem Ende aufgehängt und frei schwingend. Verbunden mit diesem Problem ist der Operator $Df(s) = -f''(s)$ auf $L^2(0, \infty)$ unter der Randbedingung $f(0) = 0$, dessen Spektrum kontinuierlich ist. Zu jedem Spektralwert $\lambda^2$ von $D$ existiert eine Schwingungsmode, beschrieben durch eine (verallgemeinerte) Eigenfunktion

$$e_\lambda(s) = \sqrt{\frac{2}{\pi}} \sin \lambda s \qquad (\lambda \geq 0).$$

Wie man leicht nachrechnet, gilt

$$\langle s | D^{-1} | s' \rangle := \int_0^\infty d\lambda\, \lambda^{-2} e_\lambda(s) e_\lambda(s') = \mathrm{Min}(s, s'),$$

wobei — wir folgen der Diracschen Konvention — das Symbol $\langle s|D^{-1}|s'\rangle$ für den Integralkern (kurz *Kern*) des Operators $D^{-1}$ steht:

$$D^{-1}f(s) = \int_0^\infty ds' \, \langle s|D^{-1}|s'\rangle f(s') \qquad (f \in L^2).$$

Der Kern von $D^{-1}$ heißt auch *Greensche Funktion*, wenn der Operator $D$ sich, wie hier, aus einem Differentialausdruck + Randbedingungen herleitet [36]. Ist $G(s,s') = \langle s|D^{-1}|s'\rangle$ die Kovarianz eines Gauß-Prozesses $X_s$, so heißt $D^{-1}$ der *Kovarianz-Operator* von $X_s$.

Es sei allgemein $D > 0$, $G(s,s')$ die Greensche Funktion und, aus Gründen der Einfachheit, $d = 1$. Die Kovarianz $\boldsymbol{E}(X_s X_{s'}) = G(s,s')$ charakterisiert den mit ihr verbundenen Gauß-Prozeß $X_t$ bereits vollständig. Der Beweis folgt unmittelbar: Für reelle $p_1, \ldots, p_n$ ist

$$Y = p_1 X_{s_1} + p_2 X_{s_2} + \cdots p_n X_{s_n}$$

eine Gaußsche Zufallsvariable mit $\boldsymbol{E}(Y) = 0$ und $\boldsymbol{E}(Y^2) = \sum_{j,k} p_j p_k G(s_j, s_k)$. Deshalb gilt

$$\boldsymbol{E}\left(\exp i \sum p_j X_{s_j}\right) = \exp\left\{-\tfrac{1}{2} \sum p_j p_k G(s_j, s_k)\right\}. \tag{1.69}$$

Alle n-Verteilungen des Prozesses lassen sich hieraus durch eine Fourier-Transformation (bezüglich $p_1, \ldots, p_n$) gewinnen.

**Anmerkung.** Es sei $s_j \neq s_k$ für $j \neq k$. Die Bedingung $\boldsymbol{E}(Y^2) > 0$ ($= 0$ nur für $p_1 = \cdots = p_n = 0$) besagt, daß $g_{jk} = G(s_j, s_k)$ die Elemente einer positiven $n \times n$-Matrix sind. Da dies für alle Zeiten $s_1, \ldots, s_n$ und alle $n$ zu gelten hat, muß $D$ ein *positiver* Operator sein. Ist diese Bedingung verletzt, läßt sich für $D$ kein Gauß-Prozeß konstruieren.

Das Ergebnis (1.68) läßt sich auf zwei Weisen umformulieren:

$$\boldsymbol{E}\big((X_{s'} - X_s)(X_{s'} - X_s)\big) = |s' - s| \tag{1.70}$$

$$\boldsymbol{E}\big((X_{s'} - X_s)(X_{t'} - X_t)\big) = |[s,s'] \cap [t,t']| \qquad (s' > s, t' > t). \tag{1.71}$$

Die Formeln, der Einfachheit halber für $d = 1$ aufgeschrieben, zeigen erneut, daß der Wiener-Prozeß nicht differenzierbar ist. Im Sinne der Distributionen finden wir jedoch die Aussage:

$$\frac{\partial}{\partial s} \frac{\partial}{\partial s'} \operatorname{Min}(s,s') = \delta(s - s'). \tag{1.72}$$

Formal besitzt die Ableitung $W_s = \dot{X}_s$ ('*weißes Rauschen*') die Kovarianz

$$\boldsymbol{E}(W_s W_{s'}) = \delta(s - s')$$

und kann als ein *verallgemeinerter* stochastischer Prozeß eingeführt werden [76]), d.h. erst nach Integration mit reellen Funktionen $f \in L^2(0,\infty)$ entstehen Gaußsche Zufallsvariable

$$W(f) := \int_0^\infty f(s) W_s ds \equiv \int_0^\infty f(s) dX_s \tag{1.73}$$

im herkömmlichen Sinn mit den definierenden Eigenschaften

$$\boldsymbol{E}(W(f)) = 0 \quad , \quad \boldsymbol{E}(W(f)^2) = \|f\|^2 := \int_0^\infty ds \, f(s)^2. \tag{1.74}$$

Durch *Polarisierung* der Formel für die Varianz gelangen wir zur Formel für die Kovarianz:
$$E\big(W(f)W(g)\big) = (f,g) := \int_0^\infty ds\, f(s)g(s) \qquad (1.75)$$
($f,g \in L^2$, reell). Alle Informationen über das *stochastische Integral* (1.73) sind zusammengefaßt in dem erzeugenden Funktional
$$E\big(\exp\{iW(f)\}\big) = \exp\{-\tfrac{1}{2}\|f\|^2\}. \qquad (1.76)$$
Diese Formel kann dazu dienen, das weiße Rauschen auch für negative Zeiten zu definieren, es gewissermaßen auf die gesamte Zeitachse auszudehnen. Dazu haben wir nur $W(f)$ als einen verallgemeinerten stochastischen Prozeß auf $L^2(-\infty,\infty)$ anzusehen, indem wir in (1.76) das Normquadrat von $f$ neu interpretieren:
$$\|f\|^2 = \int_{-\infty}^\infty ds\, f(s)^2\,.$$
Das stochastische Integral für beliebige $f \in L^2(-\infty,\infty)$ ist in gewisser Weise universell zu nennen: Viele wichtige Gauß-Prozesse $Y_t$ lassen sich in der Form $Y_t = W(f_t)$ darstellen mit einer geeignet gewählten Schar $f_t$ von reellen quadratintegrablen Funktionen. Das einfachste Beispiel bietet der Wiener-Prozeß $X_t$ selbst. Hier finden wir leicht den Zusammenhang
$$X_t = W(f_t) \qquad f_t(s) = \begin{cases} 1 & 0 \leq s \leq t \\ 0 & \text{sonst.} \end{cases} \qquad (1.77)$$

## 1.8 Der Ornstein-Uhlenbeck Prozeß

Ein wichtiger Meilenstein auf dem Weg zu einer dynamischen Theorie der Brownschen Bewegung war ein neuer Ansatz von Ornstein und Uhlenbeck [172]. Wir betrachten nur das eindimensionale Problem, der allgemeine Fall $d > 1$ bietet prinzipiell nichts Neues. Es sei $x(t)$ die Position eines Brownschen Teilchens zur Zeit $t$. Selbstverständlich nehmen wir an, daß es sich bei $x(t)$ um eine Zufallsvariable handelt, doch diesmal soll die Geschwindigkeit $v(t) = \dot{x}(t)$ existieren und einer Langevin-Gleichung gehorchen:
$$dv(t) = -\gamma v(t)dt + \sigma dX_t \qquad (X_t = \text{Wiener-Prozeß},\ \gamma > 0). \qquad (1.78)$$
Die Kraft setzt sich zusammen aus einem Reibungsterm $-\gamma v(t)$ und einer stochastischen Kraft $\sigma W(t)$, wobei $W(t) = \dot{X}_t$ die Ableitung des Wiener-Prozesses, also das *weiße Rauschen* bezeichnet. Auf die mathematische Struktur von stochastischen Differentialgleichungen werden wir hier nicht ausführlich eingehen können. Wir verweisen deshalb auf die Literatur (z.B. [80]). Zur physikalischen Natur der Bewegungsgleichung (1.78) merken wir zwei Dinge an:

- Das Brownsche Teilchen bewegt sich in einem Medium, das sowohl für den deterministischen als auch für den stochastischen Anteil der Kraft verantwortlich ist. Dieses Medium, entweder eine Flüssigkeit oder ein Gas, ist jedoch als ein *ruhender* Hintergrund zu denken. Das erklärt den Verlust der Invarianz gegenüber Galilei-Transformationen (Übergang zu einem bewegten Bezugssystem).

- Mit der Reibung ist eine für das System charakteristische Zeitkonstante $\tau = \gamma^{-1}$ verknüpft, die typischerweise in der Größenordnung von $10^{-8}$ Sekunden liegt. Die Beobachtungszeit $t$ ist in jedem Fall groß gegenüber $\tau$.

Für $v(0) = v_0$ schreiben wir die Lösung des Anfangswertproblems so auf, als wären wir von einer gewöhnlichen Differentialgleichung ausgegangen:

$$v(t) = e^{-\gamma t}v_0 + \sigma \int_0^t e^{-\gamma(t-s)}dX_s \qquad (t \geq 0). \tag{1.79}$$

Man sieht sofort, daß diese Lösung wohldefiniert ist, wenn das Integral auf der rechten Seite als ein *stochastisches Integral* interpretiert wird:

$$\int_0^t e^{-\gamma(t-s)}dX_s = W(f_t) \qquad f_t(s) = \begin{cases} e^{-\gamma(t-s)} & 0 \leq s \leq t \\ 0 & \text{sonst.} \end{cases}$$

Um einfache Verhältnisse zu schaffen, wollen wir annehmen, die Anfangsgeschwindigkeit $v_0$ sei eine deterministische, keine stochastische Größe. Dann ist die Geschwindigkeit $v(t)$ normalverteilt mit dem Mittelwert

$$E(v(t)) = e^{-\gamma t}v_0 \tag{1.80}$$

und der Kovarianz $\sigma^2 E\bigl(W(f_t)W(f_{t'})\bigr) = \sigma^2 G(t,t')$, wobei

$$G(t,t') = (f_t, f_{t'}) = \frac{1}{2\gamma}\left(e^{-\gamma|t-t'|} - e^{-\gamma(t+t')}\right). \tag{1.81}$$

Für $\gamma \to 0$ strebt $G(t,t')$ gegen $\text{Min}(t,t')$: In diesem Grenzfall erhalten wir den Wiener-Prozeß aus dem Ornstein-Uhlenbeck-(Geschwindigkeits)-Prozeß. Für $\gamma > 0$ und $t \gg \tau$ ($\gamma t \gg 1$) erinnert sich das Brownsche Teilchen nicht mehr an den Anfangswert der Geschwindigkeit, d.h. asymptotisch ist $v(t)$ normalverteilt mit Mittelwert Null und Varianz $\sigma^2/(2\gamma)$. Aus dem Gleichverteilungssatz für die Energie in der statistischen Mechanik folgt für $t \to \infty$ die Beziehung

$$\tfrac{1}{2}mE(v^2) = \tfrac{1}{2}k_B T \qquad \text{also} \qquad \sigma^2 = 2\gamma k_B T/m\,, \tag{1.82}$$

die die Temperatur $T$ mit $\sigma$ verknüpft. Aus der Startbedingung $x(0) = 0$ für den Ort des Brownschen Teilchens erhalten wir

$$x(t) = \int_0^t dt\, v(t)\,, \tag{1.83}$$

wobei die Lösung (1.79) für $v(t)$ einzusetzen ist. Dann ist $x(t)$ normalverteilt mit dem Mittelwert

$$E(x(t)) = \gamma^{-1}(1 - e^{-\gamma t})v_0 \tag{1.84}$$

## 1.8. Der Ornstein-Uhlenbeck Prozeß

und der Kovarianz $E(x(t)x(t')) = \sigma^2 \hat{G}(t,t')$, wobei

$$\hat{G}(t,t') = \int_0^t ds \int_0^{t'} ds' \, G(s,s') = \gamma^{-2}\text{Min}(t,t') + g(t,t')$$

$$g(t,t') = -\tfrac{1}{2}\gamma^{-3}\left(e^{-\gamma|t-t'|} + e^{-\gamma(t+t')} + 2 - 2e^{-\gamma t} - 2e^{-\gamma t'}\right).$$

Der Zusatzterm $g(t,t')$ unterscheidet die Ornstein-Uhlenbeck-Theorie von der Einsteinschen Theorie der Brownschen Bewegung. Für genügend große Zeiten ($t$ oder $t'$) ist er jedoch gegenüber $\gamma^{-2}\text{Min}(t,t')$ vernachlässigbar. Um den Kontakt mit der Einsteinschen Theorie vollends herzustellen, ist es nötig, die Diffusionskonstante $D$ durch das asymptotische Verhalten der Varianz festzulegen:

$$D = \lim_{t\to\infty} \frac{\sigma^2}{2t}\hat{G}(t,t) = \frac{\sigma^2}{2\gamma^2}. \tag{1.85}$$

Nach dieser Bestimmung von $D$ ist klar: Für genügend großes $t$, konkret für $t \gg \gamma^{-1}$, geben beide Theorien identische Resultate, und der zeitliche Verlauf von $x(t)$ für große Zeiten entspricht einem Wiener-Prozeß mit dem Startwert $x(0) = \gamma^{-1}v_0$. Der Vergleich hat auch gezeigt, daß die Einstein-Beziehung $D = k_B T/f$ gilt, wobei $f = m\gamma$ die Reibungskonstante ist.

**Kovarianz-Operator des Ornstein-Uhlenbeck-Prozesses.** Wiederum ist $G(s,s')$ die Greensche Funktion eines Differentialoperators. Es sei $D$ derjenige selbstadjungierte Operator auf $L^2(0,\infty)$, der dem Differentialausdruck $-d^2/ds^2 + \gamma^2$ und der Randbedingung $f(0) = 0$ entspricht. Der Operator ist positiv und sein Spektrum rein kontinuierlich. Zu jedem Spektralwert $\lambda^2 + \gamma^2$ von $D$ gehört eine verallgemeinerte Eigenfunktion $e_\lambda(s) = \sqrt{2/\pi}\sin \lambda s$ ($\lambda > 0$). Damit $D^{-1}$ als Kovarianz-Operator des Ornstein-Uhlenbeck-Prozesses erkannt wird, haben wir nur noch seinen Integralkern zu bestimmen:

$$\langle s|D^{-1}|s'\rangle := \int_0^\infty d\lambda \, \frac{e_\lambda(s)e_\lambda(s')}{\lambda^2 + \gamma^2} = \frac{1}{2\gamma}\left(e^{-\gamma|s-s'|} - e^{-\gamma(s+s')}\right).$$

Das Ergebnis ist wie gewünscht.

**Oszillator-Prozeß.** Eng verwandt mit dem Ornstein-Uhlenbeck-Prozeß ist der Oszillator-Prozeß $Q_t$. Auch dieser Prozeß kann als ein stochastisches Integral eingeführt werden,

$$Q_t = \int_t^\infty e^{-k(s-t)} dX_s = W(g_t) \qquad g_t(s) = \begin{cases} e^{-k(s-t)} & s \geq t \\ 0 & \text{sonst,} \end{cases} \tag{1.86}$$

und wir begnügen uns mit der eindimensionalen Situation. Der Prozeß $Q_t$ kann für alle $t \in \mathbb{R}$ erklärt werden, er gehört somit zu den *zweiseitigen* Prozessen. Seine Bedeutung zeigt sich erst, wenn wir das Pfadintegral für den harmonischen Oszillator der Quantenmechanik studieren. Dann übernimmt der Parameter $k$ die Rolle der Oszillatorfrequenz, und der Hamilton-Operator hat die Form

$$H = \tfrac{1}{2}(-d^2/dx^2 + k^2 x^2 - k) \qquad (k > 0).$$

Die Kovarianz des Prozesses $Q_s$ ist leicht zu berechnen:

$$\begin{aligned} E(Q_s Q_{s'}) &= (g_s, g_{s'}) \\ &= e^{k(s+s')} \int_{\text{Max}(s,s')}^{\infty} dt\, e^{-2kt} = (2k)^{-1} e^{-k|s'-s|}. \end{aligned}$$

**Kovarianz-Operator des Oszillator-Prozesses.** Wir entnehmen der Formel

$$\langle s | D^{-1} | s' \rangle = (2k)^{-1} e^{-k|s-s'|} = (2\pi)^{-1} \int_{-\infty}^{\infty} d\lambda\, \frac{e^{i\lambda(s-s')}}{\lambda^2 + k^2}$$

bereits alle Informationen über den Kovarianz-Operator $D^{-1}$ und somit auch über $D$. Offensichtlich entspricht $D$ gerade dem Differentialausdruck $-d^2/ds^2 + k^2$ auf $L^2(-\infty, \infty)$.

Für $k \to 0$ strebt $(2k)^{-1} e^{-k|s-s'|}$ gegen $\delta(s-s')$. Deshalb ist das weiße Rauschen ein Grenzfall des Prozesses $kQ_s$. Der Oszillator-Prozeß (das weiße Rauschen eingeschlossen) ist der einzige invariante Gaußsche Markoff-Prozeß bis auf eine Skalentransformation von Raum und Zeit; 'invariant' heißt hier, daß alle $n$-Verteilungen unter beliebigen Zeittranslationen sich nicht ändern ([152], Corollary 4.11): Dies ist eine stärkere Forderung als die zeitliche Homogenität der Übergangsfunktion.

**Mehlersche Formel.** Wir wollen den Oszillator-Prozeß beispielhaft benutzen, um einige Verteilungen zu berechnen, die uns in dem quantenmechanischen Zusammenhang begegnen werden, und beginnen mit $P(Q_s \in dx)$. Aus der erzeugenden Funktion

$$E\big(\exp(ipQ_s)\big) = \exp(-\tfrac{1}{2} p^2 \|g_s\|^2)$$

und $\|g_s\|^2 = (2k)^{-1}$ folgt durch eine Fourier-Transformation

$$P(Q_s \in dx) = dx\, (k/\pi)^{1/2} \exp(-kx^2) = dx\, \Omega(x)^2$$

unabhängig von $s$. Die Formel weist auf einen Zusammenhang mit der Wellenfunktion $\Omega(x)$ des Grundzustandes (im Sinne der Quantenmechanik) für den harmonischen Oszillator. Sodann bemühen wir uns, die gemeinsame Verteilung von $Q_s$ und $Q_{s'}$ zu finden. Es sei $s < s'$, $\nu = k(s'-s)$ und

$$A = \begin{pmatrix} (g_s, g_s) & (g_s, g_{s'}) \\ (g_{s'}, g_s) & (g_{s'}, g_{s'}) \end{pmatrix} = \frac{1}{2k} \begin{pmatrix} 1 & e^{-\nu} \\ e^{-\nu} & 1 \end{pmatrix} \quad \mathbf{x} = \begin{pmatrix} x \\ x' \end{pmatrix} \quad \mathbf{p} = \begin{pmatrix} p \\ p' \end{pmatrix}.$$

Zunächst haben wir den Erwartungswert

$$E\big(\exp(ipQ_s + ip'Q_{s'})\big) = \exp\left(-\tfrac{1}{2} \mathbf{p}^T A \mathbf{p}\right)$$

als Funktion von $p$ und $p'$. Eine Fourier-Transformation führt auf die Gauß-Verteilung

$$P(Q_s \in dx, Q_{s'} \in dx') = \frac{dx\, dx'}{2\pi \sqrt{\det A}} \exp\left(-\tfrac{1}{2} \mathbf{x}^T A^{-1} \mathbf{x}\right)$$

mit

$$A^{-1} = \frac{2k}{1-e^{-2\nu}} \begin{pmatrix} 1 & -e^{-\nu} \\ -e^{-\nu} & 1 \end{pmatrix} \qquad \det A = \frac{1-e^{-2\nu}}{4k^2}.$$

Wir schreiben $P(Q_s \in dx, Q_{s'} \in dx') = P(Q_{s'} \in dx' | Q_s = x) P(Q_s \in dx)$, um die Übergangsfunktion zu finden, und stellen das Ergebnis dar in der Form:

$$\begin{aligned} P(Q_{s'} \in dx' | Q_s = x) &= dx'\, \Omega(x') \langle x', s' | x, s \rangle \Omega(x)^{-1} \quad, \quad \nu = k(s'-s) \\ \langle x', s' | x, s \rangle &= \left(\frac{k}{\pi(1-e^{-2\nu})}\right)^{1/2} \exp\left\{-\frac{k(x^2+x'^2)}{2\tanh\nu} + \frac{kxx'}{\sinh\nu}\right\}. \end{aligned}$$

## 1.8. Der Ornstein-Uhlenbeck Prozeß

(Mehlersche Formel). Hierin ist

$$\langle x', s'|x, s\rangle = \langle x'|e^{-(s'-s)H}|x\rangle$$

die sog. *Übergangsamplitude* für den harmonischen Oszillator, die wir später durch ein Pfadintegral ermitteln, wodurch ihre Bedeutung klarer wird. Oft benötigt man nur die Werte der Amplitude für $x = x'$. Dann tritt eine geringfügige Vereinfachung ein:

$$\langle x, s'|x, s\rangle = \left(\frac{k}{\pi(1-e^{-2\nu})}\right)^{1/2} \exp\left\{-kx^2 \tanh\frac{\nu}{2}\right\}.$$

Insbesondere heißt

$$\begin{aligned} e^{-\beta F} &= \int dx\, \langle x|e^{-\beta H}|x\rangle \\ &= \int \boldsymbol{P}(Q_\beta \in dx|Q_0 = x) = (1-e^{-k\beta})^{-1} \end{aligned}$$

die *Zustandssumme* und $F = F(\beta)$ die *freie Energie* des Oszillators.

# Kapitel 2

# Die Feynman-Kac-Formel

> *The physicist cannot understand the mathematician's care in solving an idealized physical problem. The physicist knows the real problem is much more complicated. It has already been simplified by intuition which discards the unimportant and often approximates the remainder.*
> — Richard Feynman

Das Mundspitzen über den stochastischen Zugang zur Quantenmechanik hat lange genug gedauert, jetzt muß gepfiffen werden. Gleichzeitig lenken wir die Betrachtung auf *Mengen* zufälliger Pfade. Dabei werden Pfade wie Punkte und Mengen wie Gebiete eines abstraktes Raumes behandelt. So wie man beschränkten Gebieten des $\mathbb{R}^n$ ein Volumen (das Lebesgue-Maß) zuordnet, soll ein Maß für geeignete Mengen von Pfaden (sog. Zylindermengen) erklärt werden. Es bildet die Grundlage für die Pfadintegrale der Quantenmechanik. Das Resultat, die Feynman-Kac-Formel, vernüpft die Schrödinger-Halbgruppe $e^{-tH}$ für den Energie-Operator $H = -\frac{1}{2}\Delta + V$ mit einem Integral über Brownsche Pfade. Für diese Formel gibt es sowohl einen analytischen Beweis auf der Basis der Trotter-Produktformel [108] [152] als auch einen stochastischen Beweis [32] [33]. Wir skizzieren nur das analytische Argument.

## 2.1 Das bedingte Wiener-Maß

Für die Zwecke der Quantenmechanik erweist sich die folgende Konstruktion einer Basismenge als nützlich. Es sei $\Omega$ die Menge aller stetigen Pfade $\omega : [s, s'] \to \mathbb{R}^d$ mit $\omega(s) = x$ und $\omega(s') = x'$ $(0 < s < s')$. In Worten: Anfangs- und Endpunkt der Pfade sind fixiert (s.Abb.2.1)

Die Menge $\Omega$ soll das Maß

$$\mu(\Omega) = \int_\Omega d\mu(\omega) = K(x' - x, s' - s) > 0 \qquad (2.1)$$

```
          Raum
            |
            |    x                  ω
            |    •~~~~~~~~~~~~~~~~~~~~~~~~~~~~~~~~~~• x'
            |
         ___|____|_____|_____
            |    s                        s'    Zeit→
            |
```

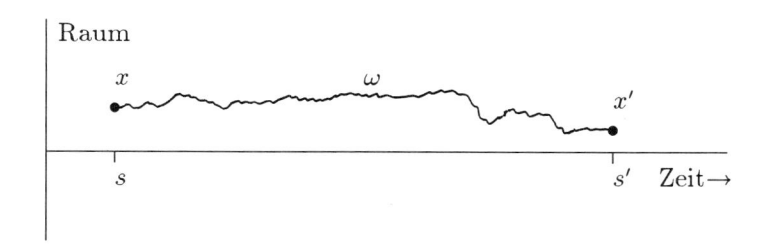

*Abb. 2.1: Ein Brownscher Pfad, dessen Endpunkte fixiert sind*

besitzen mit $K(x,s) = (2\pi s)^{-d/2} \exp(-(2s)^{-1}x^2)$. Damit ist das Maß zwar endlich, jedoch nicht auf 1 normiert: $\mu$ ist kein W-Maß.

Nun gehen wir daran, Teilmengen von $\Omega$ zu kennzeichnen und ihnen ein Maß zuzuordnen. Zu diesem Zweck unterteilen wir das Zeitintervall, indem wir $n$ Zwischenzeiten wählen:
$$s < s_1 < \cdots < s_n < s'.$$
Für jede dieser Zeiten $s_i$ wählen wir ein 'Fenster' $A_i \subset \mathbb{R}^d$ und verlangen, daß alle Pfade diese Fenster passieren. Die so bestimmte Menge heiße $\Omega_A$, wenn $A = A_1 \times \cdots \times A_n$ gesetzt wird. Formal:
$$\Omega_A = \{\omega \in \Omega \,|\, \omega(s_i) \in A_i, \, i=1,\ldots,n\}. \tag{2.2}$$

Jeder so bestimmten Menge wollen wir das Maß
$$\mu(\Omega_A) = \int_{\Omega_A} d\mu(\omega) =$$
$$\int_{A_n} dx_n \cdots \int_{A_1} dx_1 \, K(x'-x_n, s'-s_n) \cdots K(x_1-x, s_1-s) \tag{2.3}$$
zuordnen. Variiert man $A$ über alle kartesischen Produkte $A_1 \times \cdots \times A_n$ und $s_1,\ldots,s_n$ über alle Zeiten, so erhält man ein erzeugendes System[1] von Teilmengen $\Omega_A \subset \Omega$. Das Maß $\mu$ läßt sich auf alle meßbaren Mengen fortsetzen. Es wird das *bedingte Wiener-Maß* genannt. Die Grundmenge $\Omega$ und das Maß $\mu$ hängen von $x, x', s, s'$ ab. Will man diese Abhängigkeit betonen, so schreibt man
$$\Omega = \Omega_{x,s}^{x',s'} \qquad \mu = \mu_{x,s}^{x',s'}. \tag{2.4}$$

**Das Pfadintegral**

Mit Hilfe des Maßes $\mu$ definiert man das *Pfadintegral*
$$I(f) = \int_\Omega d\mu(\omega)\, f(\omega) = \int_{(x,s)\leadsto(x',s')} d\mu(\omega)\, f(\omega) \tag{2.5}$$

---
[1] Eine beliebige meßbare Menge entsteht durch (uneingeschränkte) Durchschnitte und abzählbare Vereinigungen solcher Basismengen.

## 2.1. Das bedingte Wiener-Maß

für „geeignete" Funktionen $f : \Omega \to \mathbb{R}$. Ein solches $f$ ist beispielsweise die charakteristische Funktion einer Menge $\Omega_A$, wie wir sie oben betrachteten:

$$f_A(\omega) = \begin{cases} 1 & \omega \in \Omega_A \\ 0 & \text{sonst.} \end{cases}$$

In diesem Fall ist das Ergebnis der Integration angebbar, nämlich als

$$\int d\mu(\omega) f_A(\omega) = \mu(\Omega_A) \; , \qquad (2.6)$$

weil wir hier nur die Definition des Maßes benutzten. Die Funktion $f_A$ ist in der Tat sehr speziell. Man kann sie selbst wieder als ein Produkt von charakteristischen Funktionen schreiben:

$$f_A(\omega) = \prod_{i=1}^{n} \chi_{A_i}(\omega(s_i)) \qquad (2.7)$$

mit

$$\chi_B(x) = \begin{cases} 1 & x \in B \\ 0 & \text{sonst} \end{cases} \qquad (B \subset \mathbb{R}^d),$$

und wir erkennen, daß $f_A$ nur von *endlich vielen Koordinaten* des Pfades $\omega$ abhängt, nämlich von den Positionen $\omega(s_1), \ldots, \omega(s_n)$.

Für eine allgemeine Funktion $f$ ist es oft nicht möglich, das Pfadintegral zu bestimmen, sei es vermöge einer expliziten Formel oder durch einen effektiven numerischen Algorithmus. Wenn jedoch, wie in dem Beispiel, $f$ nur von endlichen vielen Koordinaten des Pfades abhängt, reduziert sich das Pfadintegral auf ein endlich-dimensionales Integral[2]. Diesen Vorgang wollen wir näher beschreiben.

Wir fixieren die Zeitpunkte $s_i$, variieren aber die Mengen $A_i$ in $A = A_1 \times \cdots \times A_n$. Durch endliche Superpositionen $g = \sum_A c_A f_A$ mit reellen Koeffizienten $c_A$ entstehen stückweise konstante Funktionen von $\omega(s_1), \ldots, \omega(s_n)$, und jede stückweise konstante Funktion von $n$ (Vektor-)Variablen kann so geschrieben werden. Aus der Linearität des Integrals folgt:

$$\int d\mu\, g = \sum_A c_A\, \mu(\Omega_A)$$
$$= \sum_A c_A \int_{A_n} dx_n \cdots \int_{A_1} dx_1\, K(x_1 - x, s_1 - s) \cdots K(x' - x_n, s' - s_n)$$
$$= \int dx_n \cdots \int dx_1 \sum_A c_A \prod_{i=1}^{n} \chi_{A_i}(x_i) K(x_1 - x, s_1 - s) \cdots K(x' - x_n, s' - s_n)$$
$$= \int dx_n \cdots \int dx_1\, g(x_1, \ldots, x_n) K(x_1 - x, s_1 - s) \cdots K(x' - x_n, s' - s_n).$$

Jede stetige Funktion $f$ von $n$ Variablen kann durch stückweise konstante Funktionen approximiert werden. Wir gewinnen so die allgemeine Aussage:

---

[2] Die Dimension eines solchen Integrals kann unter Umständen so groß sein, daß auch hier an eine Berechnung nicht zu denken ist.

*Ist die zu integrierende Funktion $f : \Omega \to \mathbb{C}$ so beschaffen, daß sie nur von endlich vielen Koordinaten des Pfades $\omega$ abhängt, und sind dies die Positionen $x_i = \omega(s_i) \in \mathbb{R}^d$ zu den Zeiten $s_i$, so gilt*

$$\int d\mu\, f = \int dx_n \cdots \int dx_1\, f(x_0, \ldots, x_{n+1}) \prod_{i=0}^{n} K(x_{i+1} - x_i, s_{i+1} - s_i) \quad (2.8)$$

*unter der Annahme $s = s_0 < s_1 < \ldots < s_n < s_{n+1} = s'$.*

Da $n$ hier eine beliebig große Zahl sein kann, ist die Sprechweise gerechtfertigt, mit dem Pfadintegral werde der Begriff des gewöhnlichen Integrals auf unendlich-dimensionale Räume ausgedehnt.

### Erwartungswerte

Vom Standpunkt der Stochastik würde man dem Begriff des Erwartungswertes (bezüglich des Wiener-Prozesses $X_t$) den Vorzug geben und analytische Konstruktionen wie das 'Pfadintegral' darauf zurückführen. Wir wollen deshalb kurz auf die Frage nach dem Zusammenhang eingehen, in dem beide Begriffe miteinander stehen. Es sei $E(f(X))$ der Erwartungswert bezüglich des Wiener-Prozesses $X_t$. Wir wollen wie oben voraussetzen, daß $f(X)$ nur von dem Abschnitt $\{X_t \mid s \leq t \leq s'\}$ abhängig ist. Dann gilt

$$E(f(X)) = \int dx \int dx' \int_{(x,s) \rightsquigarrow (x',s')} d\mu(\omega) f(\omega) K(x,s).$$

Hierfür schreibt man auch $E(f(X)) = \int dx\, E_{x,s}(f(X)) K(x,s)$ und nennt $E_{x,s}$ den Erwartungswert für die Irrfahrt, die zur Zeit $s$ im Punkt $x$ startet. Die Identität

$$E_{x,s}(f(X)) = \int dx' \int_{(x,s) \rightsquigarrow (x',s')} d\mu(\omega) f(\omega) \quad (2.9)$$

definiert das Pfadintegral bereits vollständig durch den bedingten Erwartungswert. Die folgenden Formeln zeigen diese Tatsache aus einer anderen Perspektive: Indem man $f(X) = \bar{\psi}'(X_{s'}) u(X) \psi(X_s)$ setzt und (2.9) beidseitig über $x$ integriert, gelangt man zu der Relation

$$\int dx\, E_{x,s}\bigl(\bar{\psi}'(X_{s'}) u(X)\bigr) \psi(x) = (\psi', U_{s',s} \psi), \quad (2.10)$$

gültig für (komplexe) Wellenfunktionen $\psi, \psi' \in L^2(\mathbb{R}^d)$ und einen Operator $U_{s',s}$, dessen Kern durch das Pfadintegral über die Funktion $u$ gegeben ist:

$$\langle x' | U_{s',s} | x \rangle = \int_{(x,s) \rightsquigarrow (x',s')} d\mu(\omega)\, u(\omega). \quad (2.11)$$

Der einfachste Fall liegt vor, wenn wir $u \equiv 1$ setzen:

$$\langle x' | U_{s',s} | x \rangle = K(x' - x, s' - s) \quad,\quad U_{s',s} = e^{-(s'-s)H_0} \quad,\quad H_0 = -\tfrac{1}{2}\Delta.$$

Die Operatoren $U_{t,0}$ ($t \geq 0$) beschreiben die mit der kräftefreien Bewegung verbundene Halbgruppe.

**Fourier-Darstellung**

Wenn wir die Funktionen $\psi(x)$ und $\psi'(x)$ nach ebenen Wellen entwickeln und

$$U_{s',s}(p',p) = \int dx' \int dx\, e^{i(px - p'x')} \langle x'|U_{s',s}|x\rangle$$

einführen, gelangen wir zur Darstellung

$$\begin{aligned} U_{s',s}(p',p) &= \int dx\, e^{ipx} E_{x,s}\bigl(u(X)\exp(-ip'X_{s'})\bigr) \\ &= \int dx\, e^{i(p-p')x} E_{x,s}\left(u(X)\exp\left\{-ip'\int_s^{s'} dX_t\right\}\right). \end{aligned}$$

**Beispiel.** Es sei $d = 3$, $A(t) \in \mathbb{R}^3$ ein Vektorpotential (zeitabhängig, aber nicht ortsabhängig) und $H(t) = \frac{1}{2}(i\nabla + A(t))^2$ der zugehörige Hamilton-Operator. Wir setzen

$$u(X) = \exp\left\{i\int_s^{s'} A(t)\cdot dX_t\right\}$$

und erhalten nach den Regeln für stochastische Integrale (siehe (1.76)):

$$E_{x,s}\left(u(X)\exp\left\{-ip\int_s^{s'} dX_t\right\}\right) = \exp\left\{-\tfrac{1}{2}\int_s^{s'} dt\,(p - A(t))^2\right\} \qquad (2.12)$$

unabhängig von $x$. Daraus folgt: Der mit $u$ verknüpfte Operator $U_{s',s}$ multipliziert eine ebene Welle $e^{ipx}$ mit der Exponentialfunktion (2.12), d.h. es gilt $U_{s',s} = \exp\{-\int_s^{s'} dt\, H(t)\}$, und $\psi_t = U_{t,0}\phi$ löst das Problem

$$H\psi_t = -\dot\psi_t \quad , \quad \psi_0 = \phi\,.$$

Dies ist ein besonders einfaches Beispiel einer Zeitentwicklung, die nicht durch eine Halbgruppe gegeben wird. Zeitabhängige Energie-Operatoren charakterisieren *offene* Systeme (siehe hierzu den Abschnitt 4.3).

## 2.2 Approximation durch äquidistante Zeiten

Genauso wie man ein gewöhnliches Integral als Limes einer Riemann-Summe von $n$ Termen für $n \to \infty$ erklärt, gewinnt man das allgemeine Pfadintegral als Limes eines $(nd)$-dimensionalen gewöhnlichen Integrals für $n \to \infty$. Genauso wie man sich die Berechnung der Riemann-Summe durch Wahl einer äquidistanten Unterteilung des Integrationsintervalls erleichtert, kann man die endlich-dimensionalen Approximationen des Pfadintegrals durch eine äquidistante Wahl der zeitlichen Stützpunkte $s_1, \ldots, s_n$ spezialisieren. Wir setzen also

$$s_k = s + k\tau \quad , \quad k = 0,\ldots,n \quad , \quad \tau = \frac{s'-s}{n+1}$$

und garantieren so, daß der Zeitschritt $\tau$ gegen Null strebt, wenn $n$ groß wird. Eine interessante Situation entsteht, wenn die zu integrierende Funktion selbst mittels eines Zeitintegrals definiert ist,

$$f(\omega) = \exp\left\{-\int_s^{s'} dt\, V(\omega(t))\right\}, \tag{2.13}$$

weil uns hierdurch nahegelegt würde, das Zeitintegral durch eine Riemann-Summe zu approximieren, um so zu Näherungsfunktionen $f_n$ zu gelangen, die nur von endlich vielen Koordinaten des Pfades $\omega$ abhängen:

$$f_n(\omega) = \exp\left\{-\sum_{k=0}^n \tau V(\omega(s_k))\right\}. \tag{2.14}$$

Auf diese Weise erhalten wir das Integral der Funktion $f$ über alle Pfade $\omega$: $(x,s) \rightsquigarrow (x',s')$:

$$\begin{aligned}
\int d\mu\, f &= \lim_{n\to\infty} \int d\mu\, f_n \\
\int d\mu\, f_n &= \int dx_n \cdots \int dx_1\, K(x'-x_n,\tau)e^{-\tau V(x_n)} K(x_n - x_{n-1},\tau) \\
&\qquad \cdots e^{-\tau V(x_2)} K(x_2 - x_1,\tau) e^{-\tau V(x_1)} K(x_1 - x,\tau) e^{-\tau V(x)} \\
&= \int dx_n \cdots \int dx_1\, \langle x'|e^{\tau\Delta/2}|x_n\rangle e^{-\tau V(x_n)} \langle x_n|e^{\tau\Delta/2}|x_{n-1}\rangle \\
&\qquad \cdots e^{-\tau V(x_2)} \langle x_2|e^{\tau\Delta/2}|x_1\rangle e^{-\tau V(x_1)} \langle x_1|e^{\tau\Delta/2}|x\rangle e^{-\tau V(x)} \\
&= \int dx_n \cdots \int dx_1\, \langle x'|e^{\tau\Delta/2}e^{-\tau V}|x_n\rangle \cdots \langle x_1|e^{\tau\Delta/2}e^{-\tau V}|x\rangle \\
&= \langle x'|T_{n+1}|x\rangle\quad,\qquad T_{n+1} := \left(e^{\tau\Delta/2}e^{-\tau V}\right)^{n+1}.
\end{aligned}$$

Die Vereinfachung der Schreibweise gelang deshalb, weil wir zu dem Operatorkalkül zurückkehrten. Es war auf diesem Wege nur nötig, neben dem Laplace-Operator $\Delta$ auch den Multiplikationsoperator

$$[V\phi](x) = V(x)\phi(x) \qquad (\phi \in L^2(\mathbb{R}^d))$$

einzuführen. Folglich gilt $[e^{-\tau V}\phi](x) = e^{-\tau V(x)}\phi(x)$, wovon wir Gebrauch machten. Wenn wir jetzt noch darlegen können, daß der Limesoperator $T = \lim T_n$ existiert und darüberhinaus

$$T = e^{-(s'-s)H} \qquad \text{mit} \qquad H = -\tfrac{1}{2}\Delta + V \tag{2.15}$$

gilt, so wäre ein Zusammenhang mit einem quantenmechanischen Problem hergestellt, indem $V$ die Rolle des Potentials übernimmt. Vorsicht ist geboten: Nicht jedes Potential führt auf ein sinnvolles Pfadintegral. Durch geeignete Bedingungen muß erreicht werden, daß die Funktion $\exp(-V(x))$ nirgendwo im Raum zu stark anwächst. Dies können wir etwa durch die Forderung $\inf_x V(x) > -\infty$ erreichen. Wir sagen dann, das Potential sei von unten beschränkt. Andererseits ist eine solche Bedingung unnötig restriktiv. Für eine sorgfältige Diskussion dieser Frage sei auf die Literatur verwiesen [152] [155].

## 2.3 Die Trotter-Produktformel

Das Problem, das sich uns stellt, kann allgemein so formuliert werden: Gegeben zwei Operatoren $A$ und $B$, welchen Limes besitzt die Folge

$$\left(e^{A/n}e^{B/n}\right)^n \tag{2.16}$$

für $n \to \infty$ ? Kommutieren die Operatoren miteinander, so ist die Folge unabhängig von $n$, nämlich gleich $e^{A+B}$, und dies wäre zugleich auch ihr Limes. Nun kann man in der Tat unter sehr allgemeinen Voraussetzungen die Gültigkeit der *Trotter-Produktformel*

$$\boxed{e^{A+B} = \lim_{n\to\infty} \left(e^{A/n}e^{B/n}\right)^n} \tag{2.17}$$

beweisen, ohne daß $[A, B] = 0$ erfüllt sein muß.

Der einfachste Beweis benutzt die Voraussetzung, daß sowohl $A$ als auch $B$ beschränkte Operatoren sind:

$$\|A\| = \sup_{\|\phi\|=1} \|A\phi\| < \infty$$
$$\|B\| = \sup_{\|\phi\|=1} \|B\phi\| < \infty.$$

Auf diesen Beweis wollen wir näher eingehen. Zur Abkürzung setzen wir

$$C = e^{A/n+B/n} \qquad D = e^{A/n}e^{B/n}.$$

Dann gilt

$$\|C\| \leq \exp\{\tfrac{1}{n}\|A+B\|\} \leq \exp\{\tfrac{1}{n}(\|A\|+\|B\|)\}$$
$$\|D\| \leq \|e^{A/n}\|\,\|e^{B/n}\| \leq \exp\{\tfrac{1}{n}\|A\|\}\exp\{\tfrac{1}{n}\|B\|\} = \exp\{\tfrac{1}{n}(\|A\|+\|B\|)\}.$$

Die Trotter-Formel ist bewiesen, wenn gezeigt ist, daß $\|C^n - D^n\|$ für wachsendes $n$ gegen Null strebt. Dies beweisen wir, indem wir zunächst schreiben

$$C^n - D^n = \sum_{k=1}^n C^{k-1}(C-D)D^{n-k} \tag{2.18}$$

und dann diese Summe termweise abschätzen:

$$\|C^n - D^n\| \leq \sum_{k=1}^n \|C\|^{k-1}\|C-D\|\,\|D\|^{n-k}$$
$$\leq n\|C-D\|\exp\left\{\tfrac{n-1}{n}(\|A\|+\|B\|)\right\}$$
$$\leq n\|C-D\|\exp\left\{(\|A\|+\|B\|)\right\}.$$

Nun besitzen $C$ und $D$ konvergente Entwicklungen nach $\frac{1}{n}$, so daß folgende Darstellung gilt:

$$C - D = \tfrac{1}{n^2} R \qquad\qquad R = \tfrac{1}{2}[B, A] + O(\tfrac{1}{n}) \;. \qquad (2.19)$$

Da $R$ ein beschränkter Operator ist, gilt $\|C-D\| = O(n^{-2})$ und somit $\|C^n - D^n\| = O(n^{-1})$, was den Beweis vollendet.

Jetzt sei $A = (s'-s)\Delta/2$ und $B = -(s'-s)V$, also $A + B = -(s'-s)H$ unter den Bezeichnungen des letzten Abschnittes. Damit gilt

$$T_n = \left(e^{A/n} e^{B/n}\right)^n \qquad (2.20)$$

für den dort eingeführten Operator $T_n$. Zwar sind $A$ und $B$ in diesem Fall nicht beschränkt, die Trotter-Formel gilt dennoch für ein von unten beschränktes Potential [165] [126] [113], und somit erhalten wir

$$T = \lim_{n\to\infty} T_n = e^{-(s'-s)H} \qquad (s' > s). \qquad (2.21)$$

Wir haben schon gesehen, daß der Integralkern des Operators $T$ sich als ein Pfadintegral darstellen läßt, und gelangen nun zu dem Schluß:

*Für ein von unten beschränktes Potential $V(x)$ und den Hamilton-Operator $H = -\frac{1}{2}\Delta + V$ besitzt der Operator $e^{-(s'-s)H}$ mit $s' > s$ den Integralkern*

$$\langle x'|e^{-(s'-s)H}|x\rangle = \int_{(x,s)\rightsquigarrow(x',s')} d\mu(\omega) \exp\left\{-\int_s^{s'} dt\, V(\omega(t))\right\} \qquad (2.22)$$

(Feynman-Kac-Formel). *Das Pfadintegral erstreckt sich über alle Brownschen Pfade von $(x, s)$ nach $(x', s')$.*

Für einen Beweis unten schwächeren Bedingungen an das Potential siehe [152]. Es ist mitunter bequem, eine alternative Schreibweise für den Integralkern der Schrödinger-Halbgruppe zu benutzen: Wir nennen

$$\langle x', s'|x, s\rangle := \langle x'|e^{-(s'-s)H}|x\rangle \qquad (2.23)$$

die *Übergangsamplitude*. Die neue Schreibweise und der damit verbundene Begriff erlaubt eine Ausdehnung auf Situationen, in denen das Potential explizit von der Zeit abhängig ist. Auf die Erweiterung gehen wir später ein.

Gewöhnliche eindimensionale Integrale können in vielen Fällen ausgewertet werden, ohne daß man zu einem numerischen Verfahren greifen muß. Davon zeugen die umfangreichen Integraltafeln. Mehrdimensionale Integrale sind nur selten in geschlossener Form angebbar; hier ist oft die numerische Integration das einzige methodische Werkzeug, um zu konkreten Zahlen zu gelangen. Explizite Ausdrücke für Pfadintegrale sind eine Rarität, und schlimmer noch, auch die numerischen Standardverfahren versagen.

## 2.3. Die Trotter-Produktformel

Ein geschlossen angebbares Pfadintegral — bekannt als die *Mehlersche Formel* — erhält man für den Fall des harmonischen Oszillators. Die kürzeste Herleitung, gültig für eine beliebige Dimension $d$, macht jedoch nicht von dem Pfadintegral, sondern von der Operatortechnik Gebrauch [82]. Für

$$H = -\tfrac{1}{2}\Delta + V \quad , \quad V(x) = \tfrac{1}{2}k^2 x^2$$

($k$ ist die Oszillatorfrequenz) lautet das Ergebnis:

$$\begin{aligned}\langle x', s'|x, s\rangle &= \langle x'|e^{-(s'-s)H}|x\rangle \\ &= \int_{(x,s) \rightsquigarrow (x',s')} d\mu(\omega) \, \exp\left\{-\tfrac{1}{2}k^2 \int_s^{s'} dt \, \omega(t)^2\right\} \\ &= \left[\frac{k}{2\pi \sinh \nu}\right]^{d/2} \exp\left\{-\frac{k(x^2 + x'^2)}{2\tanh \nu} + \frac{k x \cdot x'}{\sinh \nu}\right\}\end{aligned} \quad (2.24)$$

wobei die Abkürzung $\nu = k(s' - s)$ benutzt wurde. Im Abschnitt 2.8 werden wir die Mehlersche Formel mit der Pfadintegralmethode herleiten. In einem anderen Zusammenhang ist uns die Formel (2.24) bereits begegnet (siehe den Abschnitt 1.8). Für $k \to 0$ geht die rechte Seite von (2.24) in den Ausdruck $K(x' - x, s' - s)$ über, wie man sich durch eine einfache Grenzbetrachtung klar macht. Erwartungsgemäß besitzt die linke Seite als Funktion von $\nu$ eine analytische Fortsetzung in die Halbebene $\Re \nu > 0$. Singularitäten treffen wir entlang der imaginären Achse an den Stellen $\nu = in\pi$, $n \in \mathbb{Z}$.

Geht es lediglich um das Spektrum von $H$ und die zugehörigen Eigenfunktionen, so ist die analytische Fortsetzung zu imaginären Zeiten nicht erforderlich, ja sogar hinderlich. Wir erläutern dies an dem Grundzustand $\phi(x)$ und setzen voraus, das der zugehörige Eigenwert $E$ nicht entartet ist. Heuristisch gilt für großes $t$:

$$\langle x'|e^{-tH}|x\rangle \approx \phi(x')\bar{\phi}(x) e^{-tE}. \quad (2.25)$$

Eine entsprechende asymptotische Darstellung existiert jedoch nicht bei Benutzung imaginärer (d.h. physikalischer) Zeiten. Es ist ohne weiteres möglich, die Aussage (2.25) präziser zu fassen, z.B. durch die Vorschrift

$$E = -\lim_{t \to \infty} t^{-1} \log E\left(\exp\left\{-\int_0^t ds \, V(X_s)\right\}\right) \quad (2.26)$$

zur Bestimmung der Energie durch Bildung eines Erwartungswertes $E(\cdot)$ bezüglich des Wiener-Prozesses $X_s$. Es gelingt auch, die Eigenfunktion als einen Grenzwert zu erhalten:

$$\phi = \lim_{t \to \infty} \frac{e^{-tH}\psi}{\|e^{-tH}\psi\|} \quad (2.27)$$

(Konvergenz im Sinne von $L^2$). Hierin ist $\psi$ irgendeine positive $L^2$-Funktion.

Verbotene Bereiche des Konfigurationsraumes, in die das System nicht gelangt, werden durch Annahmen wie

$$V(x) = +\infty \quad x \in G$$

charakterisiert. Dies stellt eine im Rahmen der Pfadintegrale zulässige Bedingung dar; denn sie bedeutet ganz einfach, daß der Integrand verschwindet, sobald der Pfad in das Gebiet $G$ eintritt. Wir könnten dieser Eigenschaft auch dadurch Rechnung tragen, daß wir den Integranden mit der charakteristischen Funktion des Komplementes $G^c$ multiplizieren. In dieser Situation gilt $\langle x', s'|x, s\rangle = 0$ für $x \in G$ oder $x' \in G$, weil ein Pfad weder in $G$ starten noch in $G$ enden kann.

Die Definition des Pfadintegrals zeigt uns, daß die Übergangsamplitude eine nichtnegative Größe ist. Sie ist sogar strikt positiv in den Bereichen, wo das Potential von oben beschränkt ist. Insbesondere folgt aus (2.27), daß der Grundzustand durch eine nichtnegative Wellenfunktion $\phi$ beschrieben werden kann. Die Eindeutigkeit des Grundzustandes ist ebenfalls eine Konsequenz der strikten Positivität von $\langle x'|e^{-tH}|x\rangle$ (durch eine erweiterte Form des klassischen Resultates von Perron-Frobenius; siehe [82], Theorem 3.3.2).

Die genannten Tatsachen sind leicht anhand der Mehlerschen Formel für den harmonischen Oszillator überprüfbar. Aus (2.24) folgt für $\nu \to \infty$

$$\langle x', s'|x, s\rangle \approx \left[\frac{k}{\pi}e^{-\nu}\right]^{d/2} \exp\{-\tfrac{1}{2}kx'^2 - \tfrac{1}{2}kx^2\} \qquad (2.28)$$

($\nu = k(s' - s)$), so daß erwartungsgemäß Grundzustand und Grundenergie die Form haben:

$$\phi(x) = (k/\pi)^{d/4} e^{-kx^2/2} \qquad E = \tfrac{d}{2}k. \qquad (2.29)$$

Einfacher noch ist der Erwartungswert

$$\boldsymbol{E}\left(\exp\left\{-\tfrac{1}{2}k^2 \int_0^t ds\, X_s^2\right\}\right) = \left[\frac{k}{\cosh kt}\right]^{d/2}$$

mit der asymptotischen Form $ce^{-tE}$.

Wenn es im allgemeinen schwer ist, Pfadintegrale zu berechnen, welchen Nutzen können wir aus der Darstellung der Schrödinger-Halbgruppen durch solche Integrale ziehen? Der Hauptvorteil liegt wohl darin, daß Integrale sich besser approximieren, umformen und abschätzen lassen als Größen, deren Existenz zwar durch einen Beweis gesichert, aber durch keinen expliziten Ausdruck gegeben sind. Weiterhin stellt die Darstellung durch Pfadintegrale eine Herausforderung für die numerische Mathematik dar, effiziente Rechenverfahren zu entwickeln, die eine leichte Auswertung auf jedem PC gestatten und darüberhinaus auch eine Fehlerkontrolle zulassen. Wenn die Hoffnung nicht trügt, werden wir bald Bibliotheksprogramme für quantenmechanische Rechnungen auf der Basis der Brownschen Bewegung besitzen.

Wir haben die Feynman-Kac-Formel in einer Weise diskutiert, daß alle beteiligten Teilchen grundsätzlich die Masse 1 besitzen. Ein $n$-Teilchensystem in drei Raumdimensionen benimmt sich dann so, als ob *ein* Teilchen in $d = 3n$ Dimensionen diskutiert würde. Diese Vereinfachung, erreichbar durch eine geeignete Skalentransformation der Ortskoordinaten, ist nicht immer wünschenswert, z.B. dann nicht, wenn die Abhängigkeit von den Massenverhältnissen untersucht werden soll. Probleme von $n$ Teilchen mit den Massen $m_1, \ldots, m_n$ unter dem Einfluß von Relativkräften und äußeren Kräften lassen sich durch Einführung einer Massenmatrix $M$ und einem dem Problem angepaßten anisotropen $3n$-dimensionalen Wiener-Prozeß behandeln. Dem Prozeß ist die Diffusionsgleichung

$$\frac{\partial}{\partial s} f(x,s) = \sum_{k=1}^{n} \frac{1}{2m_i} \Delta_i f(x,s) \qquad (2.30)$$

zugeordnet. Hier ist es zweckmäßig, den Multivektor $x = \{x_1, \ldots, x_n\}^T \in \mathbb{R}^{3n}$ einzuführen, so daß wir

$$x^T M x = \sum_{k=1}^{n} m_k x_k^2$$

schreiben können. Dem System geben wir das Potential

$$V(x) = \sum_{k} V_k(x_k) + \sum_{j<k} V_{jk}(x_j - x_k) \ .$$

Dem System korrespondiert ein Brownsches Teilchen in $3n$ Raumdimensionen, dessen Übergangsfunktion die folgende Gestalt hat:

$$P(X_{s'} \in dx' | X_s = x) = dx' K_M(x' - x, s' - s) \qquad (2.31)$$

$$K_M(x,s) = \left[\det\left(\frac{M}{2\pi s}\right)\right]^{\frac{1}{2}} \exp\left\{-\frac{x^T M x}{2s}\right\} \qquad (2.32)$$

$$dx = dx_1 dx_2 \cdots dx_n. \qquad (2.33)$$

Die einheitliche Diffusionskonstante $D$ erscheint hier durch die Matrix $\frac{1}{2} M^{-1}$ ersetzt. Von dieser Änderung einmal abgesehen, ändert sich nichts an der Erscheinungsbild der Feynman-Kac-Formel.

Der Nutzen der Feynman-Kac-Formel soll an Beispielen demonstriert werden. Zuerst zeigen wir, wie der Operatorformalismus der Quantenmechanik in der Lage ist, bestimmte Fragen, die innerhalb der Theorie der Brownschen Bewegung selbst entstehen, definitiv zu beantworten. Ein zweites Bespiel soll dann erläutern, wie umgekehrt aus dem Pfadintegral eine interessante Ungleichung für die Quantentheorie gewonnen werden kann.

## 2.4 Die Brownsche Röhre

Ein Brownsches Teilchen (Dimension $d = 3$, Diffusionskonstante $D = \frac{1}{2}$) starte zur Zeit $s$ im Inneren einer Kugel $|x| < a$. Wir möchten die Wahrscheinlichkeit bestimmen, mit der es die Raumzeit-Röhre $|x| \leq a$, $s < t < s'$ passiert. Dies entspricht der Diffusion eines Teilchens in einem Gas, einer Flüssigkeit oder einem Festkörper, wenn das Teilchen von der umgebenden kugelförmige Wand absorbiert wird, sobald es in diese einzudringen versucht. Mit $\Omega$ bezeichnen wir wie früher die Menge aller Pfade $\omega$ mit $\omega(s) = x$ und $\omega(s') = x'$ und mit $\mu$ das bedingte Wiener-Maß. Wir sind zunächst aufgefordert, das Maß $\mu(\Omega_a)$ der Menge

$$\Omega_a = \{\omega \in \Omega \mid |\omega(t)| \leq a, \ s \leq t \leq s'\} \qquad (2.34)$$

zu bestimmen und dann das Ergebnis über die zulässigen Werte von $x'$ zu integrieren. In der Menge $\Omega_a$ sind offenbar *unendlich* viele Koordinaten des Pfades $\omega$ von der Beschränkung $\leq a$ betroffen: wir haben es deshalb in diesem Beispiel mit der Darstellung von $\mu(\Omega_a)$ durch ein Pfadintegral zu tun, das sich nicht durch ein endlich-dimensionales gewöhnliches Integral repräsentieren läßt. Wir lösen dieses Problem durch Analyse des zugeordneten quantenmechanischen Problems eines Teilchens der Masse 1 in dem Potential

$$V(x) = \begin{cases} 0 & |x| \leq a \\ +\infty & |x| > a. \end{cases} \tag{2.35}$$

Denn mit dieser Festsetzung gilt

$$\exp\left\{-\int_s^{s'} dt\, V(\omega(t))\right\} = \begin{cases} 1 & \omega \in \Omega_a \\ 0 & \text{sonst,} \end{cases} \tag{2.36}$$

und wir können schreiben:

$$\mu(\Omega_a) = \int_{(x,s)\rightsquigarrow(x',s')} d\mu(\omega) \exp\left\{-\int_s^{s'} dt\, V(\omega(t))\right\}$$

$$= \langle x'|e^{-(s'-s)H}|x\rangle.$$

Der Hamilton-Operator $H = -\frac{1}{2}\Delta + V$ besitzt ein rein diskretes Spektrum bestehend aus den Energiewerten $E_{n\ell} = \frac{1}{2}\lambda_{n\ell}^2 a^{-2}$ (es handelt hierbei um die Eigenwerte von $-\frac{1}{2}\Delta$ für die Kugel $|x| \leq a$ mit Dirichlet-Randbedingungen). Die zugehörigen normierten Eigenfunktionen sind

$$\phi_{n\ell m}(x) = \begin{cases} c_{n\ell}^{-1/2} j_\ell(\lambda_{n\ell} r/a) Y_{\ell m}(\theta,\phi) & r < a \\ 0 & r \geq a \end{cases} \tag{2.37}$$

$$c_{n\ell} = \int_0^a r^2 dr\, j_\ell(\lambda_{n\ell} r/a)^2 \tag{2.38}$$

($n = 1, 2, \ldots$; $\ell = 0, 1, \ldots$; $-\ell \leq m \leq \ell$; $r, \theta$ und $\phi$ sind die Polarkoordinaten von $x$). Die *sphärischen Bessel-Funktionen* $j_\ell(z)$ sind oszillierende Funktionen von $z > 0$. Ihre Nullstellen haben wir mit $\lambda_{n\ell}$ bezeichnet:

$$j_\ell(\lambda_{n\ell}) = 0 \quad 0 < \lambda_{1\ell} < \lambda_{2\ell} < \cdots \tag{2.39}$$

Wir setzen $t = s' - s$ und gewinnen so die Darstellung

$$\langle x'|e^{-tH}|x\rangle = \sum_{n\ell m} \phi_{n\ell m}(x') \bar{\phi}_{n\ell m}(x) \exp\{-t(2a^2)^{-1}\lambda_{n\ell}^2\}.$$

Die nachfolgende Integration über $x'$ projiziert den ($\ell = 0$)-Anteil heraus:

$$\int dx'\, \langle x'|e^{-tH}|x\rangle = \sum_{n=1}^\infty c_{n0}^{-1} j_0(\lambda_{n0} r/a) I_n \exp\{-t(2a^2)^{-1}\lambda_{n0}^2\} \quad (r < a)$$

$$I_n = \int_0^a r^2 dr\, j_0(\lambda_{n0} r/a).$$

## 2.4. Die Brownsche Röhre

Nun gilt
$$j_0(z) = \frac{\sin z}{z} \qquad \lambda_{n0} = n\pi$$

und somit

$$c_{n0} = \frac{a^2}{n^2\pi^2} \int_0^a dr\, [\sin(n\pi r/a)]^2 = \frac{a^3}{2n^2\pi^2}$$

$$I_n = \frac{a}{n\pi} \int_0^a r\,dr\, \sin(n\pi r/a) = (-1)^{n+1}\frac{a^3}{n^2\pi^2}.$$

Das Resultat ist die Formel

$$\int dx'\, \langle x'|e^{-tH}|x\rangle = \sum_{n=1}^{\infty} 2(-1)^{n+1}\frac{\sin(n\pi r/a)}{n\pi r/a} \exp\left\{-t\frac{n^2\pi^2}{2a^2}\right\} \qquad (r < a)$$
$$=: P_a(r,t).$$

Sie enthält eine Variante der Jacobischen Thetafunktion [2]. Dieses Ergebnis ist zu vergleichen mit der unbehinderten Irrfahrt:

$$P_\infty(r,t) = \int dx'\, \langle x'|e^{-tH_0}|x\rangle = \int dx'\, K(x'-x,t) = 1.$$

Folglich bedarf $P_a(r,t)$ keiner Normierung und stellt bereits die Wahrscheinlichkeit dar, daß das Brownsche Teilchen nach einer Zeitspanne $t$ noch nicht absorbiert wurde. Den zeitlichen Verlauf für verschiedene Startwerte $r/a \in [0,1]$ zeigt die Abbildung (2.2).

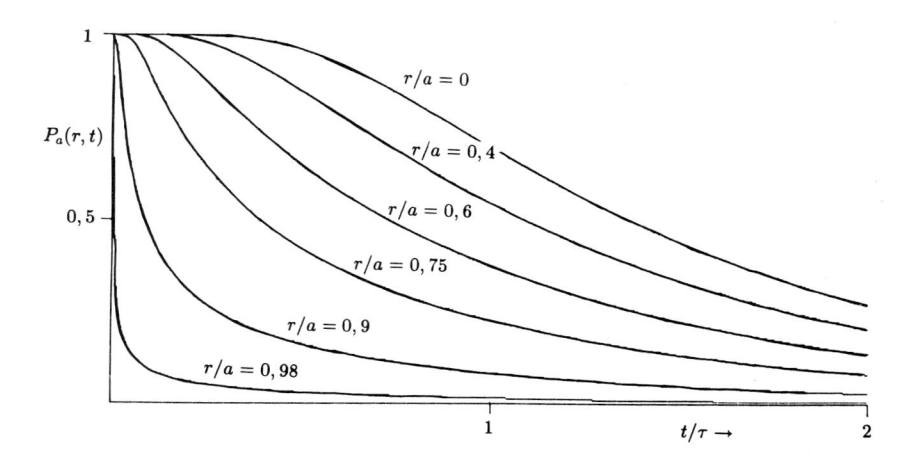

*Abb. 2.2: Die Wahrscheinlichkeit $P_a(r,t)$ als Funktion von $t/\tau$*

Startet das Teilchen am Rand ($r = a$), so hat es überhaupt keine Überlebenschance: $P_a(a,t) = 0$. Für $r = 0$ erreicht die Wahrscheinlichkeit bei festem

$t$ ihr Maximum. In jedem Fall klingt die Wahrscheinlichkeit exponentiell mit der Zeit ab, nämlich wie $e^{-t/\tau}$, wobei $\tau = 2(a/\pi)^2 = 1/E_{10}$ die Lebensdauer darstellt. Für eine allgemeine Diffusionskonstante $D$ erhalten wir die Lebensdauer

$$\tau = \frac{a^2}{\pi^2 D}. \qquad (2.40)$$

Die Diskussion läßt zugleich den allgemeinen Sachverhalt erkennen:

*Die Lebensdauer eines Brownschen Teilchens für die Bewegung in einem Gebiet mit absorbierenden Rändern ist die inverse Energie des Grundzustandes eines zugeordneten quantenmechanischen Problems.*

Die Lösung eines dynamischen Problems (Lebensdauer) ergibt sich somit aus der Lösung eines statischen Problems (Energie).

## 2.5 Die Golden-Thompson-Symanzik-Schranke

Wir wollen annehmen, daß der Schrödinger-Operator $H = -\frac{1}{2}\Delta + V$ ein rein diskretes Spektrum besitzt mit Eigenwerten $E_n$, $n = 0, 1, 2, \ldots$, die nach $+\infty$ streben, so daß

$$\operatorname{Spur} e^{-sH} = \sum_{n=0}^{\infty} e^{-sE_n}$$

für $s > 0$ existiert. Zugleich gilt

$$\operatorname{Spur} e^{-sH} = \int dx \, \langle x | e^{-sH} | x \rangle. \qquad (2.41)$$

In der Feynman-Kac-Formel für $\langle x|e^{-sH}|x\rangle$ können wir jeden Pfad $(x,0) \rightsquigarrow (x,s)$ in der Form $x + \omega(t)$ schreiben, wobei $\omega : (0,0) \rightsquigarrow (0,s)$ wiederum ein Brownscher Pfad ist: Die Translation um den Vektor $x$ stiftet eine 1:1-Korrespondenz zwischen den Pfadmengen $\Omega_{x,0}^{x,s}$ und $\Omega_{0,0}^{0,s}$. Hierbei geht das bedingte Wiener-Maß $\mu_{x,0}^{x,s}$ in das Maß $d\mu_{0,0}^{0,s}$ über, und es tritt eine gewisse Vereinfachung ein:

$$\langle x|e^{-sH}|x\rangle = \int_{(0,0)\rightsquigarrow(0,s)} d\mu(\omega) \exp\left\{-\int_0^s dt \, V(x + \omega(t))\right\}. \qquad (2.42)$$

Auf das Zeitintegral kann die Ungleichung von Jensen (siehe den Anhang C) angewandt werden:

$$\exp\left\{-\int_0^s dt \, V(x + \omega(t))\right\} \leq \frac{1}{s}\int_0^s dt \, e^{-sV(x+\omega(t))}. \qquad (2.43)$$

Unter Benutzung dieser Ungleichung und einer Änderung der Integrationsreihenfolge erhalten wir:

$$\operatorname{Spur} e^{-sH} \leq \int dx \int_{(0,0)\rightsquigarrow(0,s)} d\mu(\omega) \frac{1}{s}\int_0^s dt \, e^{-sV(x+\omega(t))}$$

## 2.5. Die Golden-Thompson-Symanzik-Schranke

$$= \int_{(0,0)\rightsquigarrow(0,s)} d\mu(\omega)\frac{1}{s}\int_0^s dt \int dx\, e^{-sV(x+\omega(t))}$$

$$= \int_{(0,0)\rightsquigarrow(0,s)} d\mu(\omega)\frac{1}{s}\int_0^s dt \int dx\, e^{-sV(x)}$$

$$= K(0,s)\int dx\, e^{-sV(x)}$$

mit dem Ergebnis

$$\operatorname{Spur} e^{-sH} \leq (2\pi s)^{-d/2}\int dx\, e^{-sV(x)} \qquad (s>0) \qquad (2.44)$$

(*Golden-Thompson-Symanzik-Ungleichung*[3], kurz: GTS-Ungleichung). Wir testen die Güte dieser Schranke an dem Beispiel des d-dimensionalen harmonischen Oszillators $H = -\frac{1}{2}\Delta + \frac{1}{2}k^2x^2$. Die Eigenwerte sind $E(n_1,\ldots,n_d) = (n_1 + \cdots + n_d + d/2)k$ ($n_i \geq 0$), so daß

$$\operatorname{Spur} e^{-sH} = \left\{\sum_{n=0}^{\infty} e^{-(n+1/2)sk}\right\}^d = [2\sinh(sk/2)]^{-d}.$$

Als obere Schranke erhalten wir gemäß (2.44):

$$(2\pi s)^{-d/2}\int dx\, e^{-sk^2x^2/2} = (sk)^{-d}.$$

Wie man sieht, beruht die GTS-Ungleichung in der speziellen Situation des harmonischen Oszillators auf der sehr einfachen und offensichtlichen Ungleichung $u \leq \sinh u$ für $u = sk/2$. Die Schranke wird um so schlechter, je größer das Produkt $sk$ ist.

Indem man $(2\pi s)^{-d/2} = (2\pi)^{-d}\int dp\, \exp\{-\frac{1}{2}sp^2\}$ schreibt und auf diese Weise die Impulsvariable $p \in \mathbb{R}^d$ einführt, kann man der GTS-Ungleichung (2.44) eine überraschende neue Form geben:

$$\operatorname{Spur} e^{-sH} \leq (2\pi)^{-d}\int dp\, dq\, e^{-s\hat{H}(p,q)} \qquad (2.45)$$

mit der klassischen Hamilton-Funktion $\hat{H}(p,q) = \frac{1}{2}p^2 + V(q)$ und dem Liouville-Maß $dp\, dq$. Durch Wiedereinführung von $\hbar$ und $h = 2\pi\hbar$ entsteht dann

$$\operatorname{Spur} e^{-sH} \leq h^{-d}\int dp\, dq\, e^{-s\hat{H}(p,q)}. \qquad (2.46)$$

Das Liouville-Maß besitzt die physikalische Dimension $(Wirkung)^d$. Das dimensionslose Maß $h^{-d}dp\, dq$ mißt das Phasenraumvolumen eines klassischen Systems in Einheiten von $h^d$.

Eine einfache Beobachtung sagt uns, daß es prinzipiell immer möglich ist, durch Einführung eines effektiven Potentials — abhängig von $s$ — die GTS-Ungleichung in eine Gleichung zu verwandeln. Dazu hat man nur

$$\exp\{-sV_{\mathrm{eff}}(x)\} = (2\pi s)^{d/2}\langle x|e^{-sH}|x\rangle \quad,\quad H_{\mathrm{eff}}(p,q) = \frac{1}{2}p^2 + V_{\mathrm{eff}}(q) \qquad (2.47)$$

---
[3] Die Geschichte dieser Ungleichung möge man anhand der Orginalarbeiten [83] [163] [161] verfolgen.

zu setzen, um

$$\operatorname{Spur} e^{-sH} = h^{-d} \int dpdq \, \exp\{-s H_{\text{eff}}(p,q)\} \qquad (2.48)$$

zu erhalten. Im Abschnitt 4.2 werden wir diese Idee neu aufgreifen und Eigenschaften des effektiven Potentials untersuchen.

Die vorstehenden Betrachtungen schließen $N$-Teilchensysteme ein. In der klassischen Hamilton-Funktion eines solchen Systems führt man normalerweise die Einteilchen- und Zweiteilchenpotentiale gesondert auf:

$$\hat{H}(p,q) = \sum_{i=1}^{N} \left( \frac{p_i^2}{2m_i} + V_i(q_i) \right) + \sum_{i<j} V_{ij}(q_i - q_j). \qquad (2.49)$$

Die kompakte Schreibweise hierfür lautet $\hat{H}(p,q) = \frac{1}{2} p^T M^{-1} p + V(q)$, indem wir $p$ und $q$ als Vektoren mit $3n$ Komponenten und eine Massenmatrix $M$ einführen (siehe (2.3)). Der Massenmatrix zugeordnet ist die Gauß-Funktion $K_M(x,s)$, die der Irrfahrt eines fiktiven Brownschen Teilchens in $3N$ Dimensionen zugrunde liegt. Durch das Korrespondenzprinzip ist dem System ein Schrödinger-Operator $H$ zugeordnet, und es gilt mit dem gleichen Argument wie oben

$$\operatorname{Spur} e^{-sH} \leq K_M(0,s) \int dq \, e^{-sV(q)} = \left[ \det\left( \frac{M}{2\pi s} \right) \right]^{\frac{1}{2}} \int dq \, e^{-sV(q)}. \qquad (2.50)$$

Auch hier können wir die Determinante durch ein Gauß-Integral ersetzen. Es führt die kinetische Energie in den Exponenten ein und läßt die klassische Hamilton-Funktion in Erscheinung treten:

$$\operatorname{Spur} e^{-sH} \leq h^{-3N} \int dpdq \, e^{-s\hat{H}(p,q)}. \qquad (2.51)$$

Die Rechnung bestätigt das frühere für $M = 1$ gewonnene Ergebnis (wenn es einer solchen Bestätigung überhaupt bedurfte).

Ein *thermodynamisches System* liegt vor, wenn die Teilchen als ununterscheidbar gelten (insbesondere also die gleiche Masse $m$ besitzen) und wenn ihr makroskopisches Verhalten für großes $n$ bei gegebener Temperatur $T$ untersucht und beschrieben werden soll. Hier ist Vorsicht geboten. Denn die Spur eines Operators wie $e^{-\beta H}$ mit $\beta^{-1} = k_B T$ bezieht sich immer auf den Hilbertraum aller Zustände, ohne Rücksicht auf Einschränkungen, die uns der Bose- oder Fermi-Charakter der Teilchen auferlegt. Dies bedeutet, daß unseren Formeln die *klassische Maxwell-Boltzmann-Statistik* zugrunde liegt, die, nimmt man es genau, in der Natur gar nicht beobachtet wird und die deshalb einen mehr oder weniger hypothetischen Charakter hat. Wie man weiß [63], stellt die MB-Statistik eine brauchbare Näherung für kleine Werte von $\ell = \hbar(mk_B T)^{-1/2}$ oder für kleine Dichten dar, dann nämlich, wenn das System sich nahezu klassisch verhält.

Als das *klassische kanonische Ensemble* bei der Temperatur $T$ bezeichnet man das W-Maß auf dem Phasenraum

$$d\sigma(p,q) = \hat{Z}(\beta)^{-1} \frac{dpdq}{N! h^{3N}} e^{-\beta \hat{H}(p,q)}$$

und nennt die Normierungskonstante

$$\hat{Z}(\beta) = \int \frac{dpdq}{N!h^{3N}} e^{-\beta \hat{H}(p,q)} \qquad (2.52)$$

die *klassische Zustandssumme* für $N$ (identische) Teilchen. Die korrespondierenden quantentheoretischen Größen sind:

$$\rho = (Z(\beta)N!)^{-1} e^{-\beta H} \qquad Z(\beta) = (N!)^{-1} \text{Spur} e^{-\beta H}.$$

Man nennt $\rho$ den *statistischen Operator*. Die GTS-Ungleichung (2.51) vergleicht also Zustandsummen miteinander. Zustandssummen sind geeignete Zwischengrößen bei der Konstruktion thermodynamischer Potentiale: Die *freie Energie* $F$ — klassisch wie quantentheoretisch — ist durch die Beziehungen

$$e^{-\beta \hat{F}(\beta)} = \hat{Z}(\beta), \qquad e^{-\beta F(\beta)} = Z(\beta) \qquad (2.53)$$

definiert. Wir erhalten die Ungleichung $F(\beta) \geq \hat{F}(\beta)$ als Folge von (2.51). Über die Natur der Wechselwirkung haben wir nahezu nichts annehmen müssen.

Vernachlässigen wir in (2.49) die Zweikörperkräfte, so gelangen wir zur Situation des *idealen Gases*. Hier gelten die einfachen Beziehungen $F = Nf$ und $\hat{F} = N\hat{f}$, gültig für jede Teilchenzahl $N$, wobei $f$ bzw. $\hat{f}$ die freie Energie pro Teilchen bezeichnet, berechenbar aus der Energie eines isolierten Teilchens in einem äußeren Potential. Mit der Vorstellung des idealen Gases im Kopf werden wir somit auch dem Schrödinger-Operator $H = -\frac{1}{2}\Delta + V$ eines einzelnen Teilchens eine freie Energie zuordnen dürfen; davon wird später die Rede sein. In der allgemeinen Situation (unter Einbeziehung von Zweikörperkräften etwa) gilt die Proportionalität zwischen $F$ und $N$ nur asymptotisch, und man definiert $f = \lim_{N \to \infty} F/N$. Die bestehenden Ungleichungen übertragen sich auf den Limes: $f \geq \hat{f}$.

Die Näherung der quantentheoretischen freien Energie durch die klassische freie Energie und die Annahme der Gültigkeit der Maxwell-Botzmann-Statistik werden umso schlechter, je niedriger die Temperatur ist. In der Nähe des absoluten Nullpunktes spielen Quanteneffekte eine nicht zu vernachlässigende Rolle.

## 2.6 Der mit einem Energie-Operator verknüpfte Prozeß

Als Leitgedanke für die Theorie der Pfadintegrale gilt die Feststellung, daß mit dem Operator $H_0 = -\frac{1}{2}\Delta$ der Wiener-Prozeß verknüpft ist. In völlig analoger Weise ist es möglich, auch allen anderen Operatoren $H = H_0 + V$ einen Prozeß zuzuordnen, z.B. dem harmonischen Oszillator den Oszillator-Prozeß. Wir diskutieren den Vorgang allgemein für solche Fälle, in denen ein *normierbarer* Grundzustand existiert.

Es sei $\Omega \in L^2$ der Grundzustand von $H$, so daß $\Omega(x) > 0$, $H\Omega = E\Omega$ und $\|\Omega\| = 1$ gilt. Ohne Beschränkung der Allgemeinheit können wir $E = 0$ voraussetzen.

Durch die beiden Relationen

$$\boldsymbol{P}(X_s \in dx) = dx\,\Omega(x)^2 \qquad (2.54)$$
$$\boldsymbol{P}(X_{s'} \in dx' | X_s = x) = dx'\,\Omega(x')\langle x'|e^{-(s'-s)H}|x\rangle\Omega(x)^{-1} \quad (s < s') \qquad (2.55)$$

ist ein Markoff-Prozeß $X_s$ für $s \in \mathbb{R}$ definiert (die Bedingungen hierfür sind leicht zu überprüfen). Er besitzt die $n$-Verteilungen

$$\boldsymbol{P}(X_{s_1} \in dx_1, \ldots, X_{s_n} \in dx_n) = dx_1 \cdots dx_n \Omega(x_n)\Omega(x_1) \prod_{k=2}^{n} \langle x_k|e^{-(s_k-s_{k-1})H}|x_{k-1}\rangle$$

gültig für $s_1 < \cdots < s_n$. Der so bestimmte Prozeß ist invariant; denn die $n$-Verteilungen ändern sich nicht bei einer Ersetzung von $s_k$ durch $s_k + t$.

**Korrelationsfunktionen**

In der Quantenmechanik ist es mitunter sinnvoll, den Ortsoperator $q$ (ein Vektor) von der Variablen $x$ zu unterscheiden, d.h. man setzt $[q\psi](x) = x\psi(x)$. Mit einer reellen Funktion $F(x)$ verknüpfen wir

1. einen Operator $A = F(q)$, also eine Observable im Sinne der Quantenmechanik;

2. einen Zufallsvariable $\mathcal{A} = F(X_0)$, also eine Observable im Sinne der Stochastik; $X_0$ besitzt die in (2.54) angegebene Verteilung.

Die Zeitentwicklung folgt scheinbar verschiedenen Gesetzen, und dennoch gibt es einen Zusammenhang. Einerseits haben wir im Heisenberg-Bild

$$A_t = e^{itH} A e^{-itH} = F(e^{itH} q\, e^{-itH}) = F(q_t), \qquad (2.56)$$

andererseits gilt $\mathcal{A}_s = F(X_s)$ für den mit $H$ verknüpften Markoff-Prozeß $X_s$. Der Begriff der *Korrelationsfunktion* ist beiden Theorien gemeinsam. Im Sinne der Stochastik wäre dies ein Objekt der Art

$$C(s_1,\ldots,s_n) = \boldsymbol{E}(\mathcal{A}_{s_1} \cdots \mathcal{A}_{s_n}) := \int \boldsymbol{P}(X_{s_1} \in dx_1,\ldots,X_{s_n} \in dx_n) F(x_1) \cdots F(x_n). \qquad (2.57)$$

Die so definierte Funktion ist symmetrisch unter Permutationen ihrer Argumente. Sobald $s_1 < s_2 < \cdots < s_n$ erfüllt ist, folgt aus den n-Verteilungen des Prozesses $X_s$:

$$C(s_1,\ldots,s_n) = (\Omega, A e^{-(s_n-s_{n-1})H} A \cdots e^{-(s_2-s_1)H} A \Omega). \qquad (2.58)$$

Wegen $H \geq 0$ ist eine Fortsetzung in den Differenzvariablen $z_k = s_k - s_{k-1}$ zu einer im Gebiet $\Re z_k > 0$ analytischen Funktion möglich. Die Randwerte dieser Funktion, die Werte für $s_k = it_k$ ($t_k \in \mathbb{R}$) also, haben einen direkten Bezug zum Heisenberg-Bild der Quantenmechanik. Denn mit (2.56) gelangen wir zu der Aussage

$$C(it_1,\ldots,it_n) = (\Omega, A_{t_1} \cdots A_{t_n} \Omega) \qquad (2.59)$$

## 2.6. Der mit einem Energie-Operator verknüpfte Prozeß

und damit zu einer Verknüpfung mit den Korrelationsfunktionen der Observablen $A$. Im allgemeinen gilt $[A_t, A_{t'}] \neq 0$, und die komplexwertige Funktion (2.59) ist *nicht symmetrisch* unter Permutationen ihrer Argumente. Nach geeigneter festen Wahl von $A$ — hier reicht eine Linearform in $q$ — darf behauptet werden, daß in diesen Funktionen die gesamte Physik des Systems kodiert ist. Sogar der Hilbertraum aller Zustände läßt sich daraus rekonstruieren (Wightmansches Rekonstruktionstheorem [178]).

Quantentheoretische Korrelationsfunktionen sind also ganz einfach analytischen Fortsetzungen von Korrelationsfunktionen im Sinne des assoziierten stochastischen Prozesses. Erstaunlich ist indes, daß auf diese Weise unsymmetrische komplexe Funktionen auf symmetrische reelle Funktionen und somit quantenmechanische Erwartungswerte auf klassische Erwartungswerte zurückgeführt werden. Die gleiche Beobachtung machen wir in der Feldtheorie, wo Vakuumerwartungswerte der Felder (Wightman-Funktionen) aus klassischen Erwartungswerten (Schwinger-Funktionen) durch analytische Fortsetzung konstruiert werden.

**Der Oszillator-Prozeß**

Der oben konstruierte Prozeß $X_s$ ist Gaußsch nur für den harmonischen Oszillator ($V(x)$ ist ein Polynom 2.Grades). In diesem Fall erlaubt die Mehlersche Formel eine explizite Beschreibung der Verteilungen. Es genügt, den eindimensionalen Fall zu studieren und $V(x) = \frac{1}{2}k^2x^2 - \frac{1}{2}k$ zu setzen ($k > 0$). Mit diesen Festsetzungen entsteht $Q_s$, der *Oszillator-Prozeß*. Die definierenden Relationen lauten

$$\boldsymbol{P}(Q_s \in dx) = dx\,(k/\pi)^{1/2}\exp(-kx^2) \tag{2.60}$$

$$\boldsymbol{P}(Q_{s'} \in dx'|Q_s = x) = dx'\left(\frac{k/\pi}{1-e^{-2\nu}}\right)^{1/2}\exp\left\{-k\frac{(x'-e^{-\nu}x)^2}{1-e^{-2\nu}}\right\} \tag{2.61}$$

für $\nu = k(s'-s) > 0$. Die Varianz (siehe den Abschnitt 1.8)

$$\boldsymbol{E}(Q_s Q_{s'}) = (2k)^{-1}e^{-k|s'-s|} \tag{2.62}$$

ist eine spezielle Korrelationsfunktion, aus der alle anderen konstruiert werden können. Wir finden diese Formel in der Quantenmechanik des harmonischen Oszillators wieder als

$$(\Omega, q e^{-(s'-s)H} q \Omega) = (2k)^{-1}e^{-k(s'-s)} \qquad (s' > s). \tag{2.63}$$

Die Fortsetzung zu imaginären Zeiten ist elementar und ergibt die quantenmechanische Korrelationsfunktion des Oszillators:

$$(\Omega, q_t q_{t'} \Omega) = (2k)^{-1}e^{ik(t'-t)}. \tag{2.64}$$

Wie man sieht, ist $(\Omega, q_t q_{t'} \Omega)$ weder reell noch symmetrisch unter der Vertauschung von $t$ und $t'$.

### Nichtlineare Transformation der Zeit

Der Oszillator-Prozeß $Q_s$ und der Wiener-Prozeß $X_t$ sind enger miteinander verknüpft, als dies bisher zum Ausdruck kam. Sie lassen sich durch eine nichtlineare Transformation der Zeit und eine begleitende Skalentransformation des Ortes ineinander überführen:

$$t = (2k)^{-1} e^{-2ks} \quad , \quad X_t = e^{-ks} Q_s \qquad (s \in \mathbb{R}). \tag{2.65}$$

Der Beweis ist einfach: $X_t$ ($t \in \mathbb{R}_+$) ist aufgrund dieser Definition ein Gauß-Prozeß mit

(1) $\quad X_0 = \lim\limits_{s \to \infty} e^{-ks} Q_s = 0$

(2) $\quad E(X_t X_{t'}) = (2k)^{-1} \exp\bigl(-k(s + s' + |s' - s|)\bigr) = \text{Min}(t, t')$.

Wir können diese Verknüpfung der beiden Prozesse aber auch direkt an der Mehlerschen Formel (2.61) ablesen,

$$P(Q_{s'} \in dx' | Q_s = x) = dy' (2\pi(t' - t))^{-1/2} \exp\left\{ -\frac{(y' - y)^2}{2(t' - t)} \right\}, \tag{2.66}$$

wobei

$$y = e^{-ks} x \,, \quad y' = e^{-ks'} x' \,, \quad dy' = e^{-ks'} dx'$$

gesetzt wurde. Die Übertragung dieser Formeln auf den $d$-dimensionalen Fall ist leicht zu vollziehen und wird dem Leser überlassen.

Die Beziehung (2.65) besteht, obwohl die Schrödinger-Operatoren, die mit den beiden Prozessen verknüpft sind, sehr unterschiedliche Spektren besitzen: $\text{spec}(-\frac{1}{2} d^2/dx^2) = \mathbb{R}_+$ und $\text{spec}(-\frac{1}{2} d^2/dx^2 + \frac{1}{2} k^2 x^2 - \frac{1}{2} k) = \{nk \mid n = 0, 1, 2, \ldots\}$. Das Ungewöhnliche des angewandten Verfahrens (vom Standpunkt der konventionellen Quantenmechanik geurteilt) ist die Nichtlinearität des Übergangs $s \to t$. Weitere Abbildungen dieser Art sind im Anhang B zusammengestellt.

Nichtlineare Transformationen — in der klassischen Mechanik ein oft benutztes Instrument — haben nur zögernd Einzug in die Quantentheorie gehalten. Die ersten Versuche in dieser Richtung waren gruppentheoretisch motiviert (Konform-Invarianz des $1/r^2$–Potentials [15], dynamische Symmetrie des magnetischen Monopoles [104] [30]). Schließlich gelang es Duru und Kleinert [46] [47], das Pfadintegral (mit $d = 2, 3$ und in imaginärer Zeit) für das $1/r$–Potential einer Lösung zuzuführen. Sie benutzten dabei eine pfadabhängige Transformation der Zeit zusammen mit der aus der klassischen Mechanik bekannten Kustaanheimo-Stiefel-Transformation $\mathbb{R}^3 \to \mathbb{R}^4$.

### Der gestörte Oszillator

Für Anwendungen in der Atom- und Festkörperphysik interessant ist die folgende Situation

$$H = H_0 + \lambda V \qquad H_0 = \tfrac{1}{2}\left( -\frac{d^2}{dx^2} + k^2 x^2 - k \right), \tag{2.67}$$

## 2.6. Der mit einem Energie-Operator verknüpfte Prozeß

bei der ein eindimensionaler harmonischer Oszillator durch ein Zusatzpotential $\lambda V(x)$ gestört wird. Aus den $n$-Verteilungen des Prozesses $Q_s$ und der Trotter-Produktformel erhalten wir eine Feynman-Kac-ähnliche Aussage, nämlich die Identität

$$(\Omega, e^{-tH}\Omega) = E\left(\exp\left\{-\lambda \int_0^t ds\, V(Q_s)\right\}\right). \quad (2.68)$$

Hier bezeichnet $\Omega$ den Grundzustand des *ungestörten* Oszillators. Aus (2.68) erhält man die Energie für Grundzustand des gestörten Systems als

$$E(\lambda) = -\lim_{t\to\infty} t^{-1} \log(\Omega, e^{-tH}\Omega). \quad (2.69)$$

Wir wollen annehmen, daß $E(\lambda)$ eine Reihenentwicklung nach Potenzen von $\lambda$ gestattet, und wollen sehen, wie die Kumulantenentwicklung

$$\log E(\exp(\lambda X)) = \sum_{n=1}^{\infty} \frac{\lambda^n}{n!} C_n(X) \quad (2.70)$$

die Störungsreihe der Quantenmechanik reproduziert. Die Berechnung der Kumulanten $C_n(X)$ für eine Zufallsvariable $X$ geschieht am besten rekursiv,

$$\begin{aligned}
C_1(X) &= E(X) \\
C_n(X) &= E(X^n) - \sum_{k=1}^{n-1} \binom{n-1}{k-1} E(X^{n-k}) C_k(X) \quad (n \geq 2),
\end{aligned}$$

und mit der Abkürzung $X_* = X - E(X)$ erhält man die Darstellung:

$$\begin{aligned}
C_2(X) &= E(X_*^2) = \text{Var}(X) \\
C_3(X) &= E(X_*^3) \\
C_4(X) &= E(X_*^4) - 3E(X_*^2)^2 \quad \text{usw.}
\end{aligned}$$

Setzen wir speziell

$$X = -\int_0^t ds\, V(Q_s),$$

so folgt $E(X) = (\Omega, V\Omega)t$. Denn es gilt

$$E\left(\int_0^t ds\, V(Q_s)\right) = \int_0^t ds\, E(V(Q_s))$$

und $E(V(Q_s)) = (\Omega, V\Omega)$ unabhängig von $s$. Allgemein haben wir

$$E(X_*^n) = n!(-1)^n \int_0^t ds_n \cdots \int_0^{s_3} ds_2 \int_0^{s_1} ds_1\, (\Omega, V_* e^{-(s_n-s_{n-1})H_0} V_* \cdots e^{-(s_2-s_1)H_0} V_*\Omega)$$

für $V_* = V - (\Omega, V\Omega)$. Asymptotisch,

$$\begin{aligned}
\lim_{t\to\infty} t^{-1} C_1(X) &= (\Omega, V\Omega) \\
\lim_{t\to\infty} t^{-1} C_2(X) &= (\Omega, V_* H_0^{-1} V_*\Omega) \\
\lim_{t\to\infty} t^{-1} C_3(X) &= (\Omega, V_* H_0^{-1} V_* H_0^{-1} V_*\Omega)\, .
\end{aligned}$$

Daraus erhalten wir den Anfang der Reihenentwicklung für die Energie:

$$E(\lambda) = \lambda(\Omega, V\Omega) - \lambda^2(\Omega, V_* H_0^{-1} V_* \Omega) + \lambda^3(\Omega, V_* H_0^{-1} V_* H_0^{-1} V_* \Omega) + O(\lambda^4).$$

Der Term erster Ordnung erweist sich zugleich als eine obere Schranke für $E(\lambda)$. Dies folgt aus der Ungleichung

$$(\Omega, e^{-tH}\Omega) \geq e^{-t\lambda(\Omega, V\Omega)}, \qquad (2.71)$$

deren Beweis auf der Jensen-Ungleichung (siehe Anhang C) beruht:

$$E\left(\exp\left\{-\lambda \int_0^t ds\, V(Q_s)\right\}\right) \geq \exp E\left(-\lambda \int_0^t ds\, V(Q_s)\right). \qquad (2.72)$$

Es ist eine verhältnismäßig leichte Übung, anhand von (2.68) zu zeigen, daß $E(\lambda)$ eine konkave Funktion ist: $d^2 E(\lambda)/d\lambda^2 \leq 0$.

## 2.7 Der thermodynamische Formalismus

Unser Ziel in diesem Abschnitt wird sein, die Beziehung der Feynman-Kac-Formel zu den klassischen Spinsystemen zu verdeutlichen. Spinsysteme bilden eine Klasse spezieller Modelle der statistischen Mechanik und werden gewöhnlich auf einem Gitter definiert. Die hier zu diskutierenden Gitter sind eindimensional, weil nur die Zeitachse in ein solches Gitter verwandelt wird, während die Raumkoordinaten zu Komponenten des 'Spins' erklärt werden. Der Spin erweist sich aus diesem Grund als eine recht ungewöhnliche Zustandsvariable und trägt diesen Namen nur aus Gründen der formalen Analogie zu entsprechenden Modellen der Festkörperphysik. Die Wechselwirkung findet nur zwischen den nächsten Nachbarn im Gitter statt und ist ferromagnetischer Natur.

Ausgangspunkt ist eine Aufteilung des Zeitintervalls $[s, s']$ in $n+1$ gleiche Teilstücke der Länge $\tau$ (ähnlich wie im Abschnitt 2.2): $s' - s = (n+1)\tau$. Unser Modell soll ein $N$-Teilchensystem mit der Massenmatrix $M$ und dem Potential $V$ sein. Wir setzen $\xi = \{x_1, \ldots, x_N\}^T \in \mathbb{R}^{3N}$ und benutzen Pfade eines fiktiven Brownschen Teilchens in $3N$ Dimensionen, dem die Gauß-Funktion

$$K_M(\xi, s) = \left[\det\left(\frac{M}{2\pi s}\right)\right]^{\frac{1}{2}} \exp\left\{-\frac{\xi^T M \xi}{2s}\right\}, \qquad (2.73)$$

zugeordnet ist, so daß für die Übergangsamplitude gilt:

$$\langle \xi', s' | \xi, s \rangle = \lim_{n \to \infty} \int d\xi_n \cdots \int d\xi_1 \prod_{k=0}^{n} K_M(\xi_{k+1} - \xi_k, \tau) e^{-\tau V(\xi_k)} \qquad (2.74)$$

mit den Randbedingungen

$$\xi_0 = \xi, \quad \xi_{n+1} = \xi'. \qquad (2.75)$$

## 2.7. Der thermodynamische Formalismus

Ohne Potential erhalten wir selbstverständlich

$$\langle \xi', s' | \xi, s \rangle = K_M(\xi' - \xi, s' - s). \tag{2.76}$$

Die Grundidee ist, die in (2.74) enthaltene Vorschrift $n \to \infty$ als den *thermodynamischen Limes* (=Übergang zu einem unendlich großen Volumen) eines Spingitters aufzufassen, bestehend aus den 'Gitterpunkten' $k = 0, 1, 2, \ldots, n+1$ und besetzt mit den 'Spinvariablen' $\xi_k \in \mathbb{R}^{3N}$, wobei die Spins $\xi_0$ und $\xi_{n+1}$ am Rand der Kette auf feste Werte gesetzt sind. Das $3nN$-dimensionale Integral in (2.74) interpretieren wir als Zustandssumme des endlichen Systems. Das Konstruktionsprinzip wird klarer, wenn wir (2.74) anders schreiben:

$$\langle \xi', s' | \xi, s \rangle = \lim_{n \to \infty} \int e^{-I_n(\xi_1, \ldots, \xi_n)} \prod_{k=1}^{n} \left[ \det \left( \frac{M}{2\pi\tau} \right) \right]^{1/2} d\xi_k \tag{2.77}$$

mit

$$I_n(\xi_1, \ldots, \xi_n) = \sum_{k=0}^{n} \tau \left\{ \tfrac{1}{2} v_k^T M v_k + V(\xi_k) \right\} \qquad v_k = \frac{\xi_{k+1} - \xi_k}{\tau}. \tag{2.78}$$

Durch die Schreibweise ist bereits angedeutet, daß wir $v_k$ als eine zeitlich diskrete Version der *Geschwindigkeit* des Brownschen Teilchens zum Zeitpunkt $s + k\tau$ auffassen, dem wir darüberhinaus die kinetische Energie $\tfrac{1}{2} v_k^T M v_k$ zuordnen. Im Limes $n \to \infty$ strebt der Zeitschritt $\tau$ gegen Null. In einem formalen Sinne strebt deshalb $I_n$ gegen das Zeitintegral der klassischen Energie unseres Ausgangssystems,

$$I(\omega) = \lim_{n \to \infty} I_n = \int_s^{s'} dt \left\{ \tfrac{1}{2} \dot{\omega}(t)^T M \dot{\omega}(t) + V(\omega(t)) \right\}, \tag{2.79}$$

und $I(\omega)$ ließe sich als die *klassische Wirkung entlang des Pfades $\omega$* interpretieren. Es ist uns jedoch verwehrt, den Limes $n \to \infty$ an $I_n$ selbst auszuführen, weil ein typischer Pfad der Brownschen Bewegung keine Ableitung $\dot{\omega}$ besitzt. Zudem besitzt das Maß

$$\prod_{k=1}^{n} \left[ \det \left( \frac{M}{2\pi\tau} \right) \right]^{1/2} d\xi_k$$

keinen Limes[4] für $n \to \infty$. Es ist also wesentlich sicherer, anstelle des Wirkungsintegrals eine *Wirkungssumme $E_n$* zu definieren, die für alle $n < \infty$ wohldefiniert ist. Da wir möchten, daß das Gitter auch im Limes $n \to \infty$ noch präsent ist, sind wir genötigt, einen festen Zeitschritt (hier =1) zu wählen und — als Ausgleich dafür — eine variable Kopplungskonstante $\lambda$ einzuführen:

$$E_n(\lambda) = \sum_{i=0}^{n+1} \lambda V(\xi_i) + \sum_{i=0}^{n} \tfrac{1}{2} (\xi_{i+1} - \xi_i)^T M (\xi_{i+1} - \xi_i). \tag{2.80}$$

Indem wir nämlich

$$\beta_n^{-1} = \lambda_n^{1/2} = \tau = \frac{s' - s}{n+1} \tag{2.81}$$

---

[4] Es existiert keine Analogon des Lebesgue-Maßes (d.h. kein translationsinvariantes Maß) in Räumen unendlicher Dimension.

setzen, erzielen wir 'fast' die gewünschte Identität $\beta_n E_n(\lambda_n) = I_n$. Tatsächlich gilt

$$\beta_n E_n(\lambda_n) = I_n + \tau V(\xi').$$

Für große Werte von $n$ ist der Zusatzterm $\tau V(\xi')$ vernachlässigbar.

Dem Ausdruck (2.80) geben wir eine neue Interpretation: $E_n(\lambda)$ sei die Energie eines fiktiven Spinsystems mit den Spinvariablen $\xi_k$ ($k = 0,\ldots,n+1$). Der erste Term ist eine Summe über gleichlautende Beiträge der individuellen Spins, also eine Summe über die *Gitterpunkte*. Der zweite Term dagegen stellt eine Summe über Energien dar, bei denen jeweils *zwei* benachbarte Spins beteiligt sind. Dieser Term kann folglich als eine Summe über die *Gitterkanten* aufgefaßt werden und beschreibt die „Zweikörperkräfte" des Spinsystems. Wenn man von den Randpunkten 0 und $n+1$ des Gitter absieht, sind die Beiträge zur Energie, die von den Gitterpunkten und Gitterkanten kommen, überall im Gitter gleich: Das unendlich ausgedehnte System ist translationsinvariant. Diese Tatsache spiegelt die zeitliche Homogenität des quantenmechanischen Ausgangssystems wieder und würde verlorengehen, wenn das $N$-Körperpotential $V(\xi)$ zeitabhängig wäre.

Indessen ist die Beschreibung des Spinsystems durch Angabe der Energien nicht vollständig. Wir benötigen noch die Vorgabe des a-priori-Maßes $d\mu(\xi)$, das uns sagt, mit welchem Gewicht die verschiedenen Werte des Spins $\xi$ — unabhängig vom Gitterpunkt — in der Zustandssumme berücksichtigt werden sollen. Es liegt nahe, hierfür das Lebesgue-Maß zu wählen, d.h. wir setzen $d\mu(\xi) = d\xi$. Die Zustandsumme unter den Randbedingungen (2.75) hat jetzt die Form

$$Z_n(\beta,\lambda;\xi,\xi') = \int e^{-\beta E_n(\lambda)} \prod_{i=1}^{n} d\xi_k \qquad (2.82)$$

Dies ist nach Einsetzen von $\beta_n$ und $\lambda_n$ schon fast der Ausdruck links in (2.77). Er ist lediglich anders normiert. Völlige Gleichheit entsteht, wenn wir den Quotienten zweier Übergangsamplituden bilden, indem wir einmal das gewünschte Potential $V$, zum anderen $V = 0$ einsetzen. Sodann beachten wir (2.76) und erhalten

$$\boxed{\langle \xi',s'|\xi,s\rangle = K_M(\xi'-\xi, s'-s) \lim_{n\to\infty} \frac{Z_n(\beta_n,\lambda_n;\xi,\xi')}{Z_n(\beta_n,0;\xi,\xi')}.} \qquad (2.83)$$

Die Übergangsamplitude wird bei dieser Vorschrift durch einen thermodynamischen Limes an einem Spinsystem konstruiert, bei dem beide die Parameter, $\beta$ und $\lambda$ „volumenabhängig" gewählt werden müssen, damit der Limes das Gewünschte leistet. Die Formel (2.83) wurde direkt aus dem Trotter-Produkt heraus entwickelt, benutzt also den gleichen Ansatz wie der analytische Beweis der Feynman-Kac-Formel. Der endgültige Ausdruck vermeidet jedoch das Pfadintegral und benutzt an seiner Stelle den thermodynamischen Formalismus.

Halten wir uns die wichtigsten Aussagen über das Spinsystem, mit dem wir das $N$-Körperproblem verknüpft haben, vor Augen:

## 2.8. Von den Spinsystemen zur Mehlerschen Formel

1. Das Spinmodell besitzt nur eine Nächste-Nachbar-Wechselwirkung zwischen den Spins, nämlich die Energie $-\xi_k^T M \xi_{k+1}$. Alle anderen Anteile der Energie sind lokaler Natur, d.h. sie hängen nur von jeweils *einem* Gitterplatz ab.

2. Das Spinmodell ist translationsinvariant und gehört zur Klasse der ferromagnetischen Modelle; denn die Massenmatrix $M$ ist grundsätzlich positiv. Benachbarte Spins tendieren dazu, sich parallel auszurichten. Sie müssen allerdings, durch die Randbedingungen gezwungen, zwischen dem Spin $\xi$ an dem einen Ende und $\xi'$ an dem anderen Ende des Gitters interpolieren (Abbildung (2.3)).

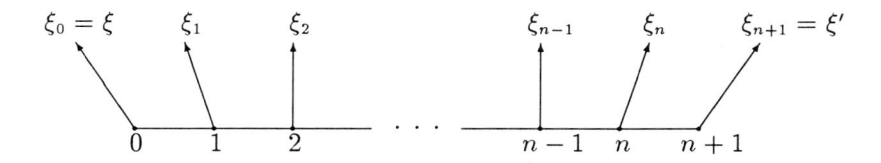

*Abb. 2.3: Eine typische Konfiguration der ferromagnetischen Spinkette*

Eindimensionale Modelle dieser Art haben ihren kritischen Punkt bei der Temperatur Null ($\beta = \infty$). Deshalb gibt es in ihnen keinen Phasenübergang im eigentlichen Sinne. Nun gilt $\lim_n \beta_n = \infty$, und dies bedeutet: Bei der Konstruktion der quantenmechanischen Übergangsamplitude strebt das Spinmodell gegen seinen kritischen Punkt. Nur dort besteht die Äquivalenz beider Modelle. Der Grenzprozeß ist äußerst delikat. Denn dreierlei Dinge passieren gleichzeitig: (1) das Gitter wird unendlich groß, (2) $\beta$ strebt nach Unendlich und (3) die Kopplung $\lambda$ geht gegen Null. Diese drei Grenzprozesse sind so aufeinander abgestimmt, daß sie die Quantenmechanik des $N$-Körpersystems ergeben.

## 2.8 Von den Spinsystemen zur Mehlerschen Formel

Um die Tragfähigkeit des thermodynamischen Formalismus zu demonstrieren, wollen wir jetzt als ein Beispiel den harmonischen Oszillator in $d$ Dimensionen mit der Gittermethode behandeln. Dem Modell $H = -\frac{1}{2}\Delta + \frac{1}{2}k^2 x^2$ entspricht ein Spinsystem, dessen Zustandssumme für ein Gitter $\{0, 1, \ldots, n+1\}$ der Länge $n+1$ ein $nd$-dimensionales Gaußsches Integral ist:

$$\begin{aligned}
Z_n(\beta, \lambda; x, x') &= \int dx_1 \cdots \int dx_n \, e^{-\beta E_n(\lambda)} \\
E_n(\lambda) &= \tfrac{1}{2} \sum_{k=0}^{n} (x_{k+1} - x_k)^2 + \tfrac{1}{2}\lambda k^2 \sum_{k=0}^{n+1} x_k^2 \qquad (x_0 = x, \; x_{n+1} = x') \\
&= \tfrac{1}{2} a^T Q a - a^T b + \tfrac{1}{2}(1 + \lambda k^2) b^T b \qquad (a, b \in \mathbb{R}^{nd})
\end{aligned}$$

mit $a = \{x_1, \ldots, x_n\}^T$ und $b = \{x, 0, \ldots, 0, x'\}^T$. Die hierbei auftretende $nd \times nd$-Matrix $Q$ läßt sich auf einfache Weise durch eine ähnlich gestaltete $n \times n$-Matrix $R$ und die $d \times d$-Einheitsmatrix $\mathbf{1}$ ausdrücken: $Q = R \otimes \mathbf{1}$.

$$Q = \begin{pmatrix} 2c\mathbf{1} & -\mathbf{1} & & \\ -\mathbf{1} & 2c\mathbf{1} & \ddots & \\ & \ddots & \ddots & -\mathbf{1} \\ & & -\mathbf{1} & 2c\mathbf{1} \end{pmatrix} \qquad R = \begin{pmatrix} 2c & -1 & & \\ -1 & 2c & \ddots & \\ & \ddots & \ddots & -1 \\ & & -1 & 2c \end{pmatrix}.$$

Hier haben wir $c = \cosh u = 1 + \frac{1}{2}\lambda k^2$ gesetzt und dadurch einen Parameter $u$ eingeführt, mit dessen Hilfe die folgenden Formeln sich besonders einfach gestalten.

Es ist eine elementare Aufgabe, das Gaußsche Integral auszuführen:

$$Z_n(\beta, \lambda; x, x') = \left[\det \tfrac{\beta Q}{2\pi}\right]^{-1/2} \exp\{-\tfrac{1}{2}\beta\, b^T (2c - 1 - Q^{-1}) b\}. \tag{2.84}$$

Für die darin auftretende Determinante gilt offensichtlich

$$\det \frac{\beta Q}{2\pi} = \left(\frac{\beta}{2\pi}\right)^{nd} (\det R)^d.$$

Es bleibt das Problem, $d_n := \det R$ zu bestimmen. Entwickeln wir die Determinante von $R$ nach der letzten Zeile, so gelangen wir zu dem Rekursionsschema

$$d_0 = 1, \quad d_1 = 2\cosh u, \quad d_{n+1} + d_{n-1} = 2d_n \cosh u. \tag{2.85}$$

Die Differenzengleichung wird durch $d_n = ae^{nu} + be^{-nu}$ gelöst und die Konstanten $a$ und $b$ werden durch die beiden Anfangsbedingungen bestimmt:

$$a + b = 1 \qquad ae^u + be^{-u} = 2\cosh u.$$

Dies führt zu der Lösung

$$d_n \equiv \det R = \frac{\sinh(n+1)u}{\sinh u}. \tag{2.86}$$

Weiter wird von uns verlangt, den Vektor $y = Q^{-1}b$ zu bestimmen. Wir lösen zu diesem Zweck das Gleichungssystem $Qy = a$ äquivalent mit

$$2y_k \cosh u = \begin{cases} x + y_2 & k = 1 \\ y_{k-1} + y_{k+1} & k = 2, \ldots, n-1 \\ y_{n-1} + x' & k = n. \end{cases} \tag{2.87}$$

Wieder ist $y_k = re^{ku} + se^{-ku}$ der lösende Ansatz, wobei die konstanten Vektoren $r$ und $s$ durch die erste und die letzte Gleichung bestimmt werden:

$$r + s = x \qquad re^{(n+1)u} + se^{-(n+1)u} = x'.$$

## 2.8. Von den Spinsystemen zur Mehlerschen Formel

Dies führt auf die Lösung

$$y_k = \frac{x \sinh(n-k+1)u + x' \sinh ku}{\sinh(n+1)u} \qquad k = 1,\ldots,n \qquad (2.88)$$

und wir errechnen nun leicht

$$b^T Q^{-1} b = xy_1 + x'y_n = \frac{(x^2 + x'^2)\sinh nu + 2xx' \sinh u}{\sinh(n+1)u}.$$

Noch eine kleine Umformung,

$$\sinh nu = \sinh(n+1)u \cosh u - \cosh(n+1)u \sinh u,$$

und wir sind am Ziel:

$$\begin{aligned}
Z_n(\beta, \lambda; x, x') &= [(2\pi/\beta)^n w]^{d/2} \exp\{-\tfrac{1}{2}\beta[(x^2+x'^2)v - 2xx'w]\} \\
v &= \frac{\sinh u}{\tanh(n+1)u} + \tfrac{1}{2}\lambda k^2 \\
w &= \frac{\sinh u}{\sinh(n+1)u} \qquad \cosh u = 1 + \tfrac{1}{2}\lambda k^2.
\end{aligned} \qquad (2.89)$$

Für $\lambda \to 0$ (d.h. $u \to 0$) streben sowohl $v$ als auch $w$ gegen $(n+1)^{-1}$. Wir erhalten so

$$Z_n(\beta, 0; x, x') = \left[\frac{(2\pi/\beta)^n}{n+1}\right]^{d/2} \exp\left\{-\frac{\beta(x'-x)^2}{2(n+1)}\right\}. \qquad (2.90)$$

Folgen wir den Vorschriften des letzten Abschnittes, so haben wir einen thermodynamischen Limes $n \to \infty$ in einer solchen Weise auszuführen, daß dabei $\beta = \beta_n := (n+1)(s'-s)^{-1}$ und $\lambda = \lambda_n := (n+1)^{-2}(s'-s)^2$ gesetzt wird. Mit $\nu = k(s'-s)$ kann man das Verhalten von $u, v$ und $w$ für große Werte von $n$ bequem schreiben:

$$(n+1)u \to \nu \qquad (n+1)v \to \frac{\nu}{\tanh \nu} \qquad (n+1)w \to \frac{\nu}{\sinh \nu}.$$

Man erhält also für das Verhältnis der beiden Zustandssummen:

$$\lim_{n \to \infty} \frac{Z_n(\beta_n, \lambda_n; x, x')}{Z_n(\beta_n, 0; x, x')} = \left[\frac{\nu}{\sinh \nu}\right]^{d/2} \frac{\exp\left\{-\frac{k(x^2+x'^2)}{2\tanh \nu} + \frac{kxx'}{\sinh \nu}\right\}}{\exp\left\{-\frac{k(x-x')^2}{2\nu}\right\}}.$$

Das Ergebnis hat man nur noch mit $K(x'-x, s'-s)$ zu multiplizieren, um die Übergangsamplitude des harmonischen Oszillators zu erhalten:

$$\begin{aligned}
\langle x', s' | x, s \rangle &= \left[\frac{k}{2\pi \sinh \nu}\right]^{d/2} \exp\left\{-\frac{k(x^2+x'^2)}{2\tanh \nu} + \frac{kxx'}{\sinh \nu}\right\} \\
k(s'-s) &= \nu \qquad \text{(Mehlersche Formel)}.
\end{aligned} \qquad (2.91)$$

Es ist nicht ohne Interesse zu erfahren, welche freie Energie pro Gitterplatz das Spinsystem besitzt. Die Rechnung dazu ist denkbar einfach:

$$f(\beta,\lambda) = -\lim_{n\to\infty}(\beta n)^{-1}\log Z_n(\beta,\lambda;x,x') = \frac{d}{2}\beta^{-1}\left(u + \log\frac{\beta}{2\pi}\right) \tag{2.92}$$

($2\sinh(u/2) = \lambda^{1/2}k > 0$). Die freie Energie ist erwartungsgemäß unabhängig von den Randbedingungen (unabhängig von $x$ und $x'$). Im Grenzfall verschwindender Kopplung finden wir:

$$f(\beta,0) = \frac{d}{2}\beta^{-1}\log\frac{\beta}{2\pi}. \tag{2.93}$$

Die Grundzustandsenergie des quantenmechanischen Oszillators ist $E = \frac{d}{2}k$. Es kommt sicher nicht überraschend, daß $E$ aus der freien Energie durch einen Grenzprozeß gewonnen werden kann:

$$E = \lim_{\substack{\beta\to\infty \\ \lambda\to 0 \\ \beta^2\lambda\to 1}} \frac{f(\beta,\lambda) - f(\beta,0)}{\lambda}. \tag{2.94}$$

## 2.9 Das Reflexionsprinzip

Wir nehmen an, eine Potentialbarriere hindere ein Schrödinger-Teilchen, oder allgemeiner, ein quantenmechanisches System daran, in einen Halbraum $A_- \subset \mathbb{R}^d$ einzudringen. Die Übergangsamplitude läßt sich, wie wir nun zeigen wollen, durch eine rein geometrische Überlegung gewinnen.

Wir gehen dabei aus von einer Spiegelung $I$ an einer Hyperebene $A_0$ und der damit verbundenen Zerlegung $\mathbb{R}^d = A_+ \cup A_0 \cup A_-$ des Raumes in disjunkte Teilmengen, so daß $A_0$ die Halbräume $A_+$ und $A_-$ voneinander trennt. Das Potential, mit dem wir das Modell beschreiben wollen, lautet:

$$V(x) = \begin{cases} 0 & x \in A_+ \\ \infty & \text{sonst.} \end{cases}$$

Die Feynman-Kac-Formel zeigt, daß auch das zugeordnete Brownsche Teilchen daran gehindert wird, in den Halbraum $A_-$ einzudringen, d.h. wir sind bei der Berechnung der Übergangsamplitude aufgefordert, das Maß aller Pfade $\omega : (x,s) \rightsquigarrow (x',s')$ zu bestimmen, die *nicht* den Halbraum $A_+$ verlassen, wobei wir natürlich $x, x' \in A_+$ voraussetzen.

Für die Menge $\Omega$ *aller* Pfade ohne Einschränkungen ist

$$\mu(\Omega) = \int_{(x,s)\rightsquigarrow(x',s')} d\mu(\omega) = K(x'-x, s'-s)$$

das bedingtes Wiener-Maß. Wir haben hiervon die Teilmenge $\Omega' \subset \Omega$ aller Pfade zu entfernen, die in die Grenzfläche $A_0$ im Zeitintervall $s \leq t \leq s'$ eintreten, so daß die Übergangsamplitude in der folgenden Form dargestellt werden kann:

$$\langle x',s'|x,s\rangle = \mu(\Omega\setminus\Omega') = \mu(\Omega) - \mu(\Omega'). \tag{2.95}$$

## 2.9. Das Reflexionsprinzip

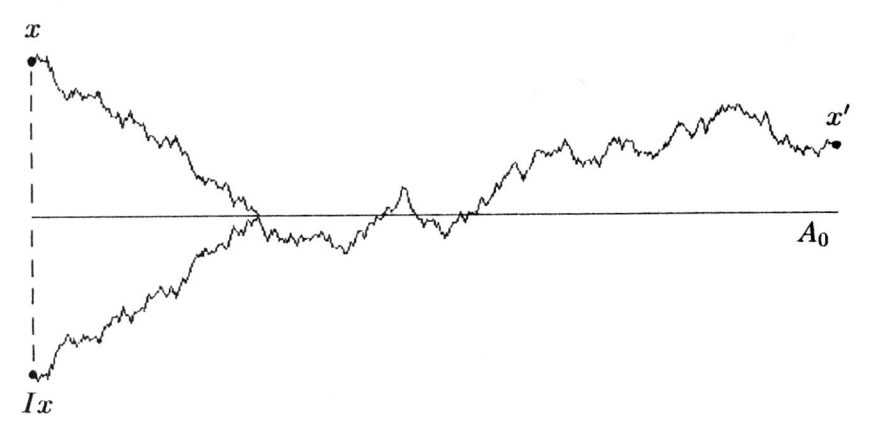

*Abb. 2.4: Reflexion an der Hyperebene $A_0$*

Die Menge $\Omega'$ soll nun charakterisiert werden. Für jeden Pfad $\omega \in \Omega'$ existiert ein Zeitpunkt

$$t_\omega = \inf\{t \mid s < t < s', \ \omega(t) \in A_0\} \tag{2.96}$$

des ersten Eintritts in die Grenzfläche. Dieser Zeitpunkt zerlegt den Pfad in zwei Teile. Den ersten Teil spiegeln wir an der Hyperebene (siehe die Abbildung 2.4), um einen Brownschen Pfad $\omega_I : (Ix, s) \rightsquigarrow (x', s')$ zu erhalten. Wir setzen also

$$\omega_I(t) = \begin{cases} I\omega(t) & s \leq t \leq t_\omega \\ \omega(t) & t_\omega \leq t \leq s' \end{cases} \qquad (\omega \in \Omega').$$

Die Reflexion stiftet eine maßerhaltende 1:1-Korrespondenz zwischen der Menge $\Omega'$ und der Menge aller Pfade von $Ix$ nach $x'$. Begründung: (1) $Ix$ und $x'$ liegen in verschiedenen Halbräumen; folglich kreuzt jeder Pfad von $Ix$ nach $x'$ die Hyperebene $A_0$ (Brownsche Pfade sind stetig). (2) Die beiden Teilabschnitte, in die ein Pfad durch die Hyperebene zerlegt wird, sind statistisch unabhängig; folglich ändert eine Reflexion des ersten Teilabschnittes (oder auch des zweiten Abschnittes) nichts an dem statistischen Gewicht des Pfades im Pfadintegral (die Brownsche Bewegung ist ein Markoff-Prozeß). Aus der Beziehung (2.95) folgt somit:

$$\langle x', s' | x, s \rangle = \begin{cases} K(x'-x, s'-s) - K(x'-Ix, s'-s) & x, x' \in A_+ \\ 0 & \text{sonst.} \end{cases} \tag{2.97}$$

Es ist leicht zu überprüfen, daß der Ausdruck auf der rechten Seite positiv ist, wie von der Theorie verlangt. Denn es gilt $(x'-Ix)^2 > (x'-x)^2$, falls $x$ und $x'$ dem gleichen Halbraum angehören.

**1. Beispiel:** Ein Teilchen auf der reellen Achse. Hierzu setzen wir $d=1$ und $Ix = -x$ mit $x \in \mathbb{R}$, so daß $A_0 = \{0\}$. Wir wählen $A_+ = \{x > 0\}$ als den erlaubten und $A_- = \{x < 0\}$ als den verbotenen Halbraum. Dann gilt

$$\langle x' | e^{-tH} | x \rangle = K(x'-x, t) - K(x'+x, t) \qquad (x>0, x'>0)$$

für $H = -\frac{1}{2}d^2/dx^2 + V$ mit $V(x) = 0 (x > 0)$ bzw. $V(x) = \infty (x \leq 0)$. Diese elementare Aussage läßt sich natürlich auch mit den herkömmlichen Methoden (Spektralzerlegung) gewinnen.

**2.Beispiel**: Zwei Teilchen auf der reellen Achse, $x_1$ sei die Koordinate des einen, $x_2$ die des anderen Teilchens. Keines der beiden Teilchen soll das andere überholen können, d.h. die Bewegung erfolgt unter der Bedingung $x_1 < x_2$. Die Bedingung definiert einen Halbraum $A_+$ im $\mathbb{R}^2$. Wir setzen $I\{x_1, x_2\} = \{x_2, x_1\}$ und erhalten

$$\langle x_1', x_2' | e^{-tH} | x_1, x_2 \rangle = K(x_1' - x_1, t)K(x_2' - x_2, t) - K(x_1' - x_2, t)K(x_2' - x_1, t)$$

gültig für $x_1 < x_2$, $x_1' < x_2'$. Der Effekt ist hier nahezu so, als ob die Fermi-Statistik wirksam würde.

**Aufgabe.** Man gehe allgemein von $n$ Spiegelungen an $n$ Hyperebenen aus ($n \leq d$). Vertauschen diese Operationen paarweise miteinander, so erzeugen sie eine Gruppe $G$ der Ordnung $2^n$. Dies vorausgesetzt beweise man die Formel

$$\langle x' | e^{-tH} | x \rangle = \sum_{g \in G} \det g \, K(x' - gx, t) \quad x, x' \in A_+ \,,$$

wobei $A_+$ den Durchschnitt von $n$ Halbräumen bezeichnet und das Potential in $A_+$ den Wert 0, im Komplement von $A_+$ dagegen den Wert $\infty$ besitzt. Die Gruppenelemente $g$ identifiziert man mit den zugehörigen $d \times d$-Matrizen und erhält $\det g = \pm 1$.

# Kapitel 3

# Die Brownsche Brücke

> *In part, the point of functional integration is a less cumbersome notation, but there is a larger point: like any other successful language, its existence tends to lead us to different and very special ways of thinking.*
> — Barry Simon

## 3.1 Die kanonische Zerlegung eines Pfades

Das bedingte Wiener-Maß legt zunächst den Anfangspunkt $x$ wie auch den Endpunkt $x'$ eines Brownschen Pfades zwischen zwei Zeiten $s$ und $s'$ fest, und über alle Pfade mit diesen Vorgaben wird dann die Integration ausgeführt. Es ist jedoch lästig, die Parameter $x, s, x', s'$ bei der Definition des Maßes berücksichtigen zu müssen. Eine elegante Methode, diese Abhängigkeit in andere Ausdrücke zu verlegen, besteht darin, einen neuen Gauß-Prozeß einzuführen, der von diesen Parametern unabhängig ist und den man die *Brownsche Brücke* nennt.

Jeder Brownsche Pfad $\omega : (x, s) \rightsquigarrow (x', s')$ kann offensichtlich in folgender Weise zerlegt werden:

$$\omega(t) = x + (x' - x)\tau + \ell\bar{\omega}(\tau) \tag{3.1}$$

$$t = s + (s' - s)\tau \qquad (0 \leq \tau \leq 1) \tag{3.2}$$

$$\ell^2 = s' - s > 0, \tag{3.3}$$

wobei $\bar{\omega}(\tau)$ ein Brownscher Pfad ist, der die Abweichung von dem geradlinigen Pfad beschreibt und der den Bedingungen $\bar{\omega}(0) = \bar{\omega}(1) = 0$ genügt (Abbildung 3.1). Der Faktor $\ell$ (eine Länge) dient der Normierung unter Ausnutzung der Skaleninvarianz: Mit $X_s$ ist auch $\ell X_{s/\ell^2}$ ein Wiener-Prozeß mit der Kovarianz $\mathrm{Min}(s, s')$. Vier Dinge gilt es im Auge zu behalten:

1. Der Parameter $\tau$ übernimmt die Rolle der Zeit, ist aber an sich nur eine dimensionslose Zahl zwischen 0 und 1, gleich, ob die Anwendung eine Zeitskala von $10^{-9}s$ oder von $10^3 s$ vorsieht.

2. In unseren Formeln ist die charakteristische Masse $m$ des Systems und die Plancksche Konstante $\hbar$ verborgen, weil beide Größen gleich 1 gesetzt sind. Gelegentlich kann es nützlich sein, die Abhängigkeit von $m$ und $\hbar$ deutlich zum Ausdruck zu bringen. Dann hat man

$$\ell^2 = \hbar(s' - s)/m$$

an Stelle von (3.3) zu schreiben und gewährleistet so, daß die Koordinaten des Pfades $\bar{\omega}(\tau)$ dimensionslos sind. Hierbei ist $\ell$ diejenige charakteristische Länge (der Zeitdifferenz $s' - s$ zugeordnet), die das Ausmaß der Schwankungen um den geradlinigen Pfad diktiert.

3. Im Fall großer Masse $m$ oder für $\hbar \to 0$, im klassischen Grenzfall also, gilt $\ell = 0$. Dies wirkt sich so aus, als ob nur der triviale Pfad $\bar{\omega} = 0$ Berücksichtigung fände und $\omega(t)$ somit geradlinig wäre: $\omega(t) = x + (x' - x)\tau$. Auf diese Weise wird klar, daß durch Summation über die Pfade der Brownschen Brücke ein wesentlicher Teil der Quantenfluktuationen erfaßt wird.

4. Bei Anwendungen in der statistischen Mechanik hat man die Zeitdifferenz $s' - s$ durch $\hbar(k_B T)^{-1}$ zu ersetzen, wobei $k_B$ und $T$ die Boltzmann-Konstante bzw. die Temperatur bezeichnen. Dies führt auf eine neue Weise, die charakteristische Länge $\ell$ einzuführen:

$$\ell^2 = \hbar^2/(mk_B T).$$

In solchen Fällen ist der klassische Grenzfall ($\hbar \to 0$) gleichbedeutend mit dem Hochtemperaturlimes ($T \to \infty$).

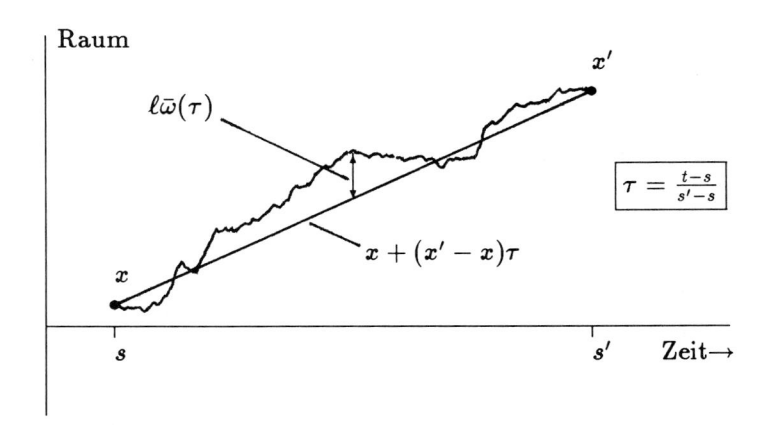

*Abb. 3.1: Die Zerlegung eines Pfades in den linearen Anteil und den Pfad der Brownschen Brücke*

## Der Prozeß $\bar{X}_\tau$

Es ist nun leicht, den Prozeß $\bar{X}_\tau$, die $d$-dimensionale Brownsche Brücke also, so zu konstruieren, daß die Pfade dieses Prozesses mit $\bar{\omega}(\tau)$ übereinstimmen:

$$\bar{X}_\tau = X_\tau - \tau X_1 \qquad (X_\tau = \text{Wiener-Prozeß},\ 0 \leq \tau \leq 1). \tag{3.4}$$

Man rechnet sofort nach, daß dieser Gauß-Prozeß die Kovarianz

$$\boldsymbol{E}(\bar{X}_{\tau k}\bar{X}_{\tau' k'}) = \bigl(\text{Min}(\tau, \tau') - \tau\tau'\bigr)\delta_{kk'} \qquad (k, k' = 1, \ldots, d) \tag{3.5}$$

besitzt, die ihn bereits vollständig charakterisiert.

Die Greensche Funktion $G(\tau, \tau') = \text{Min}(\tau, \tau') - \tau\tau'$ ist aus der Theorie der *schwingenden Saite* bestens bekannt. Dort würden $\tau$ und $\tau'$ Punkte einer Saite (der Länge 1) bezeichnen, deren Endpunkte $\tau = 0$ und $\tau = 1$ fixiert sind. Die Schwingungsgleichung

$$f''(\tau) + \lambda f(\tau) = 0 \quad , \qquad f(0) = f(1) = 0$$

besitzt die Eigenwerte $\lambda_n = \pi^2 n^2$ ($n \in \mathbb{N}$) und die Eigenlösungen $\phi_n(\tau) = \sqrt{2}\sin(\pi n\tau)$. Es gilt

$$\langle\tau|D^{-1}|\tau'\rangle = \sum_{n=1}^{\infty} \lambda_n^{-1}\phi_n(\tau)\phi_n(\tau') = G(\tau, \tau'), \tag{3.6}$$

wobei der Operator $D$ auf $L^2(0,1)$ durch den Differentialausdruck $-d^2/d\tau^2$ und die Dirichlet-Randbedingungen $f(0) = f(1) = 0$ gegeben ist. Sinn der Einführung von $G$ ist, daß so die Schwingungsgleichung einer Integralgleichung äquivalent wird:

$$f(\tau) = \lambda \int_0^1 d\tau'\, G(\tau, \tau')f(\tau').$$

Der Zusammenhang mit der Brownschen Brücke ist formaler Natur.

## Pfadintegrale als Erwartungswerte

Das bedingte Wiener-Maß erhält durch die Zerlegung (3.1) die Gestalt

$$d\mu_{x,s}^{x',s'}(\omega) = K(x' - x, s' - s)d\bar{\omega} , \tag{3.7}$$

wobei $d\bar{\omega}$ das auf 1 normierte Maß für den Prozeß $\bar{X}_\tau$ darstellt. Tatsächlich handelt es sich bei $d\bar{\omega}$, abgesehen von einem trivialen Zahlenfaktor, um ein bedingtes Wiener-Maß mit speziellen Parametern:

$$d\bar{\omega} = (2\pi)^{d/2}d\mu_{0,0}^{0,1}(\bar{\omega}) \tag{3.8}$$

(denn $K(0,1) = (2\pi)^{-d/2}$). Pfadintegrale der Art

$$\int d\bar{\omega}\, f(\bar{\omega}) \equiv \boldsymbol{E}(f(\bar{X})) ,$$

wie sie uns im folgenden begegnen werden, sind ganz einfach Erwartungswerte bezüglich des Prozesses $\bar{X}_\tau$. Mit $\bar{\omega}$ ist auch $-\bar{\omega}$ ein Pfad der Brownschen Brücke, und da er das gleiche Gewicht hat, gilt allgemein

$$\int d\bar{\omega}\, f(\bar{\omega}) = \int d\bar{\omega}\, f(-\bar{\omega}),$$

d.h. nur der gerade Anteil eines Funktionals $f$ trägt zu dem Integral bei.

Die Feynman-Kac-Formel für ein allgemeines zeitabhängiges Potential $V(x,t)$ können wir dann so schreiben:

$$\begin{aligned}\langle x',s'|x,s\rangle &= K(x'-x,s'-s)\int d\bar{\omega}\,\exp\left\{-\int_0^1 d\tau\,\bar{V}(\bar{\omega}(\tau),\tau)\right\} \\ &= K(x'-x,s'-s)\,E\left(\exp\left\{-\int_0^1 d\tau\,\bar{V}(\bar{X}_\tau,\tau)\right\}\right).\end{aligned} \quad (3.9)$$

Das transformierte Potential $\bar{V}$ berechnet sich gemäß der Vorschrift

$$\bar{V}(\xi,\tau) = (s'-s)V(y,t) \quad (3.10)$$
$$y = x + (x'-x)\tau + \ell\xi \quad (3.11)$$
$$t = s + (s'-s)\tau. \quad (3.12)$$

Die Einführung zeitabhängiger Potentiale an dieser Stelle kommt unmotiviert und bedarf einer näheren Begründung (siehe hierzu den Abschnitt 4.3 über gekoppelte Systeme). Mathematisch gesehen, ist durch die Beschränkung auf zeitlich konstante Potentiale $V(x)$ wenig gewonnen, weil das transformierte Potential $\bar{V}$ grundsätzlich eine $\tau$-Abhängigkeit aufweist.

**Das stochastische Integral**

Die Ableitung der Brownschen Brücke $\bar{X}_\tau$ nach der Zeit existiert nur im verallgemeinerten Sinne. Die Verhältnisse liegen hier also ganz ähnlich wie bei dem Wiener-Prozeß $X_s$, dessen Ableitung das *weiße Rauschen* beschreibt (vergleiche die parallele Diskussion im Abschnitt 1.7).

Die folgenden Formeln schreiben wir der Einfachheit halber nur für den Fall $d = 1$ auf (die Verallgemeinerung ist eine leichte Übung) und beginnen mit der Ableitung der Kovarianz der Brownschen Brücke:

$$\frac{\partial}{\partial\tau}\frac{\partial}{\partial\tau'}\Big(\mathrm{Min}(\tau,\tau') - \tau\tau'\Big) = \delta(\tau-\tau') - 1.$$

Formal besitzt die Ableitung $\bar{W}_\tau = \dot{\bar{X}}_\tau$ somit die Kovarianz

$$E(\bar{W}_\tau \bar{W}_{\tau'}) = \delta(\tau-\tau') - 1 \qquad (0 \le \tau,\tau' \le 1),$$

und nach Integration mit reellen Funktionen $f \in L^2(0,1)$ erhält das *stochastische Integral*

$$\bar{W}(f) := \int_0^1 f(\tau)\bar{W}_\tau d\tau \equiv \int_0^1 f(\tau)d\bar{X}_\tau \quad (3.13)$$

seinen Sinn als eine Gaußsche Zufallsvariable durch die definierenden Eigenschaften

$$E(\bar{W}(f)) = 0 \quad, \quad E(\bar{W}(f)^2) = \mathrm{var}(f), \quad (3.14)$$

wobei
$$\operatorname{var}(f) := \int_0^1 d\tau\, f(\tau)^2 - \left(\int_0^1 d\tau\, f(\tau)\right)^2 \tag{3.15}$$
gesetzt wurde. Kurz gesagt, der verallgemeinerte Prozeß $f \to \bar{W}(f)$ besitzt das erzeugende Funktional
$$\boldsymbol{E}\Big(\exp\{i\bar{W}(f)\}\Big) = \exp\{-\tfrac{1}{2}\operatorname{var}(f)\}. \tag{3.16}$$
Diese Formel werden wir später bei der Diskussion der Bewegung von Schrödinger-Teilchen in einem Magnetfeld benötigen.

## 3.2 Schranken für die Übergangsamplitude

In diesem Abschnitt wollen wir *allgemeine* Schranken für die Übergangsamplitude $\langle x', s'|x, s\rangle$ herleiten, indem wir von $H(t) = -\tfrac{1}{2}\Delta + V(\cdot, t)$ ausgehen. Ist beispielsweise das Potential $V$ zeitunabhängig, wird man die Schreibweise
$$\langle x', s'|x, s\rangle = \langle x'|e^{-\beta H}|x\rangle \quad , \quad \beta = s' - s > 0 \tag{3.17}$$
bevorzugen, die auf mögliche Anwendungen in der statistischen Mechanik abzielt. Wir nennen Schranken genau dann *'allgemein'*, wenn bei der Herleitung kein Gebrauch von speziellen Eigenschaften des Potentials $V(x, t)$ gemacht wird. Auffällig ist jedoch an dem Beweisverfahren, daß spezielle Pfade der Brownschen Brücke in die Schranken eingehen. Wir beginnen deshalb mit einer Diskussion dieser besonderen Pfade und erleichtern uns so die Interpretation der anschließenden Resultate.

Es sei $A$ eine Zufallsvariable mit Werten $a \in \mathbb{R}^d$. Die Komponenten von $A$ seien normalverteilt und unabhängig, so daß für geeignete Funktionen $f : \mathbb{R}^d \to \mathbb{R}$ gilt:
$$\boldsymbol{E}(f(A)) = \int da\, K(a, 1) f(a) = (2\pi)^{-d/2} \int da\, e^{-a^2/2} f(a). \tag{3.18}$$
Wir führen spezielle Pfade der $d$-dimensionalen Brownschen Brücke $\bar{X}_\tau$ ein; sie sind mit $A$ verknüpft und haben die Gestalt
$$\bar{\omega}_a(\tau) = a\sqrt{\tau(1-\tau)} \quad (0 \leq \tau \leq 1,\ a \in \mathbb{R}^d). \tag{3.19}$$
(siehe die Abbildung 3.2). Wir wollen $a$ den *'Ausschlag'* nennen.

Der Ausschlag gibt an, wie groß die Abweichung dieses Pfades von dem trivialen Pfad $\bar{\omega} = 0$ ist. Sein Wert sei zufällig und gemäß $A$ verteilt. Der Sinn dieser Konstruktion ist darin zu sehen, daß allgemein die Relation
$$\int d\bar{\omega}\, f(\bar{\omega}(\tau), \tau) = \boldsymbol{E}\big(f(A\sqrt{\tau(1-\tau)}, \tau)\big) \tag{3.20}$$
gilt (eine Folge der Identität $(2\pi)^{d/2} K(x, \tau) K(x, 1-\tau) = K(x, \tau(1-\tau))$ und der Substitution $x = a\sqrt{\tau(1-\tau)}$). Folglich
$$\int d\bar{\omega} \int_0^1 d\tau\, f(\bar{\omega}(\tau), \tau) = \int_0^1 d\tau\, \boldsymbol{E}\big(f(A\sqrt{\tau(1-\tau)}, \tau)\big) \tag{3.21}$$

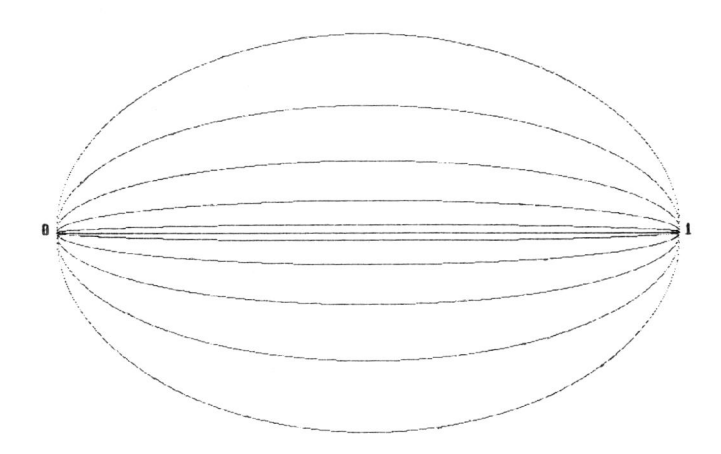

*Abb. 3.2: Spezielle Pfade $\bar{\omega}_a(\tau)$ der Brownschen Brücke. Sie bestimmen den Wert oberer und unterer Schranken.*

nach einer Vertauschung der Integrationsreihenfolge. Das Pfadintegral linker Hand ist sehr spezieller Art. Rechter Hand wird sein Wert dadurch ermittelt, daß ausschließlich über Pfade vom Typ (3.19) integriert wird: Zuerst bestimmt man zu gegebener Zeit $\tau$ der Mittelwert bezüglich des Ausschlages $A$; danach integriert man das Ergebnis über das Zeitintervall $[0,1]$.

Die Diskussion im vorangegangenen Abschnitt legt nahe, die Übergangsamplitude wie folgt aufzuspalten:

$$\begin{aligned}\langle x',s'|x,s\rangle &= K(x'-x, s'-s)\exp\Phi(V) \\ \Phi(V) &= \log\int d\bar{\omega}\exp\left\{-\int_0^1 d\tau\,\bar{V}(\bar{\omega}(\tau),\tau)\right\}.\end{aligned} \quad (3.22)$$

Das hierdurch eingeführte Funktional $\Phi(V)$ hängt parametrisch von $x, s, x', s'$ ab; aus Gründen der Übersichtlichkeit unterdrücken wir jedoch diese Abhängigkeit in allen Formeln.

**Semiklassische Näherung.** Im Grenzfall $\ell \to 0$ wird der Integrand in (3.22) unabhängig von $\bar{\omega}$, so daß wegen $\int d\bar{\omega} = 1$ eine Vereinfachung eintritt; wir erhalten so die semiklassische Näherung des Funktionals $\Phi(V)$:

$$\begin{aligned}\Phi_{skl}(V) &= -\int_0^1 d\tau\,\bar{V}(0,\tau) \\ &= -\int_s^{s'} dt\,V\left(x+(x'-x)\tfrac{t-s}{s'-s}, t\right).\end{aligned} \quad (3.23)$$

**1. Beispiel.** Das eindimensionale Deltapotential $V(x) = a\delta(x)$ führt auf die Näherung

$$\Phi_{skl}(V) = \begin{cases} -\beta a|x-x'|^{-1} & xx' \leq 0 \\ 0 & xx' > 0 \end{cases}$$

## 3.2. Schranken für die Übergangsamplitude

gültig für $x \neq x'$, d.h. wir bekommen einen Wert ungleich Null nur dann, wenn der lineare Pfad $x + (x' - x)\tau$ durch den Nullpunkt geht. In diesem Fall ist auch eine exakte Darstellung für $\Phi(V)$ bekannt [73], mit der die obige Näherung verglichen werden kann.

**2. Beispiel.** Das dreidimensionale Coulomb-Potential $V(x) = \alpha r^{-1}$ führt nach einer elementaren Integration auf die Näherung

$$\Phi_{skl}(V) = \frac{-\beta\alpha}{|x - x'|} \log \frac{r' + x'e}{r + xe} \quad , \quad e := \frac{x - x'}{|x - x'|} \quad , \quad r = |x|, r' = |x'|$$

gültig für $x \neq x'$. In diesem Fall ist keine exakte Darstellung von $\Phi(V)$ durch elementare Funktionen bekannt (vgl. hierzu die Arbeiten [46] [47] und [84]), und die Güte der obigen Näherung ist nicht leicht zu beurteilen.

Die Werte von $\Phi(V)$ für $x = x'$ (die *Diagonalwerte*) sind in der statistischen Physik von vorrangigem Interesse. Die semiklassische Approximation zeichnet sich für diesen Fall durch besondere Einfachheit aus:

$$x = x' \quad \Rightarrow \quad \Phi_{skl}(V) = -\beta V(x). \tag{3.24}$$

Wir werden im Abschnitt 4.2 Korrekturen zu dieser Näherung berechnen. Bemühungen, Quantenkorrekturen durch eine Reihenentwicklung nach $\hbar$ zu erhalten, gehen auf eine frühe Arbeit von Wigner [179] zurück.

Wir verfolgen jetzt ein anderes Ziel: Die Bestimmung von Schranken für das Funktional $\Phi(V)$. Die Jensen-Ungleichung kann in zweierlei Weise angewandt wenden. Erstens gilt

$$\int d\bar{\omega} \, \exp I(\bar{\omega}) \geq \exp \int d\bar{\omega} \, I(\bar{\omega}) \tag{3.25}$$

und zweitens

$$\exp \int_0^1 d\tau \, f(\tau) \leq \int_0^1 d\tau \, \exp f(\tau). \tag{3.26}$$

Hierin sind $I(\bar{\omega})$ und $f(\tau)$ zunächst beliebig, werden aber mit Blick auf (3.22) geeignet gewählt. Bei Ausnutzung der Darstellung (3.21) folgen so die Schranken

$$\int_0^1 d\tau \, E\left(-\bar{V}(A\sqrt{\tau(1-\tau)},\tau)\right) \leq \Phi(V) \leq \log \int_0^1 d\tau \, E\left(\exp\{-\bar{V}(A\sqrt{\tau(1-\tau)},\tau)\}\right). \tag{3.27}$$

**Das Coulomb-Potential.** Wie zuvor setzen wir $d = 3$, $r = |x|$, $V(x) = \alpha r^{-1}$ und $H = -\frac{1}{2}\Delta + V$, wobei $\alpha$ sowohl positiv als auch negativ sein kann. Aus der unteren Schranke für $\Phi(V)$ folgt die Ungleichung

$$\langle x|e^{-\beta H}|x\rangle \geq (2\pi\beta)^{-3/2} \exp\left\{-\beta\alpha \int_r^\infty du \, \frac{1 - e^{-2u^2/\beta}}{u^2}\right\} \tag{3.28}$$

für die *Diagonalelemente* des Integralkerns von $e^{-\beta H}$. Für $\beta \to 0$ oder $r \to \infty$ geht das Integral in seine semiklassische Näherung $r^{-1}$ über. Für $r \to 0$ hingegen strebt das Integral gegen einen endlichen Wert: Die Singularität des Coulomb-Potentials scheint aufgehoben:

$$\langle 0|e^{-\beta H}|0\rangle \geq (2\pi\beta)^{-3/2}\exp\left\{-\alpha\sqrt{2\pi\beta}\right\}. \tag{3.29}$$

Der Beweis von (3.28) geschieht in Schritten und beginnt mit der Definition

$$\bar{V}(\xi,\tau) = \beta V(x + (x'-x)\tau + \ell\xi) \qquad (\ell^2 = \beta).$$

Für $x' = x$ erzielt man eine Vereinfachung, so daß die linke Ungleichung in (3.27) lautet: $-\beta v(r) \leq \Phi(V)$ mit

$$v(r) := \int_0^1 d\tau\, E\big(V(x + A\ell\sqrt{\tau(1-\tau)})\big). \tag{3.30}$$

Denn das Ergebnis ist rotationssymmetrisch. Um den Erwartungswert und das nachfolgende Integral zu bestimmen, nutzen wir die Differentialgleichung $\Delta V(x) = -4\pi\alpha\delta(x)$, d.h. wir bestimmen zuerst die Dichte

$$\rho(r) := \alpha\int_0^1 d\tau\, E\big(\delta(x + A\ell\sqrt{\tau(1-\tau)})\big), \tag{3.31}$$

um danach $v(r)$ aus $\Delta v(r) = -4\pi\rho(r)$ zu ermitteln. Zunächst erhalten wir die Integraldarstellung:

$$\rho(r) = \alpha\int_0^1 \frac{d\tau}{(2\pi\beta\tau(1-\tau))^{3/2}}\exp\left\{-\frac{r^2}{2\beta\tau(1-\tau)}\right\}. \tag{3.32}$$

Sie läßt wenig erkennen, es sei denn, man führt die Substitution $\tau = (1+e^{-t})^{-1}$ durch. Dann entsteht ein bekanntes Integral:

$$\begin{aligned}\rho(r) &= 2\alpha(2\pi\beta)^{-3/2}\int_{-\infty}^{\infty} dt\, \cosh(\tfrac{1}{2}t)\exp\big(-(1+\cosh t)r^2/\beta\big) \\ &= 4\alpha(2\pi\beta)^{-3/2}e^{-r^2/\beta}K_{1/2}(r^2/\beta).\end{aligned}$$

Hier bezeichnet $K_\nu(z)$ die modifizierte Bessel-Funktion der Ordnung $\nu$. Der Wert $\nu = \frac{1}{2}$ ist mit der Dimension $d = 3$ verknüpft. Für halbzahlige Werte von $\nu$ sind die Bessel-Funktionen durch gewöhnliche Funktionen ausdrückbar. Im vorliegenden Fall gilt $K_{1/2}(z) = (2z/\pi)^{-1/2}e^{-z}$, und wir gelangen zu dem einfachen Ergebnis

$$\rho(r) = \alpha(\pi\beta r)^{-1}e^{-2r^2/\beta}. \tag{3.33}$$

Die Dichte $\rho(r)$ besitzt überall das gleiche Vorzeichen wie $\alpha$ und erfüllt darüberhinaus die Bedingung $\int dx\, \rho(r) = \alpha$. Die Lösung der Differentialgleichung

$$\frac{1}{r^2}\frac{d}{dr}r^2\frac{d}{dr}v(r) = -4\pi\rho(r) \tag{3.34}$$

unter der Bedingung $\lim_{r\to\infty} rv(r) = \alpha$ ist dann elementar und führt auf das Resultat (3.28).

## 3.2. Schranken für die Übergangsamplitude

Dem Leser ist es überlassen, die Rechnung für den Fall $x \neq x'$ zu wiederholen. Die entscheidende Formel lautet:

$$\begin{aligned}\rho(x,x') &:= \alpha \int_0^1 d\tau\, E\big(\delta(x + (x' - x)\tau + A\ell\sqrt{\tau(1-\tau)})\big) \\ &= \alpha(2\pi\beta)^{-1}(r^{-1} + r'^{-1})\exp\big(-\beta^{-1}rr'(1+\cos\theta)\big)\end{aligned} \quad (3.35)$$

mit $xx' = rr'\cos\theta$. Die Differentialgleichung

$$\Delta_y v(y - \tfrac{1}{2}\xi, y + \tfrac{1}{2}\xi) = -4\pi\rho(y - \tfrac{1}{2}\xi, y + \tfrac{1}{2}\xi) \quad (3.36)$$

dient zur Bestimmung der Funktion $v(x,x')$, die in die untere Schranke eingeht:

$$\langle x'|e^{-\beta H}|x\rangle \geq K(x'-x,\beta)\exp(-\beta v(x,x')). \quad (3.37)$$

### Konvexität

Wir fahren nun in der Analyse der allgemeinen Eigenschaften von $\Phi(V)$ fort. Aufgrund seiner Konstruktion ist das Funktional konvex:

$$\Phi(\alpha V_1 + (1-\alpha)V_2) \leq \alpha\Phi(V_1) + (1-\alpha)\Phi(V_2) \quad (0 \leq \alpha \leq 1). \quad (3.38)$$

Wir wollen die Allgemeingültigkeit dieser Tatsache hervorheben und beweisen, daß $\Psi(I) = \log \int d\bar{\omega}\, \exp I(\bar{\omega})$ konvex in $I$ ist. Die Basis der Überlegung ist die Hölder-Ungleichung für Integrale:

$$\int d\bar{\omega}\, F_1(\bar{\omega})^\alpha F_2(\bar{\omega})^{1-\alpha} \leq \big(\int d\bar{\omega}\, F_1(\bar{\omega})\big)^\alpha \big(\int d\bar{\omega}\, F_2(\bar{\omega})\big)^{1-\alpha} \quad (F_i \geq 0) \quad (3.39)$$

Setzen wir jetzt $F_i(\bar{\omega}) = \exp I_i(\bar{\omega})$ und bilden beidseitig den Logarithmus, so erhalten wir $\Psi(\alpha I_1 + (1-\alpha)I_2) \leq \alpha\Psi(I_1) + (1-\alpha)\Psi(I_2)$ wie gewünscht. Für die spezielle Wahl $I_i(\bar{\omega}) = -\int_0^1 d\tau\, V_i(\bar{\omega}(\tau),\tau)$ folgt die Behauptung (3.38) unmittelbar.

Man kann die Konvexität von $\Phi(V)$ ausnutzen, um eine verbesserte obere Schranke für $\Phi(V)$ zu finden. Zu diesem Zweck definieren wir ein zeitabhängiges Potential $U_u(y,t)$ — abhängig von einem Parameter $u$ — derart, daß

$$\bar{U}_u(\xi,\tau) = \bar{V}(\xi,u)\delta(\tau - u) \quad (0 \leq u \leq 1,\ \xi \in \mathbb{R}^d) \quad (3.40)$$

gilt. Das Potential $U_u$ entspricht einem Kraftstoß zur Zeit $\tau = u$ und erfüllt zwei offensichtliche Identitäten:

$$\begin{aligned}V(y,t) &= \int_0^1 du\, U_u(y,t) \\ \Phi(U_u) &= \log \int d\bar{\omega}\, \exp\big(-\bar{V}(\bar{\omega}(u),u)\big).\end{aligned}$$

Aus der Konvexität des Funktionals $\Phi(V)$ folgt die Ungleichung

$$\Phi\big(\int_0^1 du\, U_u\big) \leq \int_0^1 du\, \Phi(U_u), \quad (3.41)$$

oder anders ausgedrückt (setze $u = \tau$):

$$\Phi(V) \leq \int_0^1 d\tau \, \log E\Big(\exp\{-\bar{V}(A\sqrt{\tau(1-\tau)},\tau)\}\Big). \tag{3.42}$$

Da der Logarithmus eine konkave Funktion ist, impliziert (3.42) die rechte Ungleichung von (3.27): Die so gewonnene obere Schranke wurde von Symanzik [161] eingeführt und stellt eine deutliche Verschärfung des Ergebnisses (3.27) dar. Die Schranken (3.27) und (3.42) für $\Phi(V)$ sind als Näherungswerte brauchbar, solange $s' - s$ Werte nahe bei Null annimmt (entsprechend $\beta \to 0$); sie sind i.allg. unbrauchbar für $s' - s \to \infty$. Es ist deshalb gut, nach effektiven Methoden der Approximation Ausschau zu halten.

## 3.3 Variationsprinzipien

Eine andere Methode, die wir nun vorstellen wollen, vergleicht *zwei* Potentiale miteineinander: $V$ mit $V_0$, wobei die Wahl von $V_0$ dem mathematischen Geschick und der physikalischen Intuition des Anwenders überlassen bleibt. Die Güte der Approximation ist allein dadurch diktiert, wie „nahe" $V_0$ bei $V$ ist. Die Abweichung beschreibt die Differenz

$$\Delta_\tau(\bar{\omega}) = \bar{V}_0(\bar{\omega}(\tau),\tau) - \bar{V}(\bar{\omega}(\tau),\tau), \tag{3.43}$$

von der die Schranken abhängig sind:

$$\int_0^1 d\tau \, \langle \Delta_\tau \rangle_0 \leq \Phi(V) - \Phi(V_0) \leq \int_0^1 d\tau \, \log \langle \exp \Delta_\tau \rangle_0. \tag{3.44}$$

Eine naheliegende Begriffsbildung wurde dabei benutzt: Für ein beliebiges Funktional $F(\bar{\omega})$ sei der Mittelwert $\langle F \rangle_0$ durch

$$\langle F \rangle_0 = \frac{\int d\bar{\omega} \, F(\bar{\omega}) \exp(-V_0[\bar{\omega}])}{\int d\bar{\omega} \, \exp(-V_0[\bar{\omega}])} \qquad V_0[\bar{\omega}] := \int_0^1 d\tau \, \bar{V}_0(\bar{\omega}(\tau),\tau) \tag{3.45}$$

definiert. Da man durch (3.44) in die Lage versetzt wird, das Vergleichspotential $V_0$ zu *variieren* (z.B. durch Variation geeignet gewählter Parameter, von denen $V_0$ abhängt), um so die Differenz zwischen oberer und unterer Schranke hinreichend klein zu machen, spricht man angesichts der Ungleichungen (3.44) von *Variationsprinzipien* zur genäherten Berechnung von $\Phi(V)$.

Um die in (3.44) enthaltenen Aussagen zu beweisen, bedienen wir uns noch einmal der Konvexität des Funktionals $\Phi(V)$. Diese Eigenschaft sagt unter anderem, daß die Funktion

$$f(t) = \Phi(V_0 + t(V - V_0)) \qquad (t \in \mathbb{R})$$

konvex ist und somit der Ungleichung

$$f(t) - f(0) \geq t f'(0) \tag{3.46}$$

## 3.3. Variationsprinzipien

genügt. Für $t = 1$ liefert dies bereits die untere Schranke in (3.44). Um nun auch die obere Schranke zu finden, betrachten wir die einparametrige Familie von Potentialen

$$\bar{U}_u(\xi, \tau) = \bigl(\bar{V}(\xi, u) - \bar{V}_0(\xi, u)\bigr)\delta(\tau - u) + \bar{V}_0(\xi, \tau) \qquad (0 \leq u \leq 1) \qquad (3.47)$$

mit den Eigenschaften

$$\begin{aligned} V(y,t) &= \int_0^1 du\, U_u(y,t) \\ \Phi(U_u) &= \log \int d\bar{\omega}\, \exp\{\Delta_u(\bar{\omega}) - V_0[\bar{\omega}]\}. \end{aligned}$$

Die Ungleichung (3.41) mit der anschließenden Substitution $\tau = u$ führt auf die obere Schranke in (3.44).

Eine einfache Fehlerabschätzung ist dann möglich, wenn die Differenz $V_0 - V$ gleichmäßig nach oben und unten beschränkt ist:

$$\|V - V_0\| := \sup_{y,t} |V(y,t) - V_0(y,t)| \leq \infty.$$

Es folgt $-\beta\|V - V_0\| \leq \Delta_\tau(\bar{\omega}) \leq \beta\|V - V_0\|$ und somit

$$|\Phi(V) - \Phi(V_0)| \leq \beta\|V - V_0\| \qquad (\beta = s' - s)$$

unter Ausnutzung der Schranken (3.44). Die Ungleichung präzisiert, in welchem Sinne das Funktional $\Phi(V)$ stetig ist. Nützlich ist mitunter auch die folgende Beobachtung, die man an den bewiesenen Ungleichungen macht: Das Funktional $\Phi(V)$ ist monoton abnehmend; aus $V \leq V_0$ folgt $\Phi(V) \geq \Phi(V_0)$.

Die Anwendung der Variationsprinzipien wäre problemlos, wenn man für hinreichend viele Potentiale $V_0$ die Übergangsamplitude $\langle x', s'|x, s\rangle_0$ zu berechnen imstande wäre. Die Liste solcher Potentiale ist jedoch sehr kurz, und der Anwender wird i.allg. den Ansatz $\bar{V}_0(\xi, \tau) = a + b\xi + c\xi^2$ wählen, der Integrale vom Gaußschen Typ erzeugt. Hierbei dürfen die Parameter $a, b, c$ als von $x, s, x', s'$ abhängige Größen eingeführt werden. Sofern der Anwender sich für das Vergleichspotential

$$\bar{V}_0(\xi, \tau) = \tfrac{1}{2}k^2\xi^2$$

entscheidet, darf er die Mehlersche Formel für die Amplitude $\langle \xi', \tau'|\xi, \tau\rangle_0$ in Anspruch nehmen (die Oszillatorfrequenz ist $k$). Bei Lichte besehen, enthüllt diese Formel einen interessanten Zusammenhang mit der Funktion $K$, der Amplitude des *freien* Teilchens:

$$\frac{\langle 0, 1|\xi, \tau\rangle_0 \langle \xi, \tau|0, 0\rangle_0}{\langle 0, 1|0, 0\rangle_0} = K(\xi, h_k(\tau)) \qquad (0 \leq \tau \leq 1) \qquad (3.48)$$

$$h_k(\tau) := \frac{\sinh(k\tau)\sinh(k(1-\tau))}{k \sinh k} \geq 0. \qquad (3.49)$$

Die Funktion $h_k(\tau)$ wird uns im Abschnitt 4.4 erneut begegnen. Für $k \to 0$ strebt sie gegen $\tau(1 - \tau)$.

Der Übergang von der Zeitvariablen $\tau$ zu der neuen Variablen $t = h_k(\tau)$ ist nichtlinear. Bei Manipulationen mit Pfadintegralen beobachtet man gelegentlich, daß nichtlineare Transformationen der Zeit eine unerwartete Bedeutung erlangen. Wir hatten bereits früher (Abschnitt 2.6) Gelegenheit, eine nichtlineare Transformationen der Zeit kennenzulernen.

Prinzipiell gestattet die Formel (3.48) die Berechnung von Mittelwerten der Form $\langle F \rangle_0$, falls das Funktional $F[\bar{\omega}]$ ein Zeitintegral ist, d.h.

$$F[\bar{\omega}] = \int_0^1 d\tau\, F(\bar{\omega}(\tau), \tau) \quad \Rightarrow \quad \langle F \rangle_0 = \int_0^1 d\tau\, E\big(F(A h_k(\tau)^{1/2}, \tau)\big). \tag{3.50}$$

Insbesondere (beachte $E(A^2) = d =$ Dimension)

$$\langle \bar{V}_0 \rangle_0 = \tfrac{d}{2} k^2 \int_0^1 d\tau\, h_k(\tau) = \tfrac{d}{4}(k \coth k - 1).$$

Daneben benötigt man $\Phi(V_0) = (d/2) \log(k/\sinh k)$.

Neue Möglichkeiten ergeben sich, wenn zeitabhängige Potentiale $V_0(x, t)$ in die Variation einbezogen werden. Einige konkrete Formeln stehen uns hier zu Gebote; sie sollen in späteren Abschnitten hergeleitet werden.

### Die mittlere Position eines Pfades

Feynman [61] hat vorgeschlagen, zur näherungsweisen Bestimmung von Quantenkorrekturen das Potential in eine Taylor-Reihe zu entwickeln:

$$V(\omega(t)) = V(\bar{x}) + V'(\bar{x})(\omega(t) - \bar{x}) + \cdots$$

Gewöhnlich wäre der Punkt $\bar{x}$, um den diese Entwicklung vorgenommen wird, fest mit dem Potential verknüpft und so gewählt, daß die erste Ableitung des Potentials dort verschwindet (etwa die Stelle eines lokalen Minimums). Bietet sich kein solcher Punkt an, so kann der Term proportional $V'$ dennoch in dem Integral $\int dt\, V(\omega(t))$ zum Verschwinden gebracht werden, wenn man $\int dt\, (\omega(t) - \bar{x}) = 0$ verlangt, also $\bar{x}$ pfadabhängig wählt:

$$\bar{x} = \frac{1}{s' - s} \int_s^{s'} dt\, \omega(t).$$

Benutzen wir für den Pfad $\omega : (x, s) \rightsquigarrow (x', s')$ die Darstellung durch die Brownsche Brücke, so gelangen wir zu einer Formel der Art

$$\bar{x} = \tfrac{1}{2}(x + x') + \ell y \quad \text{mit} \quad y := \int_0^1 d\tau\, \bar{\omega}(\tau)\,, \quad \ell^2 := s' - s > 0.$$

Feynman nennt $\bar{x}$ die *mittlere Position des Pfades* $\omega$. Ihr ist eine mittlere Position $y$ des Pfades $\bar{\omega}$ zugeordnet. Selbstverständlich handelt es sich sowohl bei $\bar{x}$ als auch bei $y$ um ein *Zeitmittel* und nicht um ein Mittel im Sinne der Wahrscheinlichkeitsrechnung. Die Werte für $y \in \mathbb{R}^d$ fluktuieren weiterhin um $y = 0$ und entsprechen somit den Ereignissen einer vektorwertigen Zufallsvariablen $Y$, die wir die *mittlere*

## 3.3. Variationsprinzipien

*Position* der Brownschen Brücke $\bar{X}_\tau$ nennen wollen. Als lineare Funktion eines Gauß-Prozesses ist $Y$ normalverteilt:

$$Y = \int_0^1 d\tau\, \bar{X}_\tau \quad,\quad E(Y) = 0\,,\quad E(Y_i Y_k) = \frac{1}{12}\delta_{ik} \quad (i,k = 1,\ldots,d).$$

Der Wert 1/12 für die Varianz ergibt sich aus der einfachen Rechnung

$$\int_0^1 d\tau \int_0^1 d\tau' \left(\text{Min}(\tau,\tau') - \tau\tau'\right) = \frac{1}{12}.$$

Vernachlässigen wir den Effekt der zweiten und aller höheren Ableitungen des Potentials in der Feynman-Kac-Formel, so erhalten wir näherungsweise:

$$\langle x', s'|x, s\rangle = K(x'-x, s'-s) E\Big(\exp\big\{-(s'-s)V(\tfrac{1}{2}(x+x') + \ell Y)\big\}\Big),$$

wobei $E(\cdot)$ den Erwartungswert bezüglich der Normalverteilung von $Y$ bezeichnet. Das Auftreten von $Y$ im Argument von $V$ berücksichtigt einen Teil der Quantenfluktuationen. Im Limes $\hbar \to 0$ verschwindet die Abhängigkeit von $Y$. Gleichzeitig reproduziert dieser Limes die semiklassische Näherung für den Fall $x = x'$. Gilt indes $x \neq x'$, so erhalten wir *nicht* die semiklassische Näherung zurück: Dies ist ein nicht erwünschter Effekt, hervorgerufen durch die Vernachlässigung höherer Ableitungen. Feynman [61], bemüht, die Effektivität der Näherung zu erhöhen, war noch in der Lage, den Einfluß der zweiten Ableitungen zu beschreiben. Den möglichen Einfluß sinnvoll zu diskutieren, den noch höhere Ableitungen auf die Quantenfluktuationen haben, ist bislang nicht gelungen. Jeder Versuch in dieser Richtung muß als wenig aussichtsreich betrachtet werden. Deshalb endet mit dem Einschluß der zweiten Ableitungen bereits das Approximationsverfahren. Etwas mehr Flexibilität gewinnt die Methode, wenn man zwar die Entwicklung des Potentials nach den zweiten Ableitungen abbricht, aber $V(\bar{x})$ und $V''(\bar{x})$ durch beliebige Funktionen von $\bar{x}$ ersetzt und darauf ein Variationsverfahren gründet [64] [77] [78] [79]. Aber auch dieses Näherungsverfahren ist *nicht systematisch* und hat seine offensichtlichen Grenzen. Erfolg verheißend und systematisch zugleich ist hingegen eine Methode, die jeden Pfad der Brownschen Brücke in *Fourier-Komponenten* zerlegt. Dieser Methode ist das Kapitel 4 gewidmet.

# Kapitel 4

# Die Fourier-Zerlegung

> *This sum-over-histories way of looking at things is not really so mysterious, once you get used to it. Like other profoundly original ideas, is has become slowly absorbed into the fabric of physics, so that now after thirty years it is difficult to remember why we found it at the beginning so hard to grasp.*
> — Freeman Dyson

Wir wollen nun zeigen, daß man die Brownsche Brücke $\bar{X}_\tau$ auf abzählbar viele unabhängige, Gaußsch verteilte Zufallsvariable, die Koeffizienten einer Fourier-Entwicklung, zurückführen kann. Dies erlaubt dann in bestimmten Fällen eine Auswertung des Pfadintegrals.

## 4.1 Die Fourier-Koeffizienten

Da die Pfade der Brownschen Brücke bei $\tau = 0$ und $\tau = 1$ gegen den Ursprung streben, liegt es nahe, eine Fourier-Entwicklung der folgenden Art anzunehmen:

$$\bar{X}_\tau = \sum_{n=1}^{\infty} \frac{\sqrt{2}}{n\pi} X_n \sin(n\pi\tau) \tag{4.1}$$

$$\bar{\omega}(\tau) = \sum_{n=1}^{\infty} \frac{\sqrt{2}}{n\pi} \xi_n \sin(n\pi\tau). \tag{4.2}$$

Die Entwicklungskoeffizienten $X_n$ und $\xi_n$ sind als Vektoren mit Komponenten $X_{nk}$ bzw. $\xi_{nk}$ ($k = 1, \ldots, d$) aufzufassen. Jede Komponente $X_{nk}$ bezeichnet eine reelle Zufallsvariable mit Werten $\xi_{nk}$. Man gewinnt die Koeffizienten durch Umkehrung der obigen Formeln:

$$X_n = n\pi\sqrt{2} \int_0^1 d\tau\, \bar{X}_\tau \sin(n\pi\tau) \tag{4.3}$$

$$\xi_n = n\pi\sqrt{2} \int_0^1 d\tau\, \bar{\omega}(\tau) \sin(n\pi\tau). \tag{4.4}$$

Da $X_{nk}$ für jedes $n$ und $k$ in linearer Weise von einem Gauß-Prozeß (der Brownschen Brücke) abhängt, sind alle Zufallsvariablen $X_{nk}$ Gaußsch verteilt. Sie sind darüberhinaus auch unabhängig und normiert. Um dies zu verifizieren, ist nur nötig, aus dem Bestehen der Gleichung

$$E(X_{nk}X_{n'k'}) = \delta_{nn'}\delta_{kk'} \tag{4.5}$$

die Gültigkeit von (3.5) nachzuweisen:

$$\begin{aligned}
E(\bar{X}_{\tau,k}\bar{X}_{\tau',k'}) &= \delta_{kk'} \sum_{n=1}^{\infty} \frac{2}{n^2\pi^2} \sin(n\pi\tau)\sin(n\pi\tau') \\
&= \delta_{kk'} \sum_{n=1}^{\infty} \frac{1}{n^2\pi^2} \Big( \cos n\pi(\tau-\tau') - \cos n\pi(\tau'+\tau) \Big) \\
&= \delta_{kk'} \frac{1}{4} \{((\tau-\tau')^2 - 2|\tau-\tau'|) - ((\tau+\tau')^2 - 2|\tau+\tau'|)\} \\
&= \delta_{kk'} \Big( \text{Min}(\tau,\tau') - \tau\tau' \Big).
\end{aligned}$$

Anders ausgedrückt: Sind $X_{nk}$ irgendwelche unabhängigen, Gaußsch verteilte reelle Zufallsgrößen, so ist $\bar{X}_\tau$, wie in (4.1) definiert, eine Realisierung der Brownschen Brücke. Der Nutzen der Fourier-Zerlegung in unserem Fall kommt in erster Linie von der *statistischen Unabhängigkeit* der Fourier-Koeffizienten. Nicht jede Zerlegung (nach irgendeinem Funktionensystem) leistet dies.

Eine weitere nützliche Anregung kommt direkt aus der Darstellung (4.1): Wir können die Browsche Brücke und ihre Pfade, die ja ursprünglich nur für das Zeitintervall $0 \le \tau \le 1$ definiert wurden, in natürlicher Weise periodisch auf ganz $\mathbb{R}$ fortsetzen, so daß sie den Regeln

$$\begin{aligned}
\bar{X}_{\tau+2} &= \bar{X}_\tau & \bar{\omega}(\tau+2) &= \bar{\omega}(\tau) \\
\bar{X}_{-\tau} &= -\bar{X}_\tau & \bar{\omega}(-\tau) &= -\bar{\omega}(\tau)
\end{aligned}$$

genügen. Da *jeder* Pfad $\bar{\omega})$ an den Endpunkten des Grundintervalls $[0,1]$ den Wert 0 annimmt, ist der periodisch fortgesetzte Pfad automatisch stetig.

### Ausführung der Zeitintegration

Für die Praxis ist es bedeutsam, daß Zeitintegrale, wie sie in der Feynman-Kac-Formel auftreten, nach einer Fourier-Zerlegung des Pfades ausführbar werden:

$$\int_0^1 d\tau\, \bar{V}(\bar{\omega}(\tau),\tau) = F(\xi_1,\xi_2,\ldots). \tag{4.6}$$

Beispiele hierfür sind die Integrale (hier setzen wir $d=1$ aus Gründen der Einfachheit)

$$\int_0^1 d\tau\, \bar{\omega}(\tau) = \frac{\sqrt{8}}{\pi^2} \sum_{n=1}^{\infty} \frac{\xi_{2n-1}}{(2n-1)^2} \tag{4.7}$$

$$\int_0^1 d\tau\, \bar{\omega}(\tau)\bar{\omega}(\tau) = \frac{1}{\pi^2} \sum_{n=1}^{\infty} \frac{\xi_n^2}{n^2} \tag{4.8}$$

$$\int_0^1 d\tau\, \cos(\pi\tau)\bar{\omega}(\tau)\bar{\omega}(\tau) = \frac{1}{\pi^2} \sum_{n=1}^{\infty} \frac{\xi_n \xi_{n+1}}{n(n+1)}, \tag{4.9}$$

($i, k = 1, \ldots, d$), die in einigen Anwendungen benötigt werden. Die Bestimmung der Funktion $F$ von unendlich vielen Variablen mag im Einzelfall sehr kompliziert sein. Dennoch kann eine solche Darstellung als Ausgangspunkt für Näherungen dienen. Eine Näherung — wir haben sie *semiklassisch* genannt — wurde schon früher benutzt: Sie ersetzt $F(\xi_1, \xi_2, \ldots)$ ganz einfach durch $F(0, 0, \ldots)$. Besitzt man ausreichend Mut und schreckt vor mehrdimensionalen Integralen nicht zurück, so kann man die nächste Näherung $F(\xi_1, 0, 0, \ldots)$ oder sogar $F(\xi_1, \ldots, \xi_n, 0, 0, \ldots)$ in Angriff nehmen. Optimismus ist bei diesem Geschäft nötig; denn ein flüchtiger Blick auf unsere Formeln lehrt, daß das Verfahren in der Regel nur langsam konvergiert, weil die mittlere quadratische Abweichung des $n$-ten Beitrages zur Fourier-Summe der Brownschen Brücke nur wie $n^{-2}$ abklingt. Jedoch auf der Suche nach einem effizienten Algorithmus zur genäherten numerischen Berechnung von Pfadintegralen durch Hochleistungsrechner ist die skizzierte Methode (Fourier-Analyse mit Abbruch nach dem $n$-ten Glied) ein Silberstreif am Horizont. Wie man dieses Verfahren zusammen mit einer Abschätzung des Fehlers auf der Basis der Jensen-Ungleichung einsetzen kann, wurde von Coalson, Freeman und Doll [34] demonstriert.

Andere Näherungsverfahren bieten sich an: Entwicklung von $F$ in eine mehrdimensionale Potenzreihe, Gewinnung von Schranken, die eine geeignete Form haben, z.B. die Form $F_1(\xi_1) + F_2(\xi_2) + \cdots$, und ähnliche Versuche.

Ist der Pfad der Brownschen Brücke in seine Fourier-Komponenten zerlegt und der Integrand in der Feynman-Kac-Formel als Funktion von der Fourier-Koeffizienten $\xi_n$ ($n = 1, 2, \ldots$) bekannt, so bekommt man den Erwartungswert einfach dadurch, daß man den individuellen Erwartungswert in bezug auf jede Variable $\xi_n$ berechnet. Damit ist klargestellt, daß das Maß $d\bar{\omega}$ als ein (unendliches) Produkt von Gauß-Maßen beschreibbar ist:

$$d\bar{\omega} = \prod_{n=1}^{\infty} \left[ (2\pi)^{-d/2} e^{-\xi_n^2/2} \, d\xi_n \right]. \tag{4.10}$$

Hängt der Integrand, wie in dem geschilderten Näherungsverfahren, nicht von $\xi_{m+1}, \xi_{m+2}, \ldots$ ab, so ist die Integration über die Variablen $\xi_n$ mit $n > m$ trivial ausführbar, und das Resultat ist so, als ob wir von Beginn an mit dem endlichdimensionalen Maß

$$\prod_{n=1}^{m} \left[ (2\pi)^{-d/2} e^{-\xi_n^2/2} \, d\xi_n \right]$$

gearbeitet hätten.

## 4.2  Korrekturen zur semiklassischen Näherung

### Das effektive Potential

Eine erste Bewährungsprobe für die Methode der Fourier-Zerlegung von Pfaden der Brownschen Brücke stellt der Versuch dar, das Funktional $\Phi(V)$ (definiert in (3.22)) nach Potenzen der Planckschen Konstanten $\hbar$ zu entwickeln. Obwohl eine solche Reihenentwicklung nur begrenzt nützlich ist, kann sie in günstigen Fällen dazu dienen, Quantenkorrekturen zur freien Energie bei hohen Temperaturen zu berechnen. Mit diesem Ziel im Auge werden wir uns auf den Fall $x = x'$, auf die Berechnung der Diagonalelemente also, beschränken. Diese schreiben wir als $\Phi(V) = -\beta V_{\text{eff}}(x)$ und haben damit

$$\langle x|e^{-\beta H}|x\rangle = (2\pi\ell^2)^{-d/2} e^{-\beta V_{\text{eff}}(x)} \quad , \quad e^{-\beta F} = \int dx\, \langle x|e^{-\beta H}|x\rangle. \quad (4.11)$$

Wir sehen, daß die freie Energie $F$ des Quantensystems der freien Energie eines fiktiven klassischen Systems mit dem effektiven Potential $V_{\text{eff}}(x)$ gleicht. Für $\beta \to \infty$ (Temperatur gegen Null) geht die freie Energie $F$ in die Grundzustandsenergie $E$ des Quantensystems über; zugleich entspricht $E$ dem Minimum des effektiven Potentials bei $\beta = \infty$:

$$E = \inf_x V_{\text{eff}}(x).$$

Hierbei handelt es sich um das *absolute* Minimum, wenn ein solches existiert. Lokale Minima, sofern sie oberhalb $E$ liegen, lassen auf die Existenz von *metastabilen Zuständen* schließen. Das effektive Potential erbt die Symmetrien des Ausgangspotentials, etwa die Spiegelungssymmetrie oder Rotationssymmetrie.

Eine besondere Situation, spontane Symmetriebrechung nämlich, tritt dann ein, wenn bei einem ansich symmetrischen Potential $V_{\text{eff}}(x)$ das absolute Minimum für ein $x \neq 0$ angenommen wird. Das effektive Potential hängt von $\beta$ ab. Bei Erhöhung der Temperatur mag es geschehen, daß die Symmetriebrechung für $T > T_c$ aufgehoben wird. Dann übernimmt $T_c$ die Rolle einer *kritischen Temperatur*. Dies alles sind Hinweise darauf, daß dem effektiven Potential wichtige Details über das Verhalten des Quantensystems zu entnehmen sind. Wir müssen uns an dieser Stelle mit Andeutungen begnügen; konkrete Rechnungen, um die Aussagen zu stützen, sind — wie man sich denken kann — äußerst schwierig.

Zwei Parameter enthalten die Temperatur $T$:

$$\beta = (k_B T)^{-1} \quad , \quad \ell = \hbar(m k_B T)^{-1/2} \quad (4.12)$$

Obwohl für $m = \hbar = 1$ die beiden Größen $\beta$ und $\ell^2$ in eine zusammenfallen, erscheint es sinnvoll, die Unterscheidung aufrechtzuerhalten. Denn $\beta$ und $\ell^2$ übernehmen verschiedene Rollen in Ausgangsformeln. Offensichtlich diktiert die charakteristische Länge $\ell$ die Größenordnung der Quantenkorrekturen, während $\beta^{-1}$ als *thermische Energie* eine rein klassische Größe darstellt. Das Funktional $\Phi(V)$ hängt sowohl von $\beta$ als auch von $\ell$ in einer nichttrivialen Weise ab. Es nach $\hbar$ entwickeln heißt soviel wie: Bestimmung der Koeffizienten einer Potenzreihe in $\ell$. Von dieser Reihe berechnen wir explizit nur wenige Glieder. Die so bestimmte Näherung soll folgendes leisten:

1. Für alle harmonischen Potentiale (falls $V(x)$ ist höchstens quadratisch in $x$ ist) liefert die Näherungsformel bereits den *exakten* Wert für $\Phi(V)$.

2. Für allgemeine Potentiale ist die Näherungsformel exakt bis auf Korrekturen der Ordnung $\hbar^4$.

## 4.2. Korrekturen zur semiklassischen Näherung

Wir gehen aus von der Taylor-Entwicklung:

$$\beta V(x + \ell\bar{\omega}(\tau)) = c + v^T\bar{\omega}(\tau) + \tfrac{1}{2}\bar{\omega}(\tau)^T M\bar{\omega}(\tau) + \cdots \qquad (4.13)$$

mit den folgenden Abkürzungen:

$$\begin{aligned} c &= \beta V(x) & \text{(eine Zahl)} \\ v &= \beta\ell V'(x) & \text{(ein Vektor)} \\ M &= \beta\ell^2 V''(x) & \text{(eine Matrix)}. \end{aligned}$$

Zunächst existiert die Näherung von $\Phi$ durch ein Pfadintegral:

$$\Phi = -c + \log\int d\bar{\omega}\, \exp\left\{-\int_0^1 d\tau\, \left(v^T\bar{\omega}(\tau) + \tfrac{1}{2}\bar{\omega}(\tau)^T M\bar{\omega}(\tau)\right)\right\} + O(\hbar^4). \qquad (4.14)$$

Aus Symmetriegründen (Spiegelung $\bar{\omega} \to -\bar{\omega}$) tauchen in einer Reihenentwicklung von $\Phi$ nur *gerade* Potenzen von $\ell$ auf: Der erste vernachlässigte Term der Entwicklung besitzt Ordnung $\beta\ell^4$ und ist proportional $V^{(4)}$. Er konkurriert mit einem Term der Ordnung $\beta^2\ell^4$, der sowohl linear in $V'$ als auch in $V'''$ ist. Alle vernachlässigten Terme haben wenigstens die Ordnung $\hbar^4$.

### Die Wigner-Entwicklung des effektiven Potentials

Indem wir nun die Fourier-Zerlegung von $\bar{\omega}(\tau)$ vornehmen, von den Formeln (4.7) und (4.8) Gebrauch machen und die Abkürzungen

$$(a_n)_i = \frac{\sqrt{2}}{\pi^2 n^2}\left[1 - (-1)^n\right]v_i \quad , \quad (A_n)_{ik} = \delta_{ik} + \frac{1}{\pi^2 n^2}M_{ik} \qquad (n \in \mathbb{N})$$

einführen, erhalten wir

$$\Phi = -c + \sum_{n=1}^{\infty} \log I_n + O(\hbar^4)$$

mit den folgenden Gauß-Integralen

$$\begin{aligned} I_n &= (2\pi)^{-d/2}\int d\xi_n\, \exp\{-a_n\xi_n - \tfrac{1}{2}\xi_n^T A_n \xi_n\} \\ &= [\text{Det} A_n]^{-1/2}\exp\left\{\tfrac{1}{2}a_n^T A_n^{-1} a_n\right\}. \end{aligned}$$

Die Summation über $n$ führt uns auf zwei Funktionen $\mathcal{F}$ und $\mathcal{G}$ einer komplexen Variablen $z$. Wir definieren sie auf zweierlei Weise:

$$\mathcal{F}(z) = \tfrac{1}{2}\log\prod_{n=1}^{\infty}\left(1 + \frac{z}{\pi^2 n^2}\right) = \tfrac{1}{2}\log\frac{\sinh\sqrt{z}}{\sqrt{z}} \qquad (4.15)$$

$$\mathcal{G}(z) = 4\sum_{n=1,3,5,\ldots}\left[\pi^2 n^2(\pi^2 n^2 + z)\right]^{-1} = \frac{1}{2z}\left(1 - \frac{\tanh(\tfrac{1}{2}\sqrt{z})}{\tfrac{1}{2}\sqrt{z}}\right). \qquad (4.16)$$

Die für $z \to 0$ gültigen Näherungen lauten:

$$\mathcal{F}(z) = \frac{1}{12}z + O(z^2) \qquad (4.17)$$

$$\mathcal{G}(z) = \frac{1}{24} + O(z). \qquad (4.18)$$

Das Resultat unserer Rechnung ist eine Darstellung der Art

$$\Phi(V) = -c - \operatorname{Spur} \mathcal{F}(M) + v^T \mathcal{G}(M) v + O(\hbar^4), \qquad (4.19)$$

woraus wir den Beginn der Entwicklung für das effektive Potential entnehmen:

$$V_{\text{eff}}(x) = V(x) + \frac{\ell^2}{12} \sum_i \frac{\partial^2 V(x)}{\partial x_i^2} - \frac{\beta \ell^2}{24} \sum_i \left( \frac{\partial V(x)}{\partial x_i} \right)^2 + O(\hbar^4). \qquad (4.20)$$

Die hier auftretenden beiden Korrekturterme, die die ersten und zweiten Ableitungen des Potentials enthalten, wurden zuerst von Wigner angegeben (siehe die Formel (28) in [179]). Die Reihendarstellung wird nur dort brauchbar sein, wo die $n$-ten Ableitungen des Potentials nach Multiplikation mit $\ell^n$ als klein gegenüber $V$ betrachtet werden können, symbolisch

$$\ell^n |V^{(n)}(x)| \ll |V(x)|. \qquad (4.21)$$

Wählen wir das Coulomb-Potential als ein Beispiel, so heißt dies: $r = |x| \gg \ell$. Allgemein stellen wir fest: Für Potentiale $V(x)$, die bei $r = 0$ nicht in eine Taylor-Reihe entwickelbar sind, gibt es immer eine Umgebung von $r = 0$, in der eine Entwicklung nach $\hbar$ ihren Sinn verliert. Die charakteristische Länge $\ell$ bestimmt, wie groß diese Umgebung ist.

Aus ihrer Herleitung folgt, daß die Formel (4.19) exakt für Potentiale ist, sofern sie die Bedingung $V'''(x) = 0$ erfüllen. Die zweite Formel (4.20) hingegen stellt bereits für den harmonischen Oszillator nur noch eine *Näherung* dar. Legen wir ein zentralsymmetrisches Potential $V(x) = \frac{1}{2}k^2 x^2$ ($x \in \mathbb{R}^d$) zugrunde, so ist es leicht, hierfür die exakte Form von $V_{\text{eff}}(x)$ aus der Mehlerschen Formel abzulesen:

$$V_{\text{eff}}(x) = \frac{d}{2} \beta^{-1} \log \frac{\sinh \nu}{\nu} + k^2 x^2 \frac{\tanh(\nu/2)}{\nu} \qquad (\nu = \beta k). \qquad (4.22)$$

Es handelt sich wieder um ein Oszillatorpotential mit der gleichen Symmetrie. Die Veränderungen gegenüber dem Ausgangspotential sind zweierlei: (1) Hinzugekommen ist eine additive Konstante. Für $\beta \to \infty$ geht sie in die Grundzustandenergie $(d/2)k$ über. (2) Die Frequenz $k(\nu^{-1} \tanh(\nu/2))^{-1/2}$ variiert mit der Temperatur. Das effektive Potential (4.22) führt auf die exakte Formel

$$\beta F = \log(2 \sinh(\nu/2))$$

für die freie Energie F des Oszillators, während (4.20) die nur für kleine $\nu$ brauchbare Näherung

$$\beta F = \log \nu + \tfrac{1}{2} \log(1 - \tfrac{1}{12}\nu^2) + \tfrac{1}{12}\nu^2 + O(\nu^4)$$

### 4.3. Gekoppelte Systeme

erzeugt ($\log \nu$ ist der klassische Ausdruck für $\beta F$).

Für ein zentralsymmetrisches Potential $V(r)$ in drei Dimensionen gilt: $M$ besitzt die Eigenwerte $\lambda_1 = \beta \ell^2 V''(r)$ und $\lambda_2 = \lambda_3 = -\beta \ell^2 r^{-1} V'(r)$, wobei $V'(r)$ und $V''(r)$ die gewöhnlichen Ableitungen nach $r$ bezeichnen. Ferner, $Mv = \lambda_1 v$, also auch $\mathcal{F}(M)v = \mathcal{F}(\lambda_1)v$ und $v^2 = \beta^2 \ell^2 V'(r)^2$. Die Formel (4.19) liefert so die Näherung

$$V_{\text{eff}}(x) = V(r) + \beta^{-1}\mathcal{F}\big(\beta\ell^2 V''(r)\big) + 2\beta^{-1}\mathcal{F}\big(-\beta\ell^2 r^{-1}V'(r)\big)$$
$$-\beta\ell^2 V'(r)^2 \mathcal{G}\big(\beta\ell^2 V''(r)\big).$$

Falls das Potential $V(r)$ für $r \to \infty$ durch $\alpha r^{-n}$ genähert werden kann, besitzt das effektive Potential das folgende asymptotische Verhalten:

$$V_{\text{eff}}(x) = \frac{\alpha}{r^n}\left[1 - \frac{1}{12}\left(\frac{\ell}{r}\right)^2 \left(n(n-1) + \frac{n^2}{2}\frac{\beta\alpha}{r^n}\right) + O(\ell^4/r^4)\right].$$

Für $n = 1$ und $k_B T \gg V(r)$ ist die Korrektur der Ordnung $\ell^2/r^2$ vernachlässigbar.

## 4.3 Gekoppelte Systeme

Es sei $H = -\frac{1}{2}\Delta + V$ der Energieoperator eines Systems mit einem Konfigurationsraum der Dimension $d$. Oft gibt es gute Gründe, ein solches System in zwei Subsysteme zu zerlegen, denen wir den Index 1 bzw. 2 zuordnen wollen. Wir schreiben dann $x = (x_1, x_2) \in \mathbb{R}^d$ mit $x_1 \in \mathbb{R}^{d_1}$ und $x_2 \in \mathbb{R}^{d_2}$, so daß $d_1 + d_2 = d$. Das Potential möge eine Gestalt der folgenden Art besitzen:

$$V(x) = V_1(x_1) + V_2(x_2) + \lambda W(x_1, x_2), \tag{4.23}$$

wobei $\lambda W$ die Wechselwirkung genannt und der Kopplungsparameter $\lambda$ als variabel behandelt wird. Jeder Pfad $\bar\omega$ der $d$-dimensionalen Brownschen Brücke kann durch seine Projektionen ($\bar\omega_1$ und $\bar\omega_2$) auf die von uns gewählten Unterräume adäquat dargestellt werden, was uns $\bar\omega = (\bar\omega_1, \bar\omega_2)$ zu schreiben berechtigt. Die Übergangsamplitude für das Gesamtsystem erweist sich somit als ein *doppeltes* Pfadintegral:

$$\langle x', s' | x, s \rangle = K(x' - x, s' - s) \times$$
$$\int d\bar\omega_2 \int d\bar\omega_1 \exp\left\{-\int_0^1 d\tau \left(\bar V_1(\bar\omega_1(\tau), \tau) + \bar V_2(\bar\omega_2(\tau), \tau) + \lambda \bar W(\bar\omega_1(\tau), \bar\omega_2(\tau), \tau)\right)\right\}.$$

Offenbar gilt $K(x, s) = K_1(x_1, s)K_2(x_2, s)$: Für $V = 0$ sind die Subsysteme unkorreliert. Gleiches gilt für $\lambda = 0$. Für $\lambda \neq 0$ könnte die Bestimmung der Übergangsamplitude in zwei Schritten erfolgen. Im ersten Schritt bestimmt man als Zwischengröße die Amplitude

$$\langle x_1', s' | x_1, s \rangle_{\omega_2} = K_1(x_1' - x_1, s' - s) \times$$
$$\int d\bar\omega_1 \exp\left\{-\int_0^1 d\tau \left(\bar V_1(\bar\omega_1(\tau), \tau) + \lambda \bar W(\bar\omega_1(\tau), \bar\omega_2(\tau), \tau)\right)\right\}, \tag{4.24}$$

um im zweiten Schritt schließlich die volle Amplitude zu gewinnen:

$$\langle x', s' | x, s \rangle = K_2(x'_2 - x_2, s' - s) \times$$

$$\int d\bar{\omega}_2 \, \langle x'_1, s' | x_1, s \rangle_{\omega_2} \, \exp\left\{ - \int_0^1 d\tau \, \bar{V}_2(\bar{\omega}_2(\tau), \tau) \right\}. \qquad (4.25)$$

Bei genauem Hinsehen zeigt sich, daß $\langle x'_1, s' | x_1, s \rangle_{\omega_2}$ die Amplitude für ein fiktives System mit einem zeitabhängigen Potential $V_{\omega_2}(x_1, t)$ darstellt, das

$$\bar{V}_{\omega_2}(\xi_1, \tau) = \bar{V}_1(\xi_1, \tau) + \lambda \bar{W}(\xi_1, \bar{\omega}_2(\tau), \tau) \qquad (4.26)$$

erfüllt. Explizit:

$$\begin{aligned} V_{\omega_2}(x_1, t) &= V_1(x_1) + \lambda W(x_1, \omega_2(t)) \\ \omega_2(t) &= x_2 + (x'_2 - x_2)\tau + \ell \bar{\omega}_2(\tau) \\ t &= s + (s' - s)\tau. \end{aligned} \qquad (4.27)$$

Das so konstruierte Potential $V_{\omega_2}(x_1, t)$ hängt von dem zur Zeit $t$ erreichten Punkt des Pfades $\omega_2 : (x_2, s) \rightsquigarrow (x'_2, s')$ ab, den das zweite System durchläuft. Durch diese Abhängigkeit von dem gegenwärtigen Zustand des angekoppelten Systems variiert $V_{\omega_2}(x_1, t)$ mit der Zeit $t$.

**Offene Systeme**

Die vorstehende Betrachtung zeigt, daß es zweckmäßig ist, zeitabhängige Potentiale in die Betrachtung einzubeziehen. Das Pfadintegral wird so auf einfache Weise erweitert. Die Erweiterung bedeutet nicht, daß der Energiesatz geopfert werden soll. Die Erweiterung ist vielmehr sinnvoll unter dem Aspekt der Kopplung zweier quantenmechanischer Systeme. Die Zeitabhängigkeit des Potentials $V_{\omega_2}(x_1, t)$ für das System 1 mit den Koordinaten $x_1$ entsteht, wie man an der Definition (4.27) erkennt, als Reaktion auf die Ankopplung an das System 2 mit den Koordinaten $x_2$, sobald der Brownsche Pfad $\omega_2(t)$, den das System 2 nimmt, vorgegeben ist. Damit wird das System 1 zu einem *offenem System*, und unser Interesse richtet sich nun auf allgemeine offene Systeme unter Zurückstellung der Details der Ankopplung.

Wir schreiben nun wieder $x$ anstelle von $x_1$. Die verallgemeinerte Übergangsamplitude (3.9) ist genau wie im Fall zeitunabhängiger Potentiale der Integralkern eines Operators $U(s', s)$:

$$\langle x', s' | x, s \rangle = \langle x' | U(s', s) | x \rangle. \qquad (4.28)$$

Es handelt sich hierbei um die Lösung von

$$\left( \frac{\partial}{\partial s'} - H(s') \right) U(s', s) = 0 \quad , \quad U(s, s) = 1 (\text{Einheitsoperator}) \qquad (4.29)$$

für $H(t) = -\frac{1}{2}\Delta + V(\cdot, t)$.

## 4.3. Gekoppelte Systeme

**Warnung.** Die Lösung von (4.29) stellt sich *nicht* dar als

$$\exp\left\{-\int_s^{s'} dt\, H(t)\right\}. \tag{4.30}$$

Der Grund hierfür ist, daß im allgemeinen $[H(t), H(t')] \neq 0$ für $t \neq t'$ gilt. Ist man dennoch an einem expliziten Ausdruck für den Evolutionsoperator interessiert, so kann man das Zeitintervall $[s, s']$ äquidistant unterteilen,

$$s_k = s + kh\ ,\quad k = 0, 1, \ldots, n\ ,\quad h = \frac{s' - s}{n+1}, \tag{4.31}$$

und schreiben:

$$U(s', s) = \lim_{n \to \infty} \prod_{k=0}^{n}{}^{>} \exp\bigl(-h H(s_k)\bigr). \tag{4.32}$$

Das Zeichen $>$ am Produkt soll andeuten, daß die Reihenfolge der Faktoren in dem Produkt nicht irrelevant ist. Vielmehr sind die Faktoren der Zeit nach geordnet, so daß der Faktor mit der größten Zeit am weitesten links steht. Ein solches Produkt nennt man zeitgeordnet. Eine andere Weise der Darstellung ist die *Störungsreihe*

$$U(s', s) = 1 + \sum_{n=1}^{\infty}(-1)^n \int_s^{s'} dt_1 \int_s^{t_1} dt_2 \cdots \int_s^{t_{n-1}} dt_n\, H(t_1) H(t_2) \cdots H(t_n). \tag{4.33}$$

Sie hat jedoch ausschließlich formalen Charakter, weil ein Nachweis der Konvergenz nur in Ausnahmefällen gelingt. Schließlich bleibt das *zeitgeordnete Exponential*

$$U(s', s) = T \exp\left\{-\int_s^{s'} dt\, H(t)\right\} \tag{4.34}$$

zu erwähnen, das als ein mnemotechnisches Symbol zu verstehen ist.

Der Kontakt zwischen dem Operatorformalismus und den Pfadintegralen wird durch die Trotter-Produkt-Formel hergestellt. Der gleiche Weg, der im Abschnitt 2.1.2 zur Feynman-Kac-Formel führte, erzeugt auch für zeitabhängige Potentiale die gewünschte Erweiterung.

Formal beschreibt $U(s', s)$ die zeitliche Evolution von Verteilungsfunktionen unter der Wirkung eines Diffusionsprozesses. An dieser Interpretation ist uns nicht sonderlich gelegen. Für imaginäre Zeiten jedoch, d.h. falls eine analytische Fortsetzung in $s$ und $s'$ über die rechte Halbebene möglich ist, wird $U(it', it)$ zu einem Evolutionsoperator für die Wellenfunktionen eines Quantensystems mit dem Potential $V(x, it)$. Es hat den Anschein, als ob dieser Übergang besondere Anforderungen an die Art der $t$-Abhängigkeit des Potentials (etwa Analytizität und Realität auf der imaginären Achse) stellt. Dies ist jedoch dann nicht der Fall, wenn man konsequent nur die dimensionslosen *Quotienten* von Zeitgrößen als Variable in $V$ für zulässig erklärt. Ein solcher Quotient ist $\tau = (t - s)/(s' - s)$, d.h. nach Vorgabe des Zeitintervalls $[s, s']$ soll das Potential als Funktion von $x$ und $\tau$ aufgefaßt werden: $\tau$ und $V$ bleiben auch dann reell, wenn $t, s,$ und $s'$ imaginäre Werte annehmen. Der Evolutionsoperator $U(it', it)$ ist unitär (Existenz und Invertierbarkeit vorausgesetzt).

## 4.4 Der getriebene harmonische Oszillator

Die Technik, Pfadintegrale durch Rückführung auf die Brownsche Brücke und, in geeigneten Fällen, auf gewöhnliche Gaußsche Integrale zu berechnen, läßt sich sehr besonders eindrucksvoll am Beispiel eines getriebenen harmonischen Oszillators demonstrieren. Hierzu setzen wir

$$H(t) = -\tfrac{1}{2}\Delta + V(\cdot,t) \quad , \quad V(x,t) = \tfrac{1}{2}k^2x^2 - E(t)x \qquad (4.35)$$

($x \in \mathbb{R}^d$) für eine Vektorfunktion $E(t)$, die wir aus Gründen der besseren Anschaulichkeit als ein *elektrisches Feld* auffassen wollen. Die Dimension $d$ des Oszillators und somit auch des Feldes $E(t)$ sei allerdings beliebig ($E(t)x$ ist das Produkt der beiden Vektoren $E(t)$ und $x$). Die $t$-Abhängigkeit dieses Feldes denken wir uns entstanden durch Ankopplung ein weiteres, nicht näher spezifiziertes physikalisches System, so daß für das Gesamtsystem der Energiesatz Gültigkeit besitzt.

Gemäß den Vorschriften (3.10-3.12) finden wir die Darstellung

$$\bar{V}(\bar{\omega}(\tau),\tau) = \tfrac{1}{2}k\nu\Big\{\big(f(\tau) + \ell\bar{\omega}(\tau)\big)^2 + \bar{E}(\tau)^2\Big\} \qquad (4.36)$$

mit $\bar{\omega}$ einem Pfad der Brownschen Brücke, $\ell = (s' - s)^{1/2}$, $\nu = k(s' - s)$ und den folgenden Abkürzungen:

$$f(\tau) = x + (x' - x)\tau - \bar{E}(\tau) \qquad (4.37)$$
$$\bar{E}(\tau) = k^{-2}E(s + (s' - s)\tau). \qquad (4.38)$$

Es ist nun zweckmäßig, die Fourier-Koeffizienten $f_n \in \mathbb{R}^d$ von $f(\tau)$ einzuführen:

$$f(\tau) = \sum_{n=1}^{\infty} f_n \sqrt{2} \sin(n\pi\tau). \qquad (4.39)$$

Explizit finden wir für sie die Darstellung

$$f_n = \frac{\sqrt{2}}{n\pi}\big(x - (-1)^n x'\big) - E_n \qquad (4.40)$$
$$E_n = \sqrt{2}\int_0^1 d\tau\, \bar{E}(\tau)\sin(n\pi\tau). \qquad (4.41)$$

Es sei $L^2(0,1)$ der Hilbertraum der quadratintegrablen Funktionen auf dem Intervall $0 \leq \tau \leq 1$. Das Funktionensystem $\varphi_n(\tau) = \sqrt{2}\sin(n\pi\tau)$ ($n = 1, 2, \ldots$) beschreibt darin eine Basis. Auch Funktionen $g(\tau) \in L^2(0,1)$, die *nicht* an den Endpunkten des Intervalls verschwinden, besitzen eine Darstellung der Art $g(\tau) = \sum g_n \varphi_n(\tau)$ (Konvergenz der Summe im Sinne von $L^2(0,1)$). Bei Umgang mit solchen Summen ist Vorsicht geboten; sie konvergieren nur dann im gewöhnlichen Sinne (d.h. punktweise), wenn $\sum |g_n| < \infty$ erfüllt ist. Unseren Überlegungen liegt aber nur die schwächere Bedingung $\sum |g_n|^2 < \infty$ zugrunde. Insbesondere ist $\sum |g_n| < \infty$ dann nicht erfüllt, wenn $g(0) = g(1) = 0$ verletzt ist.

### 4.4. Der getriebene harmonische Oszillator

Es seien $\xi_n$ die Fourier-Koeffizienten von $\bar{\omega}(\tau)$, wie (4.2) definiert. Mit der Identität

$$\int_0^1 d\tau \left(f(\tau) + \ell\bar{\omega}(\tau)\right)^2 = \sum_{n=1}^{\infty} (f_n + \ell(n\pi)^{-1}\xi_n)^2 \qquad (4.42)$$

und dem Integral

$$I = \tfrac{1}{2}k\nu \int_0^1 d\tau\, \bar{E}(\tau)^2 = \tfrac{1}{2}k\nu \sum_{n=1}^{\infty} E_n^2 \qquad (4.43)$$

(dessen Existenz zu den Forderungen an $E(t)$ gehört) gewinnen wir die Formel

$$\int_0^1 d\tau\, \bar{V}(\bar{\omega}(\tau), \tau) = -I + \tfrac{1}{2}k\nu \sum_{n=1}^{\infty} (f_n + \ell(n\pi)^{-1}\xi_n)^2. \qquad (4.44)$$

Das der Brownschen Brücke entsprechende Pfadintegral reduziert sich wegen (4.10) auf ein Produkt von gewöhnlichen Gaußschen Integralen:

$$\int d\bar{\omega}\, \exp\left\{-\int_0^1 d\tau\, \bar{V}(\bar{\omega}(\tau),\tau)\right\} = e^I \prod_{n=1}^{\infty} I_n. \qquad (4.45)$$

Jedes dieser Integrale läßt sich elementar auswerten:

$$\begin{aligned}
I_n &= (2\pi)^{-d/2} \int d\xi\, \exp\left\{-\tfrac{1}{2}\xi^2 - \tfrac{1}{2}k\nu(f_n + \ell(n\pi)^{-1}\xi)^2\right\} \\
&= \left(1 + \frac{\nu^2}{n^2\pi^2}\right)^{-d/2} \exp\left\{-\tfrac{1}{2}k\nu f_n^2 \left(1 + \frac{\nu^2}{n^2\pi^2}\right)^{-1}\right\}.
\end{aligned}$$

### Die Übergangsamplitude

Zur Darstellung der Übergangsamplitude (3.9) benutzen wir die Formeln

$$K(x'-x, s'-s) = (2\pi(s'-s))^{-d/2} \exp\left\{-\frac{(x'-x)^2}{2(s'-s)}\right\} \qquad (4.46)$$

$$\prod_{n=1}^{\infty}\left(1 + \frac{\nu^2}{n^2\pi^2}\right) = \frac{\sinh\nu}{\nu} \qquad (4.47)$$

mit dem Ergebnis:

$$\langle x', s' | x, s \rangle = \left[\frac{k}{2\pi \sinh\nu}\right]^{d/2} \exp\left\{I - \frac{k(x'-x)^2}{2\nu} - \tfrac{1}{2}k\nu \sum_{n=1}^{\infty} f_n^2 \left(1 + \frac{\nu^2}{n^2\pi^2}\right)^{-1}\right\}. \qquad (4.48)$$

Für verschwindendes elektrisches Feld entsteht so die Mehlersche Formel, wenn man die Reihenentwicklungen

$$\frac{1}{\sinh x} = \frac{1}{x} - \sum_{n=1}^{\infty}(-1)^n \frac{2x}{x^2 + n^2\pi^2} \qquad (4.49)$$

$$\frac{1}{\tanh x} = \frac{1}{x} - \sum_{n=1}^{\infty} \frac{2x}{x^2 + n^2\pi^2} \qquad (4.50)$$

beachtet. Deshalb gilt: Die Übergangsamplitude als ein Funktional von $E(t)$ besitzt eine Darstellung der Form

$$\langle x', s'|x, s\rangle_E = \langle x', s'|x, s\rangle_0 \exp\left(\mathcal{B}_s^{s'}(E) + \mathcal{L}_{x,s}^{x',s'}(E)\right). \tag{4.51}$$

Der Vorfaktor mit $E(t) = 0$ entspricht der Mehlerschen Formel; $\mathcal{B}(E)$ ist bilinear und $\mathcal{L}(E)$ ist linear in dem elektrischen Feld. Wir behandeln die beiden Ausdrücke im Exponenten getrennt.

1. Der *bilineare Term* ist positiv definit:

$$\mathcal{B}(E) = \tfrac{1}{2} k\nu^3 \sum_{n=1}^{\infty} \frac{E_n^2}{\nu^2 + n^2\pi^2}. \tag{4.52}$$

Der Schlüssel für die Umformung in ein Doppelintegral ist die Identität

$$2\sum_{n=1}^{\infty} \frac{\sin n\pi\tau \sin n\pi\tau'}{\nu^2 + n^2\pi^2} = \frac{\cosh[\nu(1 - |\tau - \tau'|)] - \cosh[\nu(1 - |\tau + \tau'|)]}{2\nu \sinh \nu}$$

$$= \frac{\sinh[\nu \mathrm{Min}(\tau, \tau')] \sinh[\nu(1 - \mathrm{Max}(\tau, \tau'))]}{\nu \sinh \nu} \tag{4.53}$$

($0 \leq \tau, \tau' \leq 1$). Wir erhalten auf diese Weise

$$\mathcal{B}(E) = \int_s^{s'} dt \int_s^t dt'\, E(t) E(t') \frac{\sinh k(s' - t) \sinh k(t' - s)}{k \sinh k(s' - s)}. \tag{4.54}$$

Im Grenzfall verschwindenden Oszillator-Potentials vereinfacht sich der Ausdruck:

$$\mathcal{B}(E)_{k=0} = \int_s^{s'} dt \int_s^t dt'\, E(t) E(t') \frac{(s' - t)(t' - s)}{s' - s}. \tag{4.55}$$

Für ein $t$-unabhängiges $E$-Feld schließlich ist die größtmögliche Vereinfachung erreicht:

$$\mathcal{B}(E = \mathrm{const.})_{k=0} = \tfrac{1}{24}(s' - s)^3 E^2. \tag{4.56}$$

2. Der *lineare Term* in (4.51) ist gleichfalls linear in $x$ und $x'$:

$$\mathcal{L}(E) = k\nu\sqrt{2} \sum_{n=1}^{\infty} \frac{n\pi}{\nu^2 + n^2\pi^2} \left(x + (-1)^{n+1} x'\right) E_n \tag{4.57}$$

Mit Hilfe der Formeln (es handelt sich hierbei um Grenzfälle von (4.53))

$$2\sum_{n=1}^{\infty} \frac{n\pi \sin n\pi\tau}{\nu^2 + n^2\pi^2} = \frac{\sinh[\nu(1 - \tau)]}{\sinh \nu} \tag{4.58}$$

$$2\sum_{n=1}^{\infty} (-1)^{n+1} \frac{n\pi \sin n\pi\tau}{\nu^2 + n^2\pi^2} = \frac{\sinh[\nu\tau]}{\sinh \nu}, \tag{4.59}$$

gültig für $0 \leq \tau \leq 1$, gelingt uns die Darstellung als Integral:

$$\mathcal{L}(E) = \int_s^{s'} dt\, E(t) \frac{x \sinh k(s' - t) + x' \sinh k(t - s)}{\sinh k(s' - s)}. \tag{4.60}$$

Auch hier existiert der Limes $k \to 0$,

$$\mathcal{L}(E)_{k=0} = \int_s^{s'} dt\, E(t) \frac{x(s'-t) + x'(t-s)}{s'-s}, \tag{4.61}$$

und für ein konstantes $E$-Feld erhält man:

$$\mathcal{L}(E = \text{const.})_{k=0} = \tfrac{1}{2}(s'-s)(x'+x)E. \tag{4.62}$$

**Das konstante elektrische Feld**

Eine sehr einfache Anwendung dieser Resultate betrifft das Schrödinger-Teilchen (Masse $m$, Ladung $q$) in einem räumlich wie zeitlich konstanten elektrischen Feld $E$, so daß

$$H = -\frac{\hbar^2}{2m}\Delta - qEx \qquad (d=3) \tag{4.63}$$

der Energieoperator ist. Nach einer analytischen Fortsetzung in der Zeit ($s'-s \to it/\hbar$) erhalten wir die Übergangsamplitude

$$\langle x' | \exp(-(i/\hbar)tH) | x \rangle =$$
$$\left[\frac{m}{2\pi i \hbar t}\right]^{3/2} \exp\left\{\frac{i}{\hbar} t \left(\tfrac{1}{2} m \left(\frac{x-x'}{t}\right)^2 + \tfrac{1}{2}(x+x')qE - \frac{(tqE)^2}{24m}\right)\right\}. \tag{4.64}$$

Der Term proportional $t^3$ in der Phase, obwohl nicht beobachtbar, signalisiert eine Instabilität: Die Energie dieses Systems besitzt keine untere Schranke.

Bei genauer Betrachtung der Formel (4.64) bemerkt man, daß in ihr Ausdrücke des klassischen Pfades auftreten. Denn das klassische Problem $m\ddot{a} = qE$, $a(0) = \dot{a}(0) = 0$, besitzt die Lösung $a(t) = \tfrac{1}{2} q E t^2 / m$, und wir können schreiben:

$$\langle x' | \exp(-(i/\hbar)tH) | x \rangle =$$
$$\left[\frac{m}{2\pi i \hbar t}\right]^{3/2} \exp\left\{\frac{i}{2\hbar}\left(\frac{m(x-x')^2}{t} + m\dot{a}(x+x'-a/12)\right)\right\} \tag{4.65}$$

## 4.5 Oszillierende elektrische Felder

Wir studieren ein weiteres Beispiel, das vom physikalischen Standpunkt aus interessanter erscheint als das vorige. Ein geladenes und harmonisch gebundenes Teilchen (z.B. ein Ion in einem Molekül oder Kristall) werde einem oszillierenden elektrischen Feld der Kreisfrequenz $\omega$ ausgesetzt. Frage: Wie lautet die zeitliche Entwicklung des Grundzustandes und mit welcher Wahrscheinlichkeit werden die angeregten Zustände besetzt. Schließlich: Welche Energie wird dem Feld entzogen und auf den Teilchen-Oszillator übertragen?

Die Oszillatorfrequenz sei $k$ und $\alpha = \omega/k$ das Frequenzverhältnis. Nur diejenige Richtung des Raumes soll berücksichtigt werden, die der Richtung des angelegten Feldes entspricht: Das Problem ist praktisch eindimensional und $H(t) =$

$-\frac{1}{2}d^2/dx^2 + \frac{1}{2}k^2x^2 - E(t)x$. Wir schreiben $E(t) = \mathcal{E}\sin\omega t$ für das angelegte elektrische Feld. Die Periode der Schwingung ist $T = 2\pi/\omega$. Wir vereinfachen die Fragestellung in der Weise, daß das Zeitintervall, für das die Rechnung ausgeführt werden soll, von der Form $0 \le t \le NT$ ($N = 1, 2, \ldots$) ist. Die dimensionslose Zeit der Brownschen Brücke ist somit $\tau = t/(NT) = it/(NiT)$. Dieser Parameter, zwischen 0 und 1 gelegen, ist reell, ganz gleich, ob wir $t$ und $T$ als Zeitgrößen eines Quantenproblems oder eines zugeordneten Diffusionsproblems auffassen. Für die Durchführung der Rechnung ist es einfacher, sich zunächst auf den zweiten Standpunkt zu stellen, so als ob es sich bei unserem Problem um die Diffusion eines klassischen Teilchens handelt. Am Ende vollziehen wir den Übergang $t \to it$, $T \to iT$ zu imaginären Zeiten.

In den Formeln für den getriebenen harmonischen Oszillator haben wir nur $s = 0$, $s' = NT$, $\nu = kNT = 2\pi N/\alpha$ und $E(t) = \mathcal{E}\sin(2N\pi\tau)$ setzen, um zu erkennen, daß nur ein wesentlicher Fourier-Koeffizient auftritt:

$$E_n = \begin{cases} 2^{-1/2}k^{-2}\mathcal{E} & n = 2N \\ 0 & n \neq 2N. \end{cases} \tag{4.66}$$

Wir erhalten so für die Übergangsamplitude die Darstellung

$$\langle x', NT|x, 0\rangle_\mathcal{E} = \langle x', NT|x, 0\rangle_0 \exp\left(a + (x - x')b\right) \tag{4.67}$$

mit

$$a = \frac{NT^3\mathcal{E}^2/4}{4\pi^2 + k^2T^2} \quad , \quad b = \frac{2\pi T\mathcal{E}}{4\pi^2 + k^2T^2} \tag{4.68}$$

und

$$\langle x', NT|x, 0\rangle_0 = \left[\frac{k}{2\pi\sinh\nu}\right]^{1/2} \exp\left\{-\frac{k(x^2 + x'^2)}{2\tanh\nu} + \frac{kxx'}{\sinh\nu}\right\}. \tag{4.69}$$

Die Eigenzustände des harmonischen Oszillators werden durch reelle Wellenfunktionen der folgenden Art beschrieben:

$$\begin{aligned}\Phi_n(x) &= c_n H_n(\sqrt{k}x)e^{-kx^2/2} \quad (n = 0, 1, 2, \ldots) \\ c_n &= (k/\pi)^{1/4}(2^n n!)^{-1/2} \\ H_n &= \text{Hermite-Polynom der Ordnung } n.\end{aligned} \tag{4.70}$$

Nach Ablauf der Zeit $NT$ wird aus dem Grundzustand (im Diffusionsbild):

$$\Phi_0(x', NT) = \int_{-\infty}^{\infty} dx\, \langle x', NT|x, 0\rangle_\mathcal{E} \Phi_0(x) \tag{4.71}$$

$$= c_0 \exp\left\{a - \frac{\nu}{2} + \frac{1 - e^{-2\nu}}{4k}b^2 - \frac{kx'^2}{2} - (1 - e^{-\nu})bx'\right\}. \tag{4.72}$$

Es ist immer möglich, eine Entwicklung nach Eigenzuständen vorzunehmen,

$$\Phi_0(x, NT) = \sum_{n=0}^{\infty} A_n(NT)\Phi_n(x) \, ,$$

## 4.5. Oszillierende elektrische Felder

wobei die Koeffizienten durch

$$A_n(NT) = \int_{-\infty}^{\infty} dx\, \Phi_n(x)\Phi_0(x, NT) \tag{4.73}$$

$$= c_n c_0 I \exp\left\{a - \frac{\nu}{2} + \frac{1-e^{-\nu}}{2k}b^2\right\} \tag{4.74}$$

$$I = \int_{-\infty}^{\infty} dx\, H_n(\sqrt{k}x) e^{-k(x-y)^2} \tag{4.75}$$

$$= (\pi/k)^{1/2}(2\sqrt{k}y)^n \quad,\quad y = -\frac{1-e^{-\nu}}{2k}b \tag{4.76}$$

gegeben sind. Insgesamt:

$$A_n(NT) = \frac{(-1)^n}{n!} e^{a-\nu/2} \left[\frac{1-e^{-\nu}}{\sqrt{2k}}b\right]^n \exp\left\{\frac{1-e^{-\nu}}{2k}b^2\right\}. \tag{4.77}$$

### Poisson-Statistik

Die analytischen Fortsetzung ist elementar; ihr Ergebnis wird durch eine Ersetzungsvorschrift der folgenden Art beschrieben:

$$T \to iT \qquad a \to -i\frac{NT\mathcal{E}^2}{\omega^2 - k^2} \qquad b \to i\frac{\mathcal{E}\omega}{\omega^2 - k^2} \qquad \nu \to i2\pi Nk/\omega. \tag{4.78}$$

Man gewinnt so die Wahrscheinlichkeit $p_n = |A_n(iNT)|^2$, mit der das $n$-te Energieniveau besetzt ist:

$$p_n = \frac{1}{n!}\lambda^n e^{-\lambda} \quad,\quad \lambda = \mathcal{E}^2 k^{-3} f_N(\omega/k) \quad,\quad f_N(\alpha) = 2\left[\frac{\sin(N\pi\alpha^{-1})}{\alpha - \alpha^{-1}}\right]^2. \tag{4.79}$$

Die Masse $m$, die Ladung $q$ und die Plancksche Konstante $\hbar$ waren durch Konvention gleich 1 gesetzt. Wünscht man davon abzurücken, lautet das Ergebnis: $\lambda = q^2\mathcal{E}^2/(\hbar mk^3)f_N(\alpha)$. Hierbei sind die Größen $\lambda$, $\alpha$ und $f_N$ dimensionslos.

Das Ergebnis (4.79) lehrt, daß die Energieniveaus $(n + \frac{1}{2})\hbar k$ des Oszillators gemäß der Poisson-Statistik besetzt werden. Es gilt $\sum p_n = 1$ und $\bar{n} = \sum np_n = \lambda$, und es wurde während der Zeitdauer $NT$ im Mittel die Energie $\bar{n}\hbar k = \hbar k\lambda$ von dem Oszillator aufgenommen (d.h. dem elektrischen Feld entzogen). Der Parameter $\lambda$ kann somit auch als das Verhältnis zweier Energien gedeutet werden:

$$\lambda = \frac{\text{mittl. Energie des Oszillators}}{\text{Energiedifferenz benachbarter Niveaus}}. \tag{4.80}$$

Die numerische Funktion $f_N(\alpha)$ hat ihr Maximum in der Nähe von $\alpha = 1$. Die Abbildung 4.1 zeigt, daß dieses Maximum für wachsendes $N$ stark ausgeprägt ist und wir von einem Resonanzverhalten sprechen können: Nur wenn die Strahlungsfrequenz $\omega$ in die Nähe der Oszillatorfrequenz $k$ gelangt (für $\alpha \approx 1$ also), wird der Oszillator nennenswert angeregt. Auf der Basis der klassischen Physik hätten wir ein solches Verhalten bereits vorhersagen können.

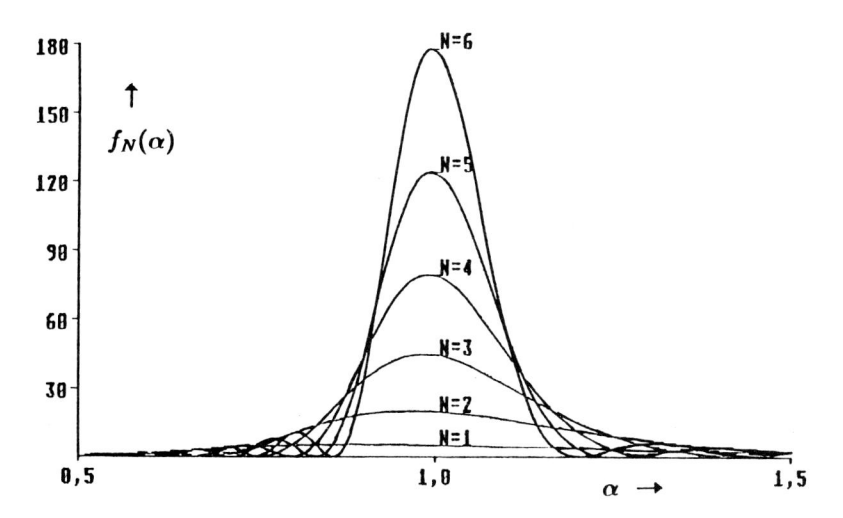

*Abb. 4.1: Die Funktion $f_N(\alpha)$ für verschiedene Werte von $N$*

Das Maximum der Funktion $f_N(\alpha)$ wächst quadratisch mit $N$, falls $N \to \infty$. Entscheidend für die Beurteilung des physikalischen Verhaltens ist jedoch, daß die Breite der Resonanzkurve proportional $1/N$ abnimmt und folglich die Fläche unter der Kurve nur linear mit $N$ anwächst:

$$\int_0^\infty d\alpha \, f_N(\alpha) = \pi^2 N. \tag{4.81}$$

Wenn wir nämlich davon ausgehen, daß in einem realistischen Strahlungsfeld $E(t)$ alle Frequenzen einer gewissen Umgebung von $\omega = k$ vertreten sind, so führt dies auf eine asymptotisch konstante Rate der Energieübertragung.

Man mag das Ergebnis mit der Analyse der klassischen Situation vergleichen, die von der Bewegungsgleichung

$$\ddot{x} + k^2 x = (q/m)\mathcal{E} \sin \omega t \tag{4.82}$$

ausgeht. Bei $t = 0$ ruhe das Teilchen im Ursprung: $x(0) = \dot{x}(0) = 0$. Dann lautet die Lösung

$$x(t) = \frac{(q/m)\mathcal{E}\omega}{\omega^2 - k^2}(k^{-1} \sin kt - \omega^{-1} \sin \omega t). \tag{4.83}$$

Für die Energie des Oszillators, $H_{kl}(t) = \frac{1}{2}m(\dot{x}^2 + k^2 x^2)$, finden wir nach $N$ Schwingungsperioden den Ausdruck

$$H_{kl}(NT) = \frac{q^2 \mathcal{E}^2}{mk^2} f_N(\omega/k). \tag{4.84}$$

Er ist identisch mit der mittleren Energie $\hbar k \lambda$, die wir zuvor berechnet haben. Wie so häufig in der Quantenmechanik, stoßen wir auch hier bei der Berechnung von Mittelwerten auf vertraute klassische Ausdrücke.

# Kapitel 5

# Lineare Kopplung von Bosonen

Teilchen, die der Bose-Einstein-Statistik unterliegen, nennt man Bosonen. Sie treten nicht nur in der Physik der Elementarteilchen auf, etwa als Photonen oder Mesonen, sondern auch in der Physik der kondensierten Materie, wenn kollektive Anregungen eines makroskopischen Systems wie Teilchen behandelt werden. Das wohl bekannteste Beispiel stellen die *Phononen* dar, mit deren Hilfe man Gitterschwingungen beschreibt. Dieses Kapitel untersucht, von einem allgemeinem Standpunkt aus, die thermodynamischen Eigenschaften von Bosonen, die in linearer Weise an ein anderes System, etwa ein Elektron, ankoppeln.

## 5.1 Pfadintegrale für Bosonen

Einige Vorbetrachtungen über die Darstellung der freien Energie durch Pfadintegrale sollen den Weg zum Polaron-Problem ebnen. Wir stellen uns der Einfachheit halber vor, das Boson habe genau $N$ Freiheitsgrade, jeder mit einer spezifischen Energie $\epsilon_n$ ($n = 1, \ldots, N$), einem Erzeugungsoperator $a_n^*$ und einem Vernichtungsoperator $a_n$ ausgestattet. Es gelte ferner

$$0 < \epsilon_1 \leq \epsilon_2 \leq \cdots \leq \epsilon_N \ .$$

Durch die kanonischen Vertauschungsrelationen

$$[a_n, a_m^*] = \delta_{nm} \tag{5.1}$$

ist das Bose-Einstein-Verhalten garantiert, und die Energie des wechselwirkungsfreien Systems beschreibt $H_B = \sum \epsilon_n a_n^* a_n$, wobei das Spektrum des Operators $a_n^* a_n$ (die *Teilchenzahl*, die dem $n$-ten Freiheitsgrad zugeordnet ist) aus allen natürlichen Zahlen unter Einschluß der Null besteht. Nun sei $T$ die Temperatur, $k_B$ die Boltzmann-Konstante und $\beta^{-1} = k_B T$. Als Zustandssumme des freien Systems bezeichnet man die Summe aller Boltzmann-Gewichte:

$$\begin{aligned} Z_B &= \operatorname{Spur} e^{-\beta H_B} \\ &= \sum_{n_1=0}^{\infty} \cdots \sum_{n_N=0}^{\infty} e^{-\beta(n_1 \epsilon_1 + \cdots + n_N \epsilon_N)} \end{aligned}$$

$$= \prod_{k=1}^{N} \sum_{n=0}^{\infty} e^{-\beta n \epsilon_k}$$

$$= \prod_{k=1}^{N} \left(1 - e^{-\beta \epsilon_k}\right)^{-1}. \tag{5.2}$$

Schließlich setzt man $Z_B = e^{-\beta F_B}$ und erhält so die freie Energie $F_B$ in Abhängigkeit von $\beta$.

Rein formal handelt es sich hierbei um einen harmonischen Oszillator in $N$ Dimensionen, und diese mathematische Äquivalenz öffnet das Tor zur Welt der Pfadintegrale. Zur Beschreibung wählen wir Koordinaten $\xi_1, \ldots, \xi_N$ eines fiktiven $N$-dimensionalen Raumes und setzen

$$a_n = \sqrt{\frac{\epsilon_n}{2}} \xi_n + \sqrt{\frac{1}{2\epsilon_n}} \frac{d}{d\xi_n} \tag{5.3}$$

$$a_n^* = \sqrt{\frac{\epsilon_n}{2}} \xi_n - \sqrt{\frac{1}{2\epsilon_n}} \frac{d}{d\xi_n} \tag{5.4}$$

mit dem Ergebnis

$$H_B = \sum_{n=0}^{N} \epsilon_n a_n^* a_n = \tfrac{1}{2} \sum_{n=0}^{N} \left(-\frac{d^2}{d\xi_n^2} + \epsilon_n^2 \xi_n^2 - \epsilon_n\right). \tag{5.5}$$

Das Boson möge mit einem weiteren System in Wechselwirkung stehen. Um möglichst einfache und definierte Verhältnisse zu schaffen, wollen wir annehmen, daß es sich dabei um ein einzelnes Teilchen, sagen wir, ein *Elektron* handelt. Hierbei lassen wir den Spin unberücksichtigt. Das Elektron mit den Koordinaten $x$ möge sich in einem Potential $V(x)$ bewegen (man denke hierbei an das periodische Potential in einem Festkörper) und somit die Energie $H_{El} = -\tfrac{1}{2}\Delta + V$ besitzen. Die Kopplung soll *linear* geschehen; dies heißt, daß wir für den Hamilton-Operator des Gesamtsystems den Ansatz

$$H = H_B + H_{El} + \sum_n (a_n + a_n^*) u_n \tag{5.6}$$

wählen und einstweilen offenlassen, welche spezielle Wahl für die reellen Funktionen $u_n(x)$ nach physikalischen Gesichtspunkten zu treffen ist. Ausgedrückt in den Koordinaten $\xi = \{\xi_1 \ldots, \xi_N\}$ und $x = \{x_1, x_2, x_3\}$ hat die Wechselwirkung $W = \sum (a_n + a_n^*) u_n$ die Form

$$W(\xi, x) = \sum_{n=1}^{N} \xi_n \sqrt{2\epsilon_n} u_n(x), \tag{5.7}$$

die die lineare Abhängigkeit von $\xi$ deutlich werden läßt.

**Die partielle Spur und ihre Auswertung**

Das Interesse richtet sich auf die freie Energie $F$ des Gesamtsystems, bestimmbar durch

$$e^{-\beta F} = \text{Spur}\, e^{-\beta H} = \int dx \int d\xi \, \langle \xi, x | e^{-\beta H} | \xi, x \rangle \tag{5.8}$$

## 5.1. Pfadintegrale für Bosonen

($d\xi = d\xi_1 \cdots d\xi_n$) und auf den *statistischen Operator* (oder *Dichtematrix*) des Elektrons:

$$\rho = \text{Spur}_B \, e^{-\beta H}/\text{Spur} \, e^{-\beta H}. \tag{5.9}$$

Mit $\text{Spur}_B$ ist die *partielle Spur*, d.h. die Spur über die bosonischen Zustände allein, bezeichnet:

$$\langle x'|\text{Spur}_B \, e^{-\beta H}|x\rangle = \int d\xi \, \langle \xi, x'|e^{-\beta H}|\xi, x\rangle. \tag{5.10}$$

Die im Abschnitt 4.3 skizzierte Methode der schrittweisen Bestimmung der Amplitude

$$\langle \xi', x'|e^{-\beta H}|\xi, x\rangle = \langle \xi', x', \beta|\xi, x, 0\rangle \tag{5.11}$$

ist hier anwendbar, d.h. wir erhalten unmittelbar eine Darstellung der Art:

$$\langle x'|\text{Spur}_B \, e^{-\beta H}|x\rangle = \int_{(x,0)\leadsto(x',\beta)} d\mu(\omega) \, \langle\beta|0\rangle_\omega \, \exp\left\{-\int_0^\beta dt \, V(\omega(t))\right\} \tag{5.12}$$

mit

$$\langle\beta|0\rangle_\omega = \int d\xi \, \langle\xi,\beta|\xi,0\rangle_\omega \quad , \quad \langle\xi',\beta|\xi,0\rangle_\omega = \prod_{n=1}^N f_n(\xi'_n,\xi_n;\omega)$$

$$f_n(y',y;\omega) = \left[\frac{\epsilon_n/\pi}{1-e^{-2\beta\epsilon_n}}\right]^{1/2} \exp\left\{-\frac{\epsilon_n(y^2+y'^2)}{2\tanh\beta\epsilon_n} + \frac{\epsilon_n yy'}{\sinh\beta\epsilon_n}\right.$$

$$-\sqrt{2\epsilon_n}\int_0^\beta dt \, u_n(\omega(t))\frac{y\sinh(\beta-t)\epsilon_n + y'\sinh t\epsilon_n}{\sinh\beta\epsilon_n}$$

$$\left.+2\int_0^\beta dt \int_0^t dt' \, u_n(\omega(t))u_n(\omega(t'))\frac{\sinh(\beta-t)\epsilon_n \sinh t'\epsilon_n}{\sinh\beta\epsilon_n}\right\}.$$

Folglich gilt

$$\langle\beta|0\rangle_\omega = \prod_{n=1}^N \int_{-\infty}^\infty dy \, f_n(y,y;\omega), \tag{5.13}$$

und das verbleibende Integral $\int dy f_n$ ist vom Gaußschen Typ. Das Ergebnis vereinfacht sich beträchtlich, wenn man von der folgenden Identität Gebrauch macht:

$$\frac{2\sinh[(\beta-\text{Max}(t,t'))\epsilon_n]\sinh[\text{Min}(t,t')\epsilon_n]}{\sinh\beta\epsilon_n}$$

$$+ \frac{[\sinh(\beta-t)\epsilon_n + \sinh t\epsilon_n][\sinh(\beta-t')\epsilon_n + \sinh t'\epsilon_n]}{\sinh\beta\epsilon_n \, (\cosh\beta\epsilon_n - 1)}$$

$$= \frac{e^{-|t-t'|\epsilon_n} + e^{-(\beta-|t-t'|)\epsilon_n}}{1-e^{-\beta\epsilon_n}}. \tag{5.14}$$

Wir erhalten so die Darstellung

$$\langle\beta|0\rangle_\omega = \exp\left\{-\beta F_B + \tfrac{1}{2}\int_0^\beta dt \int_0^\beta dt' \, G\big(\omega(t),t;\omega(t'),t'\big)\right\} \tag{5.15}$$

$$G(x,t;x',t') = \sum_{n=1}^{N} u_n(x)u_n(x')\, g(\beta^{-1}(t-t'),\beta\epsilon_n) \qquad (5.16)$$

$$g(\tau,a) = \frac{e^{-|\tau|a} + e^{-(1-|\tau|)a}}{1 - e^{-a}} = \frac{\cosh(|\tau|-1/2)a}{\sinh a/2}. \qquad (5.17)$$

Dieses Ergebnis hat man in (5.12) einzusetzen. Zwar ist damit die Integration über die bosonischen Freiheitsgrade erledigt, es bleibt jedoch ein nicht ausführbares Integral über Pfade $\omega: (x,0) \rightsquigarrow (x',\beta)$ des Elektrons. Die gewonnene Formel dient in erster Linie als Ausgangspunkt für Näherungen, Schranken und Monte-Carlo-Rechnungen.

### Die Funktion $g(\tau,a)$

Es ist lohnend, die Funktion $g(\tau,a)$ etwas näher unter die Lupe zu nehmen. Bekannte Summenformeln führen auf die trigonometrische Zerlegung

$$g(\tau,a) = \sum_{k=-\infty}^{\infty} 2a \frac{\exp(i2\pi k\tau)}{(2\pi k)^2 + a^2}. \qquad (-1 \le \tau \le 1,\ a > 0) \qquad (5.18)$$

In Anwendungen benötigt man gelegentlich das Integral

$$\frac{a}{2} \int_0^1 d\tau \int_0^1 d\tau'\, g(\tau-\tau',a) = 1, \qquad (5.19)$$

und es erweist sich als sinnvoll, die Funktion $g(\tau,a)$ in der Variablen $\tau$ auf ganz $\mathbb{R}$ als eine periodische Funktion mit der Periode 1 fortzusetzen: $g(\tau+1,a) = g(\tau,a)$. Mit dieser Vereinbarung gilt

$$\lim_{a\to\infty} \tfrac{1}{2} a\, g(\tau,a) = \delta_*(\tau) \qquad (5.20)$$

(Konvergenz im Sinne der Distributionen), wobei $\delta_*(\tau)$ die periodische Diracsche Deltafunktion bezeichnet: $\delta_*(\tau) = \sum_{k=-\infty}^{\infty} \delta(\tau+k)$.

Wir betrachten den Hilbertraum $L^2(0,1)$ aller komplexwertigen Funktion $f(\tau)$ auf dem Intervall $0 \le \tau \le 1$ mit $||f||^2 := \int_0^1 d\tau\, |f(\tau)|^2 < \infty$. Die Funktionen $f_k(\tau) = \exp(i2\pi k\tau)$ ($k \in \mathbb{Z}$) bilden darin eine Basis. Es sei $D$ derjenige selbstadjungierte Operator auf $L^2(0,1)$, der dem Differentialausdruck $-d^2/d\tau^2 + a^2$ und der Wahl periodischer Randbedingungen ($f(0) = f(1)$) entspricht. Wir finden $Df_k = \lambda_k(a) f_k$ mit $\lambda_k(a) = (2\pi k)^2 + a^2$ als Eigenwerte. Damit ist

$$(2a)^{-1} g(\tau-\tau',a) = \sum_k \lambda_k(a)^{-1} f_k(\tau) \bar{f}_k(\tau')$$

die **Greensche Funktion** für $D$, d.h. es gilt $(2a)^{-1} g(\tau-\tau',a) = \langle \tau | D^{-1} | \tau' \rangle$. Von hier aus existieren auch Verbindungen zum harmonischen Oszillator. Es sei $H = \epsilon a^* a$ der Hamilton-Operator eines eindimensionalen Oszillators der Frequenz $\epsilon$ und $\rho = e^{-\beta H}/\mathrm{Spur}\,(e^{-\beta H})$ der statistische Operator. Im Heisenberg-Bild beschreibt

$$q_t = e^{iHt} q e^{-itH} = \frac{1}{\sqrt{2\epsilon}}\left(a e^{-i\epsilon t} + a^* e^{i\epsilon t}\right)$$

die zeitliche Entwicklung der Koordinate $q$. Man ermittelt leicht die Korrelationsfunktion in dem durch $\rho$ gegebenen Zustand:

$$\text{Spur}\,(\rho q_t q_{t'}) = \frac{e^{i(t'-t)\epsilon} + e^{-(\beta+i(t'-t))\epsilon}}{2\epsilon(1-e^{-\beta\epsilon})}.$$

Es handelt sich hier offensichtlich um den Ausdruck (5.14) für imaginäre Zeiten $it$ und $it'$.

## 5.2  Schranken für die freie Energie

Mit Hilfe der Zerlegungsformel (5.18) und den Fourier-Koeffizienten[1]

$$c_{nk} = \int_0^1 d\tau\, \bar{u}(\bar{\omega}(\tau)) e^{i2\pi k\tau} \tag{5.21}$$

gelingt es, das Doppelintegral in (5.15) in eine Doppelsumme umzuwandeln:

$$D(\omega) := \tfrac{1}{2}\int_0^\beta dt \int_0^\beta dt'\, G\bigl(\omega(t),t;\omega(t'),t'\bigr) = \beta \sum_{n=1}^N \sum_{k=-\infty}^\infty \frac{\epsilon_n |c_{nk}|^2}{(2\pi k/\beta)^2 + \epsilon_n^2}. \tag{5.22}$$

Die offensichtlichen Ungleichungen

$$0 < \frac{\epsilon_n}{(2\pi k/\beta)^2 + \epsilon_n^2} \leq \epsilon_n^{-1}, \tag{5.23}$$

gültig für alle $k \in \mathbb{Z}$, im Verein mit der Summenregel

$$\sum_{k=-\infty}^\infty |c_{nk}|^2 = \int_0^1 d\tau\, \bar{u}_n(\bar{\omega}(\tau))^2 = \beta^{-1}\int_0^\beta dt\, u_n(\omega(t))^2 \tag{5.24}$$

führen schließlich auf obere und untere a-priori-Schranken des Doppelintegrals:

$$0 \leq D(\omega) \leq \int_0^\beta dt\, \sum_n \epsilon_n^{-1} u_n(\omega(t))^2. \tag{5.25}$$

Aus der unteren Schranke für $D(\omega)$ folgt unmittelbar $\langle\beta|0\rangle_\omega \geq \exp(-\beta F_B)$ und somit

$$\langle x'|\text{Spur}_B\, e^{-\beta H}|x\rangle \geq e^{-\beta F_B}\langle x'|e^{-\beta H_{El}}|x\rangle. \tag{5.26}$$

Ein wenig anders geschrieben, lautet diese Ungleichung so:

$$\langle x'|\rho|x\rangle \geq e^{\beta F}\,\langle x'|\rho_{El}|x\rangle \tag{5.27}$$

mit $\rho_{El} = \exp\{\beta(F_{El} - H_{El})\}$, $\exp(-\beta F_{El}) = \text{Spur}\,\exp(-\beta H_{El})$ und

$$F = F_B + F_{El} + F_1 \quad , \quad F_1 \leq 0,$$

---

[1]Die Transformation $u \to \bar{u}$ erfolgt gemäß den Vorschriften des Abschnittes 3.1. Sie bedeutet den Übergang vom Wiener-Prozeß zur Brownschen Brücke.

wobei der Anteil $F_1$ an der freien Energie $F$ aufgrund der Wechselwirkung der Bosonen mit dem Elektron hervorgerufen wird. Die Ungleichung $F_1 \leq 0$ folgt aus (5.27); denn für $x' = x$ und nach einer Integration über $x$ erhält man die Ungleichung $1 \geq \exp(\beta F_1)$. Die lineare Kopplung des Elektrons an die Bosonen bewirkt eine Absenkung der freien Energie.

Aus der *oberen Schranke* für $D(\omega)$ leiten wir ein Zusatzpotential

$$U(x) = -\sum_n \epsilon_n^{-1} u_n(x)^2 \tag{5.28}$$

ab, dessen Bedeutung darin besteht, daß ein Elektron in dem effektiven Potential

$$V'(x) = U(x) + V(x)$$

ohne jede anderweitige Wechselwirkung genau die thermodynamischen Eigenschaften erhält, die der oberen Schranke entsprechen. Das Zusatzpotential $U(x)$ ist grundsätzlich negativ. Die Tatsachen im einzelnen: Zunächst gilt

$$\langle \beta | 0 \rangle_\omega \leq \exp\left\{ -\beta F_B - \int_0^\beta dt\, U(\omega(t)) \right\} \tag{5.29}$$

und somit

$$\langle x' | \mathrm{Spur}_B\, e^{-\beta H} | x \rangle \leq e^{-\beta F_B} \langle x' | e^{-\beta H'_{El}} | x \rangle, \tag{5.30}$$

falls $H'_{El} = -\frac{1}{2}\Delta + V'$ gesetzt wird. Umgeschrieben lautet diese Ungleichung so:

$$\langle x' | \rho | x \rangle \leq e^{\beta F'_1} \langle x' | \rho'_{El} | x \rangle \tag{5.31}$$

mit $\rho'_{El} = \exp\{\beta(F'_{El} - H'_{El})\}$, $\exp(-\beta F'_{El}) = \mathrm{Spur}\, \exp(-\beta H'_{El})$ und

$$F = F_B + F'_{El} + F'_1 \quad, \qquad F'_1 \geq 0,$$

wobei der Anteil $F'_{El}$ an der freien Energie $F$ bereits Effekte der Wechselwirkung in sich birgt. Eine Restwechselwirkung steckt in $F'_1$. Die Ungleichung $F'_1 \geq 0$ folgt unmittelbar aus (5.31), d.h. aus dem dem Bestehen der Ungleichung $1 \leq \exp(\beta F'_1)$. Die Restwechselwirkung des Elektrons, also derjenige Teil, der nicht durch das Potential $U(x)$ Berücksichtigung fand, bewirkt eine Erhöhung der freien Energie.

Es ist in allem zu bedenken, daß die hier gewonnenen Schranken in konkreten physikalischen Situationen nicht besonders „scharf" sein werden, weil sie keinen Gebrauch von speziellen Eigenschaften weder der Funktionen $u_n(x)$ noch der Energien $\epsilon_n$ machen. Es gibt indes eine Situation, in der die obere Schranke für in (5.25) zu einer brauchbaren Näherung für $D(\omega)$ wird, dann nämlich, wenn $\beta \epsilon_1 \gg 2\pi$ gilt, wenn also die thermische Energie $k_B T$ klein ist verglichen mit der niedrigsten Anregungsenergie im Bose-System. Dies folgt unmittelbar aus (5.23). Mit Blick auf (5.20) ist auch klar, daß die so beschriebene Näherung schlicht der Ersetzung von $g(\tau, a)$ durch $(2/a)\delta_*(\tau)$ in der Definition (5.16) von $G(x', t'; x, t)$ entspricht.

## 5.3 Das Polaron-Problem

Bewegt sich ein langsames Elektron durch einen Kristall, so polarisiert es vermöge seines Coulomb-Feldes die Umgebung[2]. Von dieser Wirkung sind sowohl die Elektronen in den Energiebändern als auch das Ionengitter betroffen. Wir berücksichtigen jedoch nur die Verschiebung der Ionen aus ihren Gleichgewichtslagen. Die Störung ist nicht statisch, sondern folgt der Bewegung des Elektrons. So kommt es, daß das Elektron auf seinem Weg durch das Gitter von Gitterschwingungen, also von Phononen, begleitet wird. Ein Elektron, das ständig von Phononen umgeben ist, mit denen es wechselwirkt, nennt man *Polaron*. Die Wechselwirkung ergibt sich aus der einfachen Vorstellung, daß das Elektron ein Zusatzpotential $-eV_1(x)$ spürt, dessen Ursache eine Ladungsverteilung $\rho(x)$ ist, die sich wiederum aus der Polarisation $P(x)$, einem Vektorfeld also, ergibt. In Formeln:

$$\Delta V_1(x) = -\rho(x) \qquad (5.32)$$
$$\rho(x) = -\mathrm{div} P(x). \qquad (5.33)$$

Bei Anwendung der Prinzipien der zweiten Quantisierung wird $P(x)$ zum einem *Operatorfeld*, dem Feld, das die (optischen) Phononen beschreibt. Der Vektorcharakter macht, daß die Phononen für jeden Impuls $k$ drei Polarisationszustände haben; jedoch nur die longitudinalen Moden können zu $\mathrm{div} P(x)$ beitragen.

Der Einfachheit halber gehen wir von einem kubische Gitter aus. Die Gitterkonstanten sei $a$. Für ein unendlich ausgedehntes Medium variiert der Impuls $k$ eines Phonons *kontinuierlich* innerhalb der Brillouin-Zone $B_3 = [-\frac{\pi}{a}, \frac{\pi}{a}]^3$. Es ist zweckmäßig, die Rechnung mit einem *endlichen* Gitter zu beginnen, einem Würfel $\Lambda$ der Kantenlänge $L$, dem sog. *Quantisierungsvolumen* mit periodischen Randbedingungen und $L \gg a$. Seine Einführung bringt einen wesentlichen Vorteil: Die Impulse sind nunmehr diskret und, weil beschränkt, von endlicher Anzahl.

Mit $\Lambda^*$ bezeichnen wir die Menge aller Impulse $k \in B_3$, $k \neq 0$, deren Komponenten ganzahlige Vielfache von $2\pi/L$ sind. Für festes $k \in \Lambda^*$ ist der longitudinalen Mode ein Polarisationsvektor $e(k) = k/|k|$ zugeordnet. Nun gilt offensichtlich $ke(k) = |k|$, womit bereits die Proportionalität

$$\mathrm{div} P(x) \propto \sum_{k \in \Lambda^*} i|k| \left( a_k e^{ikx} - a_k^* e^{-ikx} \right) \qquad (5.34)$$

begründet ist. Mit $a_k^*$ und $a_k$ sind die Erzeugungs- bzw. Vernichtungsoperatoren der longitudinalen Phononen bezeichnet. Sie genügen den kanonischen Vertauschungsrelationen $[a_k, a_{k'}^*] = \delta_{kk'}$. Der Ansatz (5.34) führt auf

$$-eV_1(x) \propto \sum_{k \in \Lambda^*} i|k|^{-1} \left( a_k e^{ikx} - a_k^* e^{-ikx} \right). \qquad (5.35)$$

Für den vollen Energie-Operator benötigen wir eine Aussage über das Spektrum $\epsilon_k$ der Phonon-Energien. Eine grobe, aber übliche Annahme ist $\epsilon_k = \epsilon$ für

---

[2] Für langsame Elektronen können die magnetischen Effekte vernachlässigt werden.

alle $k$. Es ist dann bequem, Einheiten so zu wählen, daß die Masse des Elektrons, die Energie $\epsilon$ und die Plancksche Konstante $\hbar$ zugleich den Wert 1 bekommen. Der Hamilton-Operator erhält so die Form

$$H = H_{El} + \sum_{k \in \Lambda^*} a_k^* a_k + W \tag{5.36}$$

mit der Wechselwirkungsfunktion

$$W(x) = \lambda L^{-3/2} \sum_{k \in \Lambda^*} i|k|^{-1} \left( a_k e^{ikx} - a_k^* e^{-ikx} \right) \tag{5.37}$$

$$= \lambda L^{-3/2} \sum_{k \in \Lambda^*} i|k|^{-1} (a_k - a_{-k}^*) e^{ikx}, \tag{5.38}$$

wobei $x$ den Ort des Elektrons bezeichnet. Der Hamilton-Operator $H$ hängt von $a$ und $L$ ab; auch das Potential $V(x)$, in dem sich das Elektron bewegt, ist nicht näher bestimmt. Aus dem Zusammenhang wird jedoch immer hervorgehen, welche spezielle Wahl für $a$, $L$ und $V(x)$ getroffen wurde.

Schwache Kopplung (kleine Werte für $\lambda$) bedeutet geringe Polarisierbarkeit des Dielektrikums. Traditionsgemäß [66] setzt man $\lambda^2 = 8^{1/2} \alpha \pi$ und nennt $\alpha$ den *Fröhlich-Parameter*. Man bringt $W(x)$ in die gewünschte reelle Gestalt durch die kanonische Transformation

$$a_{k1} = i(a_k + a_{-k})/\sqrt{2} \tag{5.39}$$

$$a_{k2} = i(a_k - a_{-k})/\sqrt{2}. \tag{5.40}$$

Da $a_{-k1} = a_{k1}$ und $a_{-k2} = -a_{k2}$ gilt, haben wir redundante Variable eingeführt. Aus diesem Grund ist es zweckmäßig, $k$ und $-k$ ($k \in \Lambda^*$) als äquivalent zu betrachten, und die Menge $K$ aller so gewonnenen Äquivalenzklassen als die eigentliche Indexmenge einzuführen und für den Operator der Wechselwirkung zu schreiben:

$$W = \sum_{k \in K} \sum_{\sigma=1,2} (a_{k\sigma} + a_{k\sigma}^*) u_{k\sigma} \tag{5.41}$$

(jedes Paar $(k,-k)$ kommt in dieser Summe nur *einmal* vor) mit den Funktionen

$$u_{k\sigma}(x) = \lambda L^{-3/2} |k|^{-1} \sqrt{2} \begin{cases} \cos kx & \sigma = 1 \\ \sin kx & \sigma = 2. \end{cases} \tag{5.42}$$

Ebenso gilt

$$\sum_{k \in \Lambda^*} a_k^* a_k = \sum_{k \in K} \sum_{\sigma=1,2} a_{k\sigma}^* a_{k\sigma}. \tag{5.43}$$

Die Ergebnisse des vorigen Abschnittes lassen sich nun leicht übertragen. Die Hauptaufgabe besteht darin, die Summe

$$S(x,x') := \sum_{k \in K} \sum_{\sigma=1,2} u_{k\sigma}(x) u_{k\sigma}(x') \tag{5.44}$$

## 5.3. Das Polaron-Problem

zu bestimmen; denn es gilt

$$G(x,t;x',t') = S(x,x')\frac{e^{-|t-t'|} + e^{-(\beta-|t-t'|)}}{1 - e^{-\beta}}. \tag{5.45}$$

Wir finden zunächst

$$S(x,x') = 2\lambda^2 L^{-3} \sum_{k \in K} |k|^{-2} \cos k(x - x') \tag{5.46}$$

$$= \lambda^2 L^{-3} \sum_{k \in \Lambda^*} |k|^{-2} \cos k(x - x'), \tag{5.47}$$

und die Translationsinvarianz der Funktion $S$ wird offenbar.

**Der Limes $L \to \infty$, $a \to 0$**

Im Limes $L \to \infty$ (*thermodynamischer Limes*) entsteht aus der rechten Seite von (5.47) ein Integral über die Brillouin-Zone:

$$S(x,x') = \lambda^2 (2\pi)^{-3} \int_{B_3} dk \, |k|^{-2} \cos k(x - x'). \tag{5.48}$$

Schließlich wollen wir auch noch die Effekte der Gitterstruktur vernachlässigen und führen den Limes $a \to 0$ ($B_3 \to \mathbb{R}^3$, *Kontinuumslimes*) an dem Integral aus mit dem Resultat:

$$S(x,x') = \lambda^2 (4\pi |x - x'|)^{-1}. \tag{5.49}$$

Der Limes $a \to 0$ bedeutet, daß wir den Kristall wie ein kontinuierliches dielektrisches Medium behandeln, das durch die Anwesenheit von Elektronen polarisiert wird. Die Stärke der Polarisation beschreibt die Konstante $\lambda$ (oder $\alpha$).

Sowohl mit dem einen wie mit dem anderen Grenzübergang sind spezifische Probleme verbunden.

1. Die freie Energie $F_B$ der Bosonen ohne Wechselwirkung ist eine extensive Größe, also gilt $F_B \propto L^3$. Deshalb existiert kein Grenzwert für $\langle x'|\text{Spur}_B e^{-\beta H}|x\rangle$, wohl aber für $\langle x'|\rho|x\rangle$ und $F' := F - F_B$ unter $L \to \infty$ (günstige Eigenschaften des Potentials $V(x)$ vorausgesetzt). Am Ende haben wir für den statistischen Operator des Elektrons eine Formel der Art:

$$\langle x'|\rho|x\rangle = e^{\beta F'} \int_{(x,0) \rightsquigarrow (x',\beta)} d\mu(\omega) \exp\left\{D(\omega) - \int_0^\beta dt \, V(\omega(t))\right\} \tag{5.50}$$

$$D(\omega) = \frac{\lambda^2/2}{1 - e^{-\beta}} \int_0^\beta dt \int_0^\beta dt' \, \frac{e^{-|t-t'|} + e^{-(\beta-|t-t'|)}}{4\pi |\omega(t) - \omega(t')|}. \tag{5.51}$$

Durch einen Übergang zur Brownschen Brücke (d.h. durch die Substitution $\omega(t) = x + (x' - x)\tau + \ell\bar{\omega}(\tau)$, $t = \beta\tau$) macht man sich sofort klar, daß die Größe $D(\omega)$, obwohl vom dem Anfangspunkt $x$ und dem Endpunkt $x'$ des Pfades $\omega$ abhängig, doch nur eine Funktion der Differenz $x-x'$ allein ist. Aus der Bedingung $\int dx \, \langle x|\rho|x\rangle = 1$ erhalten wir deshalb die folgende Charakterisierung der freien Energie $F'$:

$$e^{-\beta F'} = \int d\bar{\omega} \, A(\bar{\omega}, V) \, e^{\beta B(\bar{\omega})} \tag{5.52}$$

$$A(\bar{\omega}, V) = (2\pi\beta)^{-3/2} \int dq \, \exp\left\{-\beta \int_0^1 d\tau \, V\Big(q + \ell\bar{\omega}(\tau)\Big)\right\} \tag{5.53}$$

$$B(\bar{\omega}) = \frac{\lambda^2 \ell/2}{1 - e^{-\beta}} \int_0^1 d\tau \int_0^1 d\tau' \, \frac{e^{-\beta|\tau-\tau'|} + e^{-\beta(1-|\tau-\tau'|)}}{4\pi|\bar{\omega}(\tau) - \bar{\omega}(\tau')|}. \tag{5.54}$$

Zur Erinnerung: $d\bar{\omega}$ ist das normierte Maß der Brownschen Brücke. In $A(\bar{\omega}, V)$ begegnet uns ein Ausdruck, der auch als ein Phasenraumintegral für das *klassische* Elektron aufgefaßt werden kann. Sei nämlich $\hat{H}(p, q) = \frac{1}{2}p^2 + V(q)$ die klassische Hamilton-Funktion, so erhält man durch eine leichte Umformung:

$$A(\bar{\omega}, V) = (2\pi)^{-3} \int dp \, dq \, \exp\left\{-\beta \int_0^1 d\tau \, \hat{H}(p, q + \ell\bar{\omega}(\tau))\right\}. \tag{5.55}$$

Für $\bar{\omega} = 0$ handelt es sich hierbei um die klassische Zustandssumme, für $\bar{\omega} \neq 0$ um die Beschreibung der Quantenfluktuationen um den klassischen Wert. In (5.52) wird ein Mittelwert über die Fluktuationen berechnet, wobei jeder Pfad $\bar{\omega}$ das Gewicht $\exp(\beta B(\bar{\omega}))$ erhält, das sich aus der Wechselwirkung bestimmt. Für $\lambda = 0$ hat dieses Gewicht den konstanten Wert 1.

2. Der Preis, den wir für den Übergang zum Kontinuum zahlen, ist, daß wir nun mit der Singularität $S(x, x) = +\infty$ leben müssen. Die a-priori-Schranken des letzten Abschnittes werden hierdurch trivial: $0 \leq B(\bar{\omega}) \leq \infty$. Die obere Schranke wird in der Tat erreicht. Dies wird augenfällig, sobald man versehentlich den trivialen Pfad $\bar{\omega} = 0$ in $B$ einsetzt. Dies läßt uns fürchten, daß die Energie des Systems keine untere Schranke besitzt, das System somit instabil ist. Die Furcht ist indes unbegründet.

**Typisches Verhalten Brownscher Pfade**

Die Pfade $\bar{\omega}$, von denen große Beiträge zu erwarten sind, haben die Eigenschaft, daß sie den Abstand $|\bar{\omega}(\tau) - \bar{\omega}(\tau')|$ besonders klein machen. Dies tritt dann ein, wenn der Pfad sehr oft in die Nähe eines Punktes zurückkehrt, den er schon einmal eingenommen hat. Mit wachsender Dimension wird dies immer unwahrscheinlicher. Gleiches gilt für Pfade, die sich eine Zeit lang in der Nähe eines (beliebigen) Punktes aufhalten, entgegen der Voraussage, daß die mittlere quadratische Abweichung von diesem Punkt *linear* mit der Zeit wächst. Glücklicherweise ist das ein *untypisches* Verhalten für einen Brownschen Pfad. Andererseits werden für $\beta \to \infty$ gerade die *wenig typischen* Pfade bedeutsam, die für Zeiten $\tau \approx \tau'$ besonders kleine Abstände $|\bar{\omega}(\tau) - \bar{\omega}(\tau')|$ haben; denn die Exponentialfunktion $\exp(-\beta|\tau - \tau'|)$ unterdrückt alle weiteren Beiträge. Bleibt die Frage: Wie singulär wird der Ausdruck $|\bar{\omega}(\tau) - \bar{\omega}(\tau')|^{-1}$ bei $|\tau - \tau'| \to 0$? Anders gefragt: Ist $|\bar{\omega}(\tau) - \bar{\omega}(\tau')|^{-1}$ mit Wahrscheinlichkeit 1 integrabel über $0 \leq \tau, \tau' \leq 1$? Diese Frage betrifft die *Regularität* der Brownschen Pfade, und wir gehen kurz auf diesen Punkt ein.

## 5.3. Das Polaron-Problem

Aus der Definition des n-dimensionalen Wiener-Prozesses $X_t$ folgt, daß die Zufallsvariablen $X_t - X_{t'}$ und $(t-t')^{1/2} X_1$ bei $t > t'$ die gleiche Verteilung besitzen. Diese einfache Tatsache ist verantwortlich für eine Reihe von Eigenschaften von Pfaden $\omega$ des Wiener-Prozesses. Die erste Behauptung besagt, grob gesprochen, daß ein „typischer" Pfad, obwohl nicht differenzierbar, dennoch Hölder-stetig mit einem Hölder-Index $\alpha < \frac{1}{2}$ ist. Genauer gesagt, für jedes $c > 0$, $T > 0$ und $0 < \alpha < \frac{1}{2}$ hat das Ereignis

$$\forall t \in [0,T] : \limsup_n n^\alpha |\omega(t+1/n) - \omega(t)| < c \tag{5.56}$$

die Wahrscheinlichkeit 1. Begründung: Es genügt, $T=1$ zu wählen. Das Intervall $[0,1]$ wird durch die Stützpunkte $t_i = i/n$ ($i = 0,\ldots,n$) in $n$ Teilintervalle der Länge $1/n$ unterteilt. Die Wahrscheinlichkeit des Ereignisses (5.56) ist der Grenzwert

$$W_\alpha = \lim_n \prod_{i=1}^n P\left(n^\alpha |X_{t_i} - X_{t_{i-1}}| < c\right) \tag{5.57}$$

$$= \lim_n P\left(|X_1| < r_n\right)^n \qquad r_n := cn^{-\alpha+1/2}. \tag{5.58}$$

Für großes $n$ und $\alpha - \frac{1}{2} < 0$ haben wir $r_n \to \infty$ und

$$1 - P\left(|X_1| < r_n\right) = O\left(\exp(-\tfrac{1}{2} r_n^2)\right),$$

also $W_\alpha = 1$. Eine komplementäre Aussage lautet so: Für jedes $c > 0$, $T > 0$ und $\alpha > \frac{1}{2}$ hat das Ereignis (5.56) die Wahrscheinlichkeit 0. Denn für großes $n$ und $\alpha - \frac{1}{2} > 0$ haben wir diesmal $r_n \to 0$ und $P\left(|X_1| < r_n\right) \to 0$, also $W_\alpha = 0$.

Die Aussagen über die Regularität der Brownschen Pfade lassen sich verschärfen. Chintchin bewies das sog. *Gesetz des iterierten Logarithmus*. Nach diesem Gesetz tritt für jedes feste $t \geq 0$ das Ereignis

$$\limsup_n \frac{|\omega(t+1/n) - \omega(t)|}{\sqrt{(2/n)\log\log n}} = 1 \tag{5.59}$$

mit der Wahrscheinlichkeit 1 ein.

### Die freie Energie des Polarons

Da wir den Einfluß der Gitterstruktur vernachlässigt haben, ist es nur konsequent, wenn wir auch das periodische Potential, in dem das Elektron sich bewegt, nahezu unberücksichtigt lassen. „Nahezu" heißt, daß das Elektron eine effektive Masse $m_*$ erhält und unsere Einheiten so gewählt sind, daß $m_* = 1$ gilt. Zur Regularisierung benötigen wir jedoch ein schwaches Oszillator-Potential $V(x) = \frac{1}{2} k^2 x^2$. Am Schluß soll $k$ gegen Null streben. Das hört sich plausibel an, hat aber auch einen Nachteil: Mit dem harmonischen Oszillators ist eine klassische freie Energie $F_{osz} = 3\beta^{-1} \log(\beta k)$ verbunden, die uns nicht interessiert und die zudem keinen Limes für $k \to 0$ besitzt. Also setzen wir $F_{pol} = F' - F_{osz}$ und führen an $F_{pol}$ den

Grenzprozeß aus. Die Schritte im einzelnen. Mit $V(x) = \frac{1}{2}k^2x^2$ und der Definition (5.53) erhält man nach einer kurzen Rechnung:

$$A(\bar{\omega}, V) = \exp\left\{-\beta F_{osz} - (\beta k/2)^2 \int_0^1 d\tau \int_0^1 d\tau' |\bar{\omega}(\tau) - \bar{\omega}(\tau')|^2\right\}. \qquad (5.60)$$

Dieses Ergebnis setzt hat man in (5.52) einzusetzen, um eine Darstellung für $F_{pol}$ zu bekommen, an der der Grenzprozeß $k \to 0$ sich unmittelbar ausführen läßt. Das Resultat ist die Formel $\exp(-\beta F_{pol}) = \int d\bar{\omega}\, \exp(\beta B(\bar{\omega}))$, oder ausführlicher

$$\boxed{\begin{aligned}\exp(-\beta F_{pol}) = \\ \int d\bar{\omega}\, \exp\left\{\frac{\beta\lambda^2 \ell/2}{1 - e^{-\beta}} \int_0^1 d\tau \int_0^1 d\tau' \frac{e^{-\beta|\tau-\tau'|} + e^{-\beta(1-|\tau-\tau'|)}}{4\pi|\bar{\omega}(\tau) - \bar{\omega}(\tau')|}\right\}.\end{aligned}} \qquad (5.61)$$

In diese Gleichung für die freie Energie $F_{pol}$ des Polarons gehen außer der Kopplungskonstanten $\lambda$ keine weiteren materialspezifischen Größen mehr ein. Aus $B(\bar{\omega}) \geq 0$ folgt $F_{pol} \leq 0$ für alle Werte von $\beta$. Für $\beta \to \infty$ (Temperatur gegen Null) geht $F_{pol}$ in die Energie $E$ des Grundzustandes über, und es gilt $E \leq 0$. Trotz vieler Bemühungen konnte das definierende Pfadintegral bislang nicht in geschlossener Form gelöst werden, obwohl obere und untere Schranken existieren, die $E$ mit hinreichender Genauigkeit bestimmen.

**Schranken für die freie Energie des Polarons**

Obere Schranken sind leicht zu haben. Sie beruhen auf der Idee, $e^{-\beta F_{pol}}$ mit Pfadintegralen zu vergleichen, die man lösen kann, wobei „lösen" stets *Rückführung auf endlich-dimensionale Integrale* bedeutet. Eine Integralformel, die hierbei nützliche Dienste leistet, lautet:

$$\int d\bar{\omega}\, f\big(\bar{\omega}(\tau) - \bar{\omega}(\tau')\big) = \int dx\, K(x, s(1-s)) f(x) \quad , \quad s = |\tau - \tau'| \qquad (5.62)$$

($0 \leq \tau, \tau' \leq 1$). Zum Beweis genügt es, sich auf den Fall $0 < \tau' < \tau < 1$ zu beschränken. Jeder Pfad ist durch Vorgabe von $\tau'$ und $\tau$ in drei Abschnitte zerlegt, und die zu integrierende Funktion hängt nur von den Randwerten $y' = \omega(\tau')$ und $y = \omega(\tau)$ des mittleren Intervalls ab. Dies führt auf die Darstellung

$$\int dy' \int dy\, K(y', \tau') K(y - y', \tau - \tau') K(-y, 1 - \tau) f(y - y') \qquad (5.63)$$

für das obige Integral. Nach einer Transformation, $x = y - y'$, $x' = \frac{1}{2}(y + y')$, wird die Integration über $x'$ ausführbar und man erhält die Formel (5.62).

Im Polaron-Problem begegnet uns das spezielle Integral

$$\int \frac{d\bar{\omega}}{4\pi|\bar{\omega}(\tau) - \bar{\omega}(\tau')|} = \frac{(2\pi)^{-3/2}}{\sqrt{s(1-s)}}. \qquad (5.64)$$

## 5.3. Das Polaron-Problem

Es tritt auf, wenn wir die Jensen-Ungleichung

$$\int d\bar{\omega}\, e^{\beta B(\bar{\omega})} \geq e^{\beta \int d\bar{\omega}\, B(\bar{\omega})} \tag{5.65}$$

zur Erzeugung einer unteren Schranke für $e^{-\beta F_{pol}}$ heranziehen:

$$\int d\bar{\omega}\, B(\bar{\omega}) = (2\pi)^{-3/2}(1-e^{-\beta})^{-1}\lambda^2 \ell Q$$

$$Q := \int_0^1 d\tau \int_0^\tau d\tau'\, \big(g(\tau-\tau') + g(1-\tau+\tau')\big)$$

$$g(s) := [s(1-s)]^{-1/2} e^{-s\beta}.$$

Durch Übergang zu neuen Variablen $s = \tau - \tau'$, $s' = \frac{1}{2}(\tau + \tau')$ kann eine Vereinfachung erzielt werden:

$$\begin{aligned}
Q &= \int_0^1 ds\, (1-s)\big(g(s) + g(1-s)\big) \\
&= \int_0^{1/2} ds\, \big(g(s) + g(1-s)\big) \\
&= \int_0^1 ds\, g(s) \\
&= \pi e^{-\beta/2} I_0(\beta/2).
\end{aligned}$$

Hier bezeichnet $I_0(x)$ die modifizierte Bessel-Funktion 0-ter Ordnung. Wir erinnern wir an die Beziehung $\lambda^2 = \sqrt{8\pi}\alpha$ und erhalten aus (5.61) und (5.65) die folgende Schranke für die freie Energie eines Polarons:

$$F_{pol} \leq -\alpha(\pi\beta)^{1/2} \frac{e^{-\beta/2} I_0(\beta/2)}{1 - e^{-\beta}}. \tag{5.66}$$

Für $\beta \to \infty$ geht diese in eine Schranke für Grundenergie über:

$$E \leq -\alpha, \tag{5.67}$$

wenn man $\lim_{x\to\infty} \sqrt{2\pi x}\, e^{-x} I_0(x) = 1$ beachtet. Entwickelt man beide Seiten der Gleichung (5.61) nach Potenzen von $\alpha$, so wird deutlich, daß die von uns ermittelte obere Schranke für $F_{pol}$ mit dem Term der Ordnung $\alpha$ exakt übereinstimmt. Die Berechnung des Terms der Ordnung $\alpha^2$ gestaltet sich schwieriger und soll hier nicht vorgeführt werden. Sie hat, was die Grundenergie angeht, das Ergebnis $E = -\alpha - 0{,}0126\alpha^2 + O(\alpha^3)$ [62]. Folglich stellt die Schranke (5.67) für Kopplungen im Bereich $0 < \alpha < 10$ kein so schlechtes Ergebnis dar. Feynman [63] war in der Lage, die obere Schranke (5.67) zu verbessern, d.h. er erhielt

$$E \leq -\alpha - \alpha^2/81, \tag{5.68}$$

indem er von dem Variationsprinzip

$$F_{pol} \leq F_0 + \langle B_0 - B \rangle_0 \tag{5.69}$$

Gebrauch machte. Hierin ist $B_0(\bar{\omega})$ ein beliebiges Funktional und

$$e^{-\beta F_0} = \int d\bar{\omega}\, e^{\beta B_0(\bar{\omega})} \tag{5.70}$$

$$e^{-\beta F_0} \langle A \rangle_0 = \int d\bar{\omega}\, e^{\beta B_0(\bar{\omega})} A(\bar{\omega}). \tag{5.71}$$

Die Aussage (5.69) beruht auf der Jensen-Ungleichung und nutzt die Konvexität der Exponentialfunktion. Als geeignet erwies sich der Ansatz

$$B_0(\bar{\omega}) = \tfrac{1}{2} c \int_0^1 d\tau \int_0^1 d\tau'\, |\bar{\omega}(\tau) - \bar{\omega}(\tau')|^2 e^{-w|\tau-\tau'|}. \tag{5.72}$$

Die Parameter $c$ und $w$ wurden hierbei so gewählt, daß die Schranke einen möglichst kleinen Wert annimmt.

Das eigentliche und tiefer liegende Problem ist die Gewinnung *unterer* Schranken für die Energie. Lieb und Yamazaki [119] haben mit konventionellen Methoden (Operatortheorie) eine solche Schranke hergeleitet:

$$E \geq -3(p^2 - 1)(p^2 + 3)/4p^2. \tag{5.73}$$

Hierin ist $p$ die positive Lösung der Gleichung $p^3(3p - 2\alpha) = 3$. Im Bereich $0 \leq \alpha \leq 1$ weicht (5.73) nicht wesentlich von dem Feynmanschen Resultat ab.

### Pekars Resultat für große Kopplungen

Das Problem, die Existenz des Limes

$$E(\lambda^2/2) = -\lim_{\beta \to \infty} \beta^{-1} \log \int d\bar{\omega}\, \exp\{-\beta B(\bar{\omega})\} \tag{5.74}$$

in mathematischer Strenge zu beweisen, ist ein Modellfall für die *Theorie der großen Abweichungen*, wie sie von Donsker und Varadhan [44] entwickelt wurde. In einem Beitrag [45] der gleichen Autoren, der ausschließlich dem Polaron-Problem gewidmet ist, wird nicht nur die Existenz gezeigt, sondern auch eine Vermutung von Pekar [136] bewiesen: Im Grenzfall großer Kopplung gilt

$$\lim_{\lambda \to \infty} (\lambda^2/2)^{-2} E(\lambda^2/2) = c \tag{5.75}$$

mit

$$c = \inf \left\{ \tfrac{1}{2} \int dx\, |\mathrm{grad}\phi(x)|^2 - 2 \int dx \int dx'\, \frac{\phi(x)^2 \phi(x')^2}{|x - x'|} \right\}, \tag{5.76}$$

wobei das Infimum über alle Funktionen $\phi(x) : \mathbb{R}^3 \to \mathbb{R}$ mit $\int dx\, \phi(x)^2 = 1$ zu bestimmen ist. Das Problem (5.76), die Zahl $c$ zu berechnen, ähnelt dem Ritzschen Variationsprinzip zur Bestimmung der Grundzustandsenergie eines Schrödinger-Operators. Im Gegensatz zum Ritz-Prinzip ist im vorliegenden Fall die Lösung $\phi$ durch eine *nichtlineare* Schrödinger-Gleichung bestimmt, die sog. Choquard-Gleichung. Existenz und Eindeutigkeit der Lösung sind garantiert (siehe Lieb [120]). Der genäherte Wert $c = -0,0383651$ ergab sich aus numerische Rechnungen

[131]. Für die Grundzustandsenergie bei $\lambda^2 < \infty$ liegen ebenfalls Abschätzungen vor [5] [117] [121] [88].

Der Pekarsche Ansatz für den Limes großer Kopplung weist auf die mögliche Bedeutung einer Näherung im Sinne der Ginzburg-Landau-Theorie hin, gültig für große Kopplung und kleine Temperaturen: Die freie Energie des Polarons ergibt sich als Infimum einer *effektiven Wirkung* $W_{\text{eff}}(\phi)$, die ein Funktional des reellen *Ordnungsparameters* $\phi(x)$ ist (siehe hierzu die Erläuterungen in den Abschnitten 8.5-6).

## 5.4 Die Feldtheorie des Polaron-Modells

Im vorigen Abschnitt haben wir die Eigenschaften des Polarons in den Vordergrund gestellt. Der gleiche Rahmen kann aber auch dazu dienen, die Eigenschaften des Phononfeldes zu studieren: Aus den Grundannahmen über die Natur der Wechselwirkung zwischen Elektronen und Phononen folgt auch die konkrete Gestalt einer Kontinuumsfeldtheorie. Durch sie werden Fragen beantwortbar wie: Welche mittlere Ladungsverteilung $\rho(x) = -\langle \text{div} P(x) \rangle$ induziert ein Elektron (im thermischen Gleichgewicht) in dem Dielektrikum? Welcher Art sind die Fluktuationen um den Mittelwert?

Wir beginnen mit einem endlichen Volumen $\Lambda$ ($|\Lambda| = L^3$), vernachlässigen hingegen die Gitterstruktur ($a = 0$). Zu einer festen Zeit ($t = 0$) werde das Feld der longitudinalen Phononen durch

$$\Phi(x) = L^{-3/2} \sum_{k \in \Lambda^*} i|k| \left( a_k e^{ikx} - a_k^* e^{-ikx} \right) \quad (5.77)$$

beschrieben, so daß der Zusammenhang $\text{div} P(x) = \lambda \Phi(x)$ besteht. Die übliche Terminologie benutzend, nennen wir $\Phi(x)$ ein *reelles Skalarfeld*. Es sei ferner $j(x)$ eine beliebige reelle Funktion und

$$\Phi(j) = \int_\Lambda dx \, \Phi(x) j(x). \quad (5.78)$$

Erweitern wir den Hamilton-Operator $H$ des Polarons um den Term $\Phi(j)$, setzen also $H(j) = H + \Phi(j)$, so wirkt $j(x)$ wie eine *äußere Quelle* für die Erzeugung von Phononen (oder auch Senke zur Vernichtung von Phononen). Entscheidend ist eine formale Eigenschaft. Kennen wir nämlich die freie Energie des Polarons in Abhängigkeit von der Quellfunktion $j(x)$, so sind durch ein solches Funktional bereits alle Eigenschaften der Phononen, d.h. der Zustand des Feldes $\Phi(x)$ festgelegt.

Mit den Bezeichnungen des vorigen Abschnittes gelangt man zu der folgenden alternativen Darstellung für den Quellterm,

$$\Phi(j) = \sum_{k \in K} \sum_{\sigma=1,2} (a_{k\sigma} + a_{k\sigma}^*) j_{k\sigma}, \quad (5.79)$$

wobei die reellen Entwicklungskoeffizienten $j_{k\sigma}$ durch

$$j_{k1} + i j_{k2} = \sqrt{2} |k| L^{-3/2} \int_\Lambda dx \, j(x) e^{ikx} \quad (5.80)$$

gegeben sind. Die kanonische Transformation $b_{k\sigma} = a_{k\sigma} + j_{k\sigma}$ vermag $H(j)$ wieder in eine Gestalt zu bringen, die weitgehend der Gestalt des ursprünglichen Energieoperators gleicht. Man sieht dies an den Identitäten

$$a^*_{k\sigma} a_{k\sigma} = b^*_{k\sigma} b_{k\sigma} - j^2_{k\sigma} \qquad (5.81)$$

$$(a_{k\sigma} + a^*_{k\sigma})u_{k\sigma}(x) = (b_{k\sigma} + b^*_{k\sigma})u_{k\sigma}(x) - 2j_{k\sigma}u_{k\sigma}(x) \, . \qquad (5.82)$$

und der nachfolgenden Umwandlung der Summen:

$$\sum_{k \in K} \sum_{\sigma=1,2} j^2_{k\sigma} = \int_\Lambda dx \left( \mathrm{grad} j(x) \right)^2 \qquad (5.83)$$

$$\sum_{k \in K} \sum_{\sigma=1,2} j_{k\sigma} u_{k\sigma}(x) = \lambda j(x) \qquad (x \in \Lambda). \qquad (5.84)$$

Das Konstruktionsprinzip von $H(j)$ gleicht dem von $H$ (mit $j = 0$): Man hat überall in $H$ die Operatoren $a_{k\sigma}$ und $a^*_{k\sigma}$ durch $b_{k\sigma}$ bzw. $b^*_{k\sigma}$ und das Potential $V(x)$ durch

$$V(x) - 2\lambda j(x) - \int_\Lambda dx \left( \mathrm{grad} j(x) \right)^2 \qquad (5.85)$$

zu ersetzen. Da eine kanonische Transformation Spuren wie

$$e^{-\beta F(j)} = \mathrm{Spur}_B \, e^{\beta H(j)}$$

unbeeinflußt läßt, haben wir keine neuen Rechnungen auszuführen und erhalten unmittelbar für die freie Energie $F'(j) = \lim_{L \to \infty}(F(j) - F_B)$ den Ausdruck

$$F'(j) = - \int dx \left( \mathrm{grad} j(x) \right)^2 - \beta^{-1} \log \int d\bar{\omega} \, A(\bar{\omega}, V - 2\lambda j) \exp\{-\beta B(\bar{\omega})\} \qquad (5.86)$$

(siehe hierzu die Definitionen (5.53) und (5.54)). Die freie Energie $F'(j)$ besitzt eine formale Reihenentwicklung nach der Quellfunktion $j$, deren Terme man als die *Kumulanten* des Feldes $\Phi(x)$ betrachten kann. Oft ist man lediglich an den ersten drei Gliedern der Entwicklung interessiert:

$$F'(j) = F'(0) + \int dx \, \langle \Phi(x) \rangle j(x) - \tfrac{1}{2}\beta \int dx \int dx' \, \langle \Phi(x); \Phi(x') \rangle j(x) j(x') + \cdots \qquad (5.87)$$

Offenbar ist $F'(0)$ die freie Energie des Polarons im Potential $V(x)$, und $\langle \Phi(x) \rangle$ bezeichnet den *Erwartungswert* des Feldes (im thermischen Gleichgewicht). Abweichungen vom Mittelwert beschreibt die Funktion

$$\langle \Phi(x); \Phi(x') \rangle = \langle \Phi(x), \Phi(x') \rangle - \langle \Phi(x) \rangle \langle \Phi(x') \rangle, \qquad (5.88)$$

wobei

$$\langle \Phi(x), \Phi(x') \rangle = \beta^{-1} \int_0^\beta ds \, \langle e^{sH} \Phi(x) e^{-sH} \Phi(x') \rangle \qquad (5.89)$$

die *Duhamelsche Zweipunktfunktion* genannt wird. Setzt man die Ladung des Elektrons gleich $-1$, so erhält man für die mittlere Ladungsdichte der Polarisation den Ausdruck

$$\rho(x) := -\lambda \langle \Phi(x) \rangle = 2\lambda^2 \frac{\int d\bar{\omega} \, A_1(\bar{\omega}, V, x) \exp\{-\beta B(\bar{\omega})\}}{\int d\bar{\omega} \, A(\bar{\omega}, V) \exp\{-\beta B(\bar{\omega})\}} \geq 0 \qquad (5.90)$$

## 5.4. Die Feldtheorie des Polaron-Modells

mit der abkürzenden Bezeichnung

$$A_1(\bar{\omega}, V, x) = (2\pi\beta)^{-3/2} \int_0^1 d\tau_1 \exp\left\{-\beta \int_0^1 d\tau \, V\left(x + \ell[\bar{\omega}(\tau) - \bar{\omega}(\tau_1)]\right)\right\}. \quad (5.91)$$

Wie erwartet, ist das mittlere Feld $\langle\Phi(x)\rangle$ für kleine Kopplungen von der Ordnung $\lambda$ und die Ortsabhängigkeit in erster Linie durch das Potential $V(x)$ bestimmt. In den Raumbereichen, wo $V(x)$ große Werte annimmt, wird $\langle\Phi(x)\rangle$ (exponentiell) klein. Nun gilt offensichtlich

$$\int dx \, A_1(\bar{\omega}, V, x) = A(\bar{\omega}, V),$$

also $\int dx \, \langle\Phi(x)\rangle = -2\lambda$. Die gesamte, von einem Elektron hervorgerufene Polarisationsladung ist somit

$$q_{pol} = -\lambda \int dx \, \langle\Phi(x)\rangle = 2\lambda^2. \quad (5.92)$$

Sie erweist sich als unabhängig von der Wahl des Potentials $V(x)$ und der Temperatur. Wenn wir sie als Operator einführen, $q_{pol} = -\lambda \int dx \, \Phi(x)$, so zeigt sie keine Quantenfluktuationen; denn es gilt $\int dx \, \Phi(x) = \int dx \, \langle\Phi(x)\rangle$. Die Polarisationsladung $q_{pol}$ darf also wie eine klassische Observable behandelt werden. Man erkennt dies daran, daß das erzeugende Funktional $F'(j)$ eine Entwicklung besitzt, die bereits nach dem linearen Term abbricht, sobald eine konstante Funktion $j(x)$ eingesetzt wird. Man findet konkret

$$F'(j = const.) = F'(0) - 2\lambda j \quad (5.93)$$

als Folge der Relation $A(\bar{\omega}, V - 2\lambda j) = e^{2\beta\lambda j} A(\bar{\omega}, V)$. Die positive Polarisationsladung schirmt die negative Ladung eines lokalisierten Elektrons teilweise nach außen hin ab, so daß $-1 + 2\lambda^2$ als die effektive Ladung des Polarons betrachtet werden kann.

Strebt das Potential $V(x)$ überall im Raum gegen Null, so ist das Elektron in der Lage, sich über immer größere Raumbereiche gleichmäßig auszubreiten. Weil sich dabei seine Ladung „verdünnt", strebt die induzierte Ladungsdichte $\rho(x)$ gegen Null bei gleichbleibender Gesamtladung $q_{pol}$. Wir sehen diesen Effekt, sobald wir für ein endlich ausgedehntes Medium (endliches Quantisierungsvolumen $\Lambda$) den Limes $V(x) \to 0$ ausführen, bevor $\Lambda$ gegen $\mathbb{R}^3$ strebt. Es gilt:

$$A(\bar{\omega}, 0)_\Lambda = (2\pi\beta)^{-3/2}|\Lambda|$$
$$A_1(\bar{\omega}, 0, x)_\Lambda = (2\pi\beta)^{-3/2}$$

und folglich $\rho(x) = q_{pol}/|\Lambda|$.

In der Feldtheorie des Polaron-Modells treten neue interessante Pfadintegrale auf, die zwar keine Lösung besitzen, im Sinne einer Rückführung auf endlichdimensionale Integrale, die aber dennoch wertvolle Einblicke in das Verhalten des physikalischen Systems „Elektron-Phonon" gestatten.

# Kapitel 6

# Magnetische Felder

## 6.1 Heuristische Betrachtungen

Bislang waren Wechselwirkungen mit äußeren Magnetfeldern von der Behandlung ausgeschlossen. Die Diskussion des Pfadintegrals unter Berücksichtigung solcher Felder wollen wir jetzt nachholen. Wir begnügen uns mit *einem Teilchen*, setzen also $d = 3$.

Es ist charakteristisch für die Quantentheorie, daß es nicht gelingt, die Formulierung der Wechselwirkung ausschließlich in Ausdrücken des Magnetfeldes $B(x)$ vorzunehmen. Vielmehr benötigt man die Darstellung $B(x) = \operatorname{rot} A(x)$ durch ein Vektorpotential $A(x)$, das nicht eindeutig aus dem Magnetfeld hervorgeht und deshalb zu *Eichtransformationen*

$$A \to A + \nabla f \quad , \quad \psi \to e^{if}\psi \tag{6.1}$$

Anlaß gibt, die das Vektorpotential und die Wellenfunktionen $\psi(x)$ simultan verändern. Der Energie-Operator $H$ hat im einfachsten Fall (*ein* Teilchen im zeitunabhängigen Magnetfeld, kein Potential $V(x)$, kein magnetisches Eigenmoment) die Gestalt[1]

$$H = \tfrac{1}{2}(i\nabla + A)^2. \tag{6.2}$$

Die Objekte, auf die wir die Konstruktion der Übergangsamplitude gründen, sind *Integrale des Vektorfeldes entlang eines Brownschen Pfades*. Solche Integrale entstehen in Verallgemeinerung von gewöhnlichen Kurvenintegralen der Art

$$\mathcal{A}(C) = \int_C dx \cdot A(x), \tag{6.3}$$

wobei $C$ eine rektifizierbare Kurve von einem Punkt $x$ zu einem Punkt $x'$ darstellt. Die Grundidee ist also, die reelle Funktion $\mathcal{A}(C)$ anstelle der Vektorgröße $A(x)$ als das physikalisch wesentliche Objekt einzuführen und es so zu erweitern, daß $C$ auch durch einen (nicht rektifizierbaren) Brownschen Pfad $\omega$ ersetzt werden kann.

---

[1] Die Ladung $q$ schließen wir in die Definition von $A(x)$ ein. Alle Vektoren, wie $x$, $A$ usw., haben drei Komponenten. Skalarprodukte zwischen ihnen werden, wenn nötig, besonders hervorgehoben: $x \cdot A$.

Beachten wir, daß $C$ stets eine *orientierte* Kurve ist und, falls $-C$ die gleiche Kurve mit der entgegengesetzten Orientierung bezeichnet, die Beziehung $\mathcal{A}(-C) = -\mathcal{A}(C)$ besteht. Diese Beziehung gilt es zu wahren, wenn wir die Übertragung auf Brownsche Pfade vornehmen.

Wir beginnen mit einer bequemen Approximation von $\mathcal{A}(C)$ für „sehr kurze" Pfade $C$ von $x$ nach $x'$:

$$A(x, x') = (x' - x) \cdot (A(x') + A(x))/2 = -A(x', x). \tag{6.4}$$

Hier wäre es durchaus möglich, auch eine andere Wahl zu treffen, wie

$$(x' - x) \cdot A\Big(\frac{x' + x}{2}\Big) \quad \text{oder} \quad (x' - x) \cdot \int_0^1 d\tau\, A(x + (x' - x)\tau).$$

Die Definition (6.4) entspricht der *Trapezregel* zur näherungsweisen Berechnung eines bestimmten Integrals. Sodann definieren wir eine Operatorfamilie $Q_t$ ($t > 0$), indem wir ihre Integralkerne angeben:

$$\langle x'|Q_t|x\rangle = K(x' - x, t)e^{iA(x,x')} \quad , \quad K(x' - x, t) = \langle x'|e^{t\Delta/2}|x\rangle. \tag{6.5}$$

Es handelt sich hierbei offensichtlich um die durch einen Phasenfaktor modifizierte Übergangsfunktion $K$ eines freien Teilchens. Symmetrie von $K$ und Antisymmetrie von $A(x, x')$ wirken zusammen, um einen symmetrischen Kern entstehen zu lassen:

$$\langle x'|Q_t|x\rangle = \overline{\langle x|Q_t|x'\rangle}. \tag{6.6}$$

Wir machen auch die folgende Beobachtung: Für $t \to 0$ strebt $K(x' - x, t)$ gegen $\delta(x' - x)$. Deshalb kommen die Hauptbeiträge für $t$ nahe bei 0 aus der Umgebung von $x = x'$. Dort approximiert $A(x, x')$ das Kurvenintegral des Vektorpotentials wie beabsichtigt. Die entscheidende Aussage, die wir zu beweisen haben, lautet:

$$\lim_{t \to 0} t^{-1}(Q_t - 1) = -H \tag{6.7}$$

(richtig verstanden, nämlich gültig auf dem Definitionsbereich von $H$). Daraus folgt *nicht*, wie man meinen könnte, bereits die Gültigkeit der Darstellung $Q_t = e^{-tH}$; denn $Q_t$ ist keine Halbgruppe, d.h. es gilt $Q_s Q_t \neq Q_{s+t}$ solange $A \neq 0$. Vielmehr ermöglicht uns das folgende Verfahren, die gewünschte Halbgruppe zu konstruieren:

$$e^{-tH} = \lim_{n \to \infty}(1 - \tfrac{t}{n}H)^n = \lim_{n \to \infty}(Q_{t/n})^n. \tag{6.8}$$

Die Analogie zur Trotter-Formel ist unverkennbar, und von der Formel (6.8) führt der Weg direkt zur Pfadintegral-Darstellung. Bei der $n$-fachen Hintereinanderschaltung der Integralkerne von $Q_{t/n}$ addieren sich die Phasen zu einem approximativen Kurvenintegral des Vektorpotentials auf:

$$\begin{aligned}
\mathcal{A}_n(\omega, t) &= \sum_{k=1}^n A\big(\omega(\tfrac{k-1}{n}t), \omega(\tfrac{k}{n}t)\big) \\
&= \tfrac{1}{2}\sum_{k=1}^n \big[\omega(\tfrac{k}{n}t) - \omega(\tfrac{k-1}{n}t)\big] \cdot \big[A(\omega(\tfrac{k}{n}t)) + A(\omega(\tfrac{k-1}{n}t))\big].
\end{aligned}$$

## 6.2. Itô-Integrale

Wenn wir glaubhaft machen können, daß der Grenzwert

$$\mathcal{A}(\omega, t) = \lim_{n \to \infty} \mathcal{A}_n(\omega, t) \tag{6.9}$$

für hinreichend viele Brownsche Pfade $\omega : (x, 0) \rightsquigarrow (x', t)$ existiert, so erhalten wir eine der Feynman-Kac-Formel analoge Darstellung der Übergangsamplitude durch ein Pfadintegral:

$$\langle x', s'|x, s\rangle = \langle x'|e^{-(s'-s)H}|x\rangle = \int_{(x,s)\rightsquigarrow(x',s')} d\mu(\omega) \, \exp i\mathcal{A}(\omega, s' - s). \tag{6.10}$$

Auch hier bezeichnet $d\mu(\omega)$ das bedingte Wiener-Maß für Pfade, die an beiden Enden fixiert sind. Die Überraschung angesichts der Darstellung (6.10) besteht darin, daß der Exponent unter dem Integral ein *lineares* Funktional, der Energie-Operator $H$ hingegen ein *quadratisches* Funktional in dem Vektorpotential $A(x)$ ist: Das Pfadintegral hat das Quadrat „aufgelöst". Im Gegensatz zu dem Pfadintegral der Feynman-Kac-Formel haben wir es hier mit einem Integranden zu tun, der komplexe Werte annimmt. Die Konvergenz des Integrals ist nicht gefährdet, weil der Integrand den Betrag 1 hat. Gleichzeitig haben wir die Schranke

$$|\langle x', s|x, s\rangle| \leq \int_{(x,s)\rightsquigarrow(x',s')} d\mu(\omega) = K(x' - x, s' - s). \tag{6.11}$$

Das Fundament ist die Behauptung (6.7). Diese wiederum basiert auf der Formel

$$\left[\nabla_x^2 e^{iA(x,x')}\psi(x)\right]_{x'=x} = (\nabla - iA(x))^2 \psi(x), \tag{6.12}$$

die man leicht durch eine direkte Rechnung bestätigt. Um (6.7) aus (6.12) abzuleiten, schreiben wir

$$\begin{aligned}
[Q_t \psi](x') &= \int dx \, \langle x'|Q_t|x\rangle \psi(x) \\
&= \int dx \, \langle x'|e^{t\Delta}|x\rangle e^{iA(x,x')}\psi(x)
\end{aligned}$$

und $e^{t\Delta} = 1 + t\Delta + O(t^2)$. Also

$$\begin{aligned}
\lim_{t \to \infty} \left[t^{-1}(Q_t - 1)\psi\right](x') &= \int dx \, \delta(x - x') \nabla_x^2 \, e^{iA(x,x')}\psi(x) \\
&= (\nabla_{x'} - iA(x'))^2 \psi(x')
\end{aligned}$$

wie behauptet.

## 6.2 Itô-Integrale

Die mathematischen Grundlagen für den Grenzprozeß (6.9) findet man in der Literatur ausführlich dargestellt [80]. Wir wollen hier nur das Notwendigste skizzieren. Es gibt unterschiedliche Weisen, den Begriff des Kurvenintegrals auf Markoff-Prozesse so auszudehnen, daß

$$\int_0^t A(X_s, s) \cdot dX_s$$

einen Sinn erhält, d.h. wieder eine Zufallsvariable darstellt, wenn $A(x,s)$ eine gewöhnliche vektorwertige Funktion mit geeigneten Eigenschaften ist. Zwei Zugänge sind mit dem Namen ihrer Urheber verbunden.

Der wegen seiner Einfachheit von der Mathematik bevorzugte Begriff wurde von Itô geschaffen; wir sprechen demzufolge von dem *Itô-Integral*. Der von der Physik bevorzugte Begriff geht auf einen alternativen Vorschlag von Stratonowitsch zurück. Da die Mehrzahl der Autoren die Itô-Version bevorzugt und weil der Integralkalkül hierfür sehr weit entwickelt ist, interpretieren wir unsere Integrale stets im Sinne von Itô.

Wir erläutern Itôs Idee für den Fall, daß $X_s$ der dreidimensionale Wiener-Prozeß ist und $A(x,s) \in \mathbb{R}^3$ gilt. Das Intervall $0 \leq s \leq t$ soll zerlegt und die Zerlegung in jedem Schritt verfeinert werden: Beginnend mit 2 Intervallen der Länge $t/2$ haben wir im nächsten Schritt 4 Intervalle der Länge $t/4$, um im $n$-ten Schritt $2^n$ Intervalle der Länge $t/2^n$ zu erhalten. Im Laufe der Rekursion werden die Funktionswerte $A_m := A(X_{s_m}, s_m)$ an den Stützstellen $s_m = mt/2^n$ ($m = 0, 1, \ldots, 2^n - 1$) benötigt, und das Itô-Integral ist als Grenzwert einer teleskopartigen Summe definiert:

$$\int_0^t A(X_s,s) \cdot dX_s = \lim_{n\to\infty} \sum_{m=0}^{2^n-1} A_m \cdot \Delta_m \quad , \quad \Delta_m := X_{s_{m+1}} - X_{s_m}. \tag{6.13}$$

Der entscheidende Aspekt dieser Formel besteht darin, daß die Wegdifferenz $\Delta_m$ in die Zukunft weist, während die zugehörige Stützstelle am *Anfang* eines jeden Teilintervalls liegt: Dies vereinfacht die Diskussion beträchtlich, weil die Zufallsgröße $A_m$ und der Zuwachs $\Delta_m$ statistisch unabhängig sind. Andererseits ist es selbst bei abnehmender Intervallänge keineswegs gleichgültig, wo wir im Intervall $[s_k, s_{k+1}]$ die Stützstelle wählen; denn die üblichen Regeln, die für Riemann-, Lebesgue- und Stieltjes-Integrale Gültigkeit haben, sind hier außer Kraft gesetzt. Der Grund dafür liegt in der besonderen Natur der Brownschen Pfade: Sie sind weder glatt, noch haben sie eine beschränkte Variation.

Die Existenz des Limes (6.13) ist trotz allem garantiert, wenn $A$ der Bedingung

$$\int_0^t ds\, E\!\left(A(X_s,s)^2\right) < \infty \tag{6.14}$$

genügt. Dies bedeutet konkret

$$\int_0^t ds\, (2\pi s)^{-3/2} \int dx\, e^{-x^2/2s} A(x,s)^2 < \infty$$

und ist eine vergleichsweise schwache Forderung, wie man sieht. Für Itô-Integrale gelten einige bemerkenswerte Formeln.

1. Jedes Itô-Integral besitzt den Erwartungswert Null:

$$E\!\left(\int_0^t A(X_s,s) \cdot dX_s\right) = 0$$

Dies beruht ganz einfach darauf, daß Erwartungswert und Integral miteinander vertauscht werden dürfen, ferner darauf, daß $E(A_m \cdot \Delta_m) = E(A_m) \cdot E(\Delta_m)$ gilt, weil $\Delta_m$ in die Zukunft weist. Schließlich haben wir $E(\Delta_m) = 0$.

## 6.2. Itô-Integrale

2. Viele konkrete Auswertungen von Itô-Integralen folgen aus der Basisformel (siehe [152])

$$\int_0^t e^{a\cdot X_s - a^2 s/2}\, a\cdot dX_s = e^{a\cdot X_t - a^2 t/2} - 1 \quad (a \in \mathbb{R}^3).$$

Speziell erhalten wir durch Entwicklung nach dem Vektor $a$ Integralformeln für Monome von $X_s$:

$$\int_0^t dX_{sk} = X_{tk}$$

$$\int_0^t (X_{sj}\, dX_{sk} + X_{sk}\, dX_{sj}) = X_{tj} X_{tk} - t\delta_{jk} \quad (j,k = 1,2,3)$$

usw.

Der letzten Formel gibt man auch die folgende Gestalt:

$$X_{sj}\, dX_{sk} + X_{sk}\, dX_{sj} = d(X_{sj} X_{sk}) - ds\, \delta_{jk}$$

3. Eine weitere bemerkenswerte Formel ist

$$dX_{sj}\, dX_{sk} = ds\, \delta_{jk} \tag{6.15}$$

(Itôs Lemma). Sie reflektiert die Tatsache, daß $X_{s+ds} - X_s$ von der Ordnung $ds^{1/2}$ ist.

Wir kommen nun zu dem Vektorpotential in der Quantenmechanik. Der Grenzprozeß (6.9) entspricht nicht den Itôschen Vorschriften. Das Ergebnis unterscheidet sich formal von dem Itô-Integral um den Ausdruck $F = \lim F_n$ mit

$$F_n = \tfrac{1}{2} \sum_{m=0}^{2^n - 1} (A_{m+1} - A_m)\cdot \Delta_m. \tag{6.16}$$

Setzen wir $A_{j|k}(x,s) = (\partial/\partial x_k) A_j(x,s)$, so strebt $F_n$ gegen

$$F = \tfrac{1}{2} \int_0^t \sum_{j,k=1}^3 A_{j|k}(X_s, s)\, dX_{sj}\, dX_{sk}. \tag{6.17}$$

Itôs Lemma (s.oben) benutzend finden wir

$$F = \tfrac{1}{2} \int_0^t ds \sum_{k=1}^3 A_{k|k}(X_s, s) \equiv \tfrac{1}{2} \int_0^t ds\, \nabla\cdot A(X_s, s) \tag{6.18}$$

und damit die endgültige Darstellung des Kurvenintegrals, das der Trapezregel für infinitesimale Zeitintervalle entspricht (und das richtige Verhalten unter Eichtransformationen besitzt):

$$\mathcal{A}(X, s, s') = \int_s^{s'} (dX_t + \tfrac{1}{2} dt \nabla)\cdot A(X_t, t). \tag{6.19}$$

Wir haben den Ausdruck ausreichend allgemein aufgeschrieben, daß er auch für ein zeitabhängiges Vektorpotential $A(x,t)$ Gültigkeit besitzt. Für ein zeitlich konstantes Potential hängt $\mathcal{A}$ nur von der Differenz der beiden Zeiten $s$ und $s'$ ab. Der div$A$-Term in der obigen Formel wäre nicht anwesend, hätten wir von vornherein die Stratonowitsch-Interpretation unseren Integralen zugrunde gelegt. Der Unterschied zwischen der Itô- und der Stratonowitsch-Auffassung entfällt, sobald wir dem Potential die Beschränkung div$A = 0$ auferlegen.

Wir formulieren das Ergebnis unserer Überlegungen: Der Energie-Operator eines einzelnen Teilchens habe nun die allgemeine Form

$$H(t) = \tfrac{1}{2}(i\nabla + A(\cdot,t))^2 + V(\cdot,t) \qquad (6.20)$$

mit einem gewöhnlichen Potential $V(x,t)$ und einem Vektorpotential $A(x,t)$. Neben dem Kurvenintegral (6.19) definieren wir das Zeitintegral

$$\mathcal{V}(X,s,s') = \int_s^{s'} dt\, V(X_t,t). \qquad (6.21)$$

Dann gilt für die Übergangsamplitude die *Feynman-Kac-Itô-Formel*

$$\boxed{\langle x',s'|x,s\rangle = \int_{(x,s)\rightsquigarrow(x',s')} d\mu(\omega)\, \exp\left\{-\mathcal{V}(\omega,s,s') + i\mathcal{A}(\omega,s,s')\right\}}. \qquad (6.22)$$

**Vergleich mit $A = 0$**

Der Integrand hat die Gestalt $I = \exp(-\mathcal{V} + i\mathcal{A})$, wobei $\mathcal{V}$ und $\mathcal{A}$ reell sind. Deshalb gilt $|I| = \exp(-\mathcal{V})$ und

$$\left|\langle x',s'|x,s\rangle\right| \leq \langle x',s'|x,s\rangle_{A=0}. \qquad (6.23)$$

Die Schranke erlaubt einen direkten Vergleich der gegebenen physikalischen Situation mit einem einfacheren Modell, bei dem das Magnetfeld ausgeschaltet ist. Sind insbesondere die Potentiale zeitunabhängig, so folgt die Ungleichung

$$\langle x|e^{-\beta H}|x\rangle \leq \langle x|e^{-\beta H}|x\rangle_{A=0} \qquad (6.24)$$

und nach einer Integration über $x$ auch eine entsprechende Aussage über die freie Energie: $F(\beta) \geq F(\beta)_{A=0}$. Sie geht im Limes $\beta \to \infty$ über in eine Ungleichung für die Grundzustandsenergie des Systems: $E \geq E_{A=0}$. In Worten:

*Durch Einschalten eines Magnetfeldes kann die Energie des Grundzustandes niemals abgesenkt werden.*

## 6.3 Die semiklassische Näherung

Da die Endpunkte der Brownschen Pfade in der Feynman-Kac-Itô-Formel fixiert sind, ist es in Anwendungen sinnvoll, den Wiener-Prozeß $X_t$ zu verlassen und zur Brownschen Brücke $\bar{X}_\tau$ überzugehen (vergleiche hierzu den Abschnitt 3.1). Dies bedeutet die Ersetzungsvorschrift:

$$X_t \leftarrow x + (x' - x)\tau + \ell \bar{X}_\tau$$
$$dX_t \leftarrow (x' - x)d\tau + \ell d\bar{X}_\tau$$

mit dem Parameter $\ell := (s' - s)^{1/2}$ und der neuen Zeitvariablen $\tau \in [0, 1]$, so daß gilt:

$$t = s + (s' - s)\tau \qquad \omega(t) = x + (x' - x)\tau + \ell \bar{\omega}(\tau)$$
$$dt = (s' - s)d\tau \qquad d\mu(\omega) = K(x' - x, s' - s)d\bar{\omega}.$$

Das Pfadintegral über die Pfade $\bar{\omega}$ der Brownschen Brücke ist zugleich der Erwartungswert bezüglich des Prozesses $\bar{X}_\tau$. Die resultierende Formel verliert zwar an Übersichtlichkeit, kann jedoch als Ausgangspunkt einer Entwicklung nach Potenzen von $\ell$ dienen:

$$\langle x', s' | x, s \rangle = K(x' - x, s' - s) E\left(\exp\left\{\sum_{n=0}^{\infty} \ell^n \mathcal{I}_n(\bar{X})\right\}\right). \tag{6.25}$$

Wir erhalten leicht die ersten Terme der *semiklassischen* Entwicklung aus den ersten Gliedern einer Taylor-Reihe der Potentiale $V$ und $A$ (in Situationen, wo eine solche Reihe existiert). Bei der Durchführung der Rechnung erweist es sich als hilfreich, die folgende Symbolik zu verwenden:

$$F_0(\tau) := F\big(x + (x' - x)\tau, s + (s' - s)\tau\big) \tag{6.26}$$

$$F_n(\tau) := \int_0^\tau d\tau' F_{n-1}(\tau'), \qquad n \geq 1. \tag{6.27}$$

Durch diese Vorschrift wird eine beliebige Funktion $F(x, t)$ entlang des linearen Pfades $C : (x, s) \rightsquigarrow (x', s')$ ausgewertet und integriert. Damit können wir schreiben:

$$\mathcal{I}_0 = -(s' - s)V_1(1) + i(x' - x)\cdot A_1(1) \tag{6.28}$$

$$\mathcal{I}_1 = \int_0^1 f(\tau)\cdot d\bar{X}_\tau =: \bar{W}(f) \tag{6.29}$$

$$f(\tau) = (s' - s)E_1(\tau) - i(x' - x) \times B_1(\tau) \tag{6.30}$$

$$E = -\text{grad}\, V, \qquad B = \text{rot}\, A. \tag{6.31}$$

Der Ausdruck für $\mathcal{I}_0$ erweitert das frühere Ergebnis (3.23). Die Beiträge zur Übergangsamplitude, die aus $\mathcal{I}_0$ und $\mathcal{I}_1$ hervorgehen, lassen sich nun direkt angeben:

$$\langle x', s' | x, s \rangle \approx K(x' - x, s' - s) \exp\{\mathcal{I}_0 + \tfrac{1}{2}\ell^2 \text{var}(f)\} \tag{6.32}$$

(siehe die Formel (3.16)). Allerdings hat der Fehler die Ordnung $\ell^2$, weil wir den von $\mathcal{I}_2$ verursachten Anteil vernachlässigten.

Für $V = 0$ und zeitunabhängiges $A$ gilt

$$\mathcal{I}_0 = i \int_C dx \cdot A(x), \tag{6.33}$$

so daß nach Wiedereinführung der Masse $m$, der Ladung $q$ und der Planckschen Konstante $\hbar$ wir zu dem Ergebnis

$$\frac{\langle x', s'|x, s\rangle_A}{\langle x', s'|x, s\rangle_0} = \exp\left\{\frac{iq}{\hbar}\int_C dx \cdot A(x) + O(\ell^2)\right\} \qquad \ell^2 = \frac{\hbar}{m}(s' - s). \tag{6.34}$$

gelangen.

## 6.4 Das konstante Magnetfeld

Die vom physikalischen Standpunkt einfachste Situation liegt vor, wenn ein Teilchen sich in einem räumlich wie zeitlich konstanten Magnetfeld $B$ bewegt. Dennoch erweist sich die Bestimmung des zugehörigen Pfadintegrals keineswegs als eine leichte Übungsaufgabe. Wir wollen zeigen, daß die Lösung dieses Problems darauf beruht, daß man es durch geeignete Umformungen auf den harmonischen Oszillator zurückführt, für den wir die Lösung bereits kennen (Mehlersche Formel).

Wir vereinfachen die Darstellung bereits durch die Einsicht, daß es sich im Grunde um ein zweidimensionales Problem handelt: $x = \{x_1, x_2\}$ sei der Ortsvektor *senkrecht* zur Richtung des Magnetfeldes, dem wir das Vektorpotential

$$A(x) = \tfrac{1}{2}B\{-x_2, x_1\} \qquad (B > 0)$$

zuordnen. In dieser Darstellung dürfen wir das Magnetfeld $B$ wie eine skalare Größe behandeln. Auch wurde $A$ divergenzfrei gewählt. Dies erleichtert die Rechnung. In zwei Dimensionen ist das äußere Produkt zweier Vektoren eine Zahl:

$$a \wedge b = a_1 b_2 - a_2 b_1.$$

Unter Transformationen $T \in O(2)$ der Ebene (Rotationen + Spiegelungen) verhält sich das äußere Produkt wie ein Pseudoskalar: $(Ta) \wedge (Tb) = \det T\, a \wedge b$ mit $\det T = \pm 1$.

Der Übergang zur Brownschen Brücke führt zu einer Zerlegung von $A(X_t)$ in einen deterministischen und einen stochastischen Anteil:

$$A(X_t) = A(x + (x' - x)\tau) + \ell A(\bar{X}_\tau)$$

(die Prozesse sind zweidimensional). Schließlich führen wir die Abkürzungen

$$\nu = B(s' - s) \qquad , \qquad a = \{a_1, a_2\} = \ell B(x' - x)$$

## 6.4. Das konstante Magnetfeld

ein. Die Aufgabe besteht nun darin, den Erwartungswert $Q = E(\exp(iY))$ (bezüglich der Brownschen Brücke) für $Y = \int A \cdot dX$ zu bestimmen. Ist dies geschehen, erhält man die gesuchte Übergangsamplitude als

$$\langle x', s'|x, s\rangle_B = \langle x', s'|x, s\rangle_0 \, Q, \tag{6.35}$$

d.h. $Q$ ist das Verhältnis der Amplitude *mit* Magnetfeld zur Amplitude *ohne* Magnetfeld. Die Zufallsvariable $Y$ zerlegen wir in die Summe, $Y = Y_1 + Y_2 + Y_3 + Y_4$, und diskutieren die Bestandteile einzeln:

- $Y_1$ ist als elementares Integral eine deterministische Größe:

$$Y_1 = \int_0^1 d\tau \, (x' - x) \cdot A(x + (x' - x)\tau) = \tfrac{1}{2} Bx \wedge x'.$$

- $Y_2$ ist das gewöhnliche Integral einer stochastischen Größe:

$$Y_2 = \ell \int_0^1 d\tau \, (x' - x) \cdot A(\bar{X}_\tau) = \tfrac{1}{2} \int_0^1 d\tau \, \bar{X}_\tau \wedge a.$$

- $Y_3$ ist das stochastische Integral einer gewöhnlichen Funktion:

$$Y_3 = \ell \int_0^1 A(x + (x' - x)\tau) \cdot d\bar{X}_\tau.$$

Durch eine partielle Integration ($\bar{X}_0 = \bar{X}_1 = 0$ benutzend) entsteht daraus:

$$Y_3 = -\ell \int_0^1 A\big((x' - x)d\tau\big) \cdot \bar{X}_\tau = Y_2.$$

- $Y_4$ ist ein Itô-Integral:

$$Y_4 = \ell^2 \int_0^1 A(\bar{X}_\tau) \cdot d\bar{X}_\tau = \tfrac{1}{2} \nu \int_0^1 \bar{X}_\tau \wedge d\bar{X}_\tau.$$

Das Ergebnis ist eine Darstellung der Art:

$$\begin{aligned} Z &:= Y_2 + Y_3 + Y_4 = \int_0^1 \bar{X}_\tau \wedge (a\, d\tau + \tfrac{1}{2}\nu d\bar{X}_\tau) \\ Q &= E(\exp(iZ)) \exp(\tfrac{1}{2} iBx \wedge x'). \end{aligned}$$

Rotationsinvarianz in der Ebene erlaubt es uns, $a_2 = 0$ vorauszusetzen, ohne die Allgemeingültigkeit der Untersuchung zu beschränken. Nach dieser Festsetzung zerlegen wir den Prozeß in seine Komponenten $\bar{X}_{\tau 1}$ und $\bar{X}_{\tau 2}$:

$$Z = \int_0^1 (a_1 \tau + \nu \bar{X}_{\tau 1}) d\bar{X}_{\tau 2}. \tag{6.36}$$

Dabei haben wir bereits von den Beziehungen

$$\int_0^1 d\tau \, \bar{X}_{\tau 2} = -\int_0^1 \tau d\bar{X}_{\tau 2} \quad , \quad \int_0^1 \bar{X}_{\tau 2} \, d\bar{X}_{\tau 1} = -\int_0^1 \bar{X}_{\tau 1} \, d\bar{X}_{\tau 2}$$

Gebrauch gemacht. Da $\bar{X}_{\tau 1}$ und $\bar{X}_{\tau 2}$ unabhängige eindimensionale Brownsche Brücken sind, erhalten wir den Erwartungswert $E$ durch einfaches Hintereinanderschalten der Erwartungswerte $E_1$ und $E_2$ bezüglich $\bar{X}_{\tau 1}$ bzw. $\bar{X}_{\tau 2}$, d.h. $E(\exp(iZ)) = E_1(E_2(\exp(iZ)))$. Wir berechnen zunächst den inneren Erwartungswert mit Hilfe der Formel (3.16):

$$E_2(\exp(iZ)) = \exp\left\{-\tfrac{1}{2}\mathrm{var}(f)\right\} \quad, \quad f(\tau) := a_1\tau + \nu\bar{X}_{\tau 1}.$$

Mit einem Gauß-Integral lösen wir das Quadrat im Exponenten auf:

$$E_2(\exp(iZ)) = (2\pi)^{-1/2} \int_{-\infty}^{\infty} dp\, e^{-p^2/2} \exp\left\{-\int_0^1 d\tau \left(pf(\tau) + \tfrac{1}{2}f(\tau)^2\right)\right\}.$$

Das resultierende Argument der Exponentialfunktion ist quadratisch in $\bar{X}_{\tau 1}$:

$$\tfrac{1}{2}p^2 + \int_0^1 d\tau \left(pf(\tau) + \tfrac{1}{2}f(\tau)^2\right) = \tfrac{1}{2}\int_0^1 d\tau\,(p + a_1\tau + \nu\bar{X}_{\tau 1})^2.$$

Das Ergebnis

$$E(\exp(iZ)) = (2\pi)^{-1/2} \int_{-\infty}^{\infty} dp\, E_1\left(\exp\left\{-\tfrac{1}{2}\int_0^1 d\tau\,(p + a_1\tau + \nu\bar{X}_{\tau 1})^2\right\}\right)$$

vergleichen wir mit der Mehlerschen Formel für den eindimensionalen harmonischen Oszillator zur Frequenz $B$:

$$\langle b', s'|b, s\rangle_{\mathrm{Mehler}} =$$
$$K(b'-b, s'-s) E_1\left(\exp\left\{-\tfrac{1}{2}(s'-s)B^2 \int_0^1 d\tau\,(b + (b'-b)\tau + \ell\bar{X}_{\tau 1})^2\right\}\right)$$
$$= \left[\frac{B}{2\pi\sinh\nu}\right]^{1/2} \exp\left\{-\frac{B(b^2 + b'^2)}{2\tanh\nu} + \frac{Bbb'}{\sinh\nu}\right\}$$

mit $\nu = B(s'-s)$ und $\ell^2 = s'-s$. Übereinstimmung der beiden Erwartungswerte $E_1(\cdot)$ erzielt man für

$$b = (\ell B)^{-1} p \quad, \quad b' = (\ell B)^{-1}(a_1 + p).$$

Damit sind wir fast am Ziel; denn nun bleibt nur noch die Aufgabe, ein elementares Gaußsches Integral auszuwerten:

$$E(\exp(iZ)) = \left[\frac{\nu}{2\pi\sinh\nu}\right]^{1/2} \int_{-\infty}^{\infty} dp\, \exp\{F(p)\}$$

$$F(p) = -\frac{p^2 + (a_1+p)^2}{2\nu\tanh\nu} + \frac{p(a_1+p)}{\nu\sinh\nu} + \frac{a_1^2}{2\nu^2}$$

$$= -(p + \tfrac{1}{2}a_1)^2 \frac{\tanh(\tfrac{1}{2}\nu)}{\nu} + \frac{a_1^2}{2\nu^2}\left(1 - \tfrac{1}{2}\nu\coth(\tfrac{1}{2}\nu)\right).$$

Das Ergebnis fassen wir zusammen in der Formel

$$\langle x', s'|x, s\rangle_B = \frac{B/(4\pi)}{\sinh(\tfrac{1}{2}\nu)} \exp\left\{\frac{B}{2}\left(ix \wedge x' - \tfrac{1}{2}(x'-x)^2 \coth(\tfrac{1}{2}\nu)\right)\right\} \qquad (6.37)$$

gültig für $s' > s$.

### Diskussion des Ergebnisses

Die imaginäre Einheit steht, soweit es die Endformel betrifft, nur noch vor dem äußeren Produkt $x \wedge x'$. Der Ursprung des imaginären Beitrags zum Exponenten war — das hat der Gang der Rechnung gezeigt — ein gewöhnliches Kurvenintegral für den geradlinigen Weg von $x$ nach $x'$:

$$\int_C dx \cdot A(x) = \tfrac{1}{2} B x \wedge x' \quad , \quad C = \{x + (x' - x)\tau \,|\, 0 \leq \tau \leq 1\}.$$

Ein solches Kurvenintegral tritt grundsätzlich auf, wenn wir den Übergang zur Brownschen Brücke vollziehen (siehe die Formel (6.34).

Für parallele Vektoren $x$ und $x'$ ist die Amplitude (6.37) reell; im übrigen gilt erwartungsgemäß

$$\langle x', s' | x, s \rangle_B = \overline{\langle x, s' | x', s \rangle_B}.$$

Für $s' - s = it$ (rein imaginär) verwandeln sich die hyperbolischen Funktionen in trigonometrische Funktionen, das Argument der Exponentialfunktion in (6.37) wird rein imaginär und die Amplitude oszilliert als Funktion von $t$ mit der Larmor-Frequenz $\tfrac{1}{2} B$.

Translationen senkrecht zur Richtung des Magnetfeldes lassen die Amplitude *nicht* invariant:

$$\langle x' + a, s' | x + a, s \rangle_B = \langle x', s' | x, s \rangle_B \exp\left( i \tfrac{1}{2} B a \wedge (x' - x) \right). \tag{6.38}$$

Wir sehen hier vielmehr die Wirkung einer zusätzlichen Eichtransformation:

$$\psi \to e^{if} \psi \quad , \quad A \to A + \nabla f$$

mit $f(x) = \tfrac{1}{2} B x \wedge a$. Dies zeigt uns die enge Verknüpfung der Eichgruppe mit der Translationsgruppe in der Quantenmechanik.

Die Beschränkung $B > 0$ können wir aufgeben; den Übergang $B \to -B$ deuten wir als Richtungsumkehr des Magnetfeldes. Eine Transformation $T \in O(2)$ hat den Effekt, daß sie eine solche Umkehr bewirkt, falls $\det T = -1$ ist.

Die Formel (6.37) nimmt nach der Fourier-Transformation eine Gestalt an, die ihrer Struktur nach der Ausgangsformel sehr ähnlich ist:

$$\int dx \int dx' \, e^{ip'x' - ipx} \langle x', s' | x, s \rangle_B = \tag{6.39}$$

$$= \frac{4\pi/B}{\sinh(\tfrac{1}{2}\nu)} \exp\left\{ \frac{2}{B} \left( ip \wedge p' - \tfrac{1}{2}(p' - p)^2 \coth(\tfrac{1}{2}\nu) \right) \right\}. \tag{6.40}$$

## 6.5 Landauscher Diamagnetismus

Durch das Einschalten eines Magnetfeldes erhält der elektronische Anteil der freien Energie eines Festkörpers einen Zusatzterm, den wir unter vereinfachenden Annahmen berechnen wollen. Es sei

$$F(B) = F_{\text{Bahn}}(B) + F_{\text{Spin}}(B)$$

die freie Energie pro Elektron zur Temperatur $T$ in einem Magnetfeld $B$. Es sei $e$ die elektrische Ladung, $m$ die Masse des Elektrons und

$$\omega_L = \frac{eB}{2m}$$

seine Larmor-Frequenz. In der Amplitude (6.37) setzen wir $x = x'$ und

$$s' - s = \hbar\beta = \frac{\hbar}{k_B T} \quad , \quad \tfrac{1}{2}\nu = \frac{\hbar\omega_L}{k_B T} \quad ,$$

so daß gilt:

$$\frac{\exp\{-\beta F_{\text{Bahn}}(B)\}}{\exp\{-\beta F_{\text{Bahn}}(0)\}} = \frac{\langle x, s'|x, s\rangle_B}{\langle x, s'|x, s\rangle_0} = \frac{\nu/2}{\sinh(\nu/2)}.$$

(vergleiche hierzu die parallele Diskussion der freien Energie des Polarons im Abschnitt 4.7). Die resultierende Formel

$$F_{\text{Bahn}}(B) = F_{\text{Bahn}}(0) + \beta^{-1} \log \frac{\sinh(\nu/2)}{\nu/2} \tag{6.41}$$

vernachlässigt Details, die von der Wechselwirkung der Elektronen untereinander und mit dem Ionengitter herrühren, ebenso Effekte der Dirac-Statistik (Entartung des Elektronengases). Berücksichtigen wollen wir dagegen den Spin des Elektrons. Mit ihm ist ein magnetisches Moment

$$\mu = \frac{e\hbar}{2m}$$

verknüpft, und über die Energie-Eigenwerte $\pm\mu B$ in einem Magnetfeld ermitteln wir die zugehörige freie Energie aus der Beziehung

$$\exp\{-\beta F_{\text{Spin}}(B)\} = 2\cosh(\nu/2) \quad , \quad \tfrac{1}{2}\nu = \frac{\mu B}{k_B T}$$

(beachte die Identität $\hbar\omega_L = \mu B$). Das Ergebnis

$$F_{\text{Spin}}(B) = -\beta^{-1} \log\left(2\cosh(\nu/2)\right)$$

ist mit der Formel (6.41) zu vergleichen. Spin- und Bahnanteil an der freien Energie haben ein verschiedenes Verhalten, das im wesentlichen schon durch das unterschiedliche Vorzeichen der Ausdrücke bestimmt ist. Die erste Ableitung $F'(B)$ beschreibt das durch $B$ induzierte mittlere magnetische Moment, die zweite Ableitung sagt uns, wie dieses Moment auf eine Veränderung von B reagiert. Die unmittelbare Rechnung ergibt

$$\frac{d^2}{dx^2} \log \frac{\sinh x}{x} = \frac{1}{x^2} - \frac{1}{\sinh^2 x} > 0 \quad (x \neq 0)$$

$$\frac{d^2}{dx^2} \log \cosh x = \frac{1}{\cosh^2 x} > 0$$

und führt zu den folgenden Aussagen über das Vorzeichen:

$$F''_{\text{Spin}}(B) < 0 \qquad \text{(Paulischer Paramagnetismus)}$$
$$F''_{\text{Bahn}}(B) > 0 \qquad \text{(Landauscher Diamagnetismus)}.$$

Um das Verhalten bei schwachen Feldern zu studieren, benötigt man die Anfangsterme der Taylor-Entwicklung:

$$\log \frac{\sinh x}{x} = \frac{1}{6}x^2 + O(x^4) \quad , \qquad \log \cosh x = \frac{1}{2}x^2 + O(x^4). \tag{6.42}$$

Als *Suszeptibiliät* bezeichnet man $\chi = F''(0)$. Sie setzt sich aus einem Spin- und einen Bahnanteil zusammen, und es gilt

$$0 < \chi_{\text{Bahn}} = -\tfrac{1}{3}\chi_{\text{Spin}} \tag{6.43}$$

als Folge der Entwicklungen (6.42).

Die Rechnung, obwohl wesentlich komplizierter, ist im Prinzip immer noch durchführbar, wenn es gilt, die freie Energie eines freien Fermi-Dirac-Gases im homogenen Magnetfeld zu bestimmen. Dies wird notwendig, falls die Effekte, die vom Paulischen Ausschließungsverbot herrühren, berücksichtigt werden müssen (siehe hierzu die Ausführungen in [116], §§59-60). Unsere einfache Rechnung gilt streng genommen nur für den Fall eines stark verdünnten Elektronengases. Unter allgemeinen Bedingungen sind die Effekte der Bahn und des Spins nicht mehr voneinander zu trennen.

## 6.6 Magnetische Flußlinien

Räumlich begrenzte magnetische Felder können in ihrer Umgebung geladene Teilchen beeinflussen [9] [132]. Dieser nach Aharonov und Bohm benannte Effekt verdient deshalb besondere Beachtung, weil er keine Entsprechung in der klassischen Elektrodynamik hat: Die Lorentz-Kraft $K = qv \times B$ ist lokaler Natur und kann keine Wirkung über eine Distanz hinweg auf einen Ladungsträger ausüben.

Eine typische Situation entsteht, wenn sich Elektronen frei in einem Raumgebiet bewegen, das von einer magnetischen Flußlinie (der Grenzfall einer Flußröhre) durchschnitten wird. Um einfache Verhältnisse zu schaffen, wollen wir annehmen, daß die Flußlinie mit der $x_3$-Achse übereinstimmt. Da wir es dann nur noch mit einem 2-dimensionalen Problem zu tun haben, setzen wir $x = \{x_1, x_2\} = \{r\cos\phi, r\sin\phi\}$ und wählen das Vektorpotential

$$A(x) = \frac{\kappa}{r^2}\{-x_2, x_1\} \tag{6.44}$$

zur Beschreibung eines im Punkt $x = 0$ lokalisierten Magnetfeldes. Wie man leicht bestätigt, gilt $dx \cdot A(x) = \kappa d\phi$ in Polarkoordinaten. Für den magnetischen Fluß, den das Vektorpotential verursacht, erhalten wir deshalb den Wert

$$\Phi \equiv \oint dx \cdot A(x) = \kappa \int_0^{2\pi} d\phi = 2\pi\kappa \tag{6.45}$$

unabhängig von der Wahl der geschlossenen Kurve (sie umläuft den Nullpunkt genau einmal entgegen dem Uhrzeigersinn).

## Windungszahlen

Eine allgemeine (gerichtete) Kurve $C$, beginnend im Punkt $x = \{r\cos\phi, r\sin\phi\}$, den Nullpunkt vermeidend und endend im Punkt $x' = \{r'\cos\phi', r'\sin\phi'\}$, führt zu dem Ergebnis

$$\int_C dx \cdot A(x) = (\phi' - \phi + 2\pi n)\kappa \qquad (n \in \mathbb{Z}) \tag{6.46}$$

(*magnetische Phase*), wobei $n$ die *Windungszahl* von $C$ bezüglich des Punktes 0 ist. Die Zahl $n$ gibt an, wie oft die Kurve $C$ den Ursprung umkreist (Abbildung 6.1). Dabei werden Umläufe entgegen dem Uhrzeiger als positiv, Umläufe mit dem Urzeiger als negativ gewertet. Kurven mit der gleichen Windungszahl heißen *homotop*. Wohlgemerkt, $n$ ist ein *topologischer Index*. Nichts berechtigt uns, $n$ als eine Quantenzahl — im üblichen Sinn des Wortes — zu interpretieren.

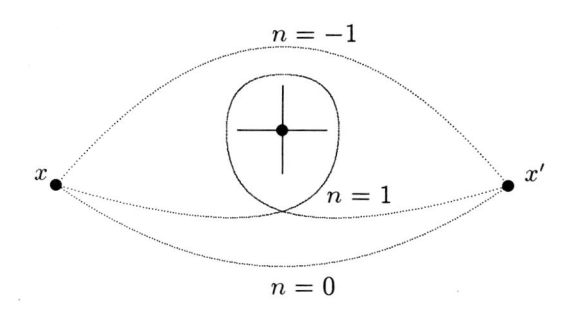

*Abb. 6.1: Drei Pfade von $x$ nach $x'$ mit den Windungszahlen $-1$, 0 und 1*

Es sei $s > 0$ und $\Omega$ die Menge aller zweidimensionalen Brownschen Pfade $\omega : (x, 0) \rightsquigarrow (x', s)$. Die Menge derjenigen Pfade, die durch den Ursprung gehen, besitzt das Maß Null. Wir werden sie ignorieren. Die übrigen Pfade lassen sich in Homotopie-Klassen einteilen: Es sei $\Omega_n$ die Menge aller Pfade in $\Omega$, deren Windungszahl bezüglich des Ursprungs gleich $n$ ist. Ist $\mu(\Omega_n)$ ihr bedingtes Wiener-Maß, so ergeben die so eingeführten Zahlen in ihrer Summe selbstverständlich

$$\sum_{n=-\infty}^{\infty} \mu(\Omega_n) = \mu(\Omega) = K(x' - x, s) = (2\pi s)^{-1}\exp\{-(x' - x)^2/2s\}. \tag{6.47}$$

Der Energie-Operator $H = \frac{1}{2}(i\nabla + A)^2$ bietet ein einzigartige Möglichkeit, die Werte für $\mu(\Omega_n)$ zu berechnen: Indem wir $\langle x'|e^{-sH}|x\rangle$ als *erzeugende Funktion* einführen und die Feynman-Kac-Itô-Formel für die rechte Seite benutzen, dann die Pfade in Homotopie-Klassen einteilen, erhalten wir eine Zerlegung nach den möglichen Werten der magnetischen Phase:

$$\langle x'|e^{-sH}|x\rangle = \sum_n \mu(\Omega_n)\exp\{i(\phi' - \phi + 2\pi n)\kappa\}. \tag{6.48}$$

## 6.6. Magnetische Flußlinien

Die $\kappa$-unabhängigen Amplituden $\mu(\Omega_n)$ ergeben sich als die Fourier-Koeffizienten der Funktion

$$f(\kappa) := \exp\{i(\phi - \phi')\kappa\}\langle x'|e^{-sH}|x\rangle.$$

**Spektralzerlegung**

Der einfachste Weg zur Bestimmung der unbekannten Amplitude $\langle x'|e^{-sH}|x\rangle$ führt über die Spektralzerlegung von $H$. In Polarkoordinaten haben wir:

$$2H = -\frac{\partial^2}{\partial r^2} - \frac{1}{r}\frac{\partial}{\partial r} + \frac{(L-\kappa)^2}{r^2} \quad , \quad L = -i\frac{\partial}{\partial \phi}.$$

Separation der Koordinaten führt unmittelbar auf die bei $r = 0$ regulären Eigenlösungen von $H\Phi = E\Phi$:

$$\Phi_{E,m}(x) = \frac{1}{\sqrt{2\pi}} J_\nu(r\sqrt{2E})e^{im\phi} \quad , \quad \nu = |m - \kappa|$$

mit $E \in \mathbb{R}_+$ und $m \in \mathbb{Z}$ ($J_\nu(z)$ =Besselfunktion). Das Spektrum von $H$ ist rein kontinuierlich. Aus diesem Grund sind die Eigenfunktionen nicht normierbar im Sinne von $L^2(\mathbb{R}^2)$. Sie wurden auf eine andere Weise normiert, nämlich so, daß die Vollständigkeitsrelation die Gestalt

$$\int_0^\infty dE \sum_{m=-\infty}^\infty \Phi_{E,m}(x')\overline{\Phi_{E,m}(x)} = \delta(x - x')$$

erhält. Mit dieser Normierung gilt:

$$\begin{aligned}\langle x'|e^{-sH}|x\rangle &= \int_0^\infty dE \sum_{m=-\infty}^\infty \Phi_{E,m}(x')e^{-sE}\overline{\Phi_{E,m}(x)} \\ &= \frac{1}{2\pi}\sum_{m=-\infty}^\infty e^{im(\phi'-\phi)} \int_0^\infty dE\, e^{-sE} J_\nu(r'\sqrt{2E})J_\nu(r\sqrt{2E}) \\ &= \frac{1}{2\pi s}\sum_{m=-\infty}^\infty e^{im(\phi'-\phi)} I_\nu\left(\frac{rr'}{s}\right) \exp\left(-\frac{r^2+r'^2}{2s}\right)\end{aligned}$$

($I_\nu(z)$ =modifizierte Besselfunktionen). Um die Aufmerksamkeit auf die Abhängigkeit von $\kappa$ zu lenken, setzen wir

$$g(t) = \frac{1}{2\pi s} e^{it(\phi'-\phi)} I_{|t|}\left(\frac{rr'}{s}\right) \exp\left(-\frac{r^2+r'^2}{2s}\right)$$

für beliebiges reelles $t$ und kommen so zur Darstellung

$$f(\kappa) = \sum_{m=-\infty}^\infty g(m - \kappa) = \sum_{n=-\infty}^\infty \mu(\Omega_n)e^{i2\pi n\kappa},$$

aus der wir leicht die Fourier-Koeffizienten gewinnen:

$$\begin{aligned}\mu(\Omega_n) &= \int_0^1 d\kappa\, f(\kappa)e^{-i2\pi n\kappa} \\ &= \sum_{m=-\infty}^{\infty} \int_0^1 d\kappa\, g(m-\kappa)e^{i2\pi n(m-\kappa)} \quad (\text{wegen } e^{i2\pi nm} = 1) \\ &= \int_{-\infty}^{\infty} dt\, g(t)e^{i2\pi nt}.\end{aligned}$$

Nach Einführung der Funktion

$$I(z,u) = \int_{-\infty}^{\infty} dt\, I_{|t|}(z)e^{itu} = 2\int_0^{\infty} dt\, I_t(z)\cos tu \qquad (6.49)$$

können wir das Ergebnis so schreiben:

$$\mu(\Omega_n) = \frac{1}{2\pi s}\exp\left(-\frac{r^2+r'^2}{2s}\right)I\left(\frac{rr'}{s},\phi'-\phi+2\pi n\right). \qquad (6.50)$$

Die Definition (6.49) läßt weder erkennen, wie schnell die Funktion $I(z,u)$ für $u \to \infty$ gegen Null strebt, noch ist die Formel als Grundlage für eine numerische Berechnung geeignet. Wir greifen daher zu einer bekannten Integraldarstellung der modifizierten Besselfunktionen,

$$I_t(z) = \frac{1}{\pi}\int_0^{\pi} d\theta\, \exp(z\cos\theta)\cos t\theta - \frac{\sin t\pi}{\pi}\int_0^{\infty} dv\, \exp(-z\cosh v - tv),$$

gültig für $\Re z \geq 0$, setzen diese in (6.49) ein, vertauschen die Integrationsreihenfolge und erhalten eine geeignetere Darstellung

$$I(z,u) = \exp(z\cos u)\Theta(\pi - |u|) - \int_0^{\infty} dv\, \exp(-z\cosh v)j(u,v) \qquad (6.51)$$

mit

$$j(u,v) = \frac{1}{\pi}\left\{\frac{\pi+u}{(\pi+u)^2+v^2} + \frac{\pi-u}{(\pi-u)^2+v^2}\right\} \quad,\quad \Theta(u) = \begin{cases} 1 & u > 0 \\ \frac{1}{2} & u = 0 \\ 0 & u < 0.\end{cases}$$

Führt die Verbindungsstrecke von $x$ nach $x'$ nicht durch den Ursprung, so gibt es genau ein $\bar{n} \in \mathbb{Z}$, für das

$$|\phi' - \phi + 2\pi\bar{n}| < \pi$$

erfüllt ist: $\bar{n} \in \{-1,0,1\}$ ist die dem geraden Weg $x \to x'$ zugeordnete Windungszahl. Für $u \equiv \phi' - \phi + 2\pi n$ haben wir dann die folgende Entsprechung:

$$\begin{aligned} n = \bar{n} &\iff |u| < \pi \iff \inf_v j(u,v) = 0 \\ n \neq \bar{n} &\iff |u| > \pi \iff \inf_v j(u,v) = 2(\pi^2 - u^2)^{-1}.\end{aligned}$$

## 6.6. Magnetische Flußlinien

Durch Abschätzung des Integrals in (6.51) folgt für $z > 0$

$$0 \leq I(z,u) \leq \begin{cases} \exp(z \cos u) & |u| < \pi \\ 2(u^2 - \pi^2)^{-1} K_0(z) & |u| > \pi. \end{cases}$$

Gleichzeitig gilt $u^2 I(z,u) \to 2K_0(z)$ für $u \to \infty$, so daß wir, $rr' \neq 0$ vorausgesetzt, zu der Aussage $\mu(\Omega_n) = O(n^{-2})$ gelangen.

Für $\cos u \neq -1$ und große Werte von $\Re z$ können wir in (6.51) das Integral vernachlässigen und erhalten so aus (6.50) die asymptotische Formel

$$\mu(\Omega_n) \approx \begin{cases} K(x'-x,s) & n = \bar{n} \\ 0 & n \neq \bar{n} \end{cases} \qquad rr' \gg s,$$

falls die Verbindungslinie von $x$ und $x'$ nicht durch den Ursprung geht. Sie lehrt uns, daß mit wachsendem Abstand zwischen Verbindungslinie und Flußlinie alle Pfade bedeutungslos werden, die nicht die kanonische Windungszahl $\bar{n}$ besitzen. Insbesondere folgt für kleine Zeiten

$$\mu(\Omega_n) \to \begin{cases} \delta(x'-x) & n = 0 \\ 0 & n \neq 0 \end{cases} \qquad s \to 0.$$

**Imaginäre Zeiten**

Die analytische Fortsetzung zu imaginären Zeiten ($s \to it$) verwandelt $z$ in eine imaginäre und $\mu(\Omega_n)$ in eine komplexe Zahl. An der Zerlegbarkeit der Amplitude $\langle x'|e^{-itH}|x\rangle$ nach Windungszahlen ändert sich jedoch nichts. Dies bedeutet: Jede Lösung $\psi(x,it)$ der Schrödinger-Gleichung zu gegebenen Anfangswerten $\psi(x,0)$ ist eine Superposition von Wellenfunktionen mit bestimmter Windungszahl $n$:

$$\psi(x,it) = \sum_{n=-\infty}^{\infty} \psi_n(x,it). \qquad (6.52)$$

Insbesondere gilt $\psi_n(x,0) = 0$ für $n \neq 0$. Die bei dieser Zerlegung entstehenden Komponenten $\psi_n$ sind *keine Lösungen* derselben Schrödinger-Gleichung, noch sind die Komponenten orthogonal zueinander (im $L^2$-Sinn). Nichts berechtigt uns, $n$ mit dem Pfad zu verknüpfen, den das geladene Teilchen (z.B. ein Elektron) benutzt, um von $x$ nach $x'$ zu gelangen, weil der Begriff *Pfad* in der Quantenmechanik seinen Sinn verliert. In Wahrheit haben wir $n$ mit dem Pfad des zugeordneten Brownschen Teilchen verknüpft.

Eine besondere Situation tritt ein, wenn $\kappa$ eine ganze Zahl ist (*Flußquantisierung*): Wegen $e^{i2\pi n \kappa} = 1$ für alle $n \in \mathbb{Z}$ verschwindet der Effekt, den die Windungszahl in der Übergangsamplitude hervorruft. Alle Homotopieklassen erzeugen die gleiche magnetische Phase, und es gilt

$$\langle x'|e^{-itH}|x\rangle = K(x'-x,it)\exp\{i(\phi'-\phi)\kappa\}.$$

Die gemeinsame magnetische Phase verschwindet für einen geschlossenen Umlauf ($\phi' = \phi$) des Brownschen Teilchens.

# Kapitel 7

# Euklidische Feldtheorie

> *Die Sprache der Mathematik erweist sich als über alle Maßen effektiv, ein wunderbares Geschenk, das wir weder verstehen noch verdienen. Wir sollten dafür dankbar sein und hoffen, daß sie auch bei zukünftigen Forschungen ihre Gültigkeit behält und daß sie sich – in Freud und in Leid, zu unserem Vergnügen wie vielleicht auch zu unserer Verwirrung – auf viele Wissenszweige ausdehnt.*
>
> — E. Wigner

Dieses Kapitel soll in die Kontinuumsformulierung der Feldtheorie einführen. Dabei vollziehen wir gleich zu Beginn den Übergang von dem Minkowski-Raum zu einem euklidischen Raum. Felder, die auf diesem Raum definiert werden, sollen *euklidische Felder* heißen. Die Maßeinheiten sind so gewählt, daß $\hbar = c = 1$ gilt, sofern zu Beginn eines Abschnittes keine anderslautende Vereinbarung getroffen wird.

## 7.1 Was ist ein euklidisches Feld?

Für einen Vektor $x$ des Minkowski-Raumes $M_4$ schreibt man nach Wahl eines Koordinatensystems $x = \{x^0, x^1, x^2, x^3\} = \{x^0, \mathbf{x}\}$ mit $x^\alpha \in \mathbb{R}$ und setzt

$$(x,x) = (x^0)^2 - (x^1)^2 - (x^2)^2 - (x^3)^2 = (x^0)^2 - \mathbf{x}^2.$$

Für dieses indefinite Skalarprodukt, das dem Raum eine pseudo-euklidische Struktur gibt, schreibt man vereinfachend auch $xx$ oder $x^2$, wenn ein Mißverständis auszuschließen ist. Seit der Entdeckung der Bedeutung dieser Struktur für die Physik durch Lorentz und Poincaré und der Ausformung der Theorie durch Einstein und Minkowski haben sich Physiker immer wieder davon faszinieren lassen, wie leicht man durch eine einfache „Ersetzung" $ix^0 \to x^4$ die *pseudo-euklidische* Struktur in eine gewöhnliche *euklidische* Struktur verwandeln kann, bei der man von Vektoren $x = \{x^1, x^2, x^3, x^4\} = \{\mathbf{x}, x^4\} \in E_4$ ausgeht mit dem Normquadrat

$$x^2 = (x^1)^2 + (x^2)^2 + (x^3)^2 + (x^4)^2 = \mathbf{x}^2 + (x^4)^2.$$

Bei einer Gleichsetzung von $ix^0$ und $x^4$ stimmen $x^2$ und $\mathbf{x}^2$ bis auf ein Vorzeichen überein, und der unmittelbare Vorteil der euklidischen Formulierung liegt auf der Hand: Man muß nicht mehr zwischen ko- und kontravarianten Koordinaten des Vektors $x$ unterscheiden, d.h. es gilt $x_\alpha = x^\alpha$ für $\alpha = 1, \ldots, 4$. Indessen, der Übergang von einer reellen zu einer rein imaginären Größe ist formal und verschleiert wesentliche strukturelle Merkmale: Die Räume $M_4$ und $E_4$ sind verschieden, und es gibt keine sinnvolle Weise, sie zu identifizieren. Die Angelegenheit erhielt neuen Auftrieb, als man lernte, die Zeit als ein *komplexe* Variable $z = x^4 + ix^0$ zu betrachten (wir haben dieses Konzept bereits in den vorangegangenen Kapiteln mit Erfolg angewandt), wobei vermieden wird, von der „physikalischen Zeit" zu sprechen, weil dieser Begriff unklar und kontextabhängig ist. Sowohl $x^4$ als auch $x^0$ (hier beide reell) können im Prinzip die Rolle der Zeit übernehmen, die wir bei einem Vergleich von Theorie und Beobachtung benötigen. Die Einführung einer komplexen Zeit ist möglicherweise mehr als nur ein „mathematischen Trick", dazu ersonnen, um einige Rechnungen (z.B. Pfadintegrationen) ausführen zu können und um Formeln einen Sinn zu geben, die sonst undefinierbar blieben.

Wir setzen eine gewisse Vertrautheit mit der Quantenfeldtheorie voraus, die in ihrer üblichen Formulierung einen Hilbertraum mit einem besonderen Zustand $\Omega$, *Vakuum* genannt, zugrundelegt, eine Teilcheninterpretation kennt und die Felder als Operatoren einführt, aus denen die lokalen Observablen (Ströme) der Theorie konstruiert werden. Der denkbar einfachste Fall liegt vor, wenn ein reelles Skalarfeld $A(x)$ die Klein-Gordon-Gleichung $(\Box + m^2)A(x) = 0$ erfüllt[1]:

$$A(x) = (2\pi)^{-3/2} \int \frac{d\mathbf{p}}{2\omega} \left\{ a(p) e^{-ipx} + a^\dagger(p) e^{ipx} \right\}. \tag{7.1}$$

Da in dieser Darstellung sowohl positive wie negative Frequenzen auftreten, ist es uns verwehrt, eine Ersetzung $ix^0 \to x^4$ mit reellem $x^4$ vorzunehmen. Denn entweder wird dadurch der erste Teil des Integrals sinnlos (für $x^4 < 0$) oder der zweite Anteil wird sinnlos (für $x^4 > 0$)[2]. Eine andere Weise, diese Schwierigkeit zu verdeutlichen, besteht in der folgenden einfachen Überlegung. Es sei $\Phi_M(x)$ irgendein Operatorfeld über dem Minkowski-Raum. Dann gilt

$$\Phi_M(x^0, \mathbf{x}) = e^{ix^0 H} \Phi_M(0, \mathbf{x}) e^{-ix^0 H}, \tag{7.2}$$

wobei $H$ der Hamilton-Operator der Theorie ist. Wieder gelingt es nicht, hierin die formale Ersetzung $ix^0 \to x^4$ vorzunehmen, um so zu einem euklidischen Feld

---

[1] Hier benutzen wir die üblichen Bezeichnungen: $p = \{\omega, \mathbf{p}\}$, $\omega = \sqrt{m^2 + \mathbf{p}^2}$, $px = \omega x^0 - \mathbf{p}\mathbf{x}$, $d\mathbf{p} = dp^1 dp^2 dp^3$. Die Operatoren $a(p)$ und $a(p)$ erfüllen die kanonischen Vertauschungsrelationen: $[a(p), a(p')] = 2\omega \delta(\mathbf{p} - \mathbf{p}')$.

[2] Ist $\phi$ ein Zustand, für den der Erwartungswert $f(x) = (\phi, A(x)\phi)$ existiert, so ist $f(x)$ in der Regel keine analytische Funktion der Zeit.

## 7.2. Die euklidische Zweipunktfunktion

$\Phi_E(x)$ zu gelangen:
$$\Phi_E(\mathbf{x}, x^4) = e^{x^4 H} \Phi_M(\mathbf{x}, 0) e^{-x^4 H}. \qquad (7.3)$$

Zwar gilt $H \geq 0$, jedoch ist $H$ nach oben unbeschränkt und wir haben das folgende Dilemma: Gilt $x^4 > 0$, so ist der Operator $e^{x^4 H}$ nicht definiert; gilt $x^4 < 0$, so ist der Operator $e^{-x^4 H}$ nicht definiert[3].

Die kurze Diskussion hat deutlich gemacht, daß es nicht das Ziel unserer Bemühungen sein kann, das euklidische Feld als ein Operatorfeld in die Theorie einzuführen, in einer Weise, daß es mit seinem Partner, dem Feld in der Minkowski-Darstellung, durch eine analytische Fortsetzung in der Zeit verbunden ist. Die nächsten Abschnitte sollen klären, wie wir das euklidische Feld nun wirklich aufzufassen haben. Dabei haben wir die Wahl zwischen zwei Möglichkeiten:

- Das euklidische Feld ist eine Zufallsvariable, oder besser, ein Zufallsfeld, also ein verallgemeinerter stochastischer Prozeß. Dies soll die *stochastische Auffassung* genannt werden.

- Das euklidische Feld ist die verallgemeinerte Spinvariable eines vierdimensionalen ferromagnetischen Gittermodels. Damit wird es als ein System der statistischen Mechanik am kritischen Punkt betrachtet. Dies wollen wir die *statistische Auffassung* nennen.

In abgewandelter Form begegneten uns beide Auffassungen bereits im Zusammenhang mit der Feynman-Kac-Formel. Die Pfadintegralmethode stand für die stochastische Auffassung der Quantenmechanik. Die statistische Auffassung, d.h. die Beschreibung durch Spingitter, entstand durch eine Diskretisierung des Pfadintegrals. Eine Verallgemeinerung des Ansatzes von Feynman und Kac wird uns auf die Funktionalintegrale der Feldtheorie führen. Ein Diskretisierung dieser Integrale erreicht man, wenn das euklidische Raum-Zeit-Kontinuum durch ein Gitter ersetzt wird. Der Vorzug, den das Gitter vor dem Kontinuum hat, besteht darin, daß auf diese Weise die spezifischen Methoden der statistischen Mechanik zum Einsatz kommen.

## 7.2 Die euklidische Zweipunktfunktion

Die analytische Fortsetzung des Minkowski-Feldes zu einem euklidischen Feld kann nicht gelingen. Unsere Absicht ist vielmehr, Vakuumerwartungswerte eines Produktes von Feldoperatoren – die sog. $n$-Punktfunktionen oder *Wightman-Funktionen* – analytisch fortzusetzen. Die so gewonnenen euklidischen $n$-Funktionen werden die *Schwinger-Funktionen* der Theorie genannt. Sie haben besondere Eigenschaften, die es erlauben, sie wieder als Erwartungswerte zu deuten. Allerdings handelt es sich hierbei nicht um Erwartungswerte im Sinne der Operatortheorie, sondern um Mittelwerte im Sinne der (kommutativen) Wahrscheinlichkeitstheorie.

---

[3]Der unitäre Operator $\exp(ix^0 H)$ ist überall auf dem Hilbertraum definiert und beschränkt. Diese Eigenschaft können nicht die Operatoren $\exp(x^4 H)$ und $\exp(-x^4 H)$ zugleich besitzen, wenn $H$ unbeschränkt ist.

Es sei also $\Phi(x)$ irgendein Operatorfeld über dem Minkowski-Raum. Um konkret zu bleiben, könnte man hierbei an ein neutrales Skalarfeld denken, obwohl die folgenden Überlegungen auf alle Felder zutreffen. Die Zweipunktfunktion

$$W(x-y) = (\Omega, \Phi(x)\Phi(y)\Omega) \tag{7.4}$$

hängt wegen der Translationsinvarianz des Vakuums nur von der Differenz $x-y$ ab und kann als ein „Matrixelement" des Evolutionsoperators $e^{-itH}$ mit $t = x^0 - y^0$ aufgefaßt werden. Indem wir die Ersetzung $x \to \frac{1}{2}x$, $y \to -\frac{1}{2}x$ vornehmen, können wir vereinfachend schreiben:

$$W(x) = (\Phi(0, \tfrac{1}{2}\mathbf{x})^*\Omega, e^{-ix^0 H}\Phi(0, -\tfrac{1}{2}\mathbf{x})\Omega). \tag{7.5}$$

Aus $H \geq 0$ folgt, daß $W(x)$ eine analytische Fortsetzung in $x^0$ besitzt. Für die analytische Funktion benutzen wir ein neues Funktionssymbol,

$$\begin{align} S(\mathbf{x}, z) &= (\Phi(0, \tfrac{1}{2}\mathbf{x})^*\Omega, e^{-zH}\Phi(0, -\tfrac{1}{2}\mathbf{x})\Omega) \tag{7.6} \\ z &= x^4 + ix^0 \qquad x^4 > 0, \tag{7.7} \end{align}$$

und können somit behaupten, daß die ursprüngliche Funktion $W(x)$ Randwert einer analytischen Funktion ist:

$$W(x^0, \mathbf{x}) = \lim_{x^4 \downarrow 0} S(\mathbf{x}, x^4 + ix^0).$$

Diese Randwerte existieren nur im Sinne einer Distribution, was die Ursache vieler Schwierigkeiten der Minkowski-Formulierung der Feldtheorie ist. Hingegen liegen die reellen Punkte $z = x^4 > 0$ im Analytizitätsgebiet. In diesen Punkten gewinnen wir die nicht-singuläre euklidische Zweipunktfunktion $S(x) = S(\mathbf{x}, x^4)$. Eine Singularität haben wir allenfalls zu erwarten, wenn $x^4$ gegen Null strebt.

**Beispiel.** Sei $\Phi(x)$ ein neutrales Skalarfeld der Masse $m$ wie im vorigen Abschnitt. Für die Zweipunktfunktion eines solchen Feldes kann man schreiben

$$W(x) = \Delta_+(x;m) = \frac{1}{(2\pi)^3} \int \frac{d\mathbf{p}}{2\omega} e^{i(\mathbf{p}\mathbf{x}-\omega x^0)} \tag{7.8}$$

($\omega = \sqrt{m^2+\mathbf{p}^2}$), und somit finden wir

$$S(x;m) = \frac{1}{(2\pi)^3} \int \frac{d\mathbf{p}}{2\omega} e^{i\mathbf{p}\mathbf{x}-\omega x^4}. \tag{7.9}$$

Allerdings gilt diese Darstellung nur für $x^4 > 0$. Wir wünschen uns die Darstellung durch ein vierdimensionales Integral, das die volle O(4)-Invarianz der euklidischen Zweipunktfunktion offenbart. Dies gelingt so. Zunächst führen wir einen euklidischen Impuls $p = \{p^1, p^2, p^3, p^4\} = \{\mathbf{p}, p^4\}$ ein, für dessen Quadrat wir $p^2 = \sum_\alpha (p^\alpha)^2$ schreiben. Sodann behaupten wir:

$$\frac{1}{2\omega} e^{-\omega x^4} = \frac{1}{2\pi} \int_{-\infty}^{\infty} dp^4 \frac{e^{ip^4 x^4}}{p^2 + m^2}. \tag{7.10}$$

## 7.2. Die euklidische Zweipunktfunktion

Zum Beweis dieser Formel betrachte man die Funktion $f(u) = (u^2 - \omega^2)^{-1} e^{-ux^4}$. Sie ist analytisch in der Halbebene $u = p^0 - ip^4$, $p^0 > 0$ mit Ausnahme der Stelle $u = \omega$, wo $f(u)$ einen Pol besitzt. Integrieren wir nun $f(u)$ entlang des Weges $C$ (siehe die Abbildung 7.1) in der komplexen $u$-Ebene, so erhalten wir nach dem Residuensatz:

$$\frac{1}{2\pi i} \int_C du\, f(u) = \mathrm{Res}_{u=\omega} f(u) = \frac{1}{2\omega} e^{-\omega x^4}. \tag{7.11}$$

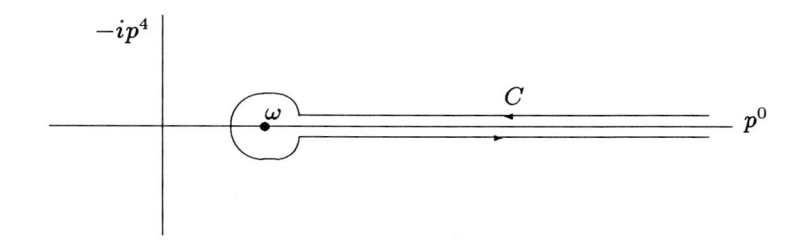

*Abb. 7.1: Der Integrationsweg $C$ in der komplexen $u$-Ebene*

Die Funktion $f(u)$ fällt in der rechten Halbebene exponentiell ab. Wir dürfen also den Integrationsweg so deformieren, daß er parallel zur imaginären Achse im Abstand $p^0$ verläuft, falls $0 < p^0 < \omega$ gilt. Für das Integral erhalten nun die Darstellung

$$-\frac{1}{2\pi} \int_{-\infty}^{\infty} dp^4\, f(p^0 - ip^4) = \frac{1}{2\pi} \int_{-\infty}^{\infty} dp^4 \frac{e^{ip^4 x^4 - p^0 x^4}}{\mathbf{p}^2 + (p^4 + ip^0)^2 + m^2} = \frac{1}{2\omega} e^{-\omega x^4}.$$

Die Wahl von $p^0$ ist uns überlassen. Bei dem Versuch, den Limes $p^0 \to 0$ auszuführen, sehen wir, daß dies sogar unter dem Integral möglich ist, und gelangen so zu der gewünschten Formel (7.10).

Führen wir schließlich das euklidische Produkt $px = \sum_\alpha p^\alpha x^\alpha$ ein, so haben wir endgültig:

$$\boxed{S(x;m) = \frac{1}{(2\pi)^4} \int dp\, \frac{\exp(ipx)}{p^2 + m^2}} \tag{7.12}$$

($dp = dp^1 dp^2 dp^3 dp^4$). Man kann aber auch $S(x;m)$ durch die *modifizierte Besselfunktion* $K_1$ ausdrücken:

$$S(x;m) = \begin{cases} (2\pi)^{-2} m |x|^{-1} K_1(m|x|) & m > 0 \\ (2\pi)^{-2} |x|^{-2} & m = 0 \end{cases} \qquad |x| = \sqrt{x^2}. \tag{7.13}$$

Die Formel (7.12) zeigt eine auffällige Verwandtschaft zwischen der Schwinger-Funktion $S(x;m)$ und der Feynman-Funktion

$$\Delta_F(x;m) = \frac{1}{(2\pi)^4} \int dp\, \frac{\exp(-ipx)}{p^2 - m^2 + i0}$$

einer Minkowski-Feldtheorie. Man macht sich schnell klar, daß $-p^2$ und $p^2$ durch eine analytische Fortsetzung in der Energie auseinander hervorgehen: die Fourier-Transformierte $\tilde{\Delta}_F(p;m)$ ist — abgesehen von einem Vorzeichen — die analytische Fortsetzung von $\tilde{S}(p;m)$. Insgesamt erhalten wir das folgende Bild über die Weise, wie Wightman-Funktionen und Feynman-Funktionen miteinander verknüpft sind, ohne daß dabei von der (mehrdeutigen) Vorschrift der Zeitordnung Gebrauch gemacht wird:

$$\begin{array}{ccc}
\text{Wightman-Funktion} & \overset{\text{analyt. F.}}{\longleftrightarrow} & \text{Schwinger-Funktion} \\
\text{im Ortsraum} & & \text{im Ortsraum} \\
& & \updownarrow \text{Fourier-Tr.} \\
\text{Feynman-Funktion} & \overset{\text{analyt. F.}}{\longleftrightarrow} & \text{Schwinger-Funktion} \\
\text{im Impulsraum} & & \text{im Impulsraum}
\end{array}$$

Wir notieren einige Eigenschaften der Schwinger-Funktion:

1. Obwohl die Funktion $S(x;m)$ nur für positive Zeiten ($x^4 > 0$) definiert wurde, können wir sie zu einer symmetrischen Funktion auf der gesamten reellen Zeitachse erweitern. Hierbei wird allerdings der Ursprung des euklidischen Raumes zu einem singulären Punkt. In der Nähe dieses Punktes verhält sich die Funktion wie $1/x^2$. Die Singularität ist integrabel bezüglich $dx$.

2. Die Schwinger-Funktion ist reell und positiv. Ebenso ist die Fourier-Transformierte reell und positiv.

3. Die Schwinger-Funktion ist invariant unter euklidischen Rotationen unter Einschluß der Spiegelungen: Die Gruppe $O(4)$ tritt an die Stelle der Lorentz-Gruppe.

4. $S(x;m)$ ist die Greensche Funktion für den Differentialoperator $-\Delta + m^2$, d.h. es gilt
$$(-\Delta + m^2)S(x;m) = \delta(x), \tag{7.14}$$
wobei $\Delta$ den vierdimensionalen Laplace-Operator bezeichnet. Die euklidische Formulierung hat uns hier einen elliptischen Differentialoperator beschert; der Klein-Gordon-Operator war hyperbolisch. Wir benötigen nun keine $i\epsilon$-Vorschrift mehr zur Invertierung von $-\Delta + m^2$: der inverse Operator ist eindeutig und besitzt den Integralkern $S(x - x';m)$.

5. Die Schwinger-Funktion zerfällt *exponentiell* für große Abstände vom Ursprung (falls $m > 0$):
$$S(x;m) \to \frac{m^2/2}{(2\pi m|x|)^{3/2}} \exp\{-m|x|\} \qquad |x| \to \infty. \tag{7.15}$$

Insbesondere existiert das Integral $\int dx\, S(x;m) = m^{-2}$.

## 7.3 Das freie euklidische Skalarfeld

### 7.3.1 Die $n$-Punktfunktionen

In der Minkowski-Formulierung kann ein neutrales Skalarfeld $\Phi(x)$ (nicht notwendig ein freies Feld) durch die Gesamtheit seiner $n$-Punktfunktionen

$$W_n(x_1, \ldots, x_n) = (\Omega, \Phi(x_1) \cdots \Phi(x_n)\Omega) , \tag{7.16}$$

die man auch Wightman-Funktionen nennt, definiert werden. Der Operatorcharakter des Feldes und die quantenmechanische Natur der Theorie äußert sich in $[\Phi(x), \Phi(x')] \neq 0$. Aus diesem Grunde sind die Wightman-Funktionen *nicht symmetrisch* unter Permutationen ihrer Argumente: dies erschwert die Konstruktion eines erzeugenden Funktionals, aus dem sie gewonnen werden könnten.

Eine andere Weise, das Feld zu definieren, geschieht durch die Angabe aller seiner $\tau$-Funktionen (den sog. Greenschen Funktionen):

$$\tau_n(x_1, \ldots, x_n) = (\Omega, T(\Phi(x_1) \cdots \Phi(x_n))\Omega). \tag{7.17}$$

Mit dem Symbol $T$ wird eine Zeitordnungsvorschrift in Kraft gesetzt, deren Problematik wir hier nicht erörtern wollen. Die $\tau$-Funktionen, deren Konstruktionsprinzip wir naiv auffassen, sind symmetrisch und besitzen das erzeugende Funktional

$$F(j) = (\Omega, T\exp\{i\Phi(j)\}\Omega) = 1 + \sum_{n=1}^{\infty} \frac{i^n}{n!}(\Omega, T\Phi(j)^n\Omega) \tag{7.18}$$

mit $\Phi(j) = \int dx\, \Phi(x)j(x)$ und geeigneten reellen „Quellfunktionen" $j(x)$. Natürlich beschreibt das freie Feld wieder den einfachsten Fall. Geben wir ihm die Masse $m$ und zusätzlich einen Vakuumerwartungswert $c$, *Kondensat* genannt (diese Annahme ist ad hoc und noch unmotiviert, doch benutzen wir bereits die Translationsinvarianz), so ist das erzeugende Funktional durch die ersten beiden $\tau$-Funktionen, durch $\tau_1(x) = (\Omega, \Phi(x)\Omega) = c$ und $\tau_2(x,y) = (\Omega, T(\Phi(x)\Phi(y))\Omega) = i\Delta_F(x-y; m)$ bereits vollständig bestimmt:

$$\begin{aligned}
\log F(j) &= icI(j) - \tfrac{1}{2}i\Delta_F(j*j; m) \\
I(j) &= \int dx\, j(x) \\
\Delta_F(j*j; m) &= \int dx \int dy\, j(x)\Delta_F(x-y; m)j(y).
\end{aligned} \tag{7.19}$$
$$\tag{7.20}$$

Worauf es hier ankommt: Zu erkennen, daß bei einem freien Feld die Entwicklung von $\log F(j)$ nach der Quellfunktion $j$ bereits nach dem bilinearen Term abbricht und daß der lineare Term einer solchen Entwicklung stets durch eine Verschiebung $\Phi(x) \to \Phi(x) - c$ des Feldes entfernt werden kann.

Für $c = 0$ ist die Charakterisierung (7.19) äquivalent einer bekannten rekursiven Definition der $\tau$-Funktionen:

$$\begin{aligned}
\tau_1(x_1) &= 0 \\
\tau_2(x_1, x_2) &= i\Delta_F(x_1 - x_2; m) \\
\tau_n(x_1, \ldots, x_n) &= \sum_{k=1}^{n-1} \tau_{n-2}(x_1, \ldots, \hat{x}_k, \ldots, x_{n-1}) i\Delta_F(x_k - x_n; m)
\end{aligned} \tag{7.21}$$

(der Hut ˆ über einer Variablen bedeutet: diese Variable wurde eliminiert). Für die Wightman-Funktionen existiert ein Schema ganz ähnlicher Struktur:

$$\begin{aligned}
W_1(x_1) &= 0 \\
W_2(x_1, x_2) &= \Delta_+(x_1 - x_2; m) \\
W_n(x_1, \ldots, x_n) &= \sum_{k=1}^{n-1} W_{n-2}(x_1, \ldots, \hat{x}_k, \ldots, x_{n-1}) \Delta_+(x_k - x_n; m).
\end{aligned} \quad (7.22)$$

Diesen Formeln entnimmt man, daß $W_n$ eine simultane analytische Fortsetzung in allen Zeitvariablen $x_1^0, \ldots, x_n^0$ besitzt, weil die $\Delta_+$-Funktion eine Fortsetzung bezüglich ihres Zeitargumentes gestattet. Wir können somit zu komplexen Variablen $z_k = x_k^4 + ix_k^0$ übergehen, müssen allerdings diejenigen Punkte vermeiden, in denen $x_i - x_k = 0$ für wenigstens ein Indexpaar $i \neq k$ gilt. In den reellen Punkten $z_k = x_k^4$ erhalten wir dann die $n$-Punkt-Schwinger-Funktionen des zugehörigen euklidischen Feldes:

$$S_n(\mathrm{x}_1, \ldots, \mathrm{x}_n) = W_n(x_1, \ldots, x_n)\big|_{ix_k^0 \to x_k^4}. \quad (7.23)$$

Für die euklidischen Funktionen existiert offensichtlich das Rekursionsschema

$$\begin{aligned}
S_1(\mathrm{x}_1) &= 0 \\
S_2(\mathrm{x}_1, \mathrm{x}_2) &= S(\mathrm{x}_1 - \mathrm{x}_2; m) \\
S_n(\mathrm{x}_1, \ldots, \mathrm{x}_n) &= \sum_{k=1}^{n-1} S_{n-2}(\mathrm{x}_1, \ldots, \hat{\mathrm{x}}_k, \ldots, \mathrm{x}_{n-1}) S(\mathrm{x}_k - \mathrm{x}_n; m),
\end{aligned} \quad (7.24)$$

und aus $S(-\mathrm{x}; m) = S(\mathrm{x}; m)$ folgt, daß die Schwinger-Funktionen *symmetrisch* gegenüber Permutationen ihrer Argumente sind. Diese wichtige Tatsache eröffnet die Möglichkeit, die Gesamtheit der Funktionen $S_n$ aus einem erzeugenden Funktional abzuleiten (wir erlauben wieder $c \neq 0$):

$$\begin{aligned}
\log S\{f\} &= icI(f) - \tfrac{1}{2} S(f * f; m) \quad &(7.25) \\
I(f) &= \int dx \, f(x) \\
S(f * f; m) &= \int dx \int dy \, f(x) S(x - y; m) f(y) \\
&= (f, (-\Delta + m^2)^{-1} f) \quad &(7.26) \\
S\{f\} &= 1 + \sum_{n=1}^{\infty} \frac{i^n}{n!} \int dx_1 \cdots \int dx_n \, S_n(\mathrm{x}_1, \ldots, \mathrm{x}_n) f(x_1) \cdots f(x_n).
\end{aligned}$$

Auch hier soll $f$ wieder eine (geeignete) reelle Funktion sein. Man nennt $S\{f\}$ das *Schwinger-Funktional* des euklidischen Feldes. Da $S(f * f; m) \geq 0$ gilt (und $= 0$ nur für $f = 0$), ist $S\{f\}$ im Falle eines freien Feldes ein Gaußsches Funktional. Die Parallelen zu den Eigenschaften des harmonischen Oszillators in der Quantenmechanik sind offensichtlich. Die Existenz eines Schwinger-Funktionals $S\{f\}$ wollen

### 7.3. Das freie euklidische Skalarfeld

wir auch für wechselwirkende Felder annehmen, über das Konstruktionsprinzip aber erst später sprechen. Wenn wir also hier von *den* Schwinger-Funktionen sprechen, so denken wir bereits an den allgemeinen Fall, kennen jedoch bislang nur ein Beispiel, das des freien Feldes, an dem wir die Ideen verdeutlichen.

#### 7.3.2 Die stochastische Interpretation

Für das euklidische Feld, das wir nun einführen wollen, schreiben wir $\Phi(x)$ anstelle von $\Phi(x)$, dem Minkowski-Feld. Da die euklidischen $n$-Punktfunktionen symmetrisch sind, ist es möglich, sie als Korrelationsfunktionen im Sinne der Stochastik zu deuten. Die Idee ist also, das euklidische Feld $\Phi(x)$ als eine *Zufallsvariable* einzuführen, so daß gilt:

$$E(\Phi(x)) = c \qquad E(\Phi(x)\Phi(y)) - E(\Phi(x))E(\Phi(y)) = S(x - y; m). \qquad (7.27)$$

Mit $E(\cdot)$ wäre dann der *Mittelwert* oder *Erwartungswert* im Sinne der Wahrscheinlichkeitstheorie gemeint. Alle höheren Korrelationsfunktionen $E(\Phi(x_1)\cdots\Phi(x_n))$ ließen sich daraus rekursiv berechnen. Eine Schwierigkeit hat diese Auffassung jedoch: Falls in der Formel (7.27) $x = y$ gesetzt wird, erhalten wir den singulären Ausdruck $S(0; m) = \infty$. Wir sind, ähnlich wie in der Operatorfeldtheorie, auch hier gezwungen, ein Glättungsverfahren anzuwenden, um dem euklidischen Feld den singulären Charakter zu nehmen. Zum Glück ist die Singularität integrabel, so daß wir ohne Probleme schon durch Integration mit sehr einfachen Funktionen eine solche Glättung ausführen können.

Wir wählen also einen geeigneten Raum von Testfunktionen $f : E_4 \to \mathbb{R}$ und betrachten die integrierten Größen $\Phi(f) = \int dx\, \Phi(x) f(x)$ als die eigentlichen Zufallsvariablen. Diese Auffassung zeigt keinerlei Probleme, Korrelationsfunktionen der Art $E(\Phi(f_1)\cdots\Phi(f_n))$ sind wohldefiniert. Durch Entwicklung der Exponentialfunktion könnten im Prinzip die Korrelationsfunktionen $n$-ter Ordnung aus dem Schwinger-Funktional gewonnen werden. Für das freie Feld hätten wir von der Formel

$$\log E\big(\exp\{i\Phi(f)\}\big) = icI(f) - \tfrac{1}{2}(f, (-\Delta + m^2)^{-1} f) \qquad (7.28)$$

auszugehen. Unsere Vorschriften erlauben somit die Berechnung von beliebigen Korrelationen. Wir kennen noch nicht die zugrunde liegenden $n$-Verteilungen (W-Maße). Ihre Konstruktion ist unser nächstes Ziel. Wie nicht anders zu erwarten, wird es sich hierbei um Gaußsche Verteilungen handeln. Zur Vereinfachung nehmen wir an, daß der Vakuumerwartungswert des Feldes verschwindet ($c = 0$), und behandeln den einfachsten Fall zuerst.

**Der Fall $n = 1$**

Im erzeugenden Funktional des freien Feldes ersetzen wir $f$ durch $tf$ und variieren den reellen Parameter $t$. Wir erhalten so die Darstellung

$$E\big(\exp\{it\Phi(f)\}\big) = \exp\{-\tfrac{1}{2}at^2\} = \int d\mu(\alpha) \exp\{it\alpha\} \qquad (7.29)$$

mit $a = (f, (-\Delta + m^2)^{-1} f)$; $\mu$, abhängig von $f$, ist das gesuchte W-Maß, das die Verteilung der „Meßwerte" von $\Phi(f)$ beschreibt. Die möglichen Werte $\alpha$, die diese Zufallsvariable annehmen kann, liegen auf der reellen Achse, weil wir von einem neutralen Skalarfeld ausgingen. Die offensichtliche Lösung lautet:

$$d\mu(\alpha) = d\alpha\, (2\pi a)^{-1/2} \exp\{-(2a)^{-1}\alpha^2\}. \tag{7.30}$$

Die Konstante $a$ übernimmt hierbei die Rolle der *Varianz* der Verteilung.

**Der allgemeine Fall**

Im erzeugenden Funktional ersetzen wir $f$ durch $\sum_{k=1}^n t_k f_k$ mit linear unabhängigen Testfunktionen $f_k$ und variieren die reellen Parameter $t_k$:

$$E\bigl(\exp\{i\sum_k t_k \Phi(f_k)\}\bigr) = \exp\left\{-\tfrac{1}{2} \sum_{j,k=1}^n t_j t_k a_{jk}\right\} \tag{7.31}$$

$$(f_j, (-\Delta + m^2)^{-1} f_k) = a_{jk}. \tag{7.32}$$

Es sei $A$ die $n \times n$-Matrix mit den Elementen $a_{jk}$. Sie ist symmetrisch und strikt positiv (0 ist kein Eigenwert); denn es gilt $\sum t_j t_k a_{jk} = (f, (-\Delta + m^2)^{-1} f) \geq 0$, und dieser Ausdruck verschwindet nur für $f = 0$, also für $t_k = 0$, weil das System $(f_k)$ linear unabhängig vorausgesetzt war. Mit $\alpha_1, \ldots, \alpha_n$ bezeichnen wir die möglichen „Meßwerte" von $\Phi(f_1), \ldots, \Phi(f_n)$. Die gemeinsame Verteilung dieser Werte wird durch ein W-Maß $\mu$ beschrieben, abhängig von $f_1 \ldots, f_n$, das wir aus der Gleichung

$$E\bigl(\exp\{i\sum t_k \Phi(f_k)\}\bigr) = \int d\mu(\alpha_1, \ldots, \alpha_n)\, \exp\{i\sum t_k \alpha_k\} \tag{7.33}$$

zu bestimmen haben. Eine Fourier-Transformation löst das Problem, und wir finden (beachte $\det A > 0$):

$$d\mu(\alpha_1, \ldots, \alpha_n) = [\det(2\pi A)]^{-1/2} \exp\left\{-\tfrac{1}{2}\sum_{j,k=1}^n \alpha_j \alpha_k (A^{-1})_{jk}\right\} \prod_{k=1}^n d\alpha_k. \tag{7.34}$$

Ergebnis: alle $n$-dimensionalen Verteilungen sind Gaußsch.

Wir stellen somit fest:

*Das freie euklidische Feld $\Phi(x)$ ist ein verallgemeinerter Gauß-Prozeß über dem euklidischen Raum $E_4$ mit dem Mittelwert $E(\Phi(x)) = 0$ und der Kovarianz*

$$E(\Phi(x)\Phi(y)) = \langle x|(-\Delta + m^2)^{-1}|y\rangle = S(x - y; m)$$

*(euklidischer Propagator).*

Die hierin angesprochene Verallgemeinerung geschieht auf zwei Weisen:

1. Die Halbachse $\mathbb{R}_+$, die normalerweise in die Formulierung eines stochastischen Prozesses als wesentliches Strukturelement eingeht und inhaltlich als die „Zeit" interpretiert wird, ist in der euklidischen Feldtheorie ersetzt worden durch den Raum $E_4$.

2. Die singuläre Natur des Feldes macht es notwendig, nur die mit Testfunktionen $f$ integrierten Größen $\Phi(f)$ als die eigentlichen Zufallsvariablen aufzufassen.

Was den zweiten Punkt angeht, so ist es bequem, jedoch nicht zwingend, $f$ aus dem Raum $\mathcal{S}(E_4)$, dem sog. Schwartz-Raum[4] zu wählen. Allgemeiner Sprachgebrauch: Es sei $\Phi(x)$ ein verallgemeinerter Gauß-Prozeß und $f \mapsto \Phi(f)$ die zugehörige lineare Abbildung von Testfunktionen in Zufallsvariablen. Schließlich existiere ein linearer Operator $K$, so daß

$$E(\Phi(f)\Phi(g)) - E(\Phi(f))E(\Phi(g)) = (f, Kg) \qquad (7.35)$$

die Kovarianz des Prozesses ist ($f$ und $g$ sind beliebig). Dann heißt $K$ der *Kovarianzoperator*. Man erzielt somit eine sinnvolle Verallgemeinerung des Begriffs der *Kovarianzmatrix* einer stochastischen Variablen mit Werten im $\mathbb{R}^n$. Der Prozeß heißt *zentriert*, falls $E(\Phi(f)) = 0$ für alle $f$ gilt. Der Kovarianzoperator des euklidischen Feldes ist $(-\Delta + m^2)^{-1}$. Das Feld ist zentriert, wenn das Kondensat verschwindet: $c = 0$.

## 7.4 Gaußsche Funktionalintegrale

Die Überlegungen des vorigen Abschnittes geben Anlaß zu der Konstruktion eines Funktionalintegrals spezieller Art, mit dessen Hilfe das Schwinger-Funktional des freien euklidischen Feldes ausgedrückt werden kann. Wir vereinbaren, daß die zulässigen Testfunktionen, die wir für die Glättung benutzen, dem Raum $\mathcal{S}(E_4)$ angehören. Jede Distribution $\phi \in \mathcal{S}'(E_4)$ entspricht einem linearen Funktional $\phi(f) = \int dx\, \phi(x) f(x)$, das jedem $f \in \mathcal{S}(E_4)$ eine reelle Zahl zuordnet. Es steht uns frei, die Definition auf ein $r$-komponentiges Skalarfeld auszudehnen. Wir schreiben dann

$$\phi(f) = \int dx \sum_{i=1}^{r} \phi_i(x) f_i(x)$$

und fassen in allen weiteren Formeln $f$ als eine Testfunktion mit Werten in $\mathbb{R}^r$ auf. Dies schließt auch den Fall eines komplexen Skalarfeldes ein; denn hier gilt $r = 2$, wie eine Zerlegung in Real- und Imaginärteil zeigt.

Das zu konstruierende Funktionalintegral ist vom Gaußschen Typ und erstreckt sich über alle Distributionen $\phi$, in denen wir die Verallgemeinerung der Brownschen Pfade erkennen. Die typische Distribution ist nicht einer glatten Funktion äquivalent. Ähnliches galt für die Brownschen Pfade. Wir erläutern nun die Details der angedeuteten Konstruktion.

Es sei $F$ ein beliebiger $n$-dimensionaler Unterraum von $\mathcal{S}(E_4)$ und $F'$ sein Dualraum. Nach Wahl einer Basis $(f_k)_{k=1,\ldots,n}$ in $F$, so daß jedes $f \in F$ als $\sum_{k=1}^{n} t_k f_k$

---
[4]Dieser Raum umfaßt alle beliebig oft differenzierbaren reellen Funktionen, die zusammen mit all ihren partiellen Ableitungen für große Werte von $|x|$ rasch (schneller als jede Potenz $|x|^{-n}$) abfallen. Eine Distribution im Sinne von Schwartz, auch *verallgemeinerte Funktion* genannt, ist ein Element des Dualraumes $\mathcal{S}'(E_4)$, also ein stetiges lineares Funktional auf $\mathcal{S}(E_4)$.

darstellbar ist, können wir die reellen Koeffizienten $t_k$ als die *Koordinaten* des Vektors $f$ auffassen. Es existiert dann immer eine duale Basis $(f_k^*)_{k=1,...,n}$ in $F'$, so daß $f_j^*(f_k) = \delta_{jk}$ gilt. Für einen Vektor $\phi = \sum_{k=1}^n \alpha_k f_k^* \in F'$ mit den Koordinaten $\alpha_k$ und $f \in F$ mit den Koordinaten $t_k$ folgt: $\phi(f) = \sum t_k \alpha_k$. Die Fourier-Zerlegung

$$\boldsymbol{E}\bigl(\exp\{i \sum t_k \Phi(f_k)\}\bigr) = \int d\mu_{f_1,...,f_n}(\alpha_1,...,\alpha_n) \exp\{i \sum t_k \alpha_k\}, \qquad (7.36)$$

wie sie im vorigen Abschnitt vorgenommen wurde, leistet somit das folgende: sie erzeugt auf jedem Raum $F'$ endlicher Dimension ein W-Maß, das nach Einführung von Koordinaten die konkrete Getalt $\mu_{f_1,...,f_n}$ annimmt. Im Sinne der Stochastik beschreibt dieses Maß die gemeinsame Verteilung aller Zufallsvariablen $\Phi(f)$ mit $f \in F$. Wie kann die Gesamtheit dieser Maße zu einem einzigen Maß auf $\mathcal{S}'(E_4)$ verschmolzen werden?

Zu diesem Ziel werden wir jeder meßbaren Teilmenge $A \subset F'$ in natürlicher Weise eine Menge $\hat{A} \subset \mathcal{S}'$ zuordnen, wobei $A$ als eine Teilmenge des $\mathbb{R}^n$ zu betrachten ist, weil wir ja Koordinaten $\alpha_k$ in $F'$ eingeführt haben:

$$\hat{A} = \{\phi \in \mathcal{S}' \,|\, (\phi(f_1),...,\phi(f_n)) \in A\}. \qquad (7.37)$$

In Worten: $\hat{A}$ besteht aus allen Vektoren $\phi$, deren Koordinaten $\alpha_k = \phi(f_k)$ in dem vorgegebenem Gebiet $A$ liegen. Auf diese Weise sind nur einige der unendlich vielen Koordinaten von $\phi$ eingeschränkt worden, d.h $\hat{A}$ ist eine Zylindermenge zur Basis $A$. Wir setzen

$$\int_{\hat{A}} d\mu(\phi) = \int_A d\mu_{f_1,...,f_n}(\alpha_1,..,\alpha_n) \qquad (7.38)$$

für jede so konstruierte Zylindermenge[5] und erhalten ein W-Maß auf $\mathcal{S}'$.

Unter allen Maßen auf $\mathcal{S}'(E_4)$ sind die Gaußschen Maße besonders einfach zu charakterisieren. Es sei nämlich $(f, Kf)$ eine strikt positive quadratische Form auf $\mathcal{S}(E_4)$. Dann ist ihr ein zentriertes Gaußsches Maß $\mu$ auf $\mathcal{S}'(E_4)$ zugeordnet, dessen Fourier-Transformierte (das charakteristische Funktional des Maßes) durch

$$\int d\mu(\phi) \exp\{i\phi(f)\} = \exp\{-\tfrac{1}{2}(f, Kf)\} \qquad (7.39)$$

gegeben ist. Gemeint ist damit etwa das folgende: Nach Wahl eines beliebigen Teilraumes $F \in \mathcal{S}(E_4)$ mit $\dim F = n < \infty$ und einer Basis $(f_k)$ in $F$ kann man die linke Seite von (7.39) als ein $n$-dimensionales Gauß-Integral über die Koordinaten $\alpha_k = \phi(f_k)$ von $\phi$ schreiben, und diese Darstellung hat Gültigkeit für alle $f = \sum t_k f_k \in F$, d.h. wir haben

$$\begin{aligned}\int d\mu(\phi) \exp\{i\phi(f)\} &= \int d\mu_{f_1,...,f_n}(\alpha_1,...,\alpha_n) \exp\{i \sum t_k \alpha_k\} \\ &= \exp\{-\tfrac{1}{2} \sum t_j t_k a_{jk}\}\end{aligned}$$

---

[5] Das Maß $\mu$ kann standardmäßig auf die gesamte Borel-Algebra von $\mathcal{S}'$ ausgedehnt werden: Dies ist die kleinste $\sigma$-Algebra, die von Zylindermengen $\hat{A}$ erzeugt wird, deren Basis $A$ eine Borel-Menge des $\mathbb{R}^n$ ist. Siehe hierzu [76], Ch.IV.

## 7.4. Gaußsche Funktionalintegrale

für $a_{jk} = (f_j, Kf_k)$.

Das Schwinger-Funktional des euklidischen Feldes schreiben wir nun als Gaußsches Funktionalintegral (=Integral über Funktionale $\phi \in \mathcal{S}'(E_4)$) in dem genannten Sinne:

$$E(\exp\{i\Phi(f)\}) = \int d\mu(\phi) \exp\{i\phi(f)\} = \exp\{-\tfrac{1}{2}(f, Kf)\} \qquad (7.40)$$

mit dem Kovarianzoperator $K = (-\Delta + m^2)^{-1}$. Es gilt $E(\Phi(x)) = 0$, also ist das Maß $\mu$ zentriert. Es hilft der Anschauung, wenn man sich Distributionen $\phi(x)$, über die integriert wird, als „Pfade" des Feldes $\Phi(x)$ im Raum $E_4$ vorstellt. Das Integral (7.40) realisiert, was Feynman für die Feldtheorie anstrebte und *sum over histories* nannte. Setzt man darin $f = \sum t_k f_k$ und entwickelt nach $t_1, \ldots, t_n$, so entsteht die Gleichung

$$E(\Phi(f_1)\cdots\Phi(f_n)) = \int d\mu(\phi)\, \phi(f_1)\cdots\phi(f_n). \qquad (7.41)$$

Sobald die Testfunktionen $f_k$ fixiert sind, ist die rechte Seite einem gewöhnlichen $n$-dimensionalen Integral äquivalent. Man schreibt auch

$$E(\Phi(x_1)\cdots\Phi(x_n)) = \int d\mu(\phi)\, \phi(x_1)\cdots\phi(x_n), \qquad (7.42)$$

doch dies ist nur mehr eine symbolische Darstellung der $n$-Punktfunktion. Die rechte Seite wird erst zu einem wahren Integral, wenn wir sie zuvor mit Testfunktionen $f_1(x_1)\cdots f_n(x_n)$ integrieren, d.h. wenn wir zu der Schreibweise (7.41) zurückkehren.

Andere Schreibweisen sind in Gebrauch, die in einem noch stärkeren Maße formal genannt werden müssen. So schreibt man oft — in Anlehnung an bekannte Formeln für die Gauß-Integration bei $n \times n$-Matrizen —

$$d\mu(\phi) = Z^{-1}\mathcal{D}\phi \exp\{-\tfrac{1}{2}(\phi, (-\Delta + m^2)\phi)\} \qquad (7.43)$$

mit einer geeigneten Normierungskonstanten $Z$. Formeln dieser Art müssen mit Vorsicht benutzt werden, weil einzelne Bestandteile darin für sich genommen keine eigene Existenz beanspruchen:

- Die Konstante $Z = \int \mathcal{D}\phi \exp\{-\tfrac{1}{2}(\phi, (-\Delta + m^2)\phi)\}$ ist eine sinnlose Größe; man erkennt dies daran, daß $Z^{-2}$ formal identisch mit der Determinante des Operators $(-\Delta + m^2)/(2\pi)$ ist. Dieser Operator besitzt ein rein kontinuierliches Spektrum, und eine Determinante kann in einer solchen Situation nicht definiert werden.

- Das Lebesgue-Maß $\mathcal{D}\phi$ kann auf $\mathcal{S}'(E_4)$ genau so wenig definiert werden wie auf jedem anderen $\infty$-dimensionalen Vektorraum.

- Für viele Distributionen $\phi$ ist $(\phi, (-\Delta + m^2)\phi)$ eine nicht definierbare Größe (man mache die Probe mit $\phi(x) = \delta(x)$).

Dennoch kann man von der Schreibweise (7.43) legitimen Gebrauch machen, falls vereinbart wird, daß nur das Produkt der drei Faktoren zusammengenommen einen wohldefinierten mathematischen Sinn haben soll:

**Vereinbarung:** *Die Darstellung*

$$d\mu(\phi) = Z^{-1}\mathcal{D}\phi \, \exp\{-\tfrac{1}{2}(\phi, K^{-1}\phi)\} \qquad (7.44)$$

*des normierten Maßes $\mu$ sei gleichbedeutend mit*

$$\int d\mu(\phi) \exp\{i\phi(f)\} = \exp\{-\tfrac{1}{2}(f, Kf)\}, \qquad (7.45)$$

*falls $(f, Kf)$ eine strikt positive quadratische Form ist.*

Zurück zum freien Skalarfeld. Hier gilt $K^{-1} = -\Delta + m^2$, und $\tfrac{1}{2}(\phi, K^{-1}\phi)$ ist nichts anderes als das Wirkungsintegral eines klassischen (euklidischen) reellen Feldes $\phi(x)$. Eine partielle Integration bringt dieses Integral in die Standardform

$$\tfrac{1}{2}(\phi, K^{-1}\phi) = \tfrac{1}{2}\int dx \left[\sum_\alpha \{\partial_\alpha \phi(x)\}^2 + m^2 \phi(x)^2 \right] \qquad (7.46)$$

mit $\partial_\alpha = \partial/\partial x^\alpha$. Die Beobachtung, daß die euklidische Wirkung das Maß $\mu$ und damit das Schwinger-Funktional $\int d\mu(\phi) \exp\{i\phi(f)\}$ betimmt, ist der Ausgangspunkt für Verallgemeinerungen. Eine erste naheliegende Erweiterung besteht darin, selbstwechselwirkende Skalarfelder durch eine euklidische Wirkung der Form

$$W\{\phi\} = \int dx \left[\tfrac{1}{2}\sum_\alpha \{\partial_\alpha \phi(x)\}^2 + U(\phi(x))\right] \qquad (7.47)$$

einzuführen und versuchsweise die euklidischen $n$-Punktfunktionen dieser Theorie durch Funktionalintegrale der Form

$$E(\Phi(x_1)\cdots\Phi(x_n)) = \frac{\int \mathcal{D}\phi \, e^{-W\{\phi\}} \phi(x_1)\cdots\phi(x_n)}{\int \mathcal{D}\phi \, e^{-W(\phi)}} \qquad (7.48)$$

auszudrücken. Hierbei ist $U : \mathbb{R} \to \mathbb{R}$ ein „Potential", das Abweichungen von der parabelförmigen Gestalt zuläßt. Solche Abweichungen beschreiben die Art der Selbstwechselwirkung. Spezifische Modelle dieser Art sind:

- $\phi^4$-*Modell*   $U(r) = \tfrac{1}{2}m^2 r^2 + \lambda r^4$   $(\lambda > 0)$
- *Higgs-Modell*   $U(r) = -\tfrac{1}{2}\mu^2 r^2 + \lambda r^4$   $(\lambda > 0)$
- *Sinus-Gordon-Modell*   $U(r) = \tfrac{1}{2}m^2 r^2 + \lambda(\cos(\gamma r) - 1)$.

Die Schwierigkeiten der Darstellung (7.48) liegen auf der Hand. Da die Funktionalintegrale nicht mehr Gaußsch sind, ist unklar, wie man sie definieren soll, und ungewiß, ob sie überhaupt definierbar sind. Der Umgang mit nicht-Gaußschen Funktionalintegralen ist kein leichtes Geschäft: die bekannte Problematik der Renormierung (die Entfernung unendlicher Konstanten) aus der traditionellen Minkowski-Feldtheorie begegnet uns in einem neuen Gewand, und eine elegante Lösung dieser

Probleme (für die vierdimensionale Theorie) ist bis heute nicht gelungen. Erfolgreich war hingegen die Konstruktion von nichttrivialen Feldtheorien in zwei bzw. drei Dimensionen. Ein vorzügliches Resümee dieser Resultate findet man in [82].

Es gibt indessen einen anderen Weg, der gegenwärtig mit großer Intensität verfolgt wird und als aussichtreich gilt, nämlich die konsequente Benutzung der *statistischen Interpretation* des euklidischen Feldes. Hierbei wird das Kontinuum $E_4$ durch ein endliches Gitter ersetzt. Zwei hintereinandergeschaltete Grenzprozesse (thermodynamischer Limes und Kontinuumslimes) führen mit etwas Glück zu den gewünschten $n$-Punktfunktionen der Feldtheorie. Jedoch selbst für bescheidene Gittergrößen lassen sich die anfänglichen Rechnungen nur durch einen Computer erledigen, und die Herausforderung besteht weiterhin darin, die nötigen Grenzprozesse auszuführen. Von diesem Weg wird im Kapitel 8 die Rede sein.

Welche Beziehung besteht zwischen dem Formalismus der Feldtheorie und der Quantenmechanik, von der in den Kapiteln 2 bis 6 die Rede war? Wenn wir die euklidische Auffassung des Skalarfeldes mit den Ausführungen im Abschnitt 2.6 vergleichen, so stellen wir fest:

> *Ihrer Struktur nach ist die Quantenmechanik von $n$ Freiheitsgraden mit der Feldtheorie eines $n$-komponentigen neutralen Skalarfeldes in einer Dimension (die der Zeit) identisch. Dabei entspricht der zum Energie-Operator $H = H_0 + V$ gehörige stochastische Prozeß $X_s$ dem euklidischen Feld $\Phi(x^4)$ mit $s = x^4$. Die nichtdifferenzierbaren Pfade $\omega(s)$ des Prozesses $X_s$ sind den Distributionen $\phi(x^4)$ zugeordnet. Der Grundzustand entspricht dem Vakuum und der Ortsoperator $q_t = e^{itH} q e^{-itH}$ (im Heisenberg-Bild) dem Minkowski-Feld $\Phi(x^0)$ mit $t = x^0$. Die Korrelationsfunktionen des Prozesses $X_s$ stimmen mit den Schwinger-Funktionen überein; der harmonische Oszillator und das freie Feld entsprechen einander.*

Bei dem Vergleich ist es wichtig, daß die Dimension $n$ (= Zahl der Freiheitsgrade) nicht mit der Dimension $d$ der Raum-Zeit verwechselt wird. Die Zahlen $n$ und $d$ sind nicht abhängig voneinander und können beliebig gewählt werden. Mit wachsendem $d$ wird es jedoch immer schwieriger, eine physikalisch sinnvolle, nichttriviale Feldtheorie zu konstruieren.

## 7.5 Grundforderungen an eine euklidische Feldtheorie

Hat man ausgehend von der euklidischen Wirkung das W-Maß $\mu$ oder äquivalent damit das Schwinger-Funktional

$$S\{f\} = \int d\mu(\phi) \exp\{i\phi(f)\} \qquad (7.49)$$

konstruiert, so möchte man wissen, ob die so konstruierte Theorie interpretierbar ist, d.h. ob die euklidische Form in ein Minkowski-Form umgewandelt werden kann, die alle Züge einer Operator-Feldtheorie besitzt. Denn nur solche Maße $\mu$ können für uns von Interesse sein.

Aus der Darstellung (7.49) folgen einige a-priori-Eigenschaften des Funktionals $S\{f\}$, die wir als von vorn herein als erfüllt betrachten:

- $|S\{f\}| \leq S\{0\} = 1$,

- $S\{f + tg\}$ ist eine stetige Funktion von $t \in \mathbb{R}$ für alle $f, g \in \mathcal{S}(E_4)$,

- die Matrix mit den Komponenten $a_{jk} = S\{f_j - f_k\}$ $(j, k = 1, \ldots, n)$ ist positiv definit (sowohl $n$ als auch die $f_k \in \mathcal{S}$ sind beliebig).

Wir sagen, $S\{f\}$ sei ein stetiges normiertes Funktional vom positiven Typ. Nur die letzte Eigenschaft bedarf eines Kommentars. Setzt man

$$F(\phi) = \sum_{k=1}^{n} c_k \exp\{i\phi(f_k)\} \qquad (7.50)$$

für $c_k \in \mathbb{C}$, also $|F(\phi)|^2 = \sum_{j,k} c_j \bar{c}_k \exp\{i\phi(f_j - f_k)\}$, so gilt

$$0 \leq \int d\mu(\phi) |F(\phi)|^2 = \sum_{j,k} c_j \bar{c}_k S\{f_j - f_k\}.$$

Die Positivität des Maßes $\mu$ und die Eigenschaft des charakteristischen Funktionals $S$, vom positiven Typ zu sein, entsprechen einander. Die Positivität in der einen oder anderen Form erlaubt es, in natürlicher Weise einen Hilbertraum

$$\mathcal{E} := L^2(\mathcal{S}', d\mu)$$

von Funktionen $F : \mathcal{S}' \to \mathbb{C}$ einzuführen mit dem Skalarprodukt

$$(F, G) = \int d\mu(\phi) \, \overline{F(\phi)} G(\phi). \qquad (7.51)$$

Dies ist noch nicht der Hilbertraum der physikalischen Zustände, jedoch bedeutsam für dessen Konstruktion. Eine dichte Menge von Vektoren besitzen wir in den Funktionen $F(\phi)$ mit der Gestalt (7.50).

Die genannten Eigenschaften garantieren noch nicht die Existenz aller $n$-Punkt-Schwinger-Funktionen. Dies hängt mit der Frage zusammen, ob das Maß $\mu$ schnell genug gegen Null abfällt, so daß es Momente beliebiger Ordnung besitzt. Existieren die Schwinger-Funktionen, so ist ihre Symmetrie unter Permutationen ihrer Argumente bereits ein Folge des Ansatzes und gehört damit zu den Grundvoraussetzungen.

In den Jahren 1973-75 haben Osterwalder und Schrader [133] eine Liste von Forderungen (*Axiome*) aufgestellt, die die Interpretierbarkeit einer euklidischen Version der Feldtheorie gewährleisten. Varianten dieser Liste wurden von B.Simon [151] und J.Glimm/A.Jaffe [82] diskutiert. Wir werden die letztgenannte Version vorstellen und sie Punkt für Punkt diskutieren. Dazu ist nötig, auch den

## 7.5. Grundforderungen an eine euklidische Feldtheorie

Raum $\mathcal{S}^c(E_4)$ der komplexwertigen Testfunktionen in die Betrachtung einzubeziehen. Wir sagen, $f$ liege in $\mathcal{S}^c$, falls $f = f_1 + if_2$ für $f_1, f_2 \in \mathcal{S}$ gilt.

**Analytizität.** Das Funktional $S\{f\}$ kann auf komplexe Funktionen $f \in \mathcal{S}^c$ ausgedehnt werden und ist analytisch. Dies soll folgendes heißen: Für $f = \sum_{k=1}^{n} z_k f_k$ mit $z_k \in \mathbb{C}$ und $f_k \in \mathcal{S}^c$ ist die Abbildung $(z_1, \ldots, z_n) \to S\{f\}$ ganz analytisch in $\mathbb{C}^n$. Diese Forderung garantiert, daß $S\{f\}$ durch eine Potenzreihe darstellbar ist, aus der man die Schwinger-Funktionen entnehmen kann. Natürlich kommen wir hierfür auch mit einer schwächeren Bedingung (beliebige Differenzierbarkeit von $t \to S\{tf\}$ für reelles $f$) aus, doch ganz verzichtbar ist jedwede Form dieses Axioms nicht, wie man an Beispielen erkennt. So wird etwa durch

$$\log S\{f\} = -c|\int dx\, f(x)| - \tfrac{1}{2} S(f * f; m) \qquad (c > 0) \tag{7.52}$$

eine nichtinterpretierbare Theorie geschaffen, weil keine der Schwinger-Funktionen durch einen solchen Ansatz definiert ist: Der Absolutbetrag auf der rechten Seite steht dem im Wege. Bestimmt man für dieses Beispiel das W-Maß $\mu$, so wird man feststellen, daß es nicht rasch genug gegen Null strebt. Die Besonderheiten dieses Beispiels erkennt man bereits an dem Integral

$$e^{-|s|} = \frac{1}{\pi} \int_{-\infty}^{\infty} \frac{dt}{1+t^2} e^{ist}, \tag{7.53}$$

das $e^{-|s|}$ zur charakteristischen (bei $s = 0$ nicht differenzierbaren) Funktion für die Cauchy-Verteilung erklärt. Der langsame Abfall der Cauchy-Verteilung erlaubt nicht einmal die Bildung des ersten Momentes.

**Regularität.** Es existieren Konstanten $c_1$ und $c_2$, so daß für alle $f \in \mathcal{S}^c$ die Ungleichung

$$|S\{f\}| \leq \exp \int dx \Big( c_1 |f(x)| + c_2 |f(x)|^2 \Big) \tag{7.54}$$

erfüllt ist. Darüberhinaus sei die Zweipunktfunktion $E(\Phi(x)\Phi(y))$ lokal integrabel. Die Bedingung (7.54) drückt einerseits eine gewisse Form der Stetigkeit aus, andererseits begrenzt sie das Wachstum des Funktionals für komplexes $f$. Die Zusatzannahme schränkt der Natur der Singularität bei $x - y = 0$ ein. Gemessen an den übrigen Axiomen scheint die Regularität eher eine technische Voraussetzung und nicht genügend physikalisch begründet zu sein. Die nächsten beiden Forderungen sind jedoch Grundpfeiler der Theorie.

**Invarianz.** Das Funktional $S\{f\}$ ist invariant unter allen Symmetrien des euklidischen Raumes $E_4$. Zur Erläuterung: Sei

$$(a, R)f(x) = f\big(R^{-1}(x - a)\big) \qquad (a \in \mathbb{R}^4, R \in O(4)) \tag{7.55}$$

die Wirkung einer solchen Symmetrietransformation, so fordern wir $S\{(a, R)f\} = S\{f\}$. Die Symmetrien des Funktionals $S\{f\}$ sind die Symmetrien des W-Maßes $\mu$ auf $\mathcal{S}'(E_4)$ und damit auch die der euklidischen Wirkung $W\{\phi\}$.

Eine unitäre Darstellung $U_{a,R} : \mathcal{E} \to \mathcal{E}$ der Symmetriegruppe wird dadurch definiert, daß man

$$U_{a,R}F(\phi) = \sum_{k=1}^{n} c_k \exp\left\{i\phi\big((a,R)f_k\big)\right\} \qquad (7.56)$$

für Vektoren der Form (7.50) setzt und die Wirkung stetig auf ganz $\mathcal{E}$ erweitert. Die konstante Funktion $F = 1$ übernimmt dabei die Rolle eines invarianten Zustandes. Gewissermaßen handelt es sich hierbei um eine Vorstufe des Vakuums. Zwei Symmetrien wollen wir besonders hervorheben:

- *Invarianz gegen Zeitumkehr.* Wir schreiben abkürzend $\theta := (0, R)$ für die Transformation mit $R(\mathbf{x}, x^4) = (\mathbf{x}, -x^4)$ und setzen $\Theta = U_\theta$. Der unitäre Operator $\Theta$ ist involutorisch: $\Theta^2 = 1$.

- *Invarianz gegen Zeitverschiebung.* Wir schreiben abkürzend $U(t) := U_{a,1}$ für $a = (0, t)$ und erhalten eine (stetige) einparametrige unitäre Gruppe: $U(0) = 1$, $U(t)^* = U(-t) = U(t)^{-1}$, $U(t)U(t') = U(t + t')$. Es folgt die Existenz eines selbstadjungierten Operators $A$ mit $U(t) = \exp\{itA\}$, jedoch ist $A$ nicht der Hamilton-Operator.

Man bestätigt leicht die Gültigkeit der Relation

$$\Theta U(t) = U(-t)\Theta, \qquad (7.57)$$

die uns zeigt, daß $A$ ein um Null symmetrisches Spektrum besitzt.

**Reflexionspositivität.** Die Matrix mit den Komponenten $a_{ik} = S\{f_i - \theta f_k\}$ ($i, k = 1, \ldots, n$, $n$ beliebig) ist positiv für alle $f_k \in \mathcal{S}$, die im unteren Halbraum verschwinden: $f_k(x) = 0$ für $x^4 < 0$. Diesen Teilraum von reellen Testfunktionen wollen wir mit $\mathcal{S}_+$ bezeichnen. Ihm ist ein Teilraum $\mathcal{E}_+$ von $\mathcal{E}$ zugeordnet, den wir als die abgeschlossene lineare Hülle von Vektoren der Form $F(\phi) = \exp\{i\phi(f)\}$ mit $f \in \mathcal{S}_+$ ansehen können. Genau betrachtet sagt das Axiom aus, daß $(\Theta F, G) \geq 0$ für $F, G \in \mathcal{E}_+$ gilt (zunächst nur für Vektoren der Form (7.50), dann aber auch allgemein aus Stetigkeitsgründen) und daß man

$$\langle F, G \rangle := (\Theta F, G) \qquad (7.58)$$

als ein neues Skalarprodukt in $\mathcal{E}_+$ einführen kann, falls man durch den Nullraum

$$\mathcal{E}_0 := \{F \in \mathcal{E}_+ \mid \langle F, F \rangle = 0\}$$

dividiert[6]. Um einen Hilbertraum unter dem neuen Skalarprodukt zu erhalten, müssen wir den Quotienten $\mathcal{E}_+/\mathcal{E}_0$ durch Hinzunahme aller Cauchy-Folgen vervollständigen:

$$\mathcal{H} := (\mathcal{E}_+/\mathcal{E}_0)^-. \qquad (7.59)$$

---

[6]Hierbei handelt es sich offensichtlich um einen linearen Teilraum; denn $\langle F, F \rangle = 0$ und $\langle F, G \rangle = 0$ für alle $G \in \mathcal{E}_+$ sind äquivalente Aussagen.

## 7.5. Grundforderungen an eine euklidische Feldtheorie

Daß es sich hierbei um den eigentlich interessierenden Raum der physikalischen Zustände handelt, müssen wir noch erhärten.

Zwei Vektoren $F$ und $G$ in $\mathcal{E}_+$ führen genau dann zum gleichen Vektor in $\mathcal{H}$, falls sie sich um einen Vektor in $\mathcal{E}_0$ unterscheiden. Deshalb ist es sinnvoll, die Äquivalenzklasse $F_\bullet$ von $F \in \mathcal{E}_+$ zu unterscheiden. Wir werden sodann $F_\bullet$ als einen Vektor von $\mathcal{H}$ ansehen und schreiben das Skalarprodukt als

$$(F_\bullet, G_\bullet) = \langle F, G \rangle.$$

Ist speziell $F = 1$ (die konstante Funktion), so schreiben wir $\Omega$ anstelle von $1_\bullet$ und nennen diesen Vektor das *Vakuum*. Er ist bereits normiert, weil $\mu$ ein W-Maß ist: $\|\Omega\|^2 = \int d\mu = 1$.

### Der Energie-Operator

Um den Hamilton-Operator $H$ einer Quantenfeldtheorie zu gewinnen, betrachten wir die Halbgruppe der Zeittranslationen mit $t \geq 0$. Grundlegend ist die folgende Beobachtung: Ist $f(\mathbf{x}, x^4)$ eine Funktion, die für $x^4 < 0$ verschwindet, so überträgt sich diese Eigenschaft auf die Funktion

$$f_t(\mathbf{x}, x^4) = f(\mathbf{x}, x^4 - t)$$

für alle $t > 0$, d.h. die Halbgruppe transformiert den Raum $\mathcal{S}_+$ in sich. Folglich gilt auch

$$U(t) : \mathcal{E}_+ \to \mathcal{E}_+ \qquad (t \geq 0),$$

d.h. $\mathcal{E}_+$ wird zu einem invarianten Teilraum. Eingebettet in $\mathcal{E}_+$ liegt $\mathcal{E}_0$. Ist auch dieser Raum invariant?

Zunächst findet man:

$$\langle U(t)F, G \rangle = \langle F, U(t)G \rangle \qquad (F, G \in \mathcal{E}_+). \tag{7.60}$$

Denn $(\Theta U(t)F, G) = (U(-t)\Theta F, G) = (\Theta F, U(t)G)$. Sobald man $F$ in $\mathcal{E}_0$ wählt, gilt $\langle F, U(t)G \rangle = 0$, also auch $\langle U(t)F, G \rangle = 0$ wegen (7.60), und $U(t)F$ ist in $\mathcal{E}_0$, d.h. $\mathcal{E}_0$ ist invariant. Nach dieser Feststellung kann der Operator $U(t)$ zu einem linearen und beschränkten Operator auf dem Quotientenraum $\mathcal{E}_+/\mathcal{E}_0$ erklärt und seine Wirkung auf ganz $\mathcal{H}$ ausgedehnt werden. Wir wollen ihn mit $U(t)_\bullet$ bezeichnen und können seine Wirkung so charakterisieren:

$$U(t)_\bullet F_\bullet = (U(t)F)_\bullet, \tag{7.61}$$

gültig für alle $F \in \mathcal{E}_+$ und $t \geq 0$. Die Stetigkeit von $t \to U(t)_\bullet$ läßt sich leicht demonstrieren.

Die Gleichung (7.60) besagt, daß $U(t)_\bullet$ selbstadjungiert ist. Aus $U(t)_\bullet = U(t/2)_\bullet^2$ folgt sogar $U(t)_\bullet \geq 0$. Wir zeigen nun, daß $U(t)_\bullet \leq 1$ gilt und somit die Halbgruppe die Gestalt

$$U(t)_\bullet = \exp(-tH) \qquad (t \geq 0, H \geq 0) \tag{7.62}$$

besitzt. Eine offensichtliche Schranke folgt aus der Schwarz-Ungleichung in $\mathcal{E}_+$:

$$\|U(t)_\bullet F_\bullet\|^2 = (\Theta U(t)F, U(t)F) \leq \|F\|^2, \qquad (7.63)$$

eine weitere aus der Schwarz-Ungleichung in $\mathcal{H}$:

$$\|U(t)_\bullet F_\bullet\|^2 = (F_\bullet, U(2t)_\bullet F_\bullet) \leq \|F_\bullet\| \|U(2t)_\bullet F_\bullet\|. \qquad (7.64)$$

Setzen wir zur Abkürzung

$$u(t) = \frac{\|U(t)_\bullet F_\bullet\|}{\|F_\bullet\|}, \qquad c = \frac{\|F\|}{\|F_\bullet\|} \qquad (F_\bullet \neq 0),$$

so lauten die beiden Aussagen (7.63) und (7.64):

$$u(t) \leq c, \qquad u(t)^2 \leq u(2t).$$

Durch Iteration entsteht hieraus die Schranke

$$u(t)^{2^n} \leq u(2^n t) \leq c$$

für alle natürlichen $n$. Wegen $\lim_n c^{2^{-n}} = 1$ folgt $u(t) \leq 1$ und damit die Beschränktheit von $U(t)_\bullet$ durch 1.

Der durch die Relation (7.62) bestimmte Operator $H$ ist der *Hamilton-Operator* der Theorie und $\Omega$ sein Grundzustand. Aus $U(t)_\bullet \Omega = \Omega$ folgt $H\Omega = \Omega$. Möglicherweise ist $\Omega$ nicht der einzige Zustand mit dieser Eigenschaft; wir haben keine Forderung an die Theorie gestellt, die die Eindeutigkeit des Vakuums zur Folge hat.

Eine natürliche Frage an dieser Stelle ist, ob das freie Feld reflexionspositiv ist und ob man die Konstruktion des Hilbertraumes $\mathcal{H}$ und des Hamilton-Operators in einem mehr traditionellen Rahmen verstehen kann. Hier genügt es, die Betrachtung auf den Einteilchenraum zu beschränken; denn alles wesentliche geschieht darin. Reflexionspositivität ist damit eine Eigenschaft der Zweipunktfunktion allein:

$$S(\bar{f} * \theta f; m) \geq 0 \qquad f \in \mathcal{S}_+^c(E_4). \qquad (7.65)$$

Daß diese Bedingung erfüllt ist, läßt sich so erkennen. Jedem $f \in \mathcal{S}_+^c$ ordnet man eine Funktion

$$f_\bullet(\mathbf{p}) = \int dx\, e^{i\mathbf{p}\mathbf{x} - \omega x^4} f(x)$$

($\omega = \sqrt{\mathbf{p}^2 + m^2}$) zu und erklärt sie als ein Vektor des Hilbertraumes $\mathcal{H}_1$ mit dem Skalarprodukt

$$(f_\bullet, g_\bullet) = \frac{1}{(2\pi)^3} \int \frac{d\mathbf{p}}{2\omega} \overline{f_\bullet(\mathbf{p})} g_\bullet(\mathbf{p}).$$

Indem man die Darstellung (7.9) benutzt, rechnet man sofort nach, daß

$$\|f_\bullet\|^2 = S(\bar{f} * \theta f; m) \qquad (f \in \mathcal{S}_+^c) \qquad (7.66)$$

## 7.5. Grundforderungen an eine euklidische Feldtheorie

gilt. Somit ist (7.65) erfüllt. Bei der Abbildung $\mathcal{S}_+^c \to \mathcal{H}_1$, $f \mapsto f_\bullet$ wird so manche Funktion auf den Nullvektor abgebildet. Solche Funktionen $f$ formen einen Teilraum $\mathcal{S}_0^c$, und wir können den Einteilchenraum $\mathcal{H}_1$ mit $(\mathcal{S}_+^c / \mathcal{S}_0^c)^-$ identifizieren. Man findet auch leicht

$$U(t)_\bullet f_\bullet(\mathbf{p}) = e^{-\omega t} f_\bullet(\mathbf{p}) \qquad (t \geq 0)$$

ausgehend von $U(t) f(\mathbf{x}, x^4) = f(\mathbf{x}, x^4 - t)$ und $U(t)_\bullet f_\bullet = (U(t)f)_\bullet$. Folglich ist der Energie-Operator auf $\mathcal{H}_1$ durch die Multiplikation mit $\omega$ realisiert, wie vorauszusehen war.

Die Zweipunktfunktion besitzt eine weitere Positivitätseigenschaft, die einen weitaus größeren, jedoch unphysikalischen Hilbertraum $\mathcal{E}_1$ zu bilden gestattet. Wir gehen hierbei von allen Funktionen $f \in \mathcal{S}^c(E_4)$ aus, ihren Fourier-Transformierten

$$\tilde{f}(p) = (2\pi)^{-2} \int dx \exp\{ipx\} f(x)$$

und dem Skalarprodukt

$$(\tilde{f}, \tilde{g}) = \int dp\, \frac{\overline{\tilde{f}(p)} \tilde{g}(p)}{p^2 + m^2} = S(\bar{f} * g; m).$$

Durch Vervollständigung entsteht hieraus der Raum

$$\mathcal{E}_1 = L^2(\mathbb{R}^4, d\nu), \qquad d\nu(p) = dp\, (p^2 + m^2)^{-1},$$

in dem Zeittranslationen durch $U(t)\tilde{f}(p) = e^{ip^4 t}\tilde{f}(p)$ dargestellt sind. Schreibt man $U(t) = \exp\{itA\}$, so erkennt man, daß $A$ keine Beziehung zum Energie-Operator besitzt. Vielmehr ist das Spektrum von $A$ unabhängig von allen anderen Impulskomponenten, rein kontinuierlich und füllt die gesamte reelle Achse.

Die Zeitspiegelung ist auf $\mathcal{E}_1$ unitär, auf $\mathcal{H}_1$ dagegen antiunitär repräsentiert:

$$\Theta \tilde{f}(\mathbf{p}, p^4) = \tilde{f}(\mathbf{p}, -p^4) \qquad (7.67)$$

$$T f_\bullet(\mathbf{p}) = \overline{f_\bullet(-\mathbf{p})}. \qquad (7.68)$$

Eine Beziehung zwischen beiden Symmetrien besteht nicht. Offenbar geht die Zeitspiegelung der Minkowski-Feldtheorie ganz einfach aus der komplexen Konjugation

$$K : \mathcal{S}^c \to \mathcal{S}^c,\ f \mapsto \hat{f}$$

als $T = K_\bullet$ hervor. Für ein selbstwechselwirkendes Skalarfeld haben wir allgemein von

$$K : \mathcal{E} \to \mathcal{E},\ F \mapsto \hat{F}$$

auszugehen. Nachdem man sich davon überzeugt hat, daß sowohl $\mathcal{E}_+$ als auch $\mathcal{E}_0$ invariant unter der Transformation $K$ sind, setzt man auch hier $T = K_\bullet$. Im Gegensatz dazu läßt die Spiegelung $\Theta$ den Raum $\mathcal{E}_+$ nicht invariant und führt deshalb, ungeachtet der Bedeutung dieser Transformation, nicht zu einer physikalischen Symmetrie.

# Kapitel 8

# Feldtheorie auf dem Gitter

*Be wise, discretize!*

— Marc Kac

## 8.1 Die Gitterversion des Skalarfeldes

Für ein neutrales Skalarfeld sei die euklidische Wirkung durch

$$W(\phi) = \int dx \left[ \tfrac{1}{2} \sum_\alpha \{\partial_\alpha \phi(x)\}^2 + U(\phi(x)) \right] \tag{8.1}$$

gegeben. Eine Weise, zu wohldefinierten Ausdrücken für die $n$-Punktfunktionen zu gelangen, besteht darin, daß man den Raum $E_4$ durch ein Gitter $(\mathbb{Z}_N)^4$ der Periode $N$ ersetzt. Hierbei haben wir die Gitterkonstante (der Abstand zweier benachbarter Punkte im Gitter) gleich 1 gesetzt. Die Einführung einer dimensionsbehafteten Gitterkonstanten $a$ läßt sich, falls gewünscht, durch eine Skalentransformation erreichen. Mit $\mathbb{Z}_N = \mathbb{Z}/(N\mathbb{Z})$ bezeichnet man üblicherweise die Restklassengruppe, die entsteht, wenn man die ganzen Zahlen modulo $N$ betrachtet. Sie enthält genau $N$ Elemente, die man sich durch die Zahlen $0, 1, \ldots, N-1$ repräsentiert denkt. In unserem Fall ist das Gitter periodisch mit der *gleichen* Periode $N$ in allen vier Richtungen des Raumes (wir hätten auch vier verschiedene Perioden wählen können). Ein solches Gitter läßt sich nicht in den $E_4$, sondern nur in den vierdimensionalen Torus $Tor_4 = (\mathbb{R} \bmod 1)^4$ einbetten. Man spricht deshalb von einem *toroidalen Gitter*. Der Grund, warum man ein allseitig periodisches Gitter wählt, ist bekanntlich seine Symmetrie unter diskreten Translationen. Auf diese Weise rettet man einen Teil der euklidischen Bewegungsgruppe des $E_4$.

Das toroidale Gitter besitzt $N^4$ Gitterpunkte, die wir mit $x, y$ usw. bezeichnen. Ein Gitterpunkt $x$ besitzt Komponenten mit $x^i \in \{0, 1, \ldots, N-1\}$ ($i = 1, \ldots, 4$). Funktionen auf dem Gitter sind problemlos summierbar, z.B. existiert $\sum_x a^4 f(ax)$ immer und approximiert das Integral $\int dx\, f(x)$ für genügend großes $N$ und hinreichend kleines $a$. Die euklidische Wirkung des Skalarfeldes erhält auf dem Gitter die Form

$$W(\phi) = \sum_x \left[ \tfrac{1}{2} \sum_i \{\partial_i \phi(x)\}^2 + U(\phi(x)) \right]. \tag{8.2}$$

Wir haben uns nur darüber zu verständigen, was wir unter der Gitterversion der partiellen Ableitung verstehen wollen. Unter den verschiedenen Optionen wählen wir die „Vorwärts"-Differenz:

$$[\partial_i \phi](x) := \phi(x + e_i) - \phi(x). \tag{8.3}$$

Mit $x + e_i$ bezeichnen wir die Translation von $x$ um eine Einheit in Richtung der $i$-ten Achse.

Es ist wichtig, sich vor Augen zu halten, daß alle Größen in einer solchen Theorie *dimensionslos* sind: das gilt u.a. für den Ort $x$, die Masse $m$, das Feld $\Phi(x)$ und sämtliche Kopplungskonstanten. Nach Wiedereinführung der Planckschen Konstante $\hbar$ und der Lichtgeschwindigkeit $c$ genügt die Hinzunahme einer einzigen Größe mit der Dimension einer Länge (diese Rolle könnte die Gitterkonstante $a$ übernehmen), um eine physikalisch interpretierbare Theorie zu schaffen.

In der stochastischen Interpretation wäre das euklidische Feld $\Phi(x)$ auf dem Gitter eine Zufallsvariable mit Werten in $\mathbb{R}$, und $\phi(x)$ ist eine Variable, die für die möglichen „Pfade" des Feldes steht. Ein solcher Pfad weist jedem der $N^4$ Gitterpunkte eine reelle Zahl zu, d.h. der Pfadraum kann im Falle eines endlichen Gitters grundsätzlich mit $\mathbb{R}^{N^4}$ identifiziert werden. Jedes Pfadintegral wird so einem gewöhnlichen $N^4$-dimensionalen Integral äquivalent. Das bietet, für sich genommen, noch keinen Anlaß zur Freude. Denn selbst für bescheidene Gitter, sagen wir für ein Gitter mit $N = 5$, wäre dies ein 625-dimensionales Integral. Zweifellos gibt es auch Vorteile der Gitterformulierung. So sind wir nicht mehr genötigt, die Felder mit Testfunktionen zu glätten. Denn es gibt keinen Unterschied mehr zwischen glatten und nicht-glatten Funktionen. Auch der Begriff *differenzierbar* verliert seinen Sinn. Die Formel

$$E\big(\Phi(x_1) \cdots \Phi(x_n)\big) = \frac{\int \mathcal{D}\phi \, e^{-W(\phi)} \phi(x_1) \cdots \phi(x_n)}{\int \mathcal{D}\phi \, e^{-W(\phi)}} \tag{8.4}$$

bereitet uns keine Schwierigkeiten. Denn das Lebesgue-Maß

$$\mathcal{D}\phi = \prod_x d\phi(x) \tag{8.5}$$

ist nun wohldefiniert, weil der Pfadraum endlichdimensional ist. Ein vergleichsweise harmloses Problem bleibt, weil unsicher ist, ob die Integrale in (8.4) konvergent sind. Hinreichend für die Konvergenz ist jedoch die

**Stabilitätsbedingung.** *Das Potential $U(r)$ in der euklidischen Wirkung (8.2) besitzt eine untere Schranke der Form*

$$U(r) > -c + \mu^2 r^2 \tag{8.6}$$

*für geeignet gewählte Konstanten $c$ und $\mu^2 > 0$.*

Eine ähnliche Bedingung benötigten wir für die Anwendung der Feynman-Kac-Formel. Die Bedingung (8.6) ist jedoch schärfer: das Potential muß oberhalb einer

Parabel liegen. Die Annahme $\mu^2 > 0$ ist notwendig, weil sonst die Impuls-Null-Mode Schwierigkeiten bereitet.

Die Stabilitätsbedingung macht deutlich, daß wir etwa in der $\phi^4$-Theorie das Vorzeichen der Kopplungskonstanten $\lambda$ nicht einfach umkehren können, ohne die Stabilität zu verlieren. Der Störungstheorie, auf der allein die konventionelle Feldtheorie fußt, ist ein solches Vorzeichen völlig gleichgültig. Man darf deshalb mit Recht behaupten, daß Aussagen über ein feldtheoretisches Modell immer dann einen nicht-trivialen Charakter haben, wenn in ihnen das Vorzeichen der Kopplungskonstanten eine Rolle spielt.

Wie gewinnen wir die Feldtheorie auf dem Kontinuum? Dies soll in drei Stufen geschehen:

1. *Thermodynamischer Limes.* Wir lassen die Gitterperiode $N$ gegen Unendlich streben und berechnen so die $n$-Punktfunktionen auf dem Gitter $\mathbb{Z}^4$. Noch sind alle Größen dimensionslos.

2. *Skalentransformation.* Wir führen eine variable Gitterkonstante $a$ ein mit der Dimension einer Länge (infrage kommen Größenordnungen von $10^{-13}$ cm und darunter). Das Gitter $\mathbb{Z}^4$ wird durch $(a\mathbb{Z})^4$ ersetzt und das neue Gitter in den Raum $E_4$ eingebettet. Alle Eingangsparameter der Theorie (Massen, Kopplungskonstanten etc.) sowie das Feld selbst werden einer Skalentransformation unterworfen, die diesen Größen die erforderliche Dimension gibt. Das Resultat ist ein $a$-abhängiges Gittermodell.

3. *Kontinuumslimes.* Bei geeigneter Wahl der $a$-Abhängigkeit aller Größen existieren die $n$-Punktfunktionen im Limes $a \to 0$. In diesem Prozeß wird die Korrelationslänge $\lambda$ (inverse Masse) konstant gehalten, d.h. auf ihren physikalischen Wert gesetzt. Da es gleichgültig ist, ob man in einer skalierten Theorie $a$ gegen Null gehen läßt bei konstantem $\lambda$, oder in einer unskalierten Theorie $\lambda$ gegen Unendlich gehen läßt bei konstantem $a$ (in beiden Fällen geht der Quotient $a/\lambda$ gegen Null), strebt das Gittermodell bei Ausführung des Grenzprozesses gegen einen *kritischen Punkt* im Sinne der statistischen Mechanik. Die Kontinuumstheorie, so sie existiert, beschreibt daher das Verhalten eines Gittermodells (in vier Dimensionen) in einem seiner kritischen Punkte.

Die drei soeben geschilderten Vorgänge ersetzen das Renormierungsverfahren der konventionellen Feldtheorie.

## 8.2 Der euklidische Propagator auf dem Gitter

### 8.2.1 Darstellung durch Fourier-Zerlegung

Die Translationssymmetrie des periodischen Gitters erlaubt die Einführung einer Fourier-Transformation für komplexe Funktionen $f(x)$. Impulsvariablen bezeichnen wir wie üblich mit $p$. Der Impulsraum ist wieder ein toroidales Gitter, das dem Ausgangsgitter weitgehend gleicht, mit dem Unterschied allerdings, daß die Gitterkonstante $\frac{2\pi}{N}$ ist: $p = \{p_1, \ldots, p_4\} \in (\frac{2\pi}{N}\mathbb{Z}_N)^4$. Schreibt man $px = \sum_{k=1}^{4} p_k x^k$, so bilden die ebenen Wellen

$$f_p(x) = N^{-2} e^{ipx} \tag{8.7}$$

— wie man leicht nachweist — ein vollständiges Orthonormalsystem bezüglich des Skalarproduktes $(f, g) = \sum_x \overline{f(x)} g(x)$. Wir erinnern an den Gittergradienten und seinen adjungierten Operator:

$$\partial_k f(x) = f(x + e_k) - f(x) \tag{8.8}$$
$$\partial_k^* f(x) = f(x - e_k) - f(x). \tag{8.9}$$

Wir führen den Laplace-Operator des Gitters durch $-\Delta = \sum_{k=1}^{4} \partial_k^* \partial_k$ ein, und beachten wir $pe_k = p_k$, so ergeben sich die Eigenwertgleichungen:

$$\partial_k f_p(x) = (e^{ip_k} - 1) f_p(x)$$
$$\partial_k^* f_p(x) = (e^{-ip_k} - 1) f_p(x)$$
$$-\Delta f_p(x) = \sum_{k=1}^{4} |e^{ip_k} - 1|^2 f_p(x).$$

Indem wir

$$E_p = \sum_{k=1}^{4} 2(1 - \cos p_k) \tag{8.10}$$

setzen, können wir auch $-\Delta f_p(x) = E_p f_p(x)$ schreiben mit dem Ergebnis:

*Das Spektrum von $-\Delta$ auf dem Gitter ist rein diskret und fällt in das Intervall $[0, 16]$.*

Da wir die Spektralzerlegung des Operators $-\Delta$ besitzen, können wir auch zugleich die Spektralzerlegung eines jeden Operators $F(-\Delta)$ angeben, wenn $F(t)$ eine beliebige komplexwertige Funktion von einer reellen Variablen $t$ ist und das Intervall $[0, 16]$ im Definitionsbereich von $F$ liegt:

$$F(-\Delta) f_p(x) = F(E_p) f_p(x). \tag{8.11}$$

Eine erste Anwendung besteht darin, daß wir $F(t) = \log(t + m^2)$ wählen und zur Ortsdarstellung zurückkehren:

$$\left[\log(-\Delta + m^2)\right]_{xy} = N^{-4} \sum_p e^{ip(x-y)} \log(E_p + m^2). \tag{8.12}$$

Aus dieser Formel berechnet man

$$\text{Spur} \log(-\Delta + m^2) = \sum_x \left[\log(-\Delta + m^2)\right]_{xx} = \sum_p \log(E_p + m^2) \tag{8.13}$$

## 8.2. Der euklidische Propagator auf dem Gitter

und erhält Zugang zu dem Normierungsintegral

$$\int \mathcal{D}\phi \, \exp\{-\tfrac{1}{2}(\phi,(-\Delta+m^2)\phi)\} = \left[\det\left(\frac{-\Delta+m^2}{2\pi}\right)\right]^{-1/2}$$
$$= \exp\left\{-\tfrac{1}{2}\sum_p \log \frac{E_p + m^2}{2\pi}\right\}, \quad (8.14)$$

indem man von der Identität det = exp Spur log Gebrauch macht.

Eine weitere Anwendung besteht darin, daß wir $F(t) = (t+m^2)^{-1}$ wählen und zur Ortdarstellung zurückkehren. Auf diese Weise erhalten wir den euklidischen Propagator eines skalaren Teilchens auf dem Gitter:

$$\boldsymbol{E}\big(\Phi(x)\Phi(y)\big)_N = S_N(x-y;m) = N^{-4}\sum_p \frac{e^{ip(x-y)}}{E_p + m^2}. \quad (8.15)$$

Offenbar hat auch hier $E_p$ die Rolle von $p^2$ übernommen.

Der Limes $N \to \infty$ läßt sich auf der rechten Seite von (8.15) unmittelbar ausführen. Dabei verwandelt sich die Summe in ein Integral über die Brillouin-Zone $B_4 = [-\pi,\pi]^4$ (siehe die Bemerkungen am Schluß des Abschnittes 8.3):

$$S_\infty(x-y;m) = \frac{1}{|B_4|}\int_{B_4} \frac{dp\, e^{ip(x-y)}}{E_p + m^2}, \quad |B_4| = (2\pi)^4.$$

Mit Hilfe der Umformung

$$\frac{1}{E_p + m^2} = \int_0^\infty ds\, \exp(-sm^2)\prod_{i=1}^4 \exp\{-2s(1-\cos p_i)\}$$

gelangt man zu einer Darstellung durch ein eindimensionales Integral:

$$S_\infty(x-y;m) = \int_0^\infty ds\, \exp(-sm^2)\prod_{i=1}^4 \exp(-2s)I_{x_i}(2s)$$

($I_n$ = modifizierte Bessel-Funktion). Die Kontinuumsversion der Zweipunktfunktion erhält man durch einen weiteren Limes:

$$S(x-y;m) = \lim_{a\to\infty} a^{-2}S_\infty(a^{-1}(x-y);am) \quad x \neq y).$$

Dies bedeutet: Bezeichnet $\Phi(x;m)$ des freie euklidische Feld zur Masse $m$ auf dem unendlichen Gitter, so strebt $\Phi^a(x;m) := a^{-1}\Phi(a^{-1}x;am)$ ($x \in (a\mathbb{Z})^4$) für $a \to 0$ gegen das freie euklidische Feld zur Masse $m$ auf dem Kontinuum $E_4$ (Konvergenz im Sinne des Schwinger-Funktionals).

Die Zweipunktfunktion in einer allgemeinen Situation, d.h. in Anwesenheit von Wechselwirkungen, zu studieren, gehört zu den wichtigsten Aufgaben der Theorie und, wenn man so will, auch der Simulation auf dem Computer. Die Darstellung (8.15) gilt dann nur mehr asymptotisch, nämlich für große Abstände $|x-y|$, wobei $m$ die kleinste Masse aller Zustände mit den Quantenzahlen des Feldes $\Phi$ ist. In Strenge können wir ein exponentielles Abfallgesetz für die Zweipunktfunktion nur auf einem unendlich ausgedehnten Gitter erwarten. Denn auf einem periodischen

Gitter gibt es keine „großen" Abstände, d.h. in allen konkreten Rechnungen (bei festem Gitter) ist eine Extrapolation der Art $|x - y| \to \infty$ zur Bestimmung der Masse $m$ gar nicht möglich, und die Frage tritt auf: Was tritt an die Stelle des exponentiellen Abfalls?

Einen Hinweis kann die Formel (8.15) geben, jedoch ist sie noch zu kompliziert. Schreibt man für den Ort $x = \{\mathbf{x}, x^4\}$ und für den Impuls $p = \{\mathbf{p}, p_4\}$, so bewirkt eine Summation über $\mathbf{x}$ eine Projektion auf Zustände mit $\mathbf{p} = 0$:

$$\sum_{\mathbf{x}} S_N(x, m) = N^{-1} \sum_{p_4} \frac{\exp\{ip_4 x^4\}}{m^2 + 2(1 - \cos p_4)}. \tag{8.16}$$

Die so bestimmte Funktion läßt sich in der Tat in geschlossener Form berechnen.

*Ein modifizierter Massenparameter $M$ sei durch* $\sinh \frac{1}{2}M = \frac{1}{2}m$ *eingeführt. Dann gilt für $0 \leq x^4 < N$:*

$$\sum_{x^1, x^2, x^3} S_N(x; m) = C_N \cosh\{M(x^4 - N/2)\} \tag{8.17}$$

*mit* $C_N^{-1} = 2 \sinh M \sinh(MN/2)$.

Zum Beweis setzen wir $f(\sigma) = [m^2 + 2(1 - \cos \sigma)]^{-1}$ und entwickeln:

$$f(\sigma) = \sum_{n=-\infty}^{\infty} c_n e^{-in\sigma}. \tag{8.18}$$

Die Koeffizienten bestimmen sich durch ein Fourier-Integral:

$$\begin{aligned} c_n &= \frac{1}{2\pi} \int_{-\pi}^{\pi} e^{in\sigma} f(\sigma) d\sigma \\ &= \frac{1}{2\pi} \int_0^{\pi} \frac{\cos n\sigma \, d\sigma}{a - \cos \sigma} \qquad a = 1 + \tfrac{1}{2}m^2 > 1 \\ &= \frac{1}{2\sqrt{a^2 - 1}}(a - \sqrt{a^2 - 1})^{|n|}. \end{aligned}$$

Das Resultat vereinfacht sich, wenn wir $a = \cosh M$ setzen. Dies ist $\sinh \frac{1}{2}M = \frac{1}{2}m$ äquivalent, und wir erhalten

$$c_n = \frac{e^{-M|n|}}{2 \sinh M}. \tag{8.19}$$

Damit können wir schreiben:

$$\sum_{\mathbf{x}} S_N(x, m) = \frac{1}{N} \sum_{p_4} e^{ip_4 x^4} f(p_4) = \sum_{n=-\infty}^{\infty} c_n \delta_N(x^4 - n)$$

mit

$$\delta_N(n) = \frac{1}{N} \sum_{k=0}^{N-1} e^{i2\pi k n/N} = \begin{cases} 1 & n = 0 \bmod N \\ 0 & n \neq 0 \bmod N, \end{cases}$$

## 8.2. Der euklidische Propagator auf dem Gitter

wobei wir $p_4 = 2\pi k/N$, $x^4 = n'$ gesetzt haben. Also

$$\sum_{n=-\infty}^{\infty} c_n \delta_N(n'-n) = \sum_{j=-\infty}^{\infty} c_{n'+jN}.$$

Im Bereich $0 \leq n' < N$ gilt

$$|n' + jN| = \begin{cases} n' + jN & j \geq 0 \\ N - n' + kN & k \geq 0 \quad j+k+1 = 0 \end{cases}$$

und somit

$$\sum_{j=-\infty}^{\infty} e^{-M|n'+jN|} = \frac{e^{-Mn'} + e^{-M(N-n')}}{1 - e^{-MN}} = \frac{\cosh\{M(n' - N/2)\}}{\sinh(MN/2)},$$

was den Beweis beendet.

Im Kontinuum zerfallen Korrelationen exponentiell mit dem Abstand (siehe (7.15), und aus dem asymptotischen Verhalten bestimmt man die Masse des Teilchens. Auf einem toroidalen Gitter ist manches anders. Hier kann der maximale Abstand zweier Punkte auf der Zeitachse höchstens den Wert $N/2$ annehmen. Für diesen Wert ist erwartungsgemäß die Korrelation minimal, aber nicht Null. Im übrigen zeigt das eben bewiesene Theorem, daß an die Stelle des Exponentialgesetzes nun ein cosh-Gesetz tritt, wobei der darin auftretende Massenparameter $M$ zwar mit dem im Propagator auftretenden Parameter $m$ in einfacher Weise verbunden ist, jedoch nicht mit ihm übereinstimmt. Dieser Unterschied schwindet auch dann nicht, wenn wir $N$ sehr groß wählen oder gar $N$ nach Unendlich schicken. Erst die Einführung einer Gitterkonstanten $a$ mit nachfolgendem Limes $a \to 0$ führt auf die gewünschte Identität $M = m$, wie man an der allgemein gültigen Beziehung $\sinh(\frac{1}{2}aM) = \frac{1}{2}am$ erkennt.

Am Beispiel des Zerfalls von Korrelationen läßt sich deutlich machen, wo die Grenzen der Zuverlässigkeit von Computersimulation auf dem Gitter liegen. Für den Wert $M = 1/5$ (so daß $m \approx M$) haben wir in einem Diagramm (Abbildung 8.1) bei Gittergrößen zwischen $12^4$ und $120^4$ die räumlich gemittelte Zweipunktfunktion im Bereich $0 \leq x^4 \leq 12$ aufgetragen und so normiert, daß sie bei $x^4 = 0$ stets den Wert 1 annimmt.

Der Abstand 5 zweier Punkte auf dem Gitter entspricht der Compton-Wellenlänge $\lambdabar = m^{-1}$ des Teilchens (in Einheiten der Gitterkonstanten). Um zu erreichen, daß die Funktion für gegebenes $N$ im Bereich $0 \leq x^4 \leq 5$ sich nicht wesentlich von der Grenzfunktion unterscheidet, muß für das Beispiel mindestens der Wert $N = 120$ gewählt werden. Dies entspricht einer linearen Ausdehnung des Gitters von mindestens 24 Compton-Wellenlängen.

Falls die wahre Welt, in der wir leben, durch das Modell eines vierdimensionalen Kontinuums nur ungenügend beschrieben wird, das Modell sich gewissermaßen als eine mathematische Fiktion erweist und der physikalische Raum im Kleinen eine noch unbekannte körnige Struktur besitzt (möglicherweise als Konsequenz der Quantengravitation), so gelangen wir dennoch solange nicht in Widerspruch

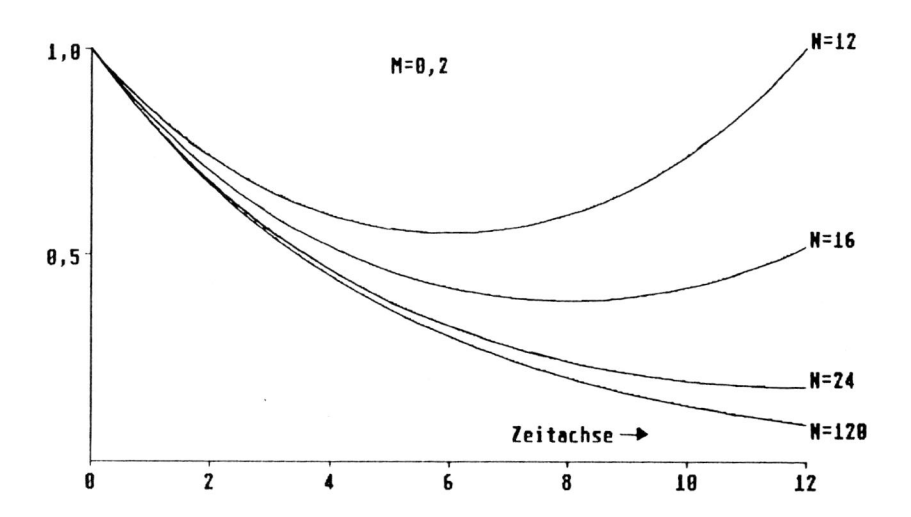

*Abb. 8.1: Der Zerfall von Korrelationen über eine Distanz von 12 Gitterpunkten auf Gittern verschiedener Größe*

zur Kontinuums-Feldtheorie, wie wir sicher sein können, daß die von uns betrachteten massiven Teilchen Comptonwellenlängen besitzen, die sämtlich groß gegenüber der hypothetischen Elementarlänge sind. Von diesem Standpunkt aus betrachtet, erscheint es als unnötig, vielleicht sogar nicht einmal wünschenswert, den Kontinuumslimes auszuführen. Am Ende könnte sogar die Gitterkonstante die Rolle einer physikalischen Größe übernehmen.

### 8.2.2 Darstellung durch Zufallswege auf dem Gitter

Das Studium des Zerfalls von Korrelationen und das Auffinden von „scharfen" Korrelationsungleichungen gehört zu den wichtigsten Aufgaben der Feldtheorie wie auch der statistischen Mechanik. Aus diesem Grund wollen wir nun eine weitere Technik erproben, nämlich die Darstellung durch Pfade auf dem Gitter. Ausgangspunkt ist eine alternative Beschreibung des Laplace-Operators:

$$\Delta = \sum_{i=1}^{4}(S_i + S_i^{-1} - 2) \qquad (8.20)$$
$$[S_i f]_{x'} = f_{x'-e_i} = \sum_{x}(S_i)_{x'x} f_x$$

Hier steht ganz anschaulich $S_i$ für einen Schritt in die Richtung $i$ und $S_i^{-1}$ für einen Schritt in die entgegengesetzte Richtung. Deutet man $f$ als eine Verteilung auf dem Gitter, so wäre $S_i f$ die verschobene Verteilung.

Durch eine Folge $\pm e_{i_1}, \pm e_{i_2}, \ldots, \pm e_{i_n}$ von Verschiebungsvektoren wird genau ein Weg $\omega$ der Länge $|\omega| = n$ auf dem Gitter beschrieben, der von einem vorgegebenen

## 8.2. Der euklidische Propagator auf dem Gitter

Anfangspunkt $x$ zum Endpunkt

$$x' = (\cdots((x \pm e_{i_1}) \pm e_{i_2}) \pm \cdots \pm e_{i_n}) \tag{8.21}$$

führt. Da die Translationen auf dem Gitter eine kommutative Gruppe bilden, können wir natürlich auf die Klammern auch verzichten und die Verschiebungsvektoren permutieren. Hierdurch entstehen neue Wege, die von $x$ nach $x'$ führen. Alle so erzeugten Wege bilden eine Äquivalenzklasse, die wir mit $[\omega]$ bezeichnen. Dem einzelnen Pfad $\omega$ ist die Operatorfolge $S_{i_n}^{(-1)}, \cdots, S_{i_2}^{(-1)}, S_{i_1}^{(-1)}$ zugeordnet, wobei wir $S_i^{-1}$ schreiben, sobald der Verschiebungsvektor $e_i$ in (8.21) ein negatives Vorzeichen hat. Das Produkt $S_\omega = S_{i_n}^{(-1)} \cdots S_{i_2}^{(-1)} S_{i_1}^{(-1)}$ hingegen ist eine Klassenfunktion: Der Operator $S_\omega$ hängt nur von $[\omega]$ ab. Er verschiebt eine gegebene Anfangsverteilung auf dem Gitter, und seine Matrixelemente sind

$$(S_\omega)_{x'x} = \begin{cases} 1 & \omega : x \rightsquigarrow x' \\ 0 & \text{sonst}. \end{cases}$$

Wesentlich ist jetzt die folgende Beobachtung: die Zahl der Wege $\omega$ gegebener Länge $n$, die vom Punkt $x$ zum Punkt $x'$ führen, ist rein algebraisch durch ein Matrixelement ausdrückbar:

$$\sum_{\substack{\omega : x \rightsquigarrow x' \\ |\omega|=n}} 1 = \sum_{\substack{\omega : x \rightsquigarrow x' \\ |\omega|=n}} (S_\omega)_{x'x} = (\sum_i (S_i + S_i^{-1}))^n_{x'x}. \tag{8.22}$$

Jetzt entwickeln wir den Propagator (als Matrix aufgefaßt), indem wir (8.20) benutzen:

$$(-\Delta + m^2)^{-1}_{x'x} = \sum_{n=0}^{\infty} (m^2 + 8)^{-n-1} (\sum_i (S_i + S_i^{-1}))^n_{x'x} \tag{8.23}$$

$$= \sum_{\omega : x \rightsquigarrow x'} \lambda^{|\omega|+1}, \tag{8.24}$$

wobei $\lambda = (m^2 + 8)^{-1}$ gesetzt wurde. Wir besitzen somit eine Darstellung, die die Korrelation zwischen $x$ und $x'$ ausdrückt durch eine Summe über *alle* Pfade, die von $x$ nach $x'$ führen, wobei lange Pfade ein exponentiell abnehmendes Gewicht bekommen (auch auf einem endlichen Gitter können die Pfade beliebig lang werden, wenn Gitterpunkte mehrfach besucht werden). Die Summe beginnt mit dem kürzesten Pfad: i.allg. ist ein solcher Pfad auf dem Gitter nicht eindeutig. Wir haben zwei Fragen zu klären:

1. Konvergiert die Entwicklung (8.24)?

2. Wie verhält sich der Propagator, wenn die Distanz $|x' - x| = \min_{\omega : x \rightsquigarrow x'} |\omega|$ groß wird?

Die Antwort auf beide Fragen finden wir durch die einfache Feststellung, daß die Anzahl aller Pfade $N(n)$ der Länge $n$, für die nur der Anfangspunkt, nicht aber der Endpunkt festgelegt wurde, die Beziehung $N(n) = 8^n$ erfüllt (allgemein $(2d)^n$ in $d$ Dimensionen). Deshalb finden wir ein konvergente majorisierende Reihe

$$0 < (-\Delta + m^2)^{-1}_{x'x} < \sum_{n=|x'-x|}^{\infty} 8^n \lambda^{n+1} = m^{-2} e^{-\mu|x'-x|} \qquad (8.25)$$

mit einem neuen Massenparameter $\mu = \log(1 + m^2/8)$, sobald die Bedingung $m^2 > 0$ erfüllt ist. Die gewonnene Abschätzung ist bei weitem nicht so präzise, wie die Ergebnisse des vorigen Abschnittes erwarten lassen. Zwar haben wir mittels der Pfadsumme den exponentiellen Zerfall der Korrelationen nachgewiesen, jedoch der gefundene Wert für $\mu$ befriedigt nicht: er weicht von $M$ (zu berechnen aus $\sinh \frac{1}{2}M = \frac{1}{2}m$) deutlich ab, und zwar um so mehr, je größer $m$ ist. Die Ungleichung $M > \mu$ ist leicht zu demonstrieren.

Die Methode der Zufallswege auf dem Gitter wurde 1969 von K.Symanzik [160] in die Feldtheorie eingeführt und entwickelte sich seit 1983 zu einem bedeutenden Werkzeug der Feldtheorie (siehe hierzu [82],Ch.21 und die darin zitierte Literatur). Die Methode wurde auch auf klassische Spinsysteme angewandt [29]. Sie führt zu Ungleichungen für die Vierpunkt-Schwinger-Funktion und spielt so eine entscheidende Rolle bei dem Nachweis der Trivialität der $\phi^4$-Theorie in Dimensionen $d > 4$.

## 8.3 Das Variationsprinzip

Wir verfolgen im Augenblick zwei Ziele. Zum einen wollen wir den Zusammenhang der euklidischen Feldtheorie mit der statistischen Mechanik deutlich machen, zum anderen möchten wir die Abhängigkeit von der Planckschen Konstanten hervorheben, um so den klassischen Grenzfall $\hbar = 0$ besser zu verstehen. Wir erläutern zunächst den Begriff der Entropie in einem möglichst einfachen mathematischen Rahmen.

### 8.3.1 Modelle mit diskretem Phasenraum

Anstelle der Feldtheorie studieren wir Modelle der statistischen Mechanik mit endlich vielen Zuständen. Dies bringt eine weitere Vereinfachung: Wir ersetzen so den kontinuierlichen Phasenraum (den Raum aller Feldkonfigurationen) durch eine Menge von $n$ Elementen. Das bekannteste und einfachste Modell ist nach Ising benannt und besitzt nur zwei Zustände pro Gitterplatz. Ist also $d$ die Dimension des Gitters und $N$ die Gitterperiode, so gilt $n = 2^{N^d}$. Die Zahl der Zustände ist u.U. auch hier noch gewaltig, doch ist sie endlich. Pfadintegrale werden so zu einfachen Summen über diese Zustände. Auch von der Feldtheorie ausgehend, lassen sich Modelle mit $n < \infty$ konstruieren, etwa dadurch, daß man den kontinuierlichen Phasenraum in endlich viele Zellen einteilt und Mittelwerte des Feldes über die einzelnen Zellen zu neuen dynamischen Variablen erklärt.

Die Rolle des W-Maßes $d\mu(\phi)$ übernimmt jetzt eine Verteilung $p = (p_1, \ldots, p_n)$ mit $0 \le p_i \le 1$ und $\sum_i p_i = 1$. Jeder Verteilung mit $n$ Freiheitsgraden ist vermöge

## 8.3. Das Variationsprinzip

der Formel
$$S(p) = -\sum_{i=1}^{n} p_i \log p_i \tag{8.26}$$
eine Zahl zugeordnet, die man die *Entropie der Verteilung* nennt. Hierbei setzt man $p_i \log p_i = 0$ für $p_i = 0$. In der Thermodynamik wird $k_B S(p)$ als die Entropie erklärt, wobei $k_B$ die Boltzmann-Konstante ist. Diesem Brauch wollen wir hier mit Blick auf eine möglichst breite Anwendbarkeit nicht folgen.

Es gilt $S(p) \geq 0$. Das Maximum der Entropie ist abhängig von der Zahl der Zustände und wird nur von der Gleichverteilung erreicht:
$$\sup_p S(p) = S(\tfrac{1}{n}, \ldots, \tfrac{1}{n}) = \log n.$$

Die Verteilung $p$ soll mit einer zweiten Verteilung $\sigma = (\alpha_1, \ldots, \alpha_n)$ verglichen werden. Als *Entropie von p relativ zu $\alpha$* bezeichnet man die Zahl
$$S(p|\alpha) = -\sum_i p_i \log(p_i/\alpha_i), \tag{8.27}$$
wobei $-\infty$ ein erlaubter Wert ist. Im Grunde ist die Definition (8.26) von $S(p)$ nur ein Spezialfall von (8.27), ein Fall der eintritt, wenn $\alpha$ die Gleichverteilung ist:
$$S(p \mid \tfrac{1}{n}, \ldots, \tfrac{1}{n}) = S(p) - \log n. \tag{8.28}$$
Bis auf den irrelevanten konstanten Term $-\log n$ stimmen hier beide Entropiebegriffe überein. Wir behaupten:

*Es gilt stets $S(p|\alpha) \leq 0$ und $S(p|\alpha) = 0$ genau dann, wenn $\alpha_i = p_i$ für alle $i$ erfüllt ist.*

Zum Beweis genügt es, $\alpha_i > 0$ für alle $i$ anzunehmen. Die Funktion $f(u) = u \log u$ ist konvex für $u \geq 0$; denn $f''(u) = u^{-1} > 0$. Aufgrund der Ungleichung von Jensen (siehe hierzu den Anhang C):
$$f(\sum_i \alpha_i u_i) \leq \sum_i \alpha_i f(u_i). \tag{8.29}$$
Hierin setzen wir $u_i = p_i/\alpha_i$, so daß $\sum_i \alpha_i u_i = \sum_i p_i = 1$. Wegen $f(1) = 0$ folgt
$$0 \leq \sum_i p_i \log(p_i/\alpha_i)$$
wie gewünscht. Da die Funktion $f(u)$ strikt konvex ist ($f''(u) > 0$), gilt das Gleichheitszeichen in (8.29) genau dann, wenn alle $u_i$ gleich sind: $u_i = q$, also $p_i = q\alpha_i$ und damit $1 = \sum_i p_i = q \sum_i \alpha_i = q$, d.h. $\alpha_i = p_i$, und die Behauptung ist bewiesen.

Es seien $w_1, \ldots, w_n$ irgendwelche reelle Zahlen. Wir können ihnen stets eine Verteilung $\alpha$ zuordnen, indem wir
$$\alpha_i = z^{-1} e^{-w_i} \qquad z = \sum_i e^{-w_i} \tag{8.30}$$

setzen. Für diese Situation erhält man die Identität

$$\sum_i p_i w_i - S(p) = -S(p|\alpha) - \log z \qquad (8.31)$$

und wir erkennen, daß die soeben bewiesene Behauptung zu der folgenden Aussage äquivalent ist:

**Variationsprinzip.** *Es gilt*

$$\inf_p \left\{ \sum_i p_i w_i - S(p) \right\} = -log z, \qquad (8.32)$$

*wobei das Infimum für nur für die Verteilung $p = \alpha$ erreicht wird; $\alpha$ und $z$ sind durch (8.30) gegeben.*

In allen Anwendungen sind die Zahlen $w_i$ Meßwerte einer Observablen $W$ im Zustand $i$ (der Energie in Einheiten von $k_B T$, der Wirkung in Einheiten von $\hbar$ etc.).

**Beispiel.** Für einen Paramagneten in einem Magnetfeld $B$ sind bei Vernachlässigung des Wechselwirkung der Spins untereinander die Energie-Eigenwerte (in jedem Gitterpunkt)

$$E_m = -m\mu B \qquad m = -j, -j+1, \ldots, j \quad (2j \in \mathbb{N}),$$

wobei $\mu$ das magnetische Moment bezeichnet. Es ist diejenige Verteilung $p = (p_{-j}, \ldots, p_j)$ zu finden, die die Entropie $S(p)$ maximiert unter der Nebenbedingung $\sum_m p_m E_m = E$. Zur Lösung benutzen wir die Methode der Lagrangeschen Multiplikatoren, d.h. wir bestimmen, abhängig von $\beta$, die Verteilung derart, daß

$$\beta \sum_m p_m E_m - S(p) = Minimum$$

erfüllt ist. Nun ist klar, daß das Minimum für $p_m = z^{-1} \exp(-\beta E_m)$ eintritt. Aus

$$z = \sum_{m=-j}^{j} \exp(-\beta E_m) = \frac{\sinh((j + \tfrac{1}{2})\beta\mu B)}{\sinh(\tfrac{1}{2}\beta\mu B)}$$

folgt

$$-\sum_m p_m E_m = \frac{\partial}{\partial \beta} \log z = \mu B F_j(\beta \mu B)$$

mit der Brillouin-Funktion $F_j(x) = (j + \tfrac{1}{2}) \coth(j + \tfrac{1}{2})x - \tfrac{1}{2} \coth \tfrac{1}{2} x$. Da $F_j : \mathbb{R} \to ]-j, j[$ invertierbar ist, existiert eine Lösung der Bedingung $\mu B F_j(\beta \mu B) = -E$ für $-j\mu B < E < j\mu B$, nämlich als

$$\beta = \tfrac{1}{\mu B} F_j^{-1}\left(-\tfrac{E}{\mu B}\right).$$

Die Magnetisierung (pro Gitterplatz) eines solchen Systems ist

$$M = \beta^{-1} \frac{\partial}{\partial B} \log z = \mu F_j(\beta \mu B) = -E/B.$$

### Der klassische Grenzfall

Die Anwesenheit der Entropie in dem Variationsprinzip ist die eigentliche Ursache für das statistische Verhalten eines Systems. Frage: Was geschieht, wenn in (8.32) die Entropie weggelassen wird und das Problem

$$\sum_i p_i w_i = \text{Minimum} \qquad 0 \leq p_i \leq 1 \,, \quad \sum_i p_i = 1 \qquad (8.33)$$

zu lösen ist? Offensichtlich gilt

$$\min_p \sum_i p_i w_i = \min_i w_i.$$

Falls unter den Zahlen $w_i$ *genau ein* kleinster Wert existiert, sagen wir $w_0$, so ist die Lösung eindeutig:

$$p_i = \begin{cases} 1 & i = 0 \\ 0 & \text{sonst.} \end{cases} \qquad (8.34)$$

Da hier alle Wahrscheinlichkeiten entweder 0 oder 1 sind, verhält sich das System deterministisch in dem Zustand, der dem Minimum entspricht. Wir werden die Situation, die durch Vernächlässigung der Entropie entsteht, den *klassischen Grenzfall* nennen. Denn erst das Einschalten der Entropie führt, wie wir erkannt haben, zu statistischen Fluktuationen.

Ein Sonderfall liegt vor, wenn das Minimum nicht eindeutig ist. Dann führt auch der klassische Grenzfall nicht zu einem eindeutigen Zustand, vielmehr lösen mehrere Verteilungen das Problem (8.33), und wir sprechen von einer Entartung.

## 8.3.2 Modelle mit kontinuierlichem Phasenraum

In der Feldtheorie gehen wir allgemein von einem kontinuierlichen Phasenraum aus. Dies gilt auch für die Modelle auf einem endlichen Gitter. Ja selbst bei Beschränkung auf einen einzigen Gitterpunkt wäre der Phasenraum eines $n$-komponentigen Feldes mit dem Raum $\mathbb{R}^n$ zu identifizieren. Es ist aus diesem Grund wünschenwert, die den Entropie-Begriff auf Systeme mit einem kontinuierlichen Phasenraum zu erweitern.

Der Einfachheit halber betrachten wir ein neutrales Skalarfeld und setzen voraus, daß die euklidische Wirkung die Form (8.2) hat. Wir wollen ferner annehmen, daß $W(\phi)$ die Plancksche Konstante $\hbar$ nicht enthält. Dies ist nicht zwingend, entspricht aber der Auffassung, daß die Wirkung eine rein *klassische* Größe ist, die durch Anwendung des Korrespondenzprinzips in die Quantenfeldtheorie übernommen wird. Ebenso ist der Phasenraum $\Omega$, dem $\phi$ angehört, eine rein klassische Konstruktion. Die $n$-Punktfunktionen berechnen wir als Mittelwerte von $\phi(x_1)\cdots\phi(x_n)$ bezüglich des normierten Maßes (auf $\Omega$)

$$d\mu(\phi) = \mathcal{D}\phi \, Z^{-1} \exp\{-\hbar^{-1} W(\phi)\} \qquad (8.35)$$
$$Z = \int \mathcal{D}\phi \, \exp\{-\hbar^{-1} W(\phi)\}. \qquad (8.36)$$

Zur Erinnerung: Auf einem endlichen Gitter sind $\mathcal{D}\phi$ und $Z$ wohldefiniert.

Obwohl die Natur für $\hbar$ einen bestimmten Wert vorgesehen hat, kann es vom theoretischen Standpunkt nützlich sein, die Plancksche Konstante wie eine Variable zu betrachten. Wir werden auf diese Weise den Übergang zur klassischen Feldtheorie besser verstehen.

Folgen wir dem Sprachgebrauch der statistischen Mechanik, so ist $Z$ eine Zustandssumme und $d\mu(\phi)$ ein Gibbs-Maß. Man weiß, daß jedes Gibbs-Maß Lösung eines Variationsproblems ist. Die diskrete Version dieses Variationproblems haben wir im vorigen Abschnitt kennengelernt. Das allgemeine Konzept verlangt die Einführung der Entropie eines W-Maßes. Die folgende Definition geht auf Boltzmann, Gibbs und Shannon zurück.

*Für ein W-Maß $\mu$ auf $\Omega$ mit $d\mu(\phi) = \mathcal{D}\phi \, p(\phi)$ und $p(\phi) \geq 0$ ist die Entropie durch*

$$S(\mu) = -\int \mathcal{D}\phi \, p(\phi) \log p(\phi) \qquad (8.37)$$

*gegeben.*

Wie früher setzt man auch hier $r \log r = 0$ für $r = 0$. Es existiert kein Maximum für $S(\mu)$: es entspräche einer Gleichverteilung von $\phi(x)$ auf $\mathbb{R}$, die durch kein W-Maß repräsentiert ist. Der Wertebereich von $S(\cdot)$ ist die gesamte reelle Achse.

Um zwei W-Maße $\mu$ und $\nu$ miteinander vergleichen zu können, führen wir die *relative Entropie* ein:

$$S(\mu|\nu) = -\int d\mu(\phi) \log g(\phi) \qquad , \qquad d\mu(\phi) = d\nu(\phi) \, g(\phi), \qquad (8.38)$$

Hierfür schreibt man auch $S(\mu|\nu) = -\int d\mu \log(d\mu/d\nu)$. Wir setzen $g(\phi) > 0$ voraus und behaupten:

*Es gilt allgemein $S(\mu|\nu) \leq 0$ und $S(\mu|\nu) = 0$ nur für $\mu \dot{=} \nu$ (Übereinstimmung der Maße bis auf eine Menge vom Maße Null).*

Zum Beweis benutzen wir, daß die Funktion $f(u) = u \log u$ konvex ist für $u \geq 0$. Deshalb gilt die Ungleichung von Jensen (siehe Anhang C)

$$f(\int d\nu(\phi) \, g(\phi)) \leq \int d\nu(\phi) \, f(g(\phi))$$

für jede Funktion $g : \Omega \to \mathbb{R}_+$. Setzen wir $g = d\mu/d\nu$, so folgt $\int d\nu \, g = 1$, und wegen $f(1) = 0$ haben wir somit

$$0 \leq \int d\mu(\phi) \log g(\phi)$$

wie gewünscht. Da $f$ strikt konvex ist, gilt das Gleichheitszeichen nur, falls $g(\phi) = q =$ *konstant* ist (fast überall auf $\Omega$, also abweichend von $q$ höchstens auf einer Menge vom $\mu$-Maß Null). Gilt aber $d\mu(\phi) \dot{=} q \, d\nu(\phi)$, so folgt $1 = \int d\mu(\phi) = q \int d\nu(\phi) = q$; deshalb $\mu \dot{=} \nu$ und der Beweis ist beendet.

## 8.3. Das Variationsprinzip

Nun sei $d\mu(\phi) = \mathcal{D}\phi\, p(\phi)$ und $\nu$ mit

$$d\nu(\phi) = \mathcal{D}\phi\, Z^{-1} \exp\{-\hbar^{-1} W(\phi)\} \qquad (8.39)$$

$$Z = \int \mathcal{D}\phi\, \exp\{-\hbar^{-1} W(\phi)\} \qquad (8.40)$$

ein Gibbs-Maß. Dann finden wir die Identität

$$\int d\mu(\phi)\, W(\phi) - \hbar S(\mu) = -\hbar S(\mu|\nu) - \hbar \log Z. \qquad (8.41)$$

Die hierin auftretende Größe

$$\langle \mu, W \rangle = \int d\mu(\phi)\, W(\phi) \qquad (8.42)$$

nennen wir die *mittlere Wirkung*. Die soeben bewiesene Aussage können wir umformulieren:

**Variationsprinzip.** *Es gilt*

$$\inf_{\mu}\{\langle \mu, W \rangle - \hbar S(\mu)\} = -\hbar \log Z. \qquad (8.43)$$

*Das Infimum über alle W-Maße wird nur für $\mu \dot= \nu$ erreicht, wobei $\nu$ und $Z$ durch die Formeln (8.39) und (8.40) gegeben sind.*

Unter den W-Maßen ist jedes Gibbs-Maß also dadurch ausgezeichnet, daß es ein Variationsproblem löst.

**Der klassische Grenzfall**

Im Grenzfall $\hbar = 0$ ändert die Quantenfeldtheorie ihren Charakter. Sie geht in die ihr zugeordnete klassische Feldtheorie über, wobei sich das Variationsproblem (8.43) in das *Hamiltonsche Prinzip der kleinsten Wirkung* verwandelt:

$$\langle \mu, W \rangle = Minimum. \qquad (8.44)$$

Das Problem, das Minimum der Wirkung zu finden, wird dadurch gelöst, daß, ähnlich wie in (8.34) geschehen, für $\mu$ ein Dirac-Maß gewählt wird, falls die Stelle $\phi_0$, in der $W(\phi)$ sein Minimum annimmt, eindeutig ist:

$$\langle \mu, W \rangle = W(\phi_0) = \min_{\phi \in \Omega} W(\phi). \qquad (8.45)$$

In diesem Fall können wir den klassischen Limes der Quantenfeldtheorie sofort angeben:

$$\lim_{\hbar \to 0} E\big(\Phi(x_1)\ldots \Phi(x_n)\big) = \phi_0(x_1)\ldots \phi_0(x_n). \qquad (8.46)$$

Hierdurch wir deutlich, daß es im klassischen Grenzfall nur auf die Bestimmung einer einzigen Funktion, nämlich auf die Bestimmung von $\phi_0(x)$, ankommt. Diese

Funktion findet man unter den Lösungen der Euler-Lagrange-Gleichungen (elliptische Differentialgleichungen, auch *Feldgleichungen* genannt) des Variationsproblems $W(\phi) =$ *Minimum*. Doch nicht jede Lösung $\phi_0$ der Feldgleichungen erfüllt die erforderlichen zwei Bedingungen: (1) Die Wirkung $W(\phi_0)$ ist wohldefiniert, d.h. endlich, und (2) sie stellt das absolute Minimum dar.

Die Vorgehensweise der klassischen Feldtheorie ist um eine Nuance verschieden davon. Ausgangspunkt sind in der Regel Feldgleichungen, denen man ein geeignetes Variationsproblem unterlegt. In der Minkowski-Welt lautet dieses Problem $W(\phi) = $*stationär*, und die resultierenden Feldgleichungen sind hyperbolisch. Ihre Lösungen sind interpretierbar auch dann, wenn die Wirkung für sie überhaupt nicht definiert ist oder, falls existent, nicht minimal wird. Mehr noch, die alternative Formulierung $W(\phi) =$*Minimum* wäre hier unsinnig, weil in allen wichtigen Systemen die Minkowski-Wirkung keine untere Schranke besitzt.

Die Existenz des Minimums muß durch eine Stabilitätsbedingung garantiert werden. Im Phasenraum $\Omega$ existiert dann wenigstens ein Element $\phi_0$, das als der *klassische* Pfad des Feldes erscheint. Eine Entartung liegt vor, wenn nicht nur eine, sondern gleich mehrere klassische Lösungen (eventuell ein Kontinuum von Lösungen) die Wirkung minimieren. In in einem solchen Fall ist das klassische Problem nicht eindeutig lösbar, und der Grenzfall $\hbar \to 0$ der Quantenfeldtheorie verlangt eine sorgfältigere Diskussion.

**Beispiel.** Nehmen wir an, die Wirkung sei durch

$$W(\phi) = \sum_x \left\{ \tfrac{1}{2} \sum_i \big(\partial_i\phi(x)\big)^2 + \lambda\big(\phi(x) - c\big)^4 \right\} \qquad (\lambda > 0,\ \phi \text{ reell})$$

beschrieben. Dann wird das Minimum $W(\phi) = 0$ für $\phi(x) = c$ (eine Konstante) erreicht. Dies ist die klassische Lösung, um die das Quantenfeld fluktuiert. Im Gegensatz dazu besitzt

$$W(\phi) = \sum_x \left\{ \tfrac{1}{2} \sum_i \big(\partial_i\phi(x)\big)^2 + \lambda\big(\phi(x)^2 - c^2\big)^2 \right\} \qquad (\lambda > 0,\ \phi \text{ reell}) \qquad (8.47)$$

zwei klassische Lösungen, $\phi(x) = \pm c$, und

$$W(\phi) = \sum_x \left\{ \tfrac{1}{2} \sum_i |\partial_i\phi(x)|^2 + \lambda\big(|\phi(x)|^2 - c^2\big)^2 \right\} \qquad (\lambda > 0,\ \phi \text{ komplex})$$

ein Kontinuum von Lösungen: $\phi(x) = e^{i\alpha}c$ ($0 \leq \alpha < 2\pi$).

**Fluktuationen um die klassische Lösung**

In Umkehrung des Grenzprozesses $\hbar \to 0$ könnten wir auch von der Situation $\hbar = 0$, also von einer klassischen Feldtheorie, auszugehen. Wird der Parameter $\hbar$ eingeschaltet, so beginnt das Quantenfeld um die klassische Lösung $\phi_0$ zu fluktuieren als Folge des Entropieterms in (8.43). Aus dieser Sicht ist es allein die Entropie,

## 8.3. Das Variationsprinzip

die das Quantenfeld zu einer Zufallsvariablen werden läßt. Das Gibbs-Maß ist in jedem Fall eindeutig, solange das Gitter endlich ist. Im thermodynamischen Limes ($N \to \infty$) hingegen kann u.U. diese Eindeutigkeit wieder verlorengehen, nämlich dann, wenn ein Phasenübergang existiert und wir uns in einer Phase mit mehreren Gleichgewichtszuständen befinden. Die Plancksche Konstante übernimmt dann die Rolle der Temperatur; es gibt in solchen Situationen einen kritischen Wert $\hbar_c$, so daß für $\hbar < \hbar_c$ mehrere Grundzustände (Vakua) existieren. Die Entartung des Vakuums wird im allgemeinen von einer spontanen Symmetriebrechung begleitet sein.

Um nur ein Beispiel zu nennen: Ein klassisches Potential $U(r)$, wie es durch (8.47) beschrieben wird, besitzt zwei gleichberechtigte Minima (siehe die Abbildung 8.2) und gibt zu einer spontanen Symmetriebrechung Anlaß, sobald $\hbar$ einen kritischen Wert unterschreitet. Das quantisierte Feld fluktuiert dann um eines der beiden Minima. Zur Beschreibung der Fluktuationen reicht u.U. die Näherung des Potentials durch eine Parabel in der Umgebung des Minimums. Eine solche Näherung führt zwangsläufig auf ein freies Feld mit der Masse $m = |c|\sqrt{8\lambda}$.

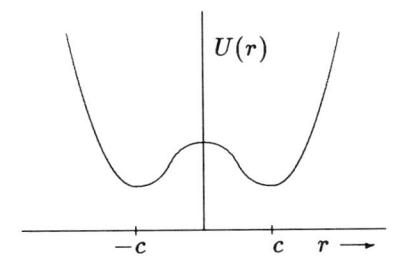

*Abb. 8.2: Ein Doppelmuldenpotential, das für genügend kleine Werte von $\hbar$ zur spontanen Symmetriebrechung führt*

Quantenfluktuationen wirken der Entartung entgegen: Je größer $\hbar$, um so geringer die Chance für eine spontane Symmetriebrechung. Die ganze Diskussion mag merkwürdig erscheinen und hie und da Kopfschütteln hervorrufen, weil die Plancksche Konstante ja einen festen Wert besitzt. Die Analogien zu den Eigenschaften von Systemen der statistischen Mechanik liegen aber auf der Hand und geben uns wertvolle Einsichten in das Verhalten der Quantenfeldtheorie gerade dann, wenn wir uns nicht scheuen, ihre Konstanten als variable Größen anzusehen. Es ist nützlich, die qualitativen Aspekte der Feldtheorie weitgehend parallel zu den bekannten Konzepten in der Theorie der kondensierten Materie zu diskutieren.

In der statistischen Mechanik begegnet man einem Variationsprinzip, das seiner Struktur nach dem oben formulierten Prinzip völlig gleicht: Sei $U$ die *innere Energie* eines Vielteilchensystems, $S$ seine Entropie, beide Größen abhängig von dem Zustand, und befinde sich das System im Kontakt mit einem Wärmebad bei der Temperatur $T$, so wird ein Gleichgewicht genau dann erreicht, wenn der Ausdruck $U - TS$ seinen Minimalwert annimmt. Dieser Wert wird die *freie Energie* $F$ (auch Helmholtz-Energie) des Systems bei der Temperatur $T$ genannt. Der Gleichgewichtszustand, für den das Minimum erreicht wird, ist das *kanonische Ensemble*. Im Gleichgewicht hat man also die Beziehung $F = U - TS$, die in der Thermodynamik der Gase und Flüssigkeiten eine wichtige Rolle spielt.

In der Quantenfeldtheorie tritt an die Stelle der inneren Energie $U$ die mittlere Wirkung $\langle \mu, W \rangle$ und an die Stelle der Temperatur die Plancksche Konstante. Hochtemperaturentwicklungen der statistischen Mechanik entsprechen im Rahmen der Feldtheorie Reihenentwicklungen nach Potenzen von $1/\hbar$, Niedertemperaturentwicklungen entsprechen Reihen in $\hbar^n$ (dies sind die sog. *Schleifenentwicklungen* in der Sprache der Feynman-Graphen).

Bei konsequenter Verwendung thermodynamischer Termini werden wir u.a. auf die „freie Energie" eines Feldes geführt:

$$F = \inf_{\mu}[\langle \mu, W \rangle - \hbar S(\mu)] = -\hbar \log Z. \qquad (8.48)$$

Aus der statistischen Mechanik ist bekannt, daß es sich hierbei um eine *extensive* Größe handelt. Mit wachsendem Gitter, also für $N \to \infty$, strebt $N^{-4}F$, die freie Energie pro Gitterplatz, einem Limes $f$ zu.

**Beispiel.** Für ein freies Skalarfeld der Masse $m$ und für die Gitterperiode $N$ finden wir durch Anwendung der Formel (8.14):

$$F = \frac{\hbar}{2} \sum_p \log \frac{E_p + m^2}{2\pi\hbar} \qquad (8.49)$$

$$E_p = \sum_{k=1}^{4} 2(1 - \cos p_k) \qquad p \in \left(\tfrac{2\pi}{N}\mathbb{Z}_N\right)^4.$$

Wir wählten eine Darstellung, bei der alle Impulskomponenten $p_k$ im Intervall $[0, 2\pi]$ liegen. Die Periodizität der Winkelfunktionen nutzend, können wir $[0, 2\pi]$ auch durch das Intervall $[-\pi, \pi]$ ersetzen. Mit wachsendem $N$ wird die Brillouin-Zone $B_4 = [-\pi, \pi]^4$ dichter und dichter mit erlaubten Impulsvektoren gefüllt, so daß man schließlich $\left(\tfrac{2\pi}{N}\right)^4$ durch $dp$ ersetzen kann und zu einem Integral gelangt:

$$f = \lim_{N \to \infty} N^{-4} F = \frac{\hbar/2}{|B_4|} \int_{B_4} dp \log \frac{E_p + m^2}{2\pi\hbar}. \qquad (8.50)$$

Die freie Energie $f$ erweist sich in diesem einfachen Modell als ein wohlbestimmtes Integral über die Brillouin-Zone. Sie ist abhängig von $\hbar$ und $m^2$.

## 8.4 Die effektive Wirkung

Jedes W-Maß $\mu$ auf dem Phasenraum $\Omega$ führt zu einem Erwartungswert

$$E(\Phi(x)) = \langle \mu, \Phi(x) \rangle = \int d\mu(\phi)\, \phi(x)$$

## 8.4. Die effektive Wirkung

des Feldes, und Mittelwerte dieser Art sind selbst wieder Elemente des Phasenraumes $\Omega$; wir schreiben kurz $\langle \mu, \Phi \rangle = \phi'$ für ein solches Element. Mehr noch, jedes $\phi' \in \Omega$ ist auf diese Weise erhältlich, z.B. dadurch, daß man ein Dirac-Maß $\mu$ wählt, das auf $\phi'$ konzentriert ist: $d\mu(\phi) = \mathcal{D}\phi\, \delta(\phi - \phi')$.

Bezeichnet $\mu$ einen physikalischen Zustand, in dem das System sich gerade befindet, so ist man berechtigt, $\langle \mu, \Phi \rangle = \phi'$ als das *klassische Feld* aufzufassen, das diesem Zustand entspricht. Man mag dies als ein Korrespondenzprinzip ansehen, das dem Begriff „klassisches Feld" auch innerhalb einer Quantenfeldtheorie Bedeutung verleiht. Doch ist beachten, daß das klassische Feld allein noch nicht den Zustand festlegt und daß bei Fermi-Feldern dieses Korrespondenzprinzip versagt. Zum Vergleich sei an die Situation in der Quantenelektrodynamik erinnert. Ein klassisches Maxwell-Feld fassen wir dort auf als Erwartungswert des Operatorfeldes, gebildet in einem Zustand, der eigentlich Photonen beschreibt.

Sind die Feldgleichungen linear, so werden sie sowohl von dem Operatorfeld als auch von seinem Erwartungswert, dem klassischen Feld, erfüllt. Bei wechselwirkenden Feldern ist dies nicht mehr der Fall, weil die Feldgleichungen nichtlinear sind. Das Korrespondenzprinzip garantiert also nicht von vornherein, daß Quantenfelder und klassische Felder den gleichen Feldgleichungen genügen. Mehr noch, es ist nicht sichergestellt, daß Quantenfelder überhaupt irgendwelchen Gleichungen genügen (vom freien Feld einmal abgesehen), noch daß es sinnvoll ist, nach solchen Gleichungen zu suchen.

Wir erläutern die Situation am Beispiel der Quantenmechanik, wo die Erwartungswerte von Ort und Impuls als die klassischen Größen der Theorie verstanden werden. Dort lernt man, daß die Erwartungswerte — den harmonischen Oszillator ausgenommen — nicht den gleichen Bewegungsgleichungen gehorchen, wie die entsprechenden Operatoren im Heisenbergbild. Wir demonstrieren dies an dem Hamilton-Operator (die Zahl der Freiheitsgrade ist hier irrelevant)

$$H(p,q) = \tfrac{1}{2m} p^2 + V(q). \tag{8.51}$$

Es sei $q(t)$ der zeitabhängige Ortsoperator im Heisenberg-Bild und $K = -\mathrm{grad}\, V$ die Kraft. Die Bewegungsgleichung $m\ddot{q} = K(q)$ führt im allgemeinen *nicht* auf $m\ddot{x} = K(x)$ für den Erwartungswert[1] $x(t) = \langle q(t) \rangle$, es sei denn, $K(q)$ ist eine lineare Funktion von $q$. Offensichtlich kommt die Diskrepanz zwischen klassischer und quantenmechanischer Auffassung der dynamischen Grundgleichungen dadurch zustande, daß in der Regel

$$\langle K(q) \rangle \neq K(\langle q \rangle) \tag{8.52}$$

gilt, konstante Kräfte und den harmonischen Oszillator ausgenommen.

Nun können, wie im Abschnitt 4.2 gezeigt wurde, durch Einführung eines effektiven Potentials gewisse Teilaspekte eines quantenmechanischen Modells auf die eines korrespondierenden klassischen Modells abgebildet werden. Wir lassen uns von diesen Vorstellungen leiten und suchen nach einer *effektiven Wirkung* in

---

[1] Gemeint ist der Erwartungswert bezüglich eines Zustandes im Heisenberg-Bild. Bei Benutzung dieses Bildes sind Zustände grundsätzlich zeitunabhängig.

dem Rahmen der Feldtheorie. Die Konstruktion der effektiven Wirkung für ein vorgegebenes Modell soll eine Antwort geben auf die Frage:

*Welcher Feldgleichung genügt das klassische Feld $\phi = \langle \mu, \Phi \rangle$, wenn $\mu$ das Gibbs-Maß einer Wirkung W ist?*

Hierbei stellen wir uns vor, daß die Feldgleichungen mit den Euler-Lagrangeschen Gleichungen des Problems $W_{\text{eff}}(\phi) = Minimum$ übereinstimmen. Die Existenz einer effektiven Wirkung $W_{\text{eff}}$ ist leicht zu demonstrieren, wenn man nur beachtet, daß das Ausgangsproblem $\langle \mu, W \rangle - \hbar S(\mu) = Minimum$ in Stufen lösbar ist:

1. Für alle $\phi \in \Omega$ sucht man zunächst das eingeschränkte Minimum

$$W_{\text{eff}}\{\phi\} = \inf_{\mu}\{\langle \mu, W \rangle - \hbar S(\mu) \mid \langle \mu, \Phi \rangle = \phi\}. \tag{8.53}$$

2. Anschließend löst man das Problem $W_{\text{eff}}\{\phi\} = Minimum$. Durch die Minimumssuche in $\Omega$ wird die Beschränkung $\langle \mu, \Phi \rangle = \phi$ in (8.53) wieder aufgehoben.

Das Minimum von $W_{\text{eff}}\{\phi\}$ ist die freie Energie $F$. In dem Augenblick, wo $\phi$ die effektive Wirkung minimiert, löst $\mu$ das Problem $\langle \mu, W \rangle - \hbar S(\mu) = Minimum$ unter der Beschränkung $\langle \mu, \Phi \rangle = \phi$.

Auch in der statistischen Mechanik werden effektive Wirkungen und die ihnen entsprechenden Feldgleichungen eingeführt. Von dieser Art sind etwa die Ginsburg-Landau-Gleichungen in der Theorie der Supraleitung, die im Abschnitt 8.6 vorgestellt werden. Alles, was wir jetzt im Rahmen der euklidischen Feldtheorie vornehmen, ist nur eine Verallgemeinerung der Ideen, die zur Ginsburg-Landau-Theorie führten.

Wie erläutert, ist die effektive Wirkung das Resultat einer Extremalaufgabe mit Nebenbedingung. Probleme dieser Art lassen sich mit der *Methode der Lagrangeschen Multiplikatoren* behandeln. Für jeden Gitterpunkt $x$ führen wir einen reellen Multiplikator $j(x)$ ein und studieren anstelle der ursprünglichen Extremalaufgabe nun das Problem

$$\langle \mu, W \rangle - \hbar S(\mu) - \sum_x j(x) \langle \mu, \Phi(x) \rangle = Minimum \tag{8.54}$$

($j$ fest, $\mu$ variabel). Da dieses Variationsproblem nun wieder die vertraute Gestalt (8.43) besitzt — lediglich $W\{\phi\}$ ist durch den Ausdruck $W\{\phi\} - \sum_x j(x)\phi(x)$ ersetzt worden —, können wir die Lösung sofort angeben:

$$d\mu_j(\phi) = \mathcal{D}\phi \, Z\{j\}^{-1} \exp \hbar^{-1}[\sum_x j(x)\phi(x) - W\{\phi\}] \tag{8.55}$$

$$Z\{j\} = \int \mathcal{D}\phi \, \exp \hbar^{-1}[\sum_x j(x)\phi(x) - W\{\phi\}] \tag{8.56}$$

$$Minimum = -\hbar \log Z\{j\}. \tag{8.57}$$

Es handelt sich offenbar bei $\mu_j$ wieder um ein Gibbs-Maß, abhängig von den Lagrangeschen Multiplikatoren. Dieses Maß bestimmt eine ganze Familie von Feldtheorien, indem es gestattet, $n$-Punktfunktionen zu definieren:

$$E_j(\Phi(x_1)\cdots\Phi(x_n)) = \int d\mu_j(\phi)\,\phi(x_1)\cdots\phi(x_n). \tag{8.58}$$

## 8.4. Die effektive Wirkung

Hierbei wirkt $j(x)$ wie eine äußere Quelle, und $Z\{j\}$ ist ein erzeugendes Funktional für die $n$-Punktfunktionen.

Das Variationsproblem (8.53) mit Nebenbedingung wird gelöst, indem man den Strom $j(x)$ so bestimmt, daß $E_j(\Phi(x)) = \phi(x)$ bei gegebenem $\phi$ erfüllt ist. Wir setzen

$$W^*_{\text{eff}}\{j\} = \hbar \log Z\{j\} \tag{8.59}$$

und haben in $W^*_{\text{eff}}\{j\}$ ein erzeugendes Funktional für die Kumulanten des Feldes. Insbesondere gilt

$$\frac{\partial W^*_{\text{eff}}\{j\}}{\partial j(x)} = Z\{j\}^{-1} \hbar \frac{\partial Z\{j\}}{\partial j(x)} = E_j(\Phi(x)). \tag{8.60}$$

Die Bedingung $E_j(\Phi(x)) = \phi(x)$ ist also gleichbedeutend mit

$$\frac{\partial W^*_{\text{eff}}\{j\}}{\partial j(x)} = \phi(x), \tag{8.61}$$

und (8.61) löst das Variationsproblem

$$\sum_x j(x)\phi(x) - W^*_{\text{eff}}\{j\} = Maximum \tag{8.62}$$

($\phi$ fest, $j$ variabel). Grund: (1) die Bedingung (8.61) führt sicherlich zu einem Extremum der linken Seite in (8.62), (2) die Matrix der zweiten Ableitungen,

$$K_{xx'} = \hbar^2 \frac{\partial^2 \log Z\{j\}}{\partial j(x) \partial j(x')} = E_j(\Phi(x)\Phi(x')) - E_j(\Phi(x))E_j(\Phi(x')), \tag{8.63}$$

erweist sich als die Kovarianzmatrix des Feldes, ist also positiv definit, und somit ist $W^*_{\text{eff}}\{j\}$ ein konvexes Funktional. Konsequenz: Ist $\sum_x j(x)\phi(x) - W^*_{\text{eff}}\{j\}$ extremal, so kann es sich nur um ein Maximum handeln. Wir kommen nun zu den entscheidenden Relationen zwischen den von uns eingeführten Funktionalen:

*Es sei $W\{\phi\}$ die Wirkung eines euklidischen Feldes, $W_{\text{eff}}\{\phi\}$ die ihr zugeordnete effektive Wirkung und $W^*_{\text{eff}}\{j\}$ das erzeugende Funktional der Kumulanten. Dann gehen $W_{\text{eff}}$ und $W^*_{\text{eff}}$ durch eine Legendre-Transformation auseinander hervor:*

$$W_{\text{eff}}\{\phi\} = \sup_j (\sum_x j(x)\phi(x) - W^*_{\text{eff}}\{j\}) \tag{8.64}$$

$$W^*_{\text{eff}}\{j\} = \sup_\phi (\sum_x j(x)\phi(x) - W_{\text{eff}}\{\phi\}). \tag{8.65}$$

*Beide Funktionale sind konvex.*

Den Beweis führen wir, indem wir zunächst nur die Definitionen benutzen:

$$\begin{aligned}
\sum_x j(x)\phi(x) - W^*_{\text{eff}}\{j\} &= \sum_x j(x)\phi(x) - \hbar \log Z\{j\} \\
&= \inf_\mu \left[ \langle \mu, W \rangle - \hbar S(\mu) + \sum_x j(x)\{\phi(x) - \langle \mu, \Phi(x) \rangle\} \right] \\
&\leq \inf_\mu [\langle \mu, W \rangle - \hbar S(\mu) \mid \langle \mu, \Phi \rangle = \phi] \\
&= W_{\text{eff}}\{\phi\}.
\end{aligned}$$

Die Ungleichung entsteht, weil das absolute Minimum immer tiefer liegt als das Minimum, das wir in einem Teilraum von W-Maßen finden, der durch eine Nebenbedingung gegeben ist. Die obere Schranke gilt also für alle $j(x)$. Wir wissen bereits, daß es eine Funktion $j$ gibt, für die Gleichheit erreicht wird, nämlich diejenige, die die Beziehung $E_j(\Phi(x)) = \phi(x)$ erfüllt. In diesem Fall gilt

$$W_{\text{eff}}\{\phi\} = \langle \mu_j, W \rangle - \hbar S(\mu_j) \ . \tag{8.66}$$

und damit (8.64). Die Behauptung (8.65) folgt mit dem gleichen Argument, und die Konvexität von $W_{\text{eff}}^*$ haben wir bereits gezeigt. Sei $\phi = \alpha \phi_1 + (1-\alpha)\phi_2$, $0 < \alpha < 1$ und $j$ beliebig. Dann gilt

$$W_{\text{eff}}\{\phi_i\} \geq \sum_x j(x)\phi_i(x) - W_{\text{eff}}^*\{j\} \quad i = 1, 2$$

und folglich

$$\alpha W_{\text{eff}}\{\phi_1\} + (1-\alpha) W_{\text{eff}}\{\phi_2\} \geq \sum_x j(x)\phi(x) - W_{\text{eff}}^*\{j\}.$$

Indem wir das Supremum über alle $j$ bilden, erhalten wir:

$$\alpha W_{\text{eff}}\{\phi_1\} + (1-\alpha) W_{\text{eff}}\{\phi_2\} \geq W_{\text{eff}}\{\phi\}.$$

Dies bestätigt die Konvexität von $W_{\text{eff}}$ und die Behauptung ist bewiesen.

Zwischen den drei wesentlichen Funktionalen einer Feldtheorie haben wir Zusammenhänge gefunden, die wir zur besseren Übersicht in einem Diagramm veranschaulichen:

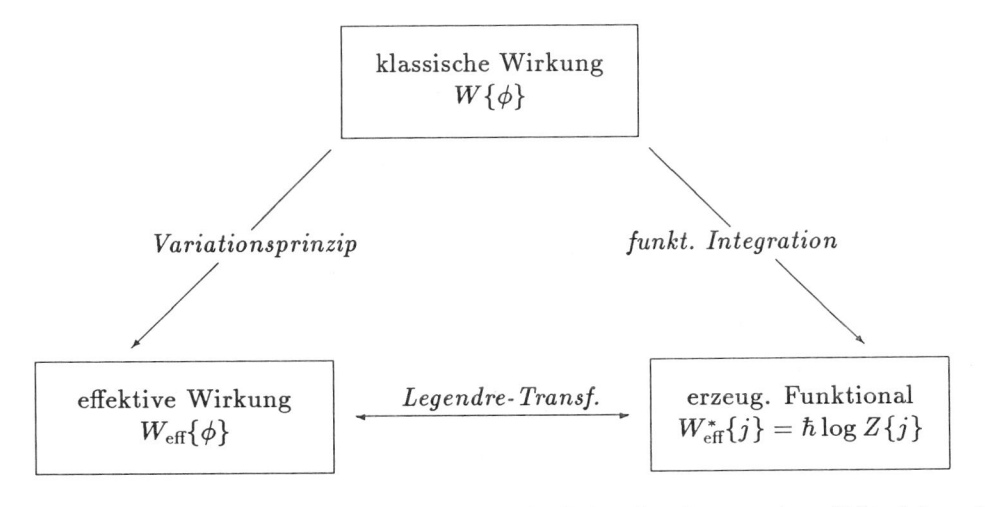

```
                    klassische Wirkung
                         W{φ}
              ╱                      ╲
    Variationsprinzip           funkt. Integration
          ╱                              ╲
  effektive Wirkung    ←Legendre-Transf.→    erzeug. Funktional
      W_eff{φ}                              W*_eff{j} = ℏ log Z{j}
```

Die eigentliche Aufgabe, Ausführung einer funktionalen Integration, läßt sich auf andere Weise in zwei Schritten vollziehen: (1) Lösung eines Variationsprinzips, (2) Anwendung einer Legendre-Transformation auf das Ergebnis.

8.5. Das effektive Potential

**Beispiel.** Für die Wirkung eines freien Feldes der Masse $m$ schreiben wir

$$W\{\phi\} = \tfrac{1}{2}(\phi,(-\Delta+m^2)\phi) := \tfrac{1}{2}\sum_x\left[\sum_i\{\partial_i\phi(x)\}^2 + m^2\phi(x)^2\right]. \tag{8.67}$$

Es ist eine leichte Übungsaufgabe, erst $W^*_{\text{eff}}$ und dann $W_{\text{eff}}$ zu berechnen. Man erhält:

$$\begin{aligned} W^*_{\text{eff}}\{j\} &= \tfrac{1}{2}(j,(-\Delta+m^2)^{-1}j) \;-\; F & (8.68)\\ W_{\text{eff}}\{\phi\} &= \tfrac{1}{2}(\phi,(-\Delta+m^2)\phi) \;+\; F. & (8.69) \end{aligned}$$

$F$ ist die in (8.49) berechnete freie Energie, eine Konstante also, weder abhängig von $\phi$ noch von $j$. Das Auftreten von $F$ in den Formeln ist nicht von physikalischem Interesse. Ignorieren wir diese Konstante, so haben wir es mit positiven bilinearen Funktionalen zu tun, die selbstverständlich konvex sind. Darüberhinaus gilt die Beziehung $W_{\text{eff}}\{\phi\} = W\{\phi\} + F$. Sie ist charakteristisch für das einfache Modell.

## 8.5 Das effektive Potential

Eine Warnung erscheint an dieser Stelle angebracht: Es gibt keine strenge noch eine plausible Begründung dafür, daß die effektive Wirkung wieder die Gestalt

$$W_{\text{eff}}\{\phi\} = \sum_x\left\{\tfrac{1}{2}\sum_i(\partial_i\phi(x))^2 + U_{\text{eff}}(\phi(x))\right\} \tag{8.70}$$

für ein noch zu bestimmenden konvexes Potential $U_{\text{eff}}(r)$ haben sollte. Bestenfalls darf man (8.70) als *Ansatz für eine Näherung* werten, wenn von einer klassischen Wirkung $W$ ähnlicher Gestalt ausgegangen wurde. Nichts spricht jedoch dagegen, feldtheoretische Modelle dadurch zu entwerfen, daß man eine effektive Wirkung der Art (8.70) für sie niederschreibt, geeignet, um spezifische Erscheinungen zu studieren. Eine solche Erscheinung ist die *spontane Brechung einer Symmetrie*. Sie tritt auf, wenn $W_{\text{eff}}$ zwar symmetrisch ist, aber das Problem $W_{\text{eff}} = Minimum$ eine unsymmetrische Lösung $\phi$ besitzt.

**Spontane Symmetriebrechung**

Hat die effektive Wirkung die spezielle Form (8.70), so kann die Symmetrie gegenüber Translationen $x \to x + a$ nicht spontan gebrochen sein. Der Grund hierfür ist, daß das Minimum, also das Gleichgewicht, dann nur unter zwei Bedingungen angenommen wird:

1. $\partial_i\phi(x) = 0$, d.h. $\phi(x) = c =$konstant.

2. $U_{\text{eff}}(r)$ ist minimal für $r = c$.

Nun sei die effektive Wirkung symmetrisch bezüglich $\phi \to -\phi$. Die beiden Bedingungen gelten auch für diesen Fall und machen deutlich, daß dem effektiven Potential $U_{\text{eff}}(r)$ eine zentrale Stellung zukommt. Die Lage seiner Minima entscheidet, ob sich das System in einer symmetrischen oder unsymmetrischen Phase (bezüglich $\phi \to -\phi$) befindet. Das Ausgangspotential $U(r)$ in der Wirkung $W(\phi)$ gibt hierüber keine verläßliche Auskunft. Seine Minima können eine spontane Brechung fälschlich vorhersagen, die in Wahrheit durch Quantenfluktuationen ("Einschalten von $\hbar$") zerstört wird.

Dies wirft die Frage auf, ob man das effektive Potential nicht auch allgemein, d.h. unabhängig von der Gültigkeit der Darstellung (8.70) definieren kann, so daß die Existenz dieser wichtigen Größe gesichert ist. Die Antwort ist denkbar einfach.

*Das effektive Potential ist die effektive Wirkung pro Gitterplatz für konstantes $\phi(x)$:*

$$U_{\text{eff}}(r) = N^{-4} W_{\text{eff}}\{\phi\} \quad , \quad \phi(x) = r. \tag{8.71}$$

Wir wollen voraussetzen, daß in unserem System die Symmetrie unter Translationen $x \to x + a$ nicht spontan gebrochen ist. Es folgt daraus, daß das Minimum der effektiven Wirkung für ein *konstantes* $\phi$ erreicht wird. Dieses Minimum deckt sich notwendig mit dem Minimum des durch (8.71) definierten effektiven Potentials. Im Falle eines einkomponentigen Skalarfeldes besteht eine gewisse Chance, daß die Symmetrie $\phi \to -\phi$ spontan gebrochen ist: Zwar gilt $U_{\text{eff}}(-r) = U_{\text{eff}}(r)$, aber das Minimum liegt bei $r = c \neq 0$. Dennoch wird dies bei genauer Betrachtung aus zwei Gründen erschwert:

1. Das effektive Potential ist eine konvexe Funktion. Grund: Die effektive Wirkung ist ein konvexes Funktional und es gilt (8.71).

2. Auf einem endlichen Gitter sind alle Abbildungen der Form

$$z \mapsto W_{\text{eff}}^*\{zj\} \quad \text{und} \quad z \mapsto W_{\text{eff}}\{z\phi\}$$

   analytische Funktionen von $z \in \mathbb{C}$. Die Eigenschaften des klassischen Potentials haben hierauf keinen Einfluß. Aus (8.71) folgt, daß auch $U_{\text{eff}}(r)$ eine analytische Funktion von $r$ ist.

Man überlegt sich leicht, daß ein konvexes und analytisches Potential mit der Symmetrie $U_{\text{eff}}(-r) = U_{\text{eff}}(r)$ genau *ein* Minimum besitzt, das sich an der Stelle $r = 0$ befindet. Schlußfolgerung:

*Auf einem endlichen Gitter gibt es weder einen Phasenübergang noch eine spontane Symmetriebrechung noch ein Kondensat $\mathcal{E}(\Phi(x)) \neq 0$.*

Auf einem unendlich ausgedehnten Gitter (bei $N \to \infty$ also) geht die Analytizität möglicherweise verloren. Dieser Verlust gibt uns eine letzte Chance, die spontane Symmetriebrechung dennoch zu beobachten, wie die Skizze (8.3) verdeutlicht:

## 8.5. Das effektive Potential

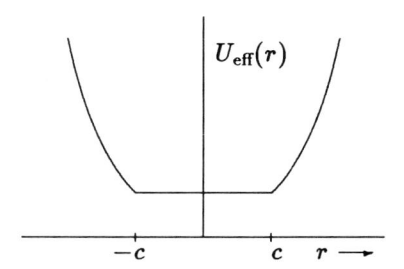

*Abb. 8.3: Ein effektives Potential, das, obwohl symmetrisch und konvex, dennoch zur spontanen Symmetriebrechung Anlaß gibt*

Die spontane Brechung wird dadurch ermöglicht, daß das effektive Potential auf einem symmetrischen Intervall $[-c, c]$ konstant ist: Dies ist die einzige Weise, wie eine konvexe symmetrische Funktion zu einem nichteindeutigen Minimum kommt. Eine stückweise konstante Funktion kann nicht analytisch sein, es sei denn, sie ist überall konstant. Den beiden Endpunkten des Intervalls entsprechen Gleichgewichtszustände, beschrieben durch W-Maße $\mu_-$ und $\mu_+$, so daß $\langle \mu_\pm, \Phi(x) \rangle = \pm c$ gilt. Aber auch jeder andere Wert des Intervalls $[-c, c]$ tritt als mögliches Kondensat auf. Denn für jedes $\alpha$ mit $0 < \alpha < 1$ ist auch $\mu = \alpha \mu_- + (1-\alpha)\mu_+$ ein Gleichgewichtszustand mit $\langle \mu, \Phi(x) \rangle = \alpha(-c) + (1-\alpha)c$. Insbesondere gibt es ein Gleichgewicht (für $\alpha = \frac{1}{2}$), bei dem das Kondensat verschwindet.

Offensichtlich gilt: W-Maße, die Gleichgewichte beschreiben, bilden eine konvexe Menge. Dies bedeutet, daß mit $\mu_1$ und $\mu_2$ auch die konvexe Kombination $\mu = \alpha \mu_1 + (1-\alpha)\mu_2$ zu dieser Menge gehört ($0 < \alpha < 1$ vorausgesetzt). Gleichgewichtszustände, die sich nicht als konvexe Kombination aus anderen ergeben, die sich somit nicht zerlegen lassen, nennt man *extremal*. In unserem Beispiel zeichnen sich die extremalen Gleichgewichte dadurch aus, daß in ihnen die Kondensate dem Betrage nach maximal mögliche Werte annehmen.

### Ordnungsparameter

In der statistischen Physik werden Größen wie $c$, $r$ oder $\phi(x) = E(\Phi(x))$ *Ordnungsparameter* der Theorie genannt. Größen wie $W_{\text{eff}}$ oder $U_{\text{eff}}$ heißen dort *thermodynamische Potentiale*. Die Gleichgewichtsbedingungen lauten in jedem Fall, so wie in der Feldtheorie: $W_{\text{eff}}\{\phi\} = Minimum$. Es entspricht allgemeiner Praxis, eine variable Größe der Theorie immer dann einen Ordnungsparameter zu nennen, wenn sie in der symmetrischen Phase verschwindet, jedoch in der unsymmetrischen Phase einen Wert $\neq 0$ annehmen kann (aber nicht muß, weil dies von dem Zustand abhängt).

Das klassische Beispiel eines Ordnungsparameters ist die Magnetisierung (ein Vektor) eines Ferromagneten. Oberhalb des Curie-Punktes verhält sich das Material paramagnetisch; es befindet sich in der $O(3)$-symmetrischen Phase. Unterhalb des Curie-Punktes verhält sich das Material ferromagnetisch; es befindet sich dann in der unsymmetrischen Phase mit spontaner Brechung der Rotationssymmetrie. Lassen wir auf eine zunächst unmagnetisierte Probe des Ferromagneten ein starkes Magnetfeld wirken, so finden wir nach dessen Abschaltung eine remanente Magnetisierung $M_r$ mit der Richtung des Feldes. Das gleiche Experiment mit dem entgegengesetzten Magnetfeld erzeugt eine remanente Magnetisierung $-M_r$. Alle Werte des symmetrischen Intervalls $[-M_r, M_r]$ können für die Magnetisierung durch ein geeignetes Experiment erreicht werden. In jedem Fall befindet sich das System in einem thermodynamischen Gleichgewicht, wenn die zeitliche Änderung des äußeren Feldes so langsam erfolgte (*quasistatisch*), daß sich zu jedem Zeitpunkt ein Gleichgewicht ausbilden konnte. Wir lernen aus diesem Beispiel auch, daß ein anfängliches äußeres Feld (in der Feldtheorie ist dies die Quellfunktion $j(x)$) ein bequemes Mittel darstellt, um dem Ordnungsparameter einen von Null verschiedenen Wert zu nach Abschaltung des Feldes zu geben. Führen wir mit Hilfe eines zeitabhängigen Feldes einen Kreisprozeß aus, so durchläuft der Ordnungsparameter in Abhängigkeit vom angelegten Feld eine Hysteresis-Schleife; sie ist ebenfalls charakteristisch für die Existenz einer unsymmetrischen Phase.

## 8.6 Die Ginsburg-Landau-Gleichungen

Wir schweifen ab und wenden uns einem Problem der kondensierten Materie zu, das in der Geschichte der Physik eine wichtige Rolle spielte. Es geht dabei um die Beschreibung des supraleitenden Zustandes eines Elektronengases in der Nähe des Phasenüberganges mit den Methoden der *effektiven Wirkung*. Interessante Effekte stellen sich ein, wenn der Supraleiter mit einem äußeren elektromagnetischen Feld in Wechselwirkung steht [145]. In Anwesenheit eines räumlich wie zeitlich konstanten Magnetfeldes kann sich überraschenderweise kein homogener supraleitender Zustand einstellen. Genauer gesagt, der Supraleiter kann nur auf drei Weisen auf ein von außen angelegtes Feld reagieren:

1. Das Magnetfeld wird verdrängt (Meissner-Ochsenfeld-Effekt).

2. Das Magnetfeld zerstört den supraleitenden Zustand.

3. Ein *inhomogener* supraleitender Zustand wird gebildet.

Die letzte Möglichkeit definiert den Supraleiter zweiter Art. Ginsburg und Landau haben 1950 das Verhalten des Supraleiters in einem äußeren Feld durch nichtlineare Gleichungen beschrieben, die zunächst als Basis einer phänomenologischen Theorie angesehen wurden. Heute wissen wir, daß es sich bei diesen Gleichungen um die Gleichgewichtsbedingungen handelt. Sie leiten sich aus einem Variationsprinzip her, demzufolge die freie Energie ein Minimum annehmen soll. Die freie Energie ist ein Funktional des Ordnungsparameters $\phi \in \mathbb{C}$ und dem im Inneren herrschenden Vektorpotential $\mathbf{A}$, beides Funktionen von $\mathbf{x} \in E_3$. Auf der Basis der mikroskopischen BCS-Theorie kennt man nun auch die Näherungen, die nötig sind, damit das Ginsburg-Landau-Funktional hergeleitet werden kann, d.h. man hat

## 8.6. Die Ginsburg-Landau-Gleichungen

eine Möglichkeit gefunden, die Konstanten der GL-Theorie aus den atomistischen Größen zu berechnen. Bei dem Bemühen, die GL-Gleichungen zu rechtfertigen, zeigte sich, daß ihr Gültigkeitsbereich auf die Nähe des kritischen Punktes eingeschränkt ist. Die Ginsburg-Landau-Gleichungen enthalten keine Zeitableitungen und lauten:

$$-\frac{1}{4m}(\nabla + 2ie\mathbf{A})^2 \phi = \Lambda \phi - 2\lambda |\phi|^2 \phi \qquad (8.72)$$

$$\nabla \times (\nabla \times \mathbf{A}) = \frac{ie}{2m}(\bar{\phi}\nabla\phi - \phi\nabla\bar{\phi}) - \frac{2e^2}{m}|\phi|^2 \mathbf{A}. \qquad (8.73)$$

Sie lösen das Variationsproblem

$$W_{\text{eff}}\{\phi, \mathbf{A}\} = Minimum \qquad (8.74)$$

für das von unten beschränkte Funktional

$$W_{\text{eff}} = \int d\mathbf{x} \left\{ \tfrac{1}{2}(\nabla \times \mathbf{A})^2 + \tfrac{1}{4m}|(\nabla + 2ie\mathbf{A})\phi|^2 - \Lambda|\phi|^2 + \lambda|\phi|^4 \right\}. \qquad (8.75)$$

Die darin vorkommenden Größen bedürfen der Erläuterung:

- $2m$ ist die Masse der Cooper-Paare und $-2e$ ihre Ladung.

- Der Supraleiter besitzt eine endliche, wenn auch große Ausdehnung. Das Vektorpotential unterliegt einer Randbedingung, die ausdrückt, daß das Magnetfeld $\mathbf{B} = \nabla \times \mathbf{A}$ am Rand stetig in das Außenfeld übergeht.

- Die komplexe Funktion $\phi$ beschreibt das Kondensat der Cooper-Paare. Es handelt sich dabei um einen *makroskopischen* Ordnungsparameter des Gesamtsystems und kann – bis auf eine unwesentliche Änderung der Normierung – als der Erwartungswert $\langle \psi_\uparrow(\mathbf{x})\psi_\downarrow(\mathbf{x})\rangle$ in dem (variablen) Mikrozustand angesehen werden. Das nichtrelativistische $\psi$-Feld dient zur Beschreibung der Elektronen in der Nähe der Fermi-Kugel. Die Pfeile markieren die beiden Helizitätszustände.

- Bis auf eine willkürliche additive Konstante stellt $W_{\text{eff}}$ die freie Energie des Fermi-Gases in der Nähe thermodynamischen Gleichgewichtes dar. Dieses ist durch die Temperatur $T$ und die Bedingung $W_{\text{eff}} = Minimum$ charakterisiert.

- Die Parameter der Theorie sind:

$$\Lambda = \Lambda(T) = \frac{6\pi^2 T_c}{7\zeta(3)\epsilon_F}(T_c - T) \qquad \lambda = \frac{9\pi^4 T_c^2}{14\zeta(3)mk_F \epsilon_F} > 0$$

($k_F$=Fermi-Impuls, $\epsilon_F$=Fermi-Energie, $\zeta(s)$= Riemannsche Zetafunktion, $T_c$ = kritische Temperatur). $\Lambda$ wechselt das Vorzeichen am Phasenübergang.

Die Struktur von $W_{\text{eff}}$ und die Interpretation als freie Energie zeigt uns, daß wir es hier mit einer dreidimensionalen Variante der effektiven Wirkung zu tun haben, deren allgemeine Theorie wir für vier euklidische Dimensionen erläutert haben.

Das GL-Funktional hat nur einen Schönheitsfehler: für $T < T_c$ ist es nicht konvex. Dies läßt sich jedoch bereinigen. Man kann nämlich jeder nach unten beschränkten, jedoch nichtkonvexen Funktion $f$ die *Einhüllende* $f^{**}$ zuordnen; dies ist die größte konvexe Funktion, die überall kleiner oder gleich $f$ ist. Zugleich entsteht $f^{**}$ durch zweimalige Anwendung[2] der Legendre-Transformation auf $f$. Im GL-Funktional finden wir die Funktion

$$f(r) = -\Lambda r^2 + \lambda r^4.$$

Für $T < T_c$ (d.h. $\Lambda > 0$) können wir sie jederzeit durch

$$f^{**}(r) = \begin{cases} -\Lambda r^2 + \lambda r^4 & |r| > a \\ -\lambda a^4 & |r| \leq a \end{cases} \qquad a = \sqrt{\frac{\Lambda}{2\lambda}}$$

ersetzen, ohne daß die physikalischen Aussagen dadurch berührt würden. Für $T \geq T_c$, also für $\Lambda < 0$, stimmen $f$ und $f^{**}$ überein.

Unterhalb der kritischen Temperatur finden wir ein von Null verschiedenes Kondensat $\phi(\mathbf{x})$. Obwohl die freie Energie invariant gegenüber globalen U(1)-Eichtransformationen ist, finden wir nichtinvariante Gleichgewichtszustände: in der supraleitenden Phase ist die U(1)-Symmetrie spontan gebrochen. Oberhalb der kritischen Temperatur, also in der normalleitenden Phase, gilt $\phi = 0$ im Gleichgewicht, und die Eichinvarianz ist wieder hergestellt.

Für $T < T_c$ gibt es ein kritisches $B$-Feld, bei dem der Übergang in den normalleitenden Zustand stattfindet. In guter Näherung ergibt sich das kritische Feld aus der Gleichung

$$-\frac{1}{4m}(\nabla + ie\mathbf{B}\times\mathbf{x})^2\phi(\mathbf{x}) = \Lambda\phi(\mathbf{x}) \tag{8.76}$$

$\phi$ beschränkt in $E_3$.

Es handelt sich formal um die Schrödinger-Gleichung für ein Teilchen der Masse $2m$ und der Ladung $-2e$ in einem konstanten Magnetfeld $\mathbf{B}$. Dies führt zu den bekannten Landau-Niveaus

$$\Lambda = \frac{eB}{m}(n + \tfrac{1}{2}) + \frac{p^2}{4m} \qquad (B = |\mathbf{B}|, n = 0, 1, 2, \ldots). \tag{8.77}$$

Hierbei ist $p$ die Projektion des Impulses auf die Richtung von $\mathbf{B}$. Diese Komponente des Impulses ist beliebig wählbar. Aus (8.77) folgt die offensichtliche Bedingung

$$\Lambda(T) \geq \frac{eB}{2m}. \tag{8.78}$$

Sie legt einen Bereich der $T, B$-Ebene fest, für den ein inhomogener supraleitender Zustand existiert. Man erkennt: Ist für eine Temperatur $T$ das Feld $\mathbf{B}$ dem Betrage nach größer als

$$B_c = 2(m/e)\Lambda(T), \tag{8.79}$$

---

[2]Gemäß der allgemeinen Definition bedeutet dies die Berechnung von

$$f^*(t) = \sup_r\{rt - f(r)\} \qquad f^{**}(r) = \sup_t\{rt - f^*(t)\}$$

so läßt sich die Gleichung (8.76) nur für $\phi = 0$ erfüllen und das System befindet sich in dem normalleitenden Zustand. Für **B** in Richtung der $z$-Achse, $p = p_z = 0$ und $n = 0$ lautet die Lösung

$$\phi_0(x,y) = C(x - iy)\exp\{-\tfrac{1}{2}eB(x^2 + y^2)\} \qquad C \in \mathbb{C}. \tag{8.80}$$

Sie beschreibt einen Wirbelfaden, genauer, einen *Quantenwirbel*, dessen Kern die $z$-Achse darstellt und dessen Durchmesser

$$d = \sqrt{\frac{\hbar c}{eB}}$$

ist. Quantenwirbel treten auch in Supraflüssigkeiten (Helium) auf. Die Translationen

$$\phi(\mathbf{x}) \to \phi^{\mathbf{a}}(\mathbf{x}) = \phi(\mathbf{x} - \mathbf{a})\exp\{ie(\mathbf{Bax})\} \tag{8.81}$$

((**Bax**)=Spatprodukt) bilden eine Symmetriegruppe für das Problem (8.76). $\phi_0^{\mathbf{a}}$ beschreibt einen um den Vektor **a** verschobenen Wirbelfaden und stellt ebenfalls eine Gleichgewichtslösung dar. Die allgemeine Lösung — ohne Berücksichtigung der nichtlinearen Terme in den GL-Gleichungen — entsteht durch Superposition von Quantenwirbeln an verschiedenen Orten. Sei $\mathcal{G}$ ein großes (im Idealfall unendlich ausgedehntes) zweidimensionales Gitter senkrecht zu **B**, so können wir ihm eine Gleichgewichtslösung der folgenden Art zuordnen:

$$\phi^{\mathcal{G}}(\mathbf{x}) = \sum_{\mathbf{a} \in \mathcal{G}} \phi_0(\mathbf{x} - \mathbf{a})\exp\{ie(\mathbf{Bax})\}. \tag{8.82}$$

Abrikosov [3] hat 1952 gezeigt, daß bei Berücksichtigung der nichtlinearen Terme in den GL-Gleichungen das Gleichgewicht für ein *Dreiecksgitter* eintritt. Das Resultat ist streng, falls ausschließlich Funktionen der Form $\phi^{\mathcal{G}}$ zur Konkurrenz zugelassen sind. Tatsächlich beobachten man in einem Supraleiter zweiter Art eine *gitterförmige* Anordnung von quantisierten Wirbeln. Die Quantisierung äußert sich darin, daß bei dem Umlauf um einen Wirbelfaden die Phase von $\phi$ eine Änderung von $\pm 2\pi$ erfährt. Die zweite GL-Gleichung sagt aus, daß sich entlang eines jeden Wirbelfadens eine Flußröhre ausbildet, in der der magnetische Fluß nicht verschwindet und quantisiert ist. Die Existenz dieser Flußröhren und ihre Anordnung in Form eines Dreiecksgitters ist experimentell gesichert.

## 8.7 Die Molekularfeldnäherung

Wir erinnern an die Konstruktion der effektiven Wirkung. Ausgehend von der Wirkung $W(\phi) = \sum_x \left\{\tfrac{1}{2}\sum_i(\partial_i\phi(x))^2 + U(\phi(x))\right\}$ erhält man $W_{\text{eff}}(\phi)$ gemäß (8.53) als das Minimum von $\langle\mu, W\rangle - \hbar S(\mu)$ unter der Nebenbedingung $\langle\mu, \Phi\rangle = \phi$, wobei *alle* W-Maße $\mu$ zur Konkurrenz zugelassen sind. Darunter sind auch spezielle Maße mit einer Produktstruktur,

$$d\mu(\phi) = \prod_x d\nu_x(\phi(x)), \tag{8.83}$$

die man darum *Produktmaße* nennt. Jedem Gitterpunkt ist hierbei ein individuelles W-Maß $\nu_x$ auf $\mathbb{R}$ zugeordnet. Produktmaße ignorieren die Beziehungen der Gitterpunkte zueinander und die Korrelationen der Felder in benachbarten Gitterpunkten[3]. Das Produktmaß ist translationsinvariant, wenn $d\nu_x(s) = d\nu(s)$ für alle $x$ gilt. Hier und im folgenden bezeichnet $s$ eine reelle Variable; sie steht für die möglichen Werte des Feldes in einem Gitterpunkt $x$.

Die Molekularfeldnäherung ist ursprünglich in der Festkörperphysik als eine einfache, wenn auch grobe Methode eingesetzt worden, um kollektives Verhalten zu studieren. Wir übernehmen die Molekularfeldnäherung für die Zwecke der Feldtheorie in einer abstrakten Form und bezeichnen mit $\mathcal{P}$ die Menge der Produktmaße (8.83). Wenn wir das Gleichgewicht in $\mathcal{P}$ statt in der Menge aller W-Maße suchen, so resultiert eine Näherung für die effektive Wirkung:

$$W_{\mathrm{MF}}(\phi) = \inf_{\mu \in \mathcal{P}} \left\{ \langle \mu, W \rangle - \hbar S(\mu) \mid \langle \mu, \Phi \rangle = \phi \right\}. \tag{8.84}$$

Selbstverständlich gilt $W_{\mathrm{eff}}(\phi) \leq W_{\mathrm{MF}}(\phi)$, aber es besteht nun keine Möglichkeit mehr, die Konvexität des Funktionals $W_{\mathrm{MF}}(\phi)$ zu beweisen[4]. Eine Näherung ist nur dann nützlich, wenn eine Vereinfachung erzielt und der Rechenaufwand verringert wird. Das Erste, was wir feststellen, ist eine Vereinfachung des Ausdruckes für die Entropie eines Produktmaßes. Hat nämlich das Maß $\mu$ die in (8.83) angegebene Form, so erhält man seine Entropie als eine Summe über die Gitterpunkte:

$$S(\mu) = \sum_x S(\nu_x) \equiv - \sum_x \int d\nu_x(s) \log(d\nu_x/ds). \tag{8.85}$$

Das Zweite ist eine Entkopplung der Nebenbedingungen: Aus $\langle \mu, \Phi \rangle = \phi$ wird

$$\int d\nu_x(s) s = \phi(x).$$

Schließlich erhält man auch die mittlere Wirkung als eine Summe über die Gitterpunkte:

$$\langle \mu, W \rangle = \sum_x \left\{ \tfrac{1}{2} \sum_i (\partial_i \phi(x))^2 + \int d\nu_x(s) u(s, \phi(x)) \right\} \tag{8.86}$$

$$u(s, r) = 4(s - r)^2 + U(s) \qquad (s, r \in \mathbb{R}), \tag{8.87}$$

wobei $U(s)$ das Ausgangspotential darstellt. Die Teile zusammenfassend kommen wir zu der Aussage:

*Die effektive Wirkung in der Molekularfeldnäherung hat die Form*

$$W_{\mathrm{MF}}(\phi) = \sum_x \left\{ \tfrac{1}{2} \sum_i (\partial_i \phi(x))^2 + U_{\mathrm{MF}}(\phi(x)) \right\}$$

---

[3] In der Sprache der statistischen Mechanik beschreiben sie die Wechselwirkung mit einem Hintergrundfeld, dem sog. Molekularfeld, einem mittleren Feld also, zu dem alle Gitterpunkte (Moleküle) einen Beitrag leisten. Eine Selbstkonsistenzbedingung ermittelt den Wert des Molekularfeldes.

[4] Der Grund: Sind $\mu_1$ und $\mu_2$ zwei Produktmaße, so ist eine Mischung der Form $\alpha\mu_1 + (1-\alpha)\mu_2$ ($0 < \alpha < 1$) im allgemeinen kein Produktmaß mehr. $\mathcal{P}$ ist keine konvexe Menge.

### 8.7. Die Molekularfeldnäherung

*mit einem effektiven Potential*

$$U_{\mathrm{MF}}(r) = \inf_\nu \left\{ \int d\nu(s)\, u(s,r) - \hbar S(\nu) \,\Big|\, \int d\nu(s)\, s = r \right\}. \quad (8.88)$$

*Das Infimum erstreckt sich über alle W-Maße $\nu$ auf $\mathbb{R}$.*

Zur Bestimmung von $W_{\mathrm{MF}}(\phi)$ reicht also eine Bestimmung von $U_{\mathrm{MF}}(r)$. Die wiederum nimmt von dem Gitter keine Notiz, vielmehr stellt sie in jedem Gitterpunkt das gleiche Problem: Suche des eingeschränkten Minimums bezüglich der Abhängigkeit von $\nu$. Wir dürfen hier $\nu$ anstelle von $\nu_x$ schreiben; da $U(r)$ keine Abhängigkeit von $x$ zeigt, ist Lösung von (8.88) ein translationsinvariantes Produktmaß abhängig von $r$. Explizit:

$$d\nu(s) = \frac{ds\, \exp\{-\hbar^{-1} u(s,t)\}}{\int ds\, \exp\{-\hbar^{-1} u(s,t)\}}, \quad (8.89)$$

wobei der Parameter $t$ so zu bestimmen ist, daß $\int d\nu(s) s = r$ gilt.

### Die Curie-Weiss-Näherung des Ising-Modells

Wir wollen die Molekularfeldnäherung an einem Beispiel aus der Festkörperphysik verdeutlichen. Das anisotrope ferromagnetische Ising-Modell auf einem $d$-dimensionalen kubischen Gitter (Volumen $N^d$) geht von der Energie-Funktion

$$H(\sigma) = -\sum_x \sum_i J_i \sigma_x \sigma_{x+e_i}, \qquad (J_i > 0, \sigma_x = \pm 1)$$

aus. $H$ übernimmt die Rolle der Wirkung und $\sigma_x$ die Rolle des Feldes. Geben wir der Ising-Variablen $\sigma_x$ in jedem Gitterpunkt einen der beiden möglichen Werte, so erhalten wir eine *Konfiguration* $\sigma$. Ein Zustand $p$ erteilt jeder Konfiguration eine Wahrscheinlichkeit $p(\sigma)$. Mit $p$ ist eine mittlere Energie $\langle p, H\rangle = \sum_\sigma p(\sigma) H(\sigma)$ und eine Entropie $S(p) = -\sum_\sigma p(\sigma) \log p(\sigma)$ verbunden. Das Problem, bei gegebener Temperatur $T$ die freie Energie

$$F = \inf_p \left\{ \langle p, H\rangle - \beta^{-1} S(p) \right\}, \qquad \beta^{-1} = k_B T$$

zu bestimmen, führt auf die Gibbs-Verteilung

$$p(\sigma) = \exp\{-\beta H(\sigma)\} / \sum_\sigma \exp\{-\beta H(\sigma)\}.$$

Das effektive Potential, abhängig von der Magnetisierung $m$ ($-1 \leq m \leq 1$), entsteht auf ähnliche Weise:

$$N^d U_{\mathrm{eff}}(m) = \inf_p \left\{ \langle p, H\rangle - \beta^{-1} S(p) \,\big|\, \langle p, \sigma_x\rangle = m \right\}.$$

Ein Produktzustand liegt vor, wenn für jede Teilmenge $A$ von Gitterpunkten die Relation

$$\left\langle p, \prod_{x \in A} \sigma_x \right\rangle = \prod_{x \in A} \langle p, \sigma_x\rangle$$

erfüllt ist. Folglich ist ein solcher Zustand bereits vollständig durch die individuellen Erwartungswerte $m_x := \langle p, \sigma_x \rangle$ in jedem Gitterpunkt festgelegt:

$$p(\sigma) = \prod_x \tfrac{1}{2}(1 + m_x \sigma_x).$$

Seine Entropie hat die Form $S(p) = \sum_\sigma s(m_x)$ mit

$$s(m) = -\frac{1+m}{2} \log \frac{1+m}{2} - \frac{1-m}{2} \log \frac{1-m}{2} \qquad (-1 \leq m \leq 1).$$

Er ist genau dann translationsinvariant, wenn $m_x = m$ für alle $x$ gilt. Es sei $\mathcal{P}$ die Menge aller Produktzustände und

$$N^d U_{\mathrm{MF}}(m) = \inf_{p \in \mathcal{P}} \left\{ \langle p, H \rangle - \beta^{-1} S(p) \mid \langle p, \sigma_x \rangle = m \right\}$$

die Molekularfeldnäherung für das effektive Potential. Es ist eine Besonderheit des Ising-Modells, daß die Nebenbedingung $\langle p, \sigma_x \rangle = m$ mit $-1 \leq m \leq 1$ den Produktzustand bereits eindeutig bestimmt. Wir erhalten auf diese Weise den sehr einfachen Ausdruck

$$U_{\mathrm{MF}}(m) = -Jm^2 - \beta^{-1} s(m) \qquad \text{mit} \quad J := \sum_i J_i.$$

Das Potential ist symmetrisch: $U_{\mathrm{MF}}(-m) = U_{\mathrm{MF}}(m)$. Weitere Eigenschaften liest man aus der ersten und zweiten Ableitung ab:

$$\begin{aligned} U'_{\mathrm{MF}}(m) &= -2Jm + \beta^{-1} \tfrac{1}{2} \log \frac{1+m}{1-m} \\ U''_{\mathrm{MF}}(m) &= -2J + \beta^{-1} \frac{1}{1-m^2}. \end{aligned}$$

Wir unterscheiden zwei Fälle:

1. $2\beta J \leq 1$. Das Potential ist konvex und das Minimum eindeutig ($m = 0$). Das System befindet sich in der paramagnetischen Phase.

2. $2\beta J > 1$. Das Potential ist nicht konvex und das Minimum nicht eindeutig. Die Werte der Magnetisierung $\pm m_0$, die den Minima entsprechen, sind die Lösungen der transzendenten Gleichung

$$m = \tanh(2m\beta J) \qquad (m \neq 0).$$

Das System befindet sich in der ferromagnetischen Phase.

Besser als $U_{\mathrm{MF}}(m)$ approximiert $U^{**}_{\mathrm{MF}}(m)$ (der konvexe Abschluß) das wahre Verhalten des effektiven Potentials: $U_{\mathrm{eff}} \leq U^{**}_{\mathrm{MF}} \leq U_{\mathrm{MF}}$. In der ferromagnetischen Phase ist $U^{**}_{\mathrm{MF}}(m)$ konstant auf dem Intervall $[-m_0, m_0]$. Wir schließen die kurze Betrachtung mit einigen Bemerkungen ab.

## 8.7. Die Molekularfeldnäherung

(1) Das Molekularfeld, dem die Methode ihren Namen verdankt, ist in dem Produktmaß verborgen. Es handelt sich hierbei um ein konstantes Magnetfeld $B$, das von allen Spinvariablen des Gitters hervorgerufen wird und das durch die Relation $m = \tanh(\beta B)$ mit der Magnetisierung verbunden ist. Ersetzt man nämlich $H(\sigma)$ durch die genäherte Energie $\bar{H}(\sigma) = -\sum_x B\sigma_x$, so erweist sich der genäherte Gibbs-Zustand als identisch mit dem früher eingeführten Produktzustand:

$$\frac{\exp\{-\beta \bar{H}(\sigma)\}}{\sum_\sigma \exp\{-\beta \bar{H}(\sigma)\}} = \prod_x \frac{\exp(\beta B \sigma_x)}{2\cosh(\beta B)} = \prod_x \tfrac{1}{2}(1 + m\sigma_x) .$$

In der paramagnetischen Phase verschwindet das Molekularfeld. Die Relationen $m = \tanh(\beta B)$ und $m = \tanh(2m\beta J)$ zur Bestimmung von $B$ und $m$ sind aus der Curie-Weiss-Theorie des ferromagnetischen Phasenüberganges her vertraut [164].

(2) Durch ein äußeres inhomogenes Magnetfeld ändern sich Hamilton-Funktion und freie Energie:

$$H_B(\sigma) = H(\sigma) - \sum_x B_x \sigma_x$$
$$F_{\mathrm{MF}}(B) = \inf_{p \in \mathcal{P}} \left\{ \langle p, H_B \rangle - \beta^{-1} S(p) \right\}.$$

Das Minimum wird in der Regel nicht für einen translationsinvarianten Zustand erreicht. Man kann $F_{\mathrm{MF}}(B)$ als ein erzeugendes Funktional für die Kumulanten von der Spinvariablen ansehen und findet in der paramagnetischen Phase (nach einer kurzen Rechnung, die wir dem Leser überlassen):

$$\langle \sigma_x \rangle_{\mathrm{MF}} = \frac{\partial F_{\mathrm{MF}}}{\partial B_x}(0) = 0,$$
$$\langle \sigma_x \sigma_y \rangle_{\mathrm{MF}} = \beta^{-1} \frac{\partial^2 F_{\mathrm{MF}}}{\partial B_x \partial B_y}(0) \overset{N\to\infty}{\longrightarrow} \frac{1}{|B_d|} \int_{B_d} \frac{dp\, e^{ip(x-y)}}{1 - 2\beta \sum_i J_i \cos p_i}.$$

Mit diesem Ergebnis finden wir nun auch leicht die Suszeptibilität:

$$\chi_{\mathrm{MF}} = \frac{1}{N^d} \sum_{x,y} \langle \sigma_x \sigma_y \rangle_{\mathrm{MF}}$$
$$= \sum_x \langle \sigma_x \sigma_0 \rangle_{\mathrm{MF}} \overset{N\to\infty}{\longrightarrow} \frac{1}{1 - 2\beta J} .$$

Sie divergiert bei Annäherung an den kritischen Punkt $\beta_c^{-1} = 2J$. Warnung: Der Mittelwert $\langle \cdot \rangle_{\mathrm{MF}}$ wird nicht durch ein W-Maß repräsentiert, es handelt sich schließlich um eine Approximation. Die Formeln zeigen, daß, entgegen der Erwartung, sehr wohl langreichweitige Korrelationen der Spinvariablen von dem MF-Verfahren vorhergesagt werden.

(3) Es gilt der Erfahrungssatz: Die MF-Approximation wird um so besser, je größer die Dimension $d$ des Modells ist. Wie ungenau die Vorhersagen für $d = 2$ sind, mag man ermessen, wenn man die kritische Mannigfaltigkeit $2\beta(J_1 + J_2) = 1$ des MF-Verfahrens und die korrekten Mannigfaltigkeit [129]

$$\sinh(2\beta J_1)\sinh(2\beta J_2) = 1$$

in dem ersten Quadranten der $J_1, J_2$-Ebene miteinander vergleicht.

(4) Das vierdimensionale isotrope Ising-Modell kann auch als ein Grenzfall der Feldtheorie aufgefaßt werden. Um dies zu erkennen, setzen wir $J_i = J > 0$ ($i = 1, \ldots, 4$) und $\sigma_x = J^{-1/2}\phi(x)$, so daß

$$\begin{aligned} H(\sigma) = -J\sum_x \sum_i \sigma_x \sigma_{x+e_i} &= J\sum_x \tfrac{1}{2}\sum_i (\sigma_{x+e_i} - \sigma_x)^2 + const. \\ &= \sum_x \tfrac{1}{2}\sum_i \{\partial_i \phi(x)\}^2 + const. \\ &= W_0(\phi) + const. \end{aligned}$$

Die Beschränkung des reellen Feldes auf die Werte $\phi(x) = \pm J^{1/2}$ in jedem Gitterpunkt erreichen wir durch Einführung einer Delta-Funktion in das W-Maß:

$$\begin{aligned} d\mu(\phi) &= Z^{-1}\exp\{-\beta W_0(\phi)\}\prod_x \delta(\phi(x)^2 - J)d\phi(x) \\ Z &= \int \exp\{-\beta W_0(\phi)\}\prod_x \delta(\phi(x)^2 - J)d\phi(x). \end{aligned}$$

Damit bekommen Erwartungswerte die gewünschte Form

$$\int d\mu(\phi)\, f(\phi) = \frac{\sum_\sigma e^{-\beta H(\sigma)} f(J^{1/2}\sigma)}{\sum_\sigma e^{-\beta H(\sigma)}}.$$

Geeignet normiert, strebt $\exp\{-\lambda(\phi(x)^2 - J)^2\}$ für $\lambda \to \infty$ gegen $\delta(\phi(x)^2 - J)$. Gehen wir also von allgemeineren Wirkung

$$W_\lambda(\phi) = \sum_x \left\{ \tfrac{1}{2}\sum_i \left(\partial_i \phi(x)\right)^2 + \lambda \left(\phi(x)^2 - J\right)^2 \right\}$$

aus und definieren

$$\begin{aligned} d\mu_\lambda(\phi) &= Z_\lambda^{-1} \mathcal{D}\phi\, \exp\{-\hbar^{-1} W_\lambda(\phi)\} \\ Z_\lambda &= \int \mathcal{D}\phi \exp\{-\hbar^{-1} W_\lambda(\phi)\}, \end{aligned}$$

so strebt $\mu_\lambda$ gegen $\mu$ (im Sinne der Konvergenz von Erwartungswerten), sofern wir $\hbar$ mit $\beta$ identifizieren. Deshalb sind Aussagen über das Ising-System zugleich asymptotische Aussagen über ein feldtheoretisches Modell mit einem neutralen Skalarfeld.

## 8.8 Gaußsche Approximation

Neben der Molekularfeldnäherung existieren weitere Methoden, um zu approximativen Aussagen zu gelangen. Wir wollen eine dieser Methoden vorstellen und gleich darauf zu einer Fallstudie übergehen.

Für ein Gitter der Größe $N^4$ sei $\mathcal{K}$ die Menge aller normierten Gauß-Maße

$$d\mu(\phi) = Z^{-1}\mathcal{D}\phi\, \exp\{-\tfrac{1}{2}(\phi, K^{-1}\phi)\} \qquad (8.90)$$

## 8.8. Gaußsche Approximation

mit einem beliebigen positiven Kovarianz-Operator $K$. Bei gegebener Wirkung $W(\phi)$ kann das Problem $\langle \mu, W \rangle - \hbar S(\mu) = Minimum$ näherungsweise dadurch gelöst werden, daß man das Minimum durch Variation über alle $\mu \in \mathcal{K}$ bestimmt. Die Lösung, falls sie eindeutig ist, wollen wir die *Gaußsche Approximation* des Feldes nennen.

**Beispiel.** Die Wirkung

$$W(\phi) = \sum_x \left\{ \tfrac{1}{2} \sum_i (\partial_i \phi(x))^2 + \lambda \phi(x)^4 \right\}$$

für ein einkomponentiges Skalarfeld enthält keinen Massenterm, d.h. sowohl die Störungstheorie (Reihenentwicklung nach $\lambda^n$) als auch die semiklassische Näherung ordnen dem Feld ein masseloses Boson zu. Andererseits kann die Selbstwechselwirkung des Feldes dem Boson ohne weiteres eine Masse erteilen, die durch eine noch unbekannte Funktion von $m(\lambda)$ dargestellt wird. Einen ersten Eindruck von dem Mechanismus der Massenerzeugung erhält man, wenn die Gaußsche Approximation zur Beschreibung gewählt wird.

Es genügt, ausschließlich translationsinvariante Gauß-Maße $\mu$ zu betrachten. Dies heißt, daß der gesuchte Kovarianz-Operator $K$ durch eine Matrix der Form

$$K_{xy} = N^{-4} \sum_p e^{ip(x-y)} k_p \qquad (k_p > 0)$$

repräsentiert wird. Wir finden $\langle \mu, \phi(x)^4 \rangle = 3 \langle \mu, \phi(x)^2 \rangle^2 = 3(K_{xx})^2$ und deshalb

$$N^{-4} \langle \mu, W \rangle = \tfrac{1}{2} N^{-4} \sum_p E_p k_p + 3\lambda \left( N^{-4} \sum_p k_p \right)^2$$

mit $E_p = 2 \sum_i (1 - \cos p_i)$. Ebenso $S(\mu) = \tfrac{1}{2} \langle \mu, (\phi, K^{-1} \phi) \rangle + \log \det (2\pi K)^{1/2}$, d.h.

$$N^{-4} S(\mu) = \tfrac{1}{2} \left\{ 1 + N^{-4} \sum_p \log(2\pi k_p) \right\}.$$

Als freie Energie pro Gitterplatz erhalten wir im Limes den Ausdruck

$$\begin{aligned} f &= \lim_{N \to \infty} N^{-4} \{ \langle \mu, W \rangle - \hbar S(\mu) \} \\ &= \frac{1}{2|B_4|} \int_{B_4} dp \, E_p k_p + 3\lambda \left( \frac{1}{|B_4|} \int_{B_4} dp \, k_p \right)^2 \\ &\quad - \frac{\hbar}{2} \left( 1 + \frac{1}{|B_4|} \int_{B_4} dp \, \log(2\pi k_p) \right) \end{aligned} \qquad (8.91)$$

($B_4 = [-\pi, \pi]^4$), der sein Minimum erreicht, wenn die gesuchte Funktion $k_p$ der Bedingung $\delta f / \delta k_p = 0$ genügt (bei positiver zweiter Ableitung):

$$E_p + \frac{12\lambda}{|B_4|} \int_{B_4} dp \, k_p - \hbar k_p^{-1} = 0.$$

Die Lösung hat die Gestalt $k_p = \hbar(E_p + m^2)^{-1}$, wobei $m^2$ implizit durch die Gleichung

$$m^2 = 12 \frac{\lambda \hbar}{|B_4|} \int_{B_4} dp\, (E_p + m^2)^{-1} \qquad (8.92)$$

bestimmt ist. Das Verhalten für kleine und große $\lambda$ ist verschieden:

$$\lambda \to 0 \; : \; m^2 \to 12c\lambda\hbar \quad , \qquad c = \frac{1}{|B_4|} \int_{B_4} dp\, E_p^{-1} \approx 0,155$$

$$\lambda \to \infty \; : \; m^2 \to (12\lambda\hbar)^{1/2}.$$

Die gefundene Lösung beschreibt das Feld näherungsweise durch freie Bosonen der Masse $m$. Es ist unbekannt, wie gut diese Näherung ist.

# Kapitel 9

# Quantisierung der Eichtheorien

> *Die gängige Vorstellung, daß Wissenschaftler unerbittlich von einem wohlbegründeten Faktum zum nächsten fortschreiten, ohne sich jemals von irgendwelchen unbewiesenen Vermutungen beeinflussen zu lassen, ist ganz falsch.*
>
> — Alan Turing

## 9.1 Die euklidische Version der Maxwell-Theorie

### 9.1.1 Die klassische Situation ($\hbar = 0$)

Wir beginnen die Diskussion der Eichtheorien mit einer Skizze der klassischen Maxwell-Theorie im euklidischen Gewand. Ausgangspunkt ist das euklidische Potential $A^k(x)$ mit vier reellen Komponenten. Es ist wichtig, daß wir es von dem Potential $A_M^\mu(x)$ im Minkowski-Raum unterscheiden. Beide Potentiale hängen formal durch eine Ersetzungsregel miteinander zusammen:

$$iA_M^0(x^0, \mathbf{x}) \leftrightarrow A^4(\mathbf{x}, x^4) \quad x^4 = ix^0 \tag{9.1}$$
$$A_M^k(x^0, \mathbf{x}) \leftrightarrow A^k(\mathbf{x}, x^4) \quad k = 1, 2, 3. \tag{9.2}$$

Diese Regel mißachtet, daß in beiden Theorien das Potential als reell vorausgesetzt wird. Nur eine analytische Fortsetzung kann in Wahrheit die Verbindung herstellen, doch dieser Punkt soll uns im Augenblick nicht interessieren.

Die euklidische Feldstärke $F_{k\ell} = \partial_\ell A_k - \partial_k A_\ell$ kann wieder nach einem elektrischen und einem magnetischen Anteil zerlegt werden (wohl zu unterscheiden von den entsprechenden Größen der Maxwell-Theorie im Raum $M_4$):

$$\mathbf{E} = \{F_{14}, F_{24}, F_{34}\} = \{F_{23}^*, F_{31}^*, F_{12}^*\} \tag{9.3}$$
$$\mathbf{B} = \{F_{23}, F_{31}, F_{12}\} = \{F_{14}^*, F_{24}^*, F_{34}^*\} \tag{9.4}$$

Hier ist $F^*$ der zu $F$ duale Tensor. Es gilt $F^{**} = F$ (im Gegensatz zur Beziehung $F^{**} = -F$ für das Maxwell-Feld im Minkowski-Raum). Bei dem Übergang zum dualen Tensor vertauschen die Vektoren **E** und **B** ihre Rollen. Gilt **E** = **B**, äquivalent $F^* = F$, so heißt $F$ *selbstdual*. Gilt **E** = −**B**, äquivalent $F^* = -F$, so heißt $F$ *antiselbstdual*. Das euklidische Maxwell-Feld $F$ transformiert sich gemäß einer reduziblen Darstellung $(1,0)\oplus(0,1)$ der $SO(4)$, der Gruppe aller Drehungen des Raumes $E_4$. Die Zerlegung des Feldes entspricht den beiden irreduziblen Darstellungen $(1,0)$ und $(0,1)$ und ist darum invariant gegenüber $SO(4)$-Transformationen[1]. Sie ist jedoch nicht $O(4)$-invariant, weil jede Spiegelung $I: E_4 \to E_4$ mit $\det I = -1$ selbstduale und antiselbstduale Komponenten miteinander vertauscht.

Wir schreiben die euklidische Wirkung für das klassische Potential mit äußerer Quelle als

$$W\{A\} = \int dx \{\tfrac{1}{4} F^{k\ell}(x) F_{k\ell}(x) - j_k(x) A^k(x)\}. \tag{9.5}$$

Hierbei handelt es sich um ein konvexes Funktional, wie man an der alternativen Form (9.7) leicht erkennt. Die entscheidende Frage lautet aber: Ist $W\{A\}$ auch von unten beschränkt? Dies ist notwendig, damit ein klassisches Gleichgewicht existiert. Im anderen Fall wäre die klassische Feldtheorie nicht stabil. Nun gilt

$$F^2 = F^{ik} F_{ik} = 2(\mathbf{E}^2 + \mathbf{B}^2) \geq 0$$

und $F^2 = 0$ genau dann, wenn $F = 0$ ist, also für $A^k = \partial^k f$ mit einer Eichfunktion $f$. Für ein solches Potential haben wir

$$W\{A\} = \int dx\, f(x) \partial_k j^k(x) \tag{9.6}$$

nach einer partiellen Integration, und $W\{A\}$ ist, wie man sieht, nicht von unten beschränkt ($f$ ist ja beliebig), es sei denn, die Quellfunktion erfüllt die Bedingung $\partial_k j^k(x) = 0$. Dieses voraussetzend können wir schreiben:

$$\begin{aligned}W\{A\} &= \tfrac{1}{2}(A, \mathcal{C} A) - (A, j) \qquad \mathcal{C}_{k\ell} = \partial_k \partial_\ell - \delta_{k\ell}\Delta & (9.7)\\ &= \tfrac{1}{2}((A + \Delta^{-1} j), \mathcal{C}(A + \Delta^{-1} j)) - \tfrac{1}{2}(j, (-\Delta)^{-1} j) & (9.8)\\ &\geq -\tfrac{1}{2}(j, (-\Delta)^{-1} j), & (9.9)\end{aligned}$$

indem wir von dem Skalarprodukt $(A, j) = \int dx\, A^k(x) j_k(x)$ Gebrauch machen. Ausgenutzt wurde auch die Relation $\mathcal{C}(-\Delta)^{-1} j = j$, eine Folge der Stromerhaltung.

Die Existenz einer unteren Schranke für $W\{A\}$ zeigt, daß die Divergenzfreiheit des Stromes nicht nur *notwendig*, sondern auch *hinreichend* für die Stabilität ist, und daß das Variationsproblem $W\{A\}$ =*Minimum* die allgemeine Lösung

$$A_k = (-\Delta)^{-1} j_k + \partial_k f \tag{9.10}$$

---

[1] Die Gruppe $SO(4)$ besitzt die gleiche Lie-Algebra wie die Produktgruppe $G = SU(2)\otimes SU(2)$. Die beiden Gruppen sind, wie man sagt, *lokal isomorph*. Zugleich ist $G$ die universelle Überlagerungsgruppe der $SO(4)$. Die Darstellungstheorie der $SO(4)$ benötigt daher die Darstellungen der $SU(2)$ als Bausteine. Die unitäre und irreduzible Spinordarstellung $(j,k)$ der $SO(4)$ (Darstellung bis auf ein Vorzeichen) liegt vor, wenn die erste $SU(2)$ durch den Spin $j$, die zweite durch den Spin $k$ repräsentiert ist. Eine gewöhnliche Darstellung der $SO(4)$ liegt vor, wenn $(-1)^{2j+2k} = 1$ ist. Bei dem Wechsel von der euklidischen zur pseudo-euklidischen Struktur geht die unitäre Spinordarstellung $(j,k)$ der $SO(4)$ in die nichtunitäre Spinordarstellung $\mathcal{D}^{jk}$ der Lorentz-Gruppe über.

## 9.1. Die euklidische Version der Maxwell-Theorie

besitzt, wobei die Eichfunktion $f$ beliebig ist. Dies stellt zugleich die allgemeine Lösung der Feldgleichung $\partial^k F_{k\ell} = j_\ell$ dar, falls man geeignete Bedingungen an den räumlichen Abfall von $A_k$ und $j_k$ stellt. Für $j_k = 0$ wird das klassische Gleichgewicht auch durch die Bedingung $F_{k\ell} = 0$ charakterisiert[2].

Die Mehrdeutigkeit der Lösung (9.10) kommt dadurch zustande, daß der Operator $\mathcal{C}$ zwar positiv, jedoch nicht invertierbar ist. Je zwei Lösungen gehen durch eine Eichtransformation auseinander hervor; die Gruppe der lokalen Eichtransformationen operiert in einer solchen Weise auf der Lösungsmannigfaltigkeit, daß eine 1:1-Korrespondenz zwischen Lösungen und Eichtransformationen besteht. Das Minimum selbst ist eindeutig, d.h. unabhängig von der Wahl der Eichfunktion $f$:

$$\inf_A \{ \tfrac{1}{2}(A, \mathcal{C}A) - (A, j) \} = -\tfrac{1}{2}(j, (-\Delta)^{-1} j) \qquad (9.11)$$

$$= -\tfrac{1}{2}(2\pi)^{-2} \int dx \int dy \, \frac{j^k(x) j_k(y)}{|x-y|^2}. \qquad (9.12)$$

Der Integralkern $(2\pi)^{-2}|x-y|^{-2} = S(x-y; 0)$ ist die Schwinger-Funktion eines masselosen Skalarfeldes. Stillschweigend wurde vorausgesetzt, daß das auftretende Doppelintegral für große Werte von $|x|$ und $|y|$ konvergiert. Die Singularität bei $x = y$ ist integrabel in der vierdimensionalen euklidischen Raumzeit. Formal betrachtet, sind Ströme Elemente des Raumes

$$\mathcal{J} = \{ j : \mathbb{R}^4 \to \mathbb{R}^4 \, | \, (j, (-\Delta)^{-1} j) < \infty \},$$

Potentiale $A$ dagegen Elemente des Dualraumes $\mathcal{J}'$. Darüberhinaus erfordert die Stabilität, die Ströme als Elemente des Unterraumes

$$\mathcal{J}_0 = \{ j \in \mathcal{J} \, | \, \partial_k j^k = 0 \}$$

anzusehen. Die Beschränkung auf $\mathcal{J}_0$ bewirkt wiederum, daß viele Gleichgewichtslösungen $A \in \mathcal{J}'$ existieren. Die Lösung ist jedoch eindeutig, wenn wir sie als Element des Dualraumes $\mathcal{J}_0'$ auffassen. Denn in $\mathcal{J}_0'$ werden zwei Potentiale $A$ und $A'$ aus $\mathcal{J}'$ als gleich betrachtet, falls $(A, j) = (A', j)$ für alle $j \in \mathcal{J}_0$ gilt, und dies ist genau dann erfüllt, wenn

$$A'_k = A_k + \partial_k f \qquad (9.13)$$

für eine Eichfunktion $f$ gilt.

Zugleich beschreibt (9.13) die allgemeine lokale U(1)-Eichtransformation. Bezeichnen wir mit $\mathcal{G}$ die hierdurch erzeugte Eichgruppe, so ist $\mathcal{J}_0'$ nicht anderes als der Faktorraum von $\mathcal{J}'$ bezüglich der Wirkung dieser Eichgruppe:

$$\mathcal{J}_0' = \mathcal{J}'/\mathcal{G}. \qquad (9.14)$$

Dieser Faktorraum erweist sich als der eigentliche Phasenraum der euklidischen Maxwell-Theorie. Der größere Phasenraum $\mathcal{J}'$ besitzt viele überflüssige Freiheitsgrade. Er ist „gefasert", wobei die Punkte einer Faser physikalisch äquivalent sind.

---
[2]Für elektromagnetische Wellen ist im klassischen Limes der euklidischen Theorie kein Platz. Erst für $\hbar > 0$ beginnt das Feld $F_{k\ell}$ zu fluktuieren und ermöglicht eine Beschreibung durch Photonen, die sich makroskopisch in Form elektromagnetischer Wellen manifestieren.

Jede Faser stellt eine Kopie der Gruppe $\mathcal{G}$ dar. Im Faktorraum schrumpft jede Faser zu einem einzigen Punkt, der den Zustand des Systems bereits ausreichend beschreibt.

### Eichfixierung

Wie immer in solchen Situationen besteht der Wunsch, auf jeder Faser einen *Repräsentanten* zu wählen, um somit zu einer konkreten Beschreibung des Faktorraumes zu gelangen: man identifiziert den Faktorraum ganz einfach mit dem *System der Repräsentanten*. Man spricht hier auch von einem *Schnitt*. In der Regel konstruiert man einen Schnitt des Faserraumes dadurch, daß man eine Fläche wählt, die jede Faser transversal in einem Punkt schneidet, so daß die Repräsentanten sich stetig von Faser zu Faser verändern. In unserem Beispiel wird ein solcher Vorgang eine *Eichfixierung* genannt. Die Fläche wird durch eine Gleichung festgelegt, die man *Eichbedingung* nennt.

Eine Eichfixierung können wir etwa durch die Lorentz-Bedingung $\partial_k A^k = 0$ erreichen. Genau besehen handelt es sich hierbei um ein Kontinuum von Bedingungen (für jeden Punkt des Raumes eine). Um nur *eine* Bedingung zu haben, schreiben wir $\int dx \, (\partial_k A^k(x))^2 = 0$. Mit der Einführung eines Langrangeschen Multiplikators $\lambda > 0$ erhielten wir so das modifizierte Variationsproblem

$$W\{A;\lambda\} := \int dx \{\tfrac{1}{4}F^{k\ell}(x)F_{k\ell}(x) + \tfrac{1}{2}\lambda(\partial_k A^k)^2 - j_k(x)A^k(x)\} = Minimum. \quad (9.15)$$

Wir betonen noch einmal den Unterschied der Ausgangssituation $\lambda = 0$ zu der Modifikation mit $\lambda > 0$:

- $\lambda = 0$ : Die Wirkung ist zwar konvex in dem Feld $A$, jedoch konstant in einigen Richtungen (mit einem „Regenrinnen-Profil" des Graphen, wie in der Abbildung (9.1) skizziert). Folglich ist das Minimum nicht eindeutig.

- $\lambda > 0$ : Die Wirkung ist konvex auf *strikte* Weise, indem jede Tangente an den Graphen nur *einen* Berührungspunkt besitzt („Hängematten-Profil", wie in der Abbildung (9.2) dargestellt). Folglich ist das Minimum eindeutig.

In der Situation $\lambda > 0$ ist es nicht mehr notwendig, den Strom als divergenzfrei vorauszusetzen, um die Stabilität der Wirkung zu garantieren. An Stelle von $j \in \mathcal{J}_0$ fordern wir lediglich $j \in \mathcal{J}$. Um das Minimum zu finden, formen wir den Ausdruck für die Wirkung um:

$$W\{A;\lambda\} = \tfrac{1}{2}(A, \mathcal{C}A) - (A, j) \quad (9.16)$$
$$= \tfrac{1}{2}((A - \mathcal{C}^{-1}j)\mathcal{C}(A - \mathcal{C}^{-1}j)) - \tfrac{1}{2}(j, \mathcal{C}^{-1}j) \quad (9.17)$$

wobei

$$\mathcal{C} = (1-\lambda)\partial \otimes \partial - \Delta > 0 \quad (9.18)$$
$$\mathcal{C}^{-1} = (1-\lambda^{-1})\Delta^{-2}\partial \otimes \partial - \Delta^{-1}. \quad (9.19)$$

Also erhalten wir

$$\inf_{A \in \mathcal{J}'} W\{A;\lambda\} = -\tfrac{1}{2}(j, \mathcal{C}^{-1}j), \quad (9.20)$$

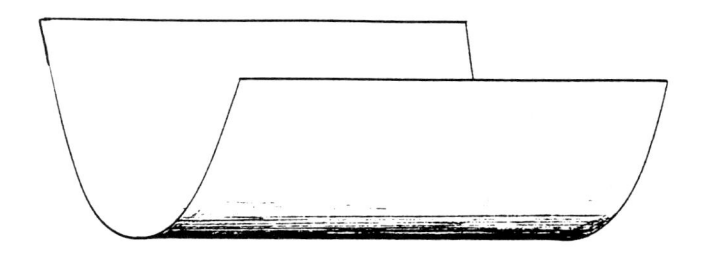

## 9.1. Die euklidische Version der Maxwell-Theorie

*Abb. 9.1: Skizze des konvexen Funktionals $W\{A; \lambda\}$ für $\lambda = 0$*

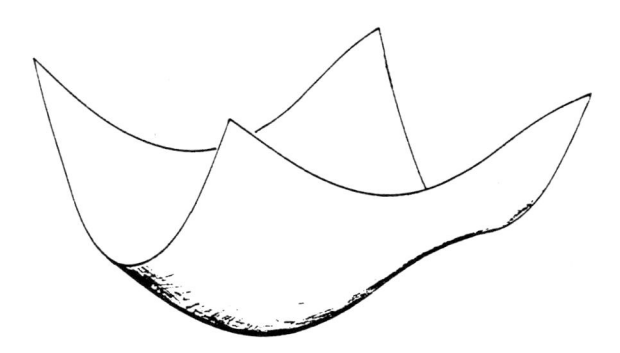

*Abb. 9.2: Skizze des konvexen Funktionals $W\{A; \lambda\}$ für $\lambda > 0$*

und das Infimum wird nur an der Stelle

$$A = \mathcal{C}^{-1} j$$

angenommen. Dies stellt die Lösung des modifizierten Problem (9.15) dar. Die Eindeutigkeit kommt dadurch zustande, daß $\mathcal{C}$ für $\lambda > 0$ ein *invertierbarer* Operator ist. Sobald der Strom $j$ divergenzfrei ist, lautet die Lösung $A = (-\Delta)^{-1} j$ und das Minimum stimmt mit dem früher berechneten Ausdruck überein. Fazit: die Ersetzung der ursprünglichen Wirkung $W\{A\}$ durch $W\{A; \lambda\}$ mit $\lambda > 0$ hat die Physik in keinerlei Weise beeinflußt, die Entartung des Minimums der Wirkung wurde jedoch aufgehoben. Anstelle von $A_k = (-\Delta)^{-1} j + \partial_k f$ ($f$ beliebig) erhalten wir nunmehr den Repräsentanten $A_k = (-\Delta)^{-1} j$, der die Lorentz-Bedingung $\partial_k A^k = 0$ erfüllt. Man nennt $\frac{1}{2} \lambda \int dx (\partial_k A^k)^2$ den *eichfixierenden Term* in der Wirkung.

## 9.1.2 Die allgemeine Situation($\hbar > 0$)

Nachdem wir die klassische Theorie gut im Griff haben, können wir durch „Einschalten" von $\hbar$ die zugehörige Quantenfeldtheorie erzeugen und ihre Eigenschaften studieren. Das Ergebnis ist eine euklidische Version der Quantenelektrodynamik (kurz: QED), also eine Theorie der Kopplung von Photonen an Materie. Von dieser umfangreichen Thematik behandeln wir im Augenblick nur die Theorie *freier* Photonen.

An die Stelle des Hamiltonschen Prinzips der kleinsten Wirkung tritt nun das Variationsprinzip

$$\langle \mu, W \rangle - \hbar S(\mu) = Minimum, \tag{9.21}$$

wobei $\mu$ ein W-Maß auf $\mathcal{J}'$ darstellt, über das zu variieren ist. Jedem $\mu$ ist eine Entropie $S(\mu)$ zugeordnet ( deren Definition folgt den früher gegebenen Vorschriften), und die Wirkung $W$ ist durch

$$\begin{aligned} W\{A;\lambda\} &= \tfrac{1}{2}(A, \mathcal{C}A) = \int dx \{\tfrac{1}{4}F^{k\ell}(x)F_{k\ell}(x) + \tfrac{1}{2}\lambda(\partial_k A^k)^2\} \\ \mathcal{C} &= (1-\lambda)\partial \otimes \partial - \Delta \qquad (\lambda > 0) \end{aligned} \tag{9.22}$$

gegeben. Die Wechselwirkung mit einem äußeren Strom haben wir bewußt nicht mit in die Wirkung aufgenommen. Durch Hinzunahme eines eichfixierenden Terms wird erreicht, daß bei Variation über alle W-Maße $\mu$ auf $\mathcal{J}'$ wir genau ein Gibbs-Maß finden, für das $\langle \mu, W \rangle - \hbar S(\mu)$ minimal ist.

Wie kann man das lösende Gibbs-Maß beschreiben? Ein Teil der Antwort lautet: das Gibbs-Maß ist festgelegt, wenn man seine Fourier-Transformierte, das charakteristische Funktional, kennt. In Analogie zu den Formeln für ein freies Skalarfeld (vgl. hierzu die Ausführungen im Abschnitt 7.4) können wir hier die definierende Gleichung sofort angeben:

$$\int d\mu(A) \exp\{i(A,j)\} = E(\exp\{i(A,j)\}) = \exp\{-\tfrac{1}{2}\hbar(j, \mathcal{C}^{-1}j)\} \qquad (j \in \mathcal{J}). \tag{9.23}$$

Auch eine reelle Version ist hier denkbar:

$$\int d\mu(A) \exp\{(A,j)\} = E(\exp\{(A,j)\}) = \exp\{\tfrac{1}{2}\hbar(j, \mathcal{C}^{-1}j)\}. \tag{9.24}$$

Jede der beide Formeln charakterisiert $\mu$ als ein Gauß-Maß auf dem Raum $\mathcal{J}'$, für das wir auch formal schreiben:

$$\begin{aligned} d\mu(A) &= \mathcal{D}A \, Z^{-1} \exp(-\hbar^{-1}W\{A;\lambda\}) \\ Z &= \int \mathcal{D}A \, \exp(-\hbar^{-1}W\{A;\lambda\}). \end{aligned} \tag{9.25}$$

Welche Auswirkung hat der eichfixierende Term auf die Integration über den Faserraum $\mathcal{J}'$? Entlang einer jeden Faser

$$A_k^f = A_k + \partial_k f$$

($A$ fest, $\partial^k A_k = 0$, $f$ variabel) wird
$$f \mapsto \exp(-\hbar^{-1} W\{A^f; \lambda\})$$
zu einer Gauß-Glocke mit Maximum bei $f = 0$, so daß, grob gesprochen, der Hauptbeitrag zu Funktionalintegralen der Form $\int d\mu(A) F(A)$ aus der Umgebung der Mannigfaltigkeit $\partial^k A_k = 0$ kommt. Je größer $\lambda$ gewählt wird, um so mehr ähnelt die Gauß-Funktion einer $\delta$-Funktion.

Aus dem erzeugenden Funktional (9.23) erhalten wir in bekannter Weise alle $n$-Punktfunktionen des Potentials $A_k(x)$. Die Kenntnis der Zweipunktfunktion ist dazu ausreichend:
$$\begin{aligned} E(A_k(x) A_\ell(x')) &= \hbar \langle x | [\mathcal{C}^{-1}]_{k\ell} | x' \rangle \\ &= \frac{\hbar}{(2\pi)^4} \int dp \left\{ (\lambda^{-1} - 1) \frac{p_k p_\ell}{p^2} + \delta_{k\ell} \right\} \frac{\exp\{ip(x-x')\}}{p^2}. \end{aligned}$$

Diese Funktion hängt von $\lambda$, also von der Wahl des eichfixierenden Terms in der Wirkung ab. Diese Tatsache spiegelt nur wieder, daß auf dem klassischen Niveau das Potential eine eichabhängige Größe ist. Der unbeobachtbare Parameter $\lambda$ fällt heraus, sobald wir zu den Feldstärken übergehen:
$$\begin{aligned} E(F_{jk}(x) F_{\ell m}(x')) &= \frac{\hbar}{(2\pi)^4} \int dp \, c_{jk,\ell m}(p) \frac{\exp\{ip(x-x')\}}{p^2} \\ c_{jk,\ell m}(p) &= \delta_{k\ell} p_j p_m + \delta_{jm} p_k p_\ell - \delta_{j\ell} p_k p_m - \delta_{km} p_j p_\ell. \end{aligned}$$

Alle Größen, die auf klassischem Niveau eichinvariant sind, bleiben nach einer Quantisierung unberührt von der Einführung eichfixierender Terme.

Zwei Spezialfälle, die einen Namen tragen, wollen wir hervorheben:

- $\lambda = 1$ *Feynman-Eichung*. Hier ist die euklidische Zweipunktfunktion des Potentials proportional zu $\delta_{k\ell}$. Das entspricht dem Gupta-Bleuler-Verfahren zur Quantisierung des Minkowski-Feldes $A_M^\mu$.

- $\lambda = \infty$ *Landau-Eichung*. Diese Wahl markiert einen singulären Grenzfall, weil die Matrix $P$ mit den Komponenten $p_{k\ell} = \delta_{k\ell} - p^{-2} p_k p_\ell$ einen Projektor darstellt: es existiert $\mathcal{C}^{-1}$, aber nicht $\mathcal{C}$. Der Träger des zugehörige Gibbs-Maßes $\mu$ ist die Fläche $\partial_k A^k = 0$ (im Limes $\lambda \to \infty$ entartet das Gauß-Maß: in jeder Richtung transversal zur Fläche $\partial_k A^k = 0$ wird aus der Gauß-Glocke eine $\delta$-Funktion).

## 9.2 Nicht-abelsche Eichtheorien

Nach dem Studium der Maxwell-Theorie, die eine abelsche Eichgruppe besitzt, sind wir gerüstet, eine kompliziertere Struktur zu studieren, die wir in der Quantenchromodynamik (kurz: QCD) und der elektroschwachen Wechselwirkung vorfinden. In diesen Theorien werden Eichtransformationen durch Funktionen auf dem Raum $E_4$ mit Werten in einer Lie-Gruppe $G$ repräsentiert. Weil zwei Eichtransformationen im allgemeinen nun nicht mehr miteinander kommutieren, spricht man von nicht-abelschen Eichtheorien. Jedes konkrete Modell, dem die Liegruppe $G$ zugrunde liegt, wollen wir eine $G$-Eichtheorie nennen.

### 9.2.1 Einige Vorbetrachtungen

Um möglichst einfache und definierte Verhältnisse zu haben, betrachten wir die $SU(n)$-Eichtheorie ohne Materie-Feld. Wir erinnern daran, daß die Lie-Algebra $\mathbf{su(n)}$ aus antihermiteschen spurfreien Matrizen besteht, die man als Elemente eines reell-linearen Raumes auffaßt, in dem eine Basis $-it_a$ ($a = 1, \ldots, n^2 - 1$) existiert, so daß die $t_a$ hermitesche spurfreie $n \times n$-Matrizen sind mit

$$\tfrac{1}{2}\operatorname{Spur} t_a t_b = \delta_{ab} .$$

Das euklidische Eichfeld $A_k(x)$ nimmt Werte in $\mathbf{su(n)}$ an und kann deshalb nach der Basis zerlegt werden:

$$A_k(x) = -i \sum_a A_k^a(x) t_a. \tag{9.26}$$

Die Komponenten $A_k^a(x)$ sind gewöhnliche reelle Vektorfelder. Der nicht-abelsche Charakter der Eichgruppe bewirkt, daß diese Vektorfelder untereinander in Wechselwirkung stehen, deren Stärke durch eine Kopplungskonstante $g$ festgelegt wird. In allen Fällen, wo man nicht an dem Limes $g \to 0$ und der damit verbundenen störungstheoretischen Entwicklung interessiert ist, erweist es sich als sinnvoll, $gA_k(x)$ anstelle von $A_k(x)$ als das neue Potential einzuführen. Dieser Normierungskonvention wollen wir hier folgen, weil auf diese Weise die Kopplungskonstante $g$ aus nahezu allen Formeln verbannt wird. Nur die euklidische Wirkung enthält die Kopplungskonstante noch in Form eines Vorfaktors $g^{-2}$.

Wir schreiben $D_k = \partial_k - A_k$ und nennen $D$ die *kovariante Ableitung*. Für die Feldstärken benutzt man verschiedene Darstellungen:

$$\begin{aligned} F_{k\ell} &= [D_k, D_\ell] = D_\ell A_k - D_k A_\ell & (9.27) \\ &= A_{k|\ell} - A_{\ell|k} + [A_k, A_\ell] & (9.28) \end{aligned}$$

Der Strich | vor einem Index deutet eine Ableitung an und wird von uns gelegentlich verwendet, weil diese Art der Notation sehr bequem ist. Die euklidische Wirkung kann allein durch die Feldstärken ausgedrückt werden:

$$W\{A\} = -\frac{1}{8g^2} \int dx \operatorname{Spur} F_{k\ell} F^{k\ell} \tag{9.29}$$

Sie ist positiv, weil man nach einer Zerlegung $F_{k\ell} = -i \sum_a F_{k\ell}^a t_a$ auch schreiben kann:

$$W\{A\} = \frac{1}{4g^2} \int d^4x \sum_{ak\ell} (F_{k\ell}^a)^2 \tag{9.30}$$

## 9.2. Nicht-abelsche Eichtheorien

Die Eichgruppe $\mathcal{G}$ besteht aus Elementen $u$; jedes $u$ ist als eine Funktion aufzufassen,
$$u : E_4 \to SU(n) , \quad x \mapsto u(x) ,$$
so daß die durch $u$ bewirkte *Eichtransformation* die Form bekommt:

$$A_k \to A_k^u := u A_k u^{-1} + u_{|k} u^{-1} \tag{9.31}$$
$$F_{k\ell} \text{ to} := u F_{k\ell} u^{-1} . \tag{9.32}$$

Wie leicht zu beweisen, ist $u_{|k} u^{-1}$ für festes $x$ und $k$ ein Element der Lie-Algebra su(n).

Das Problem $W\{A\}$ =*Minimum* führt auf die klassische Gleichgewichtsbedingung $F_{k\ell} = 0$ wie im abelschen Fall. Sie besitzt die allgemeine Lösung $A_k = u_{|k} u^{-1}$ für $u \in \mathcal{G}$. Die Existenz von $W\{A\}$ kann nur durch einen hinreichend raschen Abfall von $A_k$ gegen Null in allen Raumrichtungen erzwungen werden, d.h. wir verlangen von der Funktion $u(x)$, daß sie in geeigneter Weise für $|x| \to \infty$ gegen ein konstantes Gruppenelement (z.B. gegen das neutrale Element 1 der Gruppe $SU(n)$) strebt.

Die Gleichgewichtsbedingung $F_{k\ell} = 0$ ist von der Feldgleichung $[D^k, F_{k\ell}] \equiv \partial^k F_{k\ell} - [A^k, F_{k\ell}] = 0$ zu unterscheiden, die entsteht, wenn wir stationäre Punkte der Wirkung suchen. Überraschenderweise besitzt die Feldgleichung im nichtabelschen Fall Lösungen endlicher Wirkung, die sog. *Instanton-Lösungen*, die nicht unter den Lösungen von $F_{k\ell} = 0$ vorkommen. Dies ist im Fall der Gruppe $G = SU(2)$ ausführlich untersucht worden [23]. Wesentlich für das Verständnis ist, daß der Phasenraum $\Omega$ aus solchen $A$-Feldern besteht, die der Bedingung

$$A_{k|\ell} - A_{\ell|k} + [A_k, A_\ell] \stackrel{|x| \to \infty}{\longrightarrow} 0$$

genügen und sich folglich asymptotisch wie $u_{|k} u^{-1}$ verhalten. Im Gegensatz zu der abelschen Situation stellt $\Omega$ keinen linearen Raum dar. Die verschiedenen Richtungen in $E_4$ entsprechen den Punkten der Sphäre $S_3$ und jedem $A \in \Omega$ entspricht eine Abbildung $S_3 \to SU(2)$, die das asymptotische Verhalten von $u$ und damit von $A$ beschreibt. Solche Abbildungen zerfallen in Homotopie-Klassen: Gehören zwei Abbildungen verschiedenen Homotopie-Klassen an, so lassen sie sich nicht auf stetige Weise ineinander überführen (deformieren). Die Klassen faßt man als Elemente einer Gruppe $\pi_3(SU(2))$, der *Homotopiegruppe* auf. Bei der Berechnung der Homotopiegruppe spielt die Gruppenstruktur der $SU(2)$ keine Rolle: Nur ihre Topologie ist hierfür entscheidend.

Topologisch gesehen, kann die Gruppe $SU(2)$ mit der Sphäre $S_3$ identifiziert werden, und es ist bekannt, daß $\pi_3(S_3) = \mathbb{Z}$ gilt. Folglich wird jedes Feld $A \in \Omega$ durch einen topologischen Index $n \in \mathbb{Z}$ charakterisiert, für den es im abelschen Fall keine Entsprechung gibt. Dies bedeutet, daß der Phasenraum $\Omega$ in Komponenten $\Omega_n$ zerfällt, die den möglichen Werten des Index entsprechen. Die Lösungen von $F_{k\ell} = 0$, die Gleichgewichtslösungen also, besitzen $n = 0$ und beschreiben absolute Minima der Wirkung sowohl in $\Omega_0$ als auch in $\Omega$: Der Wert des Minimums ist $W = 0$. Lösungen der Feldgleichung mit $n \neq 0$, die Instanton-Lösungen also, beschreiben absolute Minima in $\Omega_n$, jedoch relative Minima in $\Omega$: Der Wert des Minimums ist $W = 8\pi^2 g^{-2} |n|$. Die physikalische Bedeutung der relativen Minima ist gegenwärtig noch unklar.

Der klassischen Theorie stellen wir nun die quantisierte Fassung der Eichtheorie mit $\hbar > 0$ gegenüber und gehen dabei heuristisch vor. Das W-Maß

$$d\mu(A) = \mathcal{D}A \, Z^{-1} \exp(-\hbar^{-1} W\{A\}) \tag{9.33}$$

ist aus den Gründen, wie wir sie schon in der Maxwell-Theorie kennenlernten, schlecht definiert, ja unsinnig, weil es zuviele Richtungen im Raum der Potentiale gibt, in denen die Wirkung (wegen der Eichinvarianz) konstant ist. Auch hier sind wir genötigt, die Eichinvarianz durch Einführung eines eichfixierenden Terms in die Wirkung zu zerstören:

$$W\{A;\lambda\} = -\frac{1}{8g^2}\int dx\, \text{Spur}\{F_{k\ell}F^{k\ell} + \lambda(A^k_{|k})^2\} \qquad (\lambda > 0). \qquad (9.34)$$

Jedoch, im Gegensatz zu dem abelschen Fall können wir jetzt nicht ohne weiteres behaupten, daß mit der neuen Wirkung Erwartungswerte $E(f)$ für eichinvariante Funktionale $f\{A\}$ (ein solches ist etwa $\text{Spur}\{F_{ij}(x)F_{k\ell}(x')\}$) automatisch unabhängig von dem Parameter $\lambda$ sind. Die Störungstheorie zeigt, daß das nicht der Fall ist. Da physikalische Ergebnisse nicht von einem unphysikalischen Parameter abhängen dürfen, müssen wir uns eine bessere Wahl der Wirkung überlegen. Der Weg dorthin führt über mehrere Stufen. Fernab von dem gesicherten Boden der Mathematik bewegen wir uns nun in einem Bereich, in dem die mathematische Fantasie vorherrschend ist.

### 9.2.2 Die Faddeev-Popov-Theorie

**Erste Stufe: Eine Zerlegung der Zahl 1**

Jedes Element der Eichgruppe $\mathcal{G}$ hat die Gestalt $u(x) = \exp\{a(x)\}$ mit $a(x) \in \text{su}(n)$. Wir betrachten den linearen Raum der Funktionen $a : E_4 \to \text{su}(n)$ anstelle der Eichgruppe. Es erweist sich als zweckmäßig, das Verhalten der Funktionen für $|x| \to \infty$ einzuschränken: Es sei $\mathcal{H}$ der Raum aller Funktionen $a$, die der Bedingung $\|a\|^2 := -\frac{1}{2}\int dx\, \text{Spur}\, a(x)^2 < \infty$ genügen. Mit dem Skalarprodukt

$$(a,b) = -\frac{1}{2}\int dx\, \text{Spur}\, a(x)b(x)$$

besitzt $\mathcal{H}$ die Struktur eines reellen Hilbertraumes.

Gehen wir von einem festen Potential $A_k(x)$ aus, so definiert

$$d_k a := [D_k, a] = a_{|k} + [a, A_k] \qquad (9.35)$$

einen Operator $d_k$ auf $\mathcal{H}$ mit einem von $A$ abhängigen Definitionsbereich. Er ist antisymmetrisch: $(a, d_k b) = -(d_k a, b)$. Die Bedeutung des Operators $d_k$ wird klar, sobald wir eine einparametrige Untergruppe $u(s) \in \mathcal{G}$ ($s \geq 0$) von Eichtransformationen ins Auge fassen. Wir haben dann

$$u(s) = e^{sa} = \mathbf{1} + sa + O(s^2) \qquad a \in \mathcal{H} \qquad (9.36)$$

und, wie aus (9.31) folgt,

$$A_k^{u(s)} = A_k + s d_k a + O(s^2) \qquad (9.37)$$

## 9.2. Nicht-abelsche Eichtheorien

d.h. $d_k a$ charakterisiert Änderungen des Potentials bei infinitesimalen Umeichungen.

Die Lorentz-Bedingung $A_k^{|k} = 0$ schreiben wir auch $\partial A = 0$. Sie bleibt unter Eichtransformationen nicht erhalten, und infinitesimale Änderungen lassen sich mit Hilfe des Operators $\mathcal{M} = -\partial^k d_k$ angeben:

$$\partial A^{u(s)} = \partial A - s\mathcal{M}a + O(s^2) \tag{9.38}$$
$$\mathcal{M}a \equiv -\Delta a + \partial^k[A_k, a] \quad (a \in \mathcal{H}). \tag{9.39}$$

Eine Variante der Lorentz-Bedingung ist $\partial A = C$ mit $C \in \mathcal{H}$. Für die weitere Diskussion benötigen wir eine Hypothese:

*Gilt die Eichbedingung $\partial A = C$ für ein Potential $A_k$ mit $C \in \mathcal{H}$, so besitzt $\partial A^u = C$ nur die Lösung $u = 1$. Mit anderen Worten, die Eichbedingung ist nur einmal entlang einer Faser $\{A^u \mid u \in \mathcal{G}\}$ erfüllt.*

Es hat sich herausgestellt, daß diese Hypothese streng genommen falsch ist und, falls $C = 0$, nur in einer Umgebung von $A = 0$ Gültigkeit besitzt (Gribov [87]). Für $C = 0$ stellt sich die Situation so dar: Die beiden Gleichungen

$$\partial^k A_k = 0 \quad , \quad \partial^k (uA_k u^{-1} + u_{|k} u^{-1}) = 0 \tag{9.40}$$

führen auf die Differentialgleichung

$$\partial^k a_k + [a^k, A_k^u] = 0 \tag{9.41}$$

für die Funktion $a_k := u_{|k} u^{-1} \in \mathcal{H}$. Mit dem Ansatz $a_k(x) = \partial_k \alpha(x)$ und unter den Bedingungen (1) $\alpha$ genügend klein, (2) $A$ genügend groß, gibt es neben $\alpha = 0$ wenigstens eine weitere Lösung $\alpha \neq 0$ von (9.41).

Die von Gribov entdeckte Mehrdeutigkeit hat einen topologischen Ursprung. Klar ist, daß die Wirkung und alle anderen physikalisch relevanten Größen als Funktionen auf dem Quotientenraum $\Omega/\mathcal{G}$ aufzufassen sind. Ziel der Bemühungen ist, auf jeder Bahn in $\Omega$ unter der Eichgruppe $\mathcal{G}$ einen Punkt (also einen *Schnitt*) zu wählen, so daß die Gesamtheit dieser Punkte den Raum $\Omega/\mathcal{G}$ beschreibt. Dies sollte durch eine Eichbedingung, z.B. durch $\partial A = 0$ (Landau Eichung), erreicht werden. *Lokal*, also etwa in einer Umgebung von $A = 0$, ist dies möglich, jedoch nicht *global* in einem Raum von Potentialen auf der Sphäre $S_4$ (Einpunkt-Kompaktifizierung des Raumes $E_4$, entsprechend der Wahl von asymptotisch konstanten Potentialen). Siehe hierzu die Diskussion in [156] [173] [157]). Dies alles steht in einem krassen Gegensatz zu den Eigenschaften einer abelschen Theorie. Es ist unbekannt, ob die Einwände seitens der Topologie, die die Quantisierung der nichtabelschen Eichtheorien erschweren, unmittelbar *physikalisch* relevant sind.

In dem Raum $\mathcal{H}$ sei eine Basis $(e_\alpha)_{\alpha=1,2,\ldots}$ von hinreichend regulären Funktionen gewählt, so daß $(e_\alpha, e_\beta) = \delta_{\alpha\beta}$. Wir parametrisieren Eichgruppe $\mathcal{G}$:

$$u = \exp \sum_{\alpha=1}^{\infty} s_\alpha e_\alpha \quad , \quad \mathbf{s}^2 := \sum_{\alpha=1}^{\infty} s_\alpha^2 < \infty. \tag{9.42}$$

Sodann schließen wir die Augen und behaupten mutig, daß $\mathcal{G}$ ein invariantes Maß $\mathcal{D}u$ besitzt, das in einer Umgebung des neutralen Elementes $u = 1$ die Form hat:

$$\mathcal{D}u = f(s_1, s_2, \ldots) \prod_{\alpha=1}^{\infty} ds_\alpha \qquad f(0, 0, \ldots) = 1.$$

Wir können uns hier nicht auf die Existenz des *Haarschen Maßes* berufen. Obwohl $SU(n)$ eine kompakte Gruppe ist und deshalb ein endliches Gruppenvolumen besitzt, gilt dies nicht mehr für die Eichgruppe $\mathcal{G}$. Diese ist nicht einmal lokalkompakt und besitzt viele einparametrige Untergruppen isomorph zu $\mathbb{R}$. Will man gesicherten Boden unter die Füße bekommen, so hätte man $\mathcal{G}$ in geeigneter Weise durch eine Folge von endlich-dimensionalen Lie-Gruppen zu approximieren. In jedem Fall gilt zwangläufig $\text{vol}(\mathcal{G}) = \int \mathcal{D}u = \infty$.

Die Entwicklungsformel (9.38) lautet

$$\partial A^u = \partial A - \sum_{\beta=1}^{\infty} s_\beta \mathcal{M} e_\beta + O(\mathbf{s}^2), \qquad (9.43)$$

und gilt $\partial A = C$, so erhält man:

$$(e_\alpha, C - \partial A^{u(\mathbf{s})}) = \sum_{\beta=1}^{\infty} s_\beta (e_\alpha, \mathcal{M} e_\beta) + O(\mathbf{s}^2). \qquad (9.44)$$

Wir führen nun eine Deltafunktion ein, die im Funktionalintegral die Eichbedingung $\partial A = C$ aufrecht erhalten soll,

$$\delta\{C - \partial A\} = \prod_{\alpha=1}^{\infty} \delta(c_\alpha - (e_\alpha, \partial A)), \qquad (9.45)$$

und definieren schließlich die folgenden Größen:

$$\Delta(A, C) := \int \mathcal{D}u \, \delta\{C - \partial A^u\} \qquad (9.46)$$

$$\det \mathcal{M} := \det(e_\alpha, \mathcal{M} e_\beta)_{\alpha, \beta = 1, \ldots, \infty} \quad \text{(Gribov-Determinante)}. \qquad (9.47)$$

Sie sind hier formal eingeführt und bedürfen einer Regularisierung, bevor ihre mathematische Existenz gesichert erscheint.

Zwei Eigenschaften sind für die weitere Entwicklung entscheidend:

- Aus $\partial A = C$ folgt
$$\Delta(A, C) = |\det \mathcal{M}|^{-1} \qquad (9.48)$$

- Für alle $u \in \mathcal{G}$ gilt $\Delta(A^u, C) = \Delta(A, C)$.

Der „Beweis" benutzt die Definitionen, die Mißachtung des Einwandes von Gribov, die Entwicklungsformel (9.44) und die Invarianz des Maßes $\mathcal{D}u$. Aber in erster Linie wird hier von einer Eigenschaft der Diracschen $\delta$-Funktion Gebrauch gemacht, auf die wir kurz eingehen:

Es sei $U \subset \mathbb{R}$ eine Umgebung von $x = 0$. Für eine Bijektion $\phi : U \to U$ mit den Eigenschaften $\phi(0) = 0$ und $\phi(x) = mx + O(x^2)$, $m \neq 0$, folgt

$$\int_U dx \, \delta(\phi(x)) = |m|^{-1}$$

## 9.2. Nicht-abelsche Eichtheorien

Aus dieser Grundformel beweist man: Für eine Umgebung $U \subset \mathbb{R}^n$ von $x = 0$ und einer Bijektion $\phi : U \to U$ mit den Eigenschaften $\phi(0) = 0$ und $\phi(x) = Mx + O(x^2)$, det $M \neq 0$, folgt

$$\int_U dx\, \delta(\phi(x)) = |\det M|^{-1}$$

Es gibt Situationen, in denen eine Erweiterung dieser Formel auf Räume unendlicher Dimension einen Sinn hat.

Als *Zerlegung der Zahl 1* bezeichnen wir die Formel

$$1 = \Delta(A, C)^{-1} \int \mathcal{D}u\, \delta(C - \partial A^u). \tag{9.49}$$

### Zweite Stufe: Division durch das Gruppenvolumen

Es sei $f\{A\}$ ein eichinvariantes Funktional von $A_k(x)$, d.h. es gilt $f\{A^u\} = f\{A\}$ für alle $u \in \mathcal{G}$. Der Mittelwert

$$E(f) = \frac{\int \mathcal{D}A \exp(-\hbar^{-1}W\{A\}) f\{A\}}{\int \mathcal{D}A \exp(-\hbar^{-1}W\{A\})} = \frac{\infty}{\infty} \tag{9.50}$$

ist, wie wir wissen, schlecht definiert und existiert erst nach einer Regularisierung. Wir kümmern uns aber nicht um mögliche Weisen der Regularisierung, sondern fügen in Zähler und Nenner unter dem Integral die Darstellung der Zahl 1 aus dem vorigen Abschnitt ein und erhalten nach Vertauschung der Integrationsreihenfolge die Darstellung

$$E(f) = \frac{\int \mathcal{D}u \int \mathcal{D}A\, \Delta(A,C)^{-1} \delta(C - \partial A^u) \exp(-\hbar^{-1}W\{A\}) f\{A\}}{\int \mathcal{D}u \int \mathcal{D}A\, \Delta(A,C)^{-1} \delta(C - \partial A^u) \exp(-\hbar^{-1}W\{A\})}.$$

Die Eichinvarianz von $\mathcal{D}A$ benutzend finden wir:

$$E(f) = \frac{\int \mathcal{D}u \int \mathcal{D}A\, \Delta(A^{u^{-1}}, C)^{-1} \delta(C - \partial A) \exp(-\hbar^{-1}W\{A^{u^{-1}}\}) f\{A^{u^{-1}}\}}{\int \mathcal{D}u \int \mathcal{D}A\, \Delta(A^{u^{-1}}, C)^{-1} \delta(C - \partial A) \exp(-\hbar^{-1}W\{A^{u^{-1}}\})}.$$

Die Funktionale $\Delta(A, C)$, $W\{A\}$ und $f\{A\}$ sind jedoch eichinvariant. Somit ist der Integrand gar nicht abhängig von $u \in \mathcal{G}$. Ergebnis:

$$E(f) = \frac{\text{vol}(\mathcal{G}) \int \mathcal{D}A\, \Delta(A,C)^{-1} \delta(C - \partial A) \exp(-\hbar^{-1}W\{A\}) f\{A\}}{\text{vol}(\mathcal{G}) \int \mathcal{D}A\, \Delta(A,C)^{-1} \delta(C - \partial A) \exp(-\hbar^{-1}W\{A\})}.$$

Hier kürzt sich das Gruppenvolumen heraus. Offensichtlich ist die Tatsache $\text{vol}(\mathcal{G}) = \infty$ *eine* Ursache für das ungünstige Verhalten der Ausgangsdefinition (9.50).

Die Funktionalintegrale in Zähler und Nenner werden durch die $\delta$-Funktion auf eine Mannigfaltigkeit eingeschränkt, die durch die Eichbedingung $\partial A = C$ beschrieben wird. Somit kommt (9.48) zur Anwendung, und wir können schreiben:

$$E(f) \int \mathcal{D}A \, |\det \mathcal{M}| \, \delta(C - \partial A) e^{-\hbar^{-1}W\{A\}} =$$
$$\int \mathcal{D}A \, |\det \mathcal{M}| \, \delta(C - \partial A) e^{-\hbar^{-1}W\{A\}} f\{A\}.$$

Beide Seiten dieser Gleichung werden nun über $C \in \mathcal{H}$ mit dem W-Maß

$$d\nu(C) = z^{-1} \mathcal{D}C \exp\left\{-\frac{\lambda}{4\hbar g^2} \|C\|^2\right\} \quad (\lambda > 0)$$
$$\|C\|^2 = (C,C) = \sum_\alpha c_\alpha^2 \qquad \mathcal{D}C = \prod_\alpha dc_\alpha$$

($z$ = Normierungskonstante) integriert. Für ein eichinvariantes Funktional $f\{A\}$ erwarten wir, daß der Mittelwert $E(f)$ unabhängig von der gewählten Eichbedingung und somit unabhängig von $C$ ist. Wir vertauschen wieder die Integrationsreihenfolge und erhalten

$$E(f) \int \mathcal{D}A \, |\det \mathcal{M}| \exp\left\{-\frac{1}{\hbar}W\{A\} - \frac{\lambda}{4\hbar g^2}\|\partial A\|^2\right\} =$$
$$\int \mathcal{D}A \, |\det \mathcal{M}| \exp\left\{-\frac{1}{\hbar}W\{A\} - \frac{\lambda}{4\hbar g^2}\|\partial A\|^2\right\} f\{A\}$$

mit

$$\|\partial A\|^2 = -\tfrac{1}{2} \int dx \, \mathrm{Spur}(A^k_{|k})^2.$$

Genaue Betrachtung der Formel (9.51) läßt erkennen, daß es uns gelungen ist, den eichfixierenden Term in die Wirkung einzuführen. Die modifizierte Wirkung hat die Form (9.34), und wir dürfen nun schreiben:

$$E(f) = \frac{\int \mathcal{D}A \, |\det \mathcal{M}| \exp\{-\hbar^{-1}W\{A;\lambda\}\} f\{A\}}{\int \mathcal{D}A \, |\det \mathcal{M}| \exp\{-\hbar^{-1}W\{A;\lambda\}\}}, \qquad (9.51)$$

wobei $E(f)$ laut Konstruktion unabhängig von dem Eichparameter $\lambda$ ist, solange $f\{A\}$ ein eichinvariantes Funktional ist.

Die heuristischen Überlegungen, die zur Endformel (9.51) führten, dienten dem Zweck, das Auftreten der Determinante von $\mathcal{M}$ in den Funktionalintegralen zu motivieren. In einer *abelschen* Eichtheorie kürzt sich $\det \mathcal{M}$ heraus, weil dann der Operator $\mathcal{M}$ unabhängig von dem Potential $A_k(x)$ ist. Die Anwesenheit der Determinante ist also charakteristisch für die nicht-abelsche Eichtheorie. Es stört jedoch das Absolutzeichen, mit dem die Determinante auftritt. Wir möchten es gerne für überflüssig erklären, die Gründe hierfür sind nicht nur ästhetischer Natur.

## 9.2. Nicht-abelsche Eichtheorien

**Dritte Stufe: Tanz der Geister**

Wir erinnern daran, daß $\mathcal{M}$ als ein reell-linearer Operator auf dem Raum $\mathcal{H}$ eingeführt war. Folglich sind die Matrixelemente von $\mathcal{M}$ bezüglich der Basis $(e_\alpha)$ reell. Man rechnet nach, daß

$$(a, \mathcal{M}b) - (\mathcal{M}a, b) = ([a, \partial A], b) \tag{9.52}$$

für alle $a, b \in \mathcal{H}$ gilt und somit $\mathcal{M}$ keinen symmetrischen Operator darstellt. Richtig ist vielmehr: $\mathcal{M}$ ist genau dann symmetrisch, wenn die Lorentz-Bedingung $\partial A = 0$ erfüllt ist. Diese Situation läßt sich im Funktionalintegral nur durch den Limes $\lambda \to \infty$, d.h. durch Wahl der Landau-Eichung verwirklichen. Selbst wenn diese Wahl getroffen wurde und $\mathcal{M}$ ein reelles Spektrum besitzt, hängt es weiterhin von $A_k(x)$ ab, ob der Operator positiv ist. Ein Hoffnungsschimmer: Für $A = 0$ gilt $\mathcal{M} = -\Delta \geq 0$. Es ist jedoch nicht gewiß, ob die Positivität noch in einer Umgebung von $A = 0$ erhalten bleibt.

Ohne Prüfung setzen wir $|\det \mathcal{M}| = \det \mathcal{M}$ voraus, die Annahme ist schwächer als $\mathcal{M} \geq 0$. Der Faktor $\det \mathcal{M}$ im Funktionalintegral interpretieren wir als eine Selbstwechselwirkung des Eichpotentials $A$. Sie läßt sich störungstheoretisch berücksichtigen. In diesem Fall hätte man von einer Zerlegung der folgenden Art auszugehen:

$$\begin{aligned} \det \mathcal{M} &= \det(-\Delta) \det(1 + \mathcal{K}) \\ \mathcal{K}a &= -\Delta^{-1} \partial^k [A_k, a] \qquad a \in \mathcal{H} \\ \log \det(1 + \mathcal{K}) &= \operatorname{Spur} \log(1 + \mathcal{K}) \\ &= \operatorname{Spur}(\mathcal{K} - \tfrac{1}{2}\mathcal{K}^2 + \cdots), \end{aligned} \tag{9.53}$$

wobei die rechte Seite von (9.53) der Wirkung $W\{A; \lambda\}$ zugeschlagen wird. Der Operator $\mathcal{K}$ und seine Potenzen führen auf *nichtlokale* Wechselwirkungen: Der Grund ist die Anwesenheit des nichtlokalen Operators $\Delta^{-1}$ in der Definition von $\mathcal{K}$. Lokalität ist erwünscht, und wir suchen nach eine alternativen Beschreibung.

Wenn die Determinante das Resultat einer *lokalen* Wechselwirkung sein soll, so verlangt dies von uns, daß wir fiktive **su(n)**-wertige Skalarfelder $\eta(x)$ und $\bar{\eta}(x)$ einführen, die mit dem Eichpotential wechselwirken:

$$\det(\hbar^{-1}\mathcal{M}) = \int \mathcal{D}\eta \mathcal{D}\bar{\eta} \, \exp\{-\hbar^{-1}(\bar{\eta}, \mathcal{M}\eta)\} \tag{9.54}$$

$$(\bar{\eta}, \mathcal{M}\eta) = -\tfrac{1}{2} \int dx \operatorname{Spur} \bar{\eta}(x)(\mathcal{M}\eta)(x) \tag{9.55}$$

$$= -\tfrac{1}{2} \int dx \operatorname{Spur}\{\bar{\eta}^{|k}(x)\eta_{\|k}(x)\}. \tag{9.56}$$

Hier tritt neben der gewöhnlichen Ableitung $\bar{\eta}^{|k}$ auch die kovariante Ableitung auf:

$$\eta_{\|k}(x) = [D_k, \eta](x) = \partial_k \eta(x) + [\eta(x), A_k(x)]. \tag{9.57}$$

Damit die Darstellung (9.54) mit Hilfe eines Integrals vom Gauß-Typ korrekt ist, müssen die Felder $\eta$ und $\bar{\eta}$ Grassmann-Variable sein (dies wird in dem Kapitel 10 näher beschrieben). Gemeint ist: Entwickeln wir die Felder nach der Basis $-it_\alpha$ der $\mathbf{su(n)}$, so sind die dadurch definierten Feldkomponenten $\eta_\alpha$ and $\bar\eta_\alpha$ Grassmann-Variable.

Die fiktiven Teilchen [57], die den neu eingeführten Feldern korrespondieren, nennt man *Faddeev-Popov-Geister*; denn es ist höchst zweifelhaft, ob ihnen eine physikalische Existenz in irgendeinem Sinne zukommt. Wir bezeichnen $\eta$ und $\bar\eta$ deshalb auch als *Geisterfelder*. Sie haben die wichtige Aufgabe, die Quantisierung nicht-abelscher Eichtheorien durch Einführung einer zusätzlichen *lokalen* Wechselwirkung widerspruchsfrei durchzuführen (von den mathematischen Mängeln wollen wir schweigen). Die Faddeev-Popov-Theorie erzeugt schließlich eine Störungsreihe, deren Terme durch Feynman-Graphen ausdrückbar sind.

Wenn man das Teilchenbild für die Faddeev-Popov-Geister überhaupt verwenden will, so wären sie Fermionen ohne Masse und Spin: Sie verletzen somit das Spin-Statistik-Theorem. Die Geister gehören einem Multiplett an, das der adjungierten Darstellung der Eichgruppe $SU(n)$ mit der Dimension $n^2 - 1$ entspricht.

Die Wechselwirkung behandelt $\eta$ und $\bar\eta$ nicht in symmetrischer Weise: Dies ist sehr ungewöhnlich für Fermi-Felder. Nur im Grenzfall $\lambda \to \infty$ (Landau-Eichung) gilt $(\bar\eta, \mathcal{M}\eta) = (\mathcal{M}\bar\eta, \eta) = (\eta, \mathcal{M}\bar\eta)$, was die Symmetrie wiederherstellt.

Die endgültige Wirkung hat die Gestalt:

$$\boxed{W\{A, \eta, \bar\eta; \lambda\} \;=\; -\tfrac{1}{2} \int dx \,\mathrm{Spur}\,\big\{(2g)^{-2}[F_{k\ell}F^{k\ell} + \lambda(A^k_{|k})^2] + \bar\eta^{|k}\eta_{\|k}\big\}.}$$

Drei unterschiedliche Ausdrücke bestimmen diese Formel, (1) die klassische Energiedichte der Feldstärke $F_{k\ell}$ mit einer Selbstwechselwirkung des Potentials $A_k$, (2) der eichfixierende Term und (3) die Wechselwirkung des Potentials mit den Geisterfeldern.

## 9.3 Eichtheorien auf dem Gitter

### Die Formulierung von Wilson

Die Kontinuumsformulierung der Eichtheorien charakterisiert das Eichfeld als eine Funktion mit Werten in einer Lie-Algebra $\mathbf{g}$ zur kompakten Eichgruppe $G$. Sobald wir den Raum $E_4$ durch das endliche Gitter $(\mathbb{Z}_N)^4$ ersetzen, ist diese Interpretation des Eichfeldes ungeeignet. Grund: für eine Eichtransformation $u(x)$ ist $u_{|k}(x)u(x)^{-1}$ kein Element der Lie-Algebra mehr, sobald die Ableitung durch eine Differenz ersetzt wird: $u_{|k}(x) = u(x + e_k) - u(x)$. Für das Gitter benutzt man, einem Vorschlag von Wilson folgend, eine sehr elegante neue Formulierung, die diese Schwierigkeit vermeidet.

Wir benutzen einheitlich das Symbol $\boldsymbol{x}$ (nicht $x$) zur Kennzeichnung eines Punktes in dem Gitter oder im euklidischen Kontinuum. Das ursprüngliche Eichpotential $A_k(\boldsymbol{x}) \in \mathbf{g}$ wird ersetzt durch ein endliches System von dynamischen Variablen $U_{\boldsymbol{x}k} \in G$. Das Indexpaar $\boldsymbol{x}k$ dient zur Charakterisierung einer *Kante* des Gitters.

## 9.3. Eichtheorien auf dem Gitter

Die Kante verbindet zwei benachbarte Punkte (Abstand 1) im Gitter und ist *gerichtet*: sie führt von $x$ zu $x+e_k$. Unter einer lokalen Eichtransformation verstehen wir die Vorschrift

$$U_{xk} \to U^u_{xk} := u(x + e_k)U_{xk}u(x)^{-1} \qquad (9.58)$$

für jede Wahl von $u(x) \in G$. Die Gruppe $\mathcal{G}$ aller lokalen Eichtransformationen ist somit *kompakt*, nämlich gleich dem direkten Produkt von kompakten Gruppen:

$$\mathcal{G} = \prod_x G \qquad \text{(Produkt über alle Gitterpunkte)}. \qquad (9.59)$$

Die Existenz des Haarschen Maßes auf $\mathcal{G}$ ist gewährleistet, und wir haben

$$\text{vol}(\mathcal{G}) = \prod_x \text{vol}(G) = \prod_x 1 = 1. \qquad (9.60)$$

Der Phasenraum $\Omega$ dieser Feldtheorie ebenfalls ist kompakt. Denn er entspricht einem direkten Produkt von kompakten Räumen:

$$\Omega = \prod_{xk} G \qquad \text{(Produkt über alle Kanten)}. \qquad (9.61)$$

Aus diesem Grund spricht man auch von der *kompakten Formulierung* der Eichtheorien, also etwa von der kompakten Quantenelektrodynamik (QED), der kompakten Quantenchromodynamik (QCD) usw.

Wie stellt man die Verbindung zur Kontinuumsformulierung her? Dazu betrachten wir das unendlich ausgedehnte Gitter, führen durch eine Skalentransformation die Gitterkonstante $a$ ein und schreiben in dem neuen System $U_{xk} = \exp\{aA_k(x)\}$ mit $x \in (a\mathbb{Z}_N)^4$. Das Potential $A_k(x)$ ist $a$-abhängig, jedoch haben wir diese Abhängigkeit hier unterdrückt. Im Limes $a \to 0$ beschreibt $A_k(x)$ das Eichpotential im Kontinuum, weil es die richtigen Transformationseigenschaften besitzt:

*Es sei $u : E_4 \to G$ differenzierbar. Dann gilt*

$$u(x + ae_k)\exp\{aA_k(x)\}u(x)^{-1} = \exp\{aA^u_k(x) + O(a^2)\}$$

*mit $A^u_k = uA_k u^{-1} + u_{|k}u^{-1}$.*

Der Beweis ist einfach: Man entwickelt nach $a$ und vergleicht die linearen Terme auf beiden Seiten.

Gehen wir nun umgekehrt von einer Kontinuumsformulierung aus, so können wir dem Eichpotential $A_k(x)$ Gruppenelemente der folgenden Art zuordnen[3]:

$$U_C = \exp \int_C dx^k A_k(x). \qquad (9.62)$$

---

[3] Bei $\hbar = c = 1$ ist die physikalische Dimension des Potentials $Länge^{-1}$. Wegintegrale des Potentials sind somit dimensionslos. Für $\hbar \neq 1$ müssen wir schreiben: $U_C = \exp\{\hbar^{-1} \int_C dx^k A_k(x)\}$. Die Normierung des Potentials ist so gewählt (s.Abschnitt 5.2.1), daß es die Kopplungskonstante bereits als Faktor enthält. In einer U(1)-Eichtheorie ist diese Konvention jedoch unüblich. Außerdem wählt man hier $A$ und $F$ reell. Wollte man die allgemeinen Überlegungen auf die Verhältnisse der QED übertragen, so hätte man in allen Formeln dieses Abschnittes die Ersetzung

$$A \to -ieA \quad F \to -ieF \quad \tfrac{1}{2}\text{Spur} \to 1 \quad g^2 \to e^2 = 4\pi\alpha$$

vorzunehmen.

Hier ist $C$ irgendein gerichteter Weg in $E_4$. Führt $C$ geradewegs vom Punkt $x$ zum Punkt $x + ae_k$, so schreiben wir $U_C = U_{xk}$ und haben so die Gitterapproximation des Eichfeldes gewonnen.

Für die QED im Kontinuum lassen sich Wegintegrale des Potentials $A$ mit Hilfe des Satzes von Gauß auf die Feldstärke zurückführen, wenn der Weg $C$ identisch mit dem Rand eines orientierten Flächenstückes $Q$ ist. Wir schreiben dann $C = \partial Q$ und

$$\int_{\partial Q} dx^k\, A_k(x) = \iint_Q dx^k \wedge dx^\ell\, F_{k\ell}(x). \tag{9.63}$$

In den nichtabelschen Eichtheorien übernimmt eine andere Größe die Rolle des Wegintegrals:

$$U_C = P \exp \int_C dx^k\, A_k(x). \tag{9.64}$$

Das P-Exponential ist der Limes eines pfadgeordneten Produktes

$$P \exp \int_C dx^k\, A_k(x) = \lim_{n \to \infty} U_{nn} \cdots U_{n2} U_{n1}$$

$$U_{ni} = \exp \int_{C_{ni}} dx^k\, A_k(x)$$

$$\lim_{n \to \infty} \max_{1 \le i \le n} |C_{ni}| = 0 \qquad C = C_{nn} + \cdots + C_{n2} + C_{n1}.$$

Hierbei wird der Weg $C$ in $n$ Teilstücke $C_{ni}$ zerlegt (beginnend mit $C_{n1}$), deren Längen $|C_{ni}|$ gegen Null streben. Ist $\partial Q$ die Berandung eines Quadrates $Q$ mit der Seitenlänge $a$, so gilt

$$\log U_{\partial Q} = \iint_Q dx^k \wedge dx^\ell\, F_{k\ell}(x) + O(a^3) \qquad (a \to 0). \tag{9.65}$$

Diese Formel kann uns dazu verhelfen, diejenige Größe auf dem Gitter zu konstruieren, die im Limes $a \to 0$ die Feldstärke $F$ beschreibt. Als *Plakette* des Gitters bezeichnen wir jedes (orientierte) Einheitsquadrat, das von vier Kanten des Gitters berandet wird:

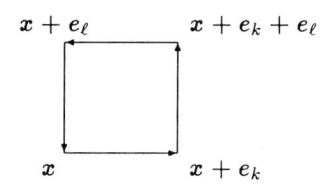

```
    x + e_ℓ         x + e_k + e_ℓ
       ┌─────────────┐
       │             │
       │             │
       │             │
       └─────────────┘
       x            x + e_k
```

Die Bezeichnung für eine solche Plakette lautet $p = xk\ell$ mit $1 \le k < \ell \le 4$. Beginnend im Punkt $x$ wird der Rand $\partial p$ so durchlaufen, wie es die Skizze zeigt. Dabei werden zwei der Gitterkanten entgegen ihrer natürlichen Orientierung durchlaufen. Wir berücksichtigen dies durch die Ersetzung $U \to U^{-1}$ in dem pfadgeordneten Produkt:

$$U_{\partial p} := U_{x,\ell}^{-1} U_{x+e_\ell,k}^{-1} U_{x+e_k,\ell} U_{x,k}. \tag{9.66}$$

## 9.3. Eichtheorien auf dem Gitter

Diese Größe hat durch ihre Konstruktion ein sehr einfaches Verhalten unter lokalen Eichtransformationen (9.58):

$$U_{\partial p}^u = u(x)^{-1} U_{\partial p} u(x). \tag{9.67}$$

Ist also $f(z)$ irgendein Polynom von $z \in \mathbb{C}$, so wird Spur$f(U_{\partial p})$ zu einer eichinvarianten Größe. Diese Eigenschaft wollen wir bei der Konstruktion der Wirkung ausnutzen.

*Nach Einführung einer Gitterkonstanten a gilt*

$$U_{\partial p} = \exp\{-a^2 F_{k\ell}(x) + O(a^3)\} \qquad p = \text{Plakette}(xk\ell)$$

*mit $F_{k\ell} = A_{k|\ell} - A_{\ell|k} + [A_k, A_\ell]$ und $U_{x,k} = \exp\{aA_k(x)\}$, wenn $A_k(x)$ als differenzierbar vorausgesetzt wird.*

Auch hier führt man den Beweis, indem man beide Seiten nach $a$ bis zu Termen der Ordnung $a^2$ entwickelt.

Für kleine Werte der Gitterkonstanten $a$ erhalten wir so die Approximation

$$1 - U_{\partial p} \approx a^2 F_{k\ell}(x) \qquad p = \text{Plakette}(xk\ell). \tag{9.68}$$

Die Wirkung, wie sie Wilson [180] vorschlug, lautet:

$$W_0(U) = \frac{1}{4g^2} \sum_p \text{Spur}\,(1 - U_{\partial p})^*(1 - U_{\partial p}) \geq 0. \tag{9.69}$$

Die Summation über alle Plaketten des Gitters wir ausgeführt, indem man $\sum_p$ mit $\sum_x \sum_{k<\ell}$ identifiziert. Wir erhalten daher in der Näherung (9.68)

$$W_0(U) \approx -\frac{1}{8g^2} \sum_x a^4 \, \text{Spur} \sum_{k\ell} (F_{k\ell}(x))^2 \tag{9.70}$$

wie gewünscht; denn $\sum_x a^4(\cdots)$ strebt gegen $\int dx(\cdots)$ im Limes $a \to 0$:

*Im Kontinuumslimes strebt die Wilson-Wirkung gegen die euklidische Wirkung eines selbstwechselwirkenden Eichfeldes.*

Mit $d\nu(u)$ bezeichnen wir das invariante (auf 1 normierte) Haarsche Maß der Eichgruppe G. Dann ist

$$\mathcal{D}U = \prod_{xk} d\nu(U_{xk}) \qquad (\text{Produkt über alle Kanten}). \tag{9.71}$$

das Haarsche Maß der Eichgruppe $\mathcal{G}$. Wir verwenden es zur Konstruktion des Gibbs-Maßes

$$d\mu(U) = Z^{-1} \mathcal{D}U \exp\{-W_0(U)\}, \tag{9.72}$$

das die quantisierte Eichfeldtheorie auf dem Gitter fixiert: Mit seiner Hilfe werden Erwartungswerte der dynamischen Variablen berechnet:

$$E(f) = \int d\mu(U)\, f(U).$$

Die von Wilson vorgeschlagene Quantisierung benötigt keine eichfixierenden Terme und keine Geisterfelder in der Wirkung. Das Gibbs-Maß ist durch seine Konstruktion voll *invariant* gegenüber der Gruppe $\mathcal{G}$ der lokalen Eichtransformationen. Dies bedeutet, daß Erwartungswerte automatisch eichinvariant sind, und zwar auch von solchen dynamischen Variablen $f(U)$, die ein nichttriviales Transformationsverhalten unter der Wirkung von $\mathcal{G}$ haben.

Frage: Geht die Wilson-Theorie in die Faddeev-Popov-Theorie über, wenn der thermodynamische Limes und der Kontinuumslimes ausgeführt werden? Oder handelt es sich zwei grundverschiedene Theorien ohne jegliche Beziehung zueinander? Welche Rolle spielt der Eichparameter $\lambda$ (der Vorfaktor des eichfixierenden Terms in der Faddeev-Popov-Wirkung) für die Physik?

Eine naheliegende Antwort könnte lauten: Die Eichinvarianz des Wilson-Modells wird im thermodynamischen Limes ($N \to \infty$) spontan gebrochen, und die konkurrierenden Gleichgewichtszustände (W-Maße) lassen sich durch den Parameter $\lambda$ charakterisieren; $\lambda$ wäre sozusagen ein Ordnungsparameter.

Die Antwort kann jedoch nicht richtig sein; denn ein allgemeines Resultat sagt: *die Invarianz einer Gittertheorie unter lokalen Eichtransformationen ist im thermodynamischen Limes niemals spontan gebrochen* (Elitzurs Theorem [55]). Offenbar liegt die richtige Antwort in den Details des Kontinuumslimes ($a \to 0$) verborgen. Wir sind aber weit davon entfernt, diese Details zu kennen [28] [149].

## 9.4 Die Kunst der Schleifen (Wilson Loops)

### Statische Approximation der Yukawa-Kopplung

Unser nächstes Ziel ist die eichinvariante Charakterisierung der Kräfte, die durch den Austausch von Eichbosonen hervorgerufen werden. Wir erinnern an ein oft diskutiertes Beispiel: die Wechselwirkung zweier geladener Teilchen der Massen $m$ und $M$, vermittelt durch den Austausch eines Photons, im Limes $M \to \infty$, dem sog. *statischen Limes*. Es zeigt sich, daß die Wechselwirkung des leichteren Teilchens mit dem als unendlich schwer gedachten Partner durch das Coulomb-Potential beschrieben wird. In der statischen Näherung büßt ein schweres Teilchen einen wesentlichen Teil seiner dynamischen Freiheitsgrade ein, weil auf es keine Energie übertragen werden kann. Der Limes $M \to \infty$ bewirkt, in der Sprache der Störungstheorie, daß alle Beiträge zur Streuung verschwinden, bei denen das schwere Teilchen virtuell, d.h. in Form einer inneren Linie des zugeordneten Feynman-Graphen, auftritt. Man nennt dies die *Entkopplung* des geladenen Teilchens von dem Photonfeld. Die Entkopplung aller geladenen Teilchen bewirkt, daß ein $U(1)$-Eichfeld ein *freies Feld* ist, dessen Propagator in der Gupta-Bleuler-Quantisierung die Form hat:

$$(\Omega, TA_\mu(x)A_\nu(x')\Omega) = -g_{\mu\nu}D_F(x - x'). \tag{9.73}$$

Die Anwesenheit eines schweren Teilchens ruft einen äußeren Strom $j^\mu$ hervor. Die einfachste Gestalt, die ein solcher Strom haben kann, ist

$$j^0 = q\delta^3(\mathbf{x}) , \quad j^1 = j^2 = j^3 = 0. \tag{9.74}$$

## 9.4. Die Kunst der Schleifen (Wilson Loops)

Hierbei wurde angenommen, daß das Teilchen in $\mathbf{x} = 0$ ruht und keine Ausdehnung besitzt. Jeder Strom erzeugt ein klassisches Maxwell-Feld in seiner Umgebung:

$$A_\mu^{klass}(x) = (\Omega, TA_\mu(x)A(j)\Omega). \tag{9.75}$$

Hat der Strom die spezielle Form (9.74), so erhalten wir

$$A_0^{klass} = qV(r), \quad A_i^{klass} = 0, \quad i = 1,2,3 \quad r = |\mathbf{x}| \tag{9.76}$$

$$V(r) = -\int_{-\infty}^{\infty} dx^0 \, D_F(x) = \frac{1}{4\pi r}. \tag{9.77}$$

Auf dieses Resultat sind wir schon früher gestoßen. Es hängt, wie wir hier sehen, von der gewählten Eichung des Photonfeldes ab.

Ähnlich liegen die Dinge in einer $SU(n)$-Eichtheorie mit Yukawa-Kopplung der Fermionen an das Eichfeld $A_\mu(x) \in \mathrm{su}(n)$. In der statischen Näherung, bei der Fermionen und Eichfeld entkoppeln, geht das Eichfeld *nicht* in ein freies Feld über: Der nichtabelsche Charakter der Eichgruppe verhindert dies. Die Anwesenheit eines schweren Fermions erzeugt einen Strom $j^\mu(x) \in \mathrm{su}(n)$ und dieser ein klassisches Potential $A_\mu^{klass}(x) = (\Omega, TA_\mu(x)A(j)\Omega) \in \mathrm{su}(n)$. Jedoch sind wir nicht mehr sicher, welche Form das Potential hat.

Gewöhnlich finden wir das Verhalten

$$(\Omega, TA_\mu(x)A_\nu(x')\Omega) \to 0 \qquad |\mathbf{x} - \mathbf{x}'| \to \infty. \tag{9.78}$$

Es bewirkt, daß die Kraft, die zwischen zwei schweren Fermionen wirksam ist, für große Abstände gegen Null strebt. Die Fermionen erfahren also eine wirkliche Streuung und sind nicht aneinander gebunden. Zweifel kommen auf, ob dies in allen Eichtheorien wirklich der Fall ist, ob nicht Feynman-Funktionen auch anwachsen können. Die mit dem Eichfeld wechselwirkenden Fermionen würden dann in keinem Experiment als freie Teilchen auftreten, weil es die Zufuhr einer unendlichen Energie voraussetzt. Diese Erscheinung, wenn es sie überhaupt geben sollte, nennt man im Englischen *confinement*.

Wir wiederholen die obige Rechnung im euklidischen Rahmen. Das Potential $V(r) = (4\pi r)^{-1}$, das für die QED typisch ist, kann auch aus der Schwinger-Funktion des Photonfeldes ermittelt werden:

$$V(r) = \int_{-\infty}^{\infty} dx^4 \, S(x) \qquad r = |\mathbf{x}| \tag{9.79}$$

$$E(A_k(x)A_\ell(x')) = \delta_{k\ell}S(x - x') + \textit{eichabhängige Terme}. \tag{9.80}$$

Grund: Die Fourier-Transformierte $\tilde{S}(\mathbf{p}, p^4)$ entsteht durch analytische Fortsetzung aus $-\tilde{D}_F(p^0, \mathbf{p})$, aber nur der Wert in dem Punkt $p^0 = p^4 = 0$ geht in die Rechnung ein: in diesem Punkt haben wir $\tilde{S}(\mathbf{p}, 0) = -\tilde{D}_F(0, \mathbf{p})$.

Die Verhältnisse sind deshalb so einfach in der QED, weil nach einer statischen Näherung das Photonfeld frei ist und $S(x) = (2\pi)^{-2}x^{-2}$ gilt. Das klassische euklidische Potential einer Stromverteilung $j^k$ ist dann durch

$$A_k^{klass}(x) = E(A_k(x)A(j)) = \frac{1}{4\pi^2}\int dx' \, \frac{j_k(x')}{(x - x')^2} \tag{9.81}$$

gegeben. Setzen wir speziell $j^1 = j^2 = j^3 = 0, j^4 = q\delta^3(\mathbf{x})$, so erhalten wir das elektrostatische Potential einer Punktladung $q$ in unveränderter Form.

**Schleifenintegrale in der euklidischen QED**

Experimentell wird das Potential $A_k^{klass}$ durch eine weitere Ladung (z.B. eine ruhende Punktladung $q'$ im Abstand $R$) ausgemessen. Die Testladung definiert einen weiteren Strom $j'$, und die Wechselwirkungsenergie beider Ströme läßt sich als

$$E = \lim_{T \to \infty} \frac{1}{4\pi^2 T} \int_{x_4=-T/2}^{x_4=T/2} dx \int_{x'_4=-T/2}^{x'_4=T/2} dx' \, \frac{j^k(x) j'_k(x')}{(x-x')^2} \qquad (9.82)$$

angeben. Hier haben wir zunächst die Wirkung der Ströme $j$ und $j'$ zwischen den Zeiten $-T/2$ und $T/2$ berechnet und dann die Wirkung pro Zeit im Limes $T \to \infty$ als die relative Energie interpretiert. Die Energie geht gegen Null, wenn die beiden Ladungen separiert werden.

Die Situation *zwei ruhende punktförmige Teilchen mit den Ladungen $e$ und $-e$ im Abstand $R$* können wir durch einen geschlossenen Pfad $C$ im euklidischen Raum, der sog. *Wilson-Schleife*, in Form eines Rechteckes mit den Seiten $R$ und $T$ approximieren (Abbildung 9.3).

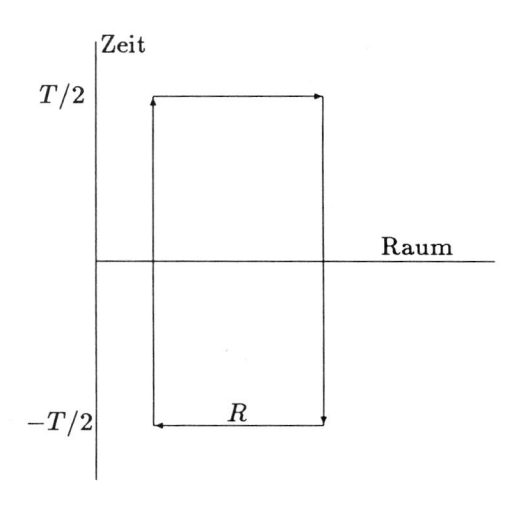

*Abb. 9.3: Eine rechteckige Wilson-Schleife in der euklidischen Raum-Zeit mit den Kantenlängen $R$ und $T$*

Mit Hilfe dieser Schleife formen wir zunächst das Schleifenintegral

$$A_C = \int_C dx^k \, A_k(x) \qquad (9.83)$$

und dann den Erwartungswert

$$E(A_C A_C) = \int_C dx^k \int_C dx'_k \, S(x-x') \;, \qquad (9.84)$$

der für genügend großes $T$ die Wirkung der Ladungen $e$ und $-e$ aufeinander, aber auch die Selbstwechselwirkung, nämlich das Produkt *Selbstenergie*$\times T$, enthält.

## 9.4. Die Kunst der Schleifen (Wilson Loops)

Das Integral (9.84) ist wegen der unendlichen Selbstenergie von Punktladungen singulär. Statt den Ladungen eine gewisse Ausdehnung zu geben, regularisieren wir das Integral, indem wir $S(x)$ durch

$$S_a(x) = \begin{cases} (2\pi x)^{-2} & x^2 > a^2 \\ 0 & x^2 < a^2 \end{cases} \qquad (9.85)$$

ersetzen. Das regularisierte Integral bezeichnen wir mit $E_a(A_C A_C)$. Die Integration ist nun elementar und erzeugt eine Reihe von Ausdrücken:

$$\begin{aligned} 2\pi^2 E_a(A_C A_C) &= \frac{T}{a} - \log\frac{T}{a} + \log\left(1 + \frac{T^2}{R^2}\right) - 2\frac{T}{R}\arctan\frac{T}{R} \\ &+ \frac{R}{a} - \log\frac{R}{a} + \log\left(1 + \frac{R^2}{T^2}\right) - 2\frac{R}{T}\arctan\frac{R}{T} \end{aligned} \qquad (9.86)$$

($0 \leq \arctan q \leq \pi/2$). Die Vorschrift, nach der das Potential zu errechnen ist, lautet:

$$V(R) := \lim_{T\to\infty} \frac{1}{2T} E_a(A_C A_C). \qquad (9.87)$$

Mit ihr erhalten wir das Ergebnis

$$V(R) = \frac{1}{4\pi^2 a} - \frac{1}{4\pi R}. \qquad (9.88)$$

Die Konstante $(4\pi^2 a)^{-1}$ ist eine unbeobachtbare Größe; wir können sie ignorieren. Der zweite Term beschreibt das anziehende Coulomb-Potential der beiden Teilchen mit entgegengesetzter Ladung.

Eine äquivalente Vorschrift, das Potential zweier statischer Ladungen zu berechnen, erhält man, wenn von der $U(1)$-Variablen

$$U_C = \exp\{-ieA_C\} = \exp\{-ie\int_C dx^k A_k(x)\} \qquad (9.89)$$

ausgegangen wird. Denn ihr Erwartungswert hängt mit dem eben berechneten eng zusammen:

$$E(U_C) = \exp\{-\tfrac{1}{2}e^2 E(A_C A_C)\}. \qquad (9.90)$$

Nach einer Regularisierung und mit dem oben gewählten Weg $C$ erhielten wir die asymptotische Darstellung

$$E(U_C) = \exp\{-e^2 V(R) T\} \qquad T \to \infty. \qquad (9.91)$$

**Flächengesetz oder Umfangsgesetz?**

Das asymptotische Verhalten des Erwartungswertes $E(U_C)$ kann man in einer Weise diskutieren, bei der Raum und Zeit symmetrisch behandelt werden. Unterwerfen wir die Schleife $C$ einer Dilatation, die alle Koordinaten mit dem gleichen Faktor multipliziert, so würde ein gegebenes Rechteck mit den den Seiten $R$ und $T$ so anwachsen, daß $R$ und $T$ zugleich gegen $\infty$ streben unter Festhaltung von

$R/T$. Aus den Formeln (9.86) und (9.90) – gültig für die QED – folgt dann die asymptotische Darstellung

$$E(U_C) = \exp\{-\sigma |C|\} \qquad |C| = 2R + 2T \; , \quad R, T \to \infty \qquad (9.92)$$

mit $\sigma = e^2/(8\pi^2 a)$. Da $|C|$ der Umfang des Rechteckes ist, sprechen wir hier von einem *Umfangsgesetz*. Dies Gesetz ist offenbar charakteristisch für eine Situation, bei der $V(R)$ für großes $R$ konstant wird, und $-\sigma$ erweist sich als die Selbstenergie der Ladungen $e$ und $-e$:

$$\lim_{R\to\infty} \tfrac{1}{2} e(-e) V(R) = -\frac{e^2}{8\pi^2 a}.$$

Nun sei $A_k(x)$ das Eichfeld für eine nichtabelsche Eichgruppe und $U_C$ das P-Exponential des Schleifenintegrals wie im Abschnitt 9.3 definiert. A priori wissen wir nichts über das asymptotische Verhalten des Erwartungswertes $E(U_C)$. Eine Regularisierung ist aber auch hier sicher notwendig, damit der Ausdruck überhaupt einen Sinn bekommt. Die Regularisierung führt eine Längenskala $a$ ein, auf die $R$ und $T$ bezogen sind: $E(U_C)$ ist eine Funktion der dimensionslosen Größen $R/a$ und $T/a$.

Auf einem Gitter übernimmt die Gitterkonstante $a$ die Rolle dieser Längenskala und eine weitere Regularisierung ist hier überflüssig. Es sei $a = 1$. Die unitäre Matrix $U_C$ ist ein pfadgeordnetes Produkt, nämlich ein Produkt über die Gitterkanten $c_1, \ldots, c_n$, die der Pfad $C$ mit der Länge $n = 2R + 2T$ der Reihe nach durchläuft (beginnend mit $c_1$):

$$U_C = U_{c_n} \cdots U_{c_2} U_{c_1} \qquad U_c = \begin{cases} U_{xk} & c : x \rightsquigarrow x + e_k \\ U_{xk}^{-1} & c : x + e_k \rightsquigarrow x \end{cases} \qquad (9.93)$$

Selbst wenn der Weg $C$ geschlossen ist, also wenn $C = \partial G$ gilt, besitzt er einen Anfangspunkt $x$, von dem $U_C$ abhängt. Das macht, daß $U_C$ (im nichtabelschen Fall) immer noch eichabhängig ist. Erst Spur $U_{\partial G}$ ist unabhängig von dem gewählten Anfangspunkt und eichinvariant. Gleiches gilt für $E(U_{\partial G})$; denn in der Wilson-Formulierung ist die Wirkung und somit auch der Gibbs-Zustand eichinvariant. Zwei unterschiedliche asymptotische Verhaltensweisen stehen zur Diskussion:

$$E(U_{\partial G}) \to \begin{cases} \exp\{-\sigma |\partial G|\} & \text{Umfangsgesetz } (\textit{deconfinement}) \\ \exp\{-\kappa |G|\} & \text{Flächengesetz } (\textit{confinement}). \end{cases} \qquad (9.94)$$

Aber auch andere Möglichkeiten, die zwischen diesen beiden Optionen liegen, sind theoretisch denkbar. Streng genommen läßt sich dieses Verhalten nur auf einem unendlich großen Gitter formulieren und auch dort nur überprüfen. Die Konstanten, $\sigma$ oder $\kappa$ sind notwendig nichtnegativ (warum?). Wir haben schon gesehen, daß die fundamentalen Fermionen in der statischen Näherung als freie Teilchen auftreten, wenn das Umfangsgesetz gilt. Was folgt, wenn das Flächengesetz in Kraft ist? Für ein Rechteck mit den Seiten $R$ und $T$ haben wir dann einerseits

$$E(U_{\partial G}) \to \exp\{-V(R) T\} \qquad T \to \infty, \qquad (9.95)$$

anderseits aber
$$E(U_{\partial G}) \to \exp\{-\kappa RT\} \qquad R, T \to \infty. \qquad (9.96)$$
Also
$$V(R) = \kappa R \qquad R \to \infty. \qquad (9.97)$$
Ergebnis: Die fundamentalen Teilchen und Antiteilchen (in der Regel Fermionen) im Abstand $R$ (genügend groß) ziehen sich mit einer *konstanter Kraft* $\kappa$ an, und wir beobachten den Effekt des *confinement*. Einiges spricht dafür, daß diese Situation in der QCD auftritt, wodurch erklärt wird, daß wir die Quarks nicht als freie Teilchen in den gegenwärtigen Experimenten sehen.

## 9.5 Das $SU(n)$-Higgs-Modell

Die Ankopplung eines $SU(n)$-Eichfeldes an Materie (d.h. an Quarks, Leptonen, Higgs-Teilchen etc.) ist das eigentliche Ziel der Eichtheorie. Obwohl uns Fermionen noch nicht zu Gebote stehen, können wir ein interessantes Modell bereits jetzt vorstellen. Dabei handelt es sich um den Versuch, die Wechselwirkung der hypothetischen Higgs-Teilchen mit den Eichbosonen zu beschreiben. Wir wählen hierfür den denkbar einfachsten Ansatz (zunächst auf dem endlichen Gitter):

$$W(U,\phi) = W_0(U) + \tfrac{1}{2} \sum_{xk} |D_k \phi(x)|^2 + \lambda \sum_x (|\phi(x)|^2 - \kappa^2)^2 \qquad (9.98)$$

mit $\lambda > 0$. Der erste Term bezeichnet die Wilson-Wirkung (9.69) und stellt eine Summe über alle Plaketten dar. Der zweite Term, eine Summe über die Kanten des Gitters, benutzt die Gitterversion der kovarianten Ableitung:

$$D_k \phi(x) = \phi(x + e_k) - U_{xk}\phi(x).$$

Begründung: Nach Einführung einer Gitterkonstanten $a$ geht der Ausdruck $\phi(x + e_k) - U_{xk}\phi(x)$ auf $\mathbb{Z}^4$ in

$$a\phi^a(x + ae_k) - \exp\bigl(aA_k^a(x)\bigr) a\phi^a(x) = a^2 \bigl(\partial_k - A_k^0(x)\bigr) \phi^0(x) + O(a^3)$$

über, wenn wir mit $\phi^a$ und $A^a$ die Felder auf dem Gitter $(a\mathbb{Z})^4$ bezeichnen; in dem Operator $D_k \equiv \partial_k - A_k^0(x)$ erkennen wir die gewöhnliche kovariante Ableitung.

Der dritte Term in (9.98) ist eine Summe über die Gitterpunkte. Er beschreibt die Selbstwechselwirkung der Higgs-Teilchen vermöge eines klassischen Potentials. Dieses ist so gewählt, daß im klassischen Limes ($\hbar \to 0$) Gleichgewichtslösungen mit $|\phi(x)|^2 = \kappa^2$ auftreten.

Das Higgs-Feld $\phi$ transformiert sich gemäß der identischen Darstellung der Gruppe $SU(n)$, d.h $\phi$ besitzt $n$ komplexe ($2n$ reelle) Komponenten:

$$\phi = \begin{pmatrix} \phi_1 + i\phi_2 \\ \phi_3 + i\phi_4 \\ \vdots \\ \phi_{2n-1} + i\phi_{2n} \end{pmatrix}.$$

Auf einen Spaltenvektor dieser Gestalt wirkt $U_{xk}$ in natürlicher Weise. Weiter unten wird in unseren Formeln $\phi(x)$ jedoch wie ein reeller Vektor mit $2n$ Komponenten behandelt, und mit $|\phi|^2$ bezeichnen wir die Quadratsumme $\sum_{\alpha=1}^{2n} \phi_\alpha^2$.

Ersetzt man die Gruppe $SU(n)$ durch die einfachere abelsche Gruppe $U(1)$, so erhält man eine Gitterversion der Ginsburg-Landau-Feldtheorie in vier Dimensionen. In einem gewissen Sinne kann das Higgs-Feld deshalb als eine Verallgemeinerung des GL-Feldes aufgefaßt werden.

Das Hauptinteresse richtet sich auf die Größe des Erwartungswertes $E(\Phi(x))$ in Abhängigkeit von den Parametern $g$, $\lambda$ und $\kappa$, sofern eine spontane Symmetriebrechung überhaupt vorliegt, was durch die Bedingung $\kappa > 0$ allein nicht gesichert werden kann. Wir wir bereits wissen, ist für eine Entscheidung in dieser Angelegenheit nicht das *klassische* sondern das *effektive* $O(2n)$-symmetrische Potential

$$U_{\text{eff}}(r) = \lim_{N\to\infty} N^{-4} \sup_j \left( \sum_x j(x) r - W^*_{\text{eff}}\{j\} \right) \quad (r \in \mathbb{R}^{2n}) \qquad (9.99)$$

zuständig, wobei $W^*_{\text{eff}}\{j\} = \hbar \log Z\{j\}$ zu setzen ist; $j(x)$ ist eine $2n$-komponentige reelle Quellfunktion, von der die Zustandssumme abhängt:

$$Z\{j\} = \int \mathcal{D}\phi \int \mathcal{D}U \exp\left\{ \hbar^{-1} \left[ \sum_x j(x)\phi(x) - W(U,\phi) \right] \right\}. \qquad (9.100)$$

Eine Berechnung von $U_{\text{eff}}(r)$ gemäß dieser Vorschrift ist — wie man sich denken kann — äußerst schwierig. Dennoch ist es möglich, auf einfache Weise Schranken zu finden.

*Das effektive Potential des $SU(n)$-Higgs-Feldes ist nach oben und unten auf folgende Weise beschränkt: Für alle $r \in \mathbb{R}^{2n}$ gilt*

$$w_2(r) \leq U_{\text{eff}}(r) \leq w_1(r), \qquad (9.101)$$

*wobei die Funktionen $w_i(r)$ konvex und $O(2n)$-symmetrisch sind und sich als Legendre-Transformierte von einfacheren Funktionen darstellen lassen:*

$$\begin{aligned} w_i(r) &= \sup_s \left( sr - w_i^*(s) \right) \quad (s \in \mathbb{R}^{2n}, i=1,2) \\ w_i^*(s) &= \hbar \log \int dr \exp\left\{ \hbar^{-1} \left( sr - V_i(r) \right) \right\}. \end{aligned} \qquad (9.102)$$

*Die hier auftretenden Potentialfunktionen sind*

$$V_i(r) = \begin{cases} 3g^{-2} + 4r^2 + \lambda(r^2 - \kappa^2)^2 & i=1 \\ \lambda(r^2 - \kappa^2)^2 & i=2. \end{cases} \qquad (9.103)$$

Die obere Schranke in (9.101) folgt aus einer Anwendung des Jensen-Ungleichung auf das innere Integral in (9.100) und aus der Identität

$$\int \mathcal{D}U \, W(U,\phi) = \sum_x V_1(\phi(x)),$$

## 9.5. Das $SU(n)$-Higgs-Modell

die untere Schranke aus der Ungleichung $W(U,\phi) \geq \sum_x V_2(\phi(x))$.

Wir wollen annehmen, $U_{\text{eff}}(r)$ sei konstant innerhalb der Kugel $r^2 \leq c^2$ mit $c > 0$ und $c$ sei der größte Radius mit dieser Eigenschaft. Dann ist $c$ der Maximalwert, den $E(\Phi(x))$ dem Betrage nach erreichen kann. Die Beschränkung von $U_{\text{eff}}(r)$ durch konvexe Funktionen $w_1(r)$ und $w_2(r)$ macht deutlich, daß $c$ nicht beliebig groß sein kann:

*Es sei $A = \inf_r w_1(r)$ und $a$ der Radius der Kugel $\{r \mid w_2(r) = A\}$. Dann gilt $E(\Phi(x)) \leq c \leq a$.*

Das Beispiel des Higgs-Modells zeigt, daß man durchaus Chancen hat, Funktionalintegrale in konkreten Situationen abzuschätzen, so wie dies in der gewöhnlichen Quantenmechanik bei Anwendung der Feynman-Kac-Formel gelingt.

# Kapitel 10

# Fermionen

> *Clearly this is a subject in which common sense will have to guide the passage between the Scylla of mathematical Talmudism and the Charibdis of mathematical nonsense.*
> — Jeremy Bernstein

Als Fermionen bezeichnet man Teilchen, die der Fermi-Dirac-Statistik gehorchen. Sie besitzen einen halbzahligen Spin. Viele Elementarteilchen, insbesondere die Quarks und die Leptonen, gehören zu dieser Gruppe, aber auch Bindungszustände, wie Protonen und Neutronen, sind Fermionen [125]. Die zitierten Vertreter sind ausnahmslos Teilchen mit dem Spin $s = \frac{1}{2}$ und werden in einer relativistischen Theorie durch Dirac-Felder beschrieben, denen man geeignete Antivertauschungsrelationen auferlegt, um der Statistik dieser Teilchen Rechnung zu tragen. Entsprechende Relationen gelten für das euklidische Dirac-Feld, die die Feldkomponenten zu Elementen einer Grassmann-Algebra machen. Diese Auffassung eines euklidischen Feldes sprengt den bisher benutzten mathematischen Rahmen und erfordert einen neuen Integrationskalkül, der auf rein algebraischen Begriffen aufbaut.

## 10.1 Das Dirac-Feld auf dem Minkowski-Raum

Wir beginnen mit einem kurzen Blick auf die Dirac-Theorie im Minkowski-Raum $M_4$ unter der Vereinbarung $\hbar = c = 1$. Die Gleichungen

$$(i\gamma^\mu \partial_\mu - m)\psi(x) = 0 \qquad (10.1)$$

$$\tfrac{1}{2}(\gamma^\mu \gamma^\nu + \gamma^\nu \gamma^\mu) = g^{\mu\nu} = \mathrm{diag}(1, -1, -1, -1) \qquad (10.2)$$

($\mu, \nu = 0, \ldots, 3$) für ein Spinorfeld $\psi$ mit den Komponenten $\psi_a$ ($a = 1, \ldots, 4$) beschreiben ein Fermionen (und sein Antiteilchen) mit dem Spin $\frac{1}{2}$ und der Masse $m$. Wir treffen eine bequeme Wahl für die Darstellung der $\gamma$'s als $4 \times 4$-Matrizen, nämlich

$$\gamma^0 = \begin{pmatrix} 0 & 1 \\ 1 & 0 \end{pmatrix} \qquad \gamma^k = \begin{pmatrix} 0 & -\sigma_i \\ \sigma_i & 0 \end{pmatrix} \qquad (k = 1, 2, 3)$$

($\sigma_i$ = Pauli-Matrizen), und machen Gebrauch von der Abkürzung $\not\partial = \gamma^\mu \partial_\mu$.

Genauso wie es zweckmäßig sein kann, neben dem komplexen Skalarfeld $\phi$ auch das konjugierte Feld $\bar\phi$ einzuführen und beide Felder so zu behandeln, als seien sie unabhängig (äquivalent der Zerlegung in Real- und Imaginärteil), so wollen neben dem Dirac-Feld $\psi$ auch seinen ladungskonjugierten Partner $\psi^c$ einführen, um aus beiden Feldern einen achtkomponentigen Bispinor zu formen:

$$\Psi = \begin{pmatrix} \psi \\ \psi^c \end{pmatrix} \quad \text{oder} \quad \Psi_a = \begin{cases} \psi_a & a = 1,\ldots,4 \\ \psi^c_{a-4} & a = 5,\ldots,8. \end{cases} \tag{10.3}$$

Da die Ladungskonjugation die Felder $\psi$ und $\psi^c$ einfach miteinander vertauscht, so haben wir durch die Verdopplung der Zahl der Feldkomponenten erreicht, daß die Konjugation durch eine *lineare* Transformation von Bispinoren beschrieben wird. Weitere Vorteile der neuen Beschreibung zeigen sich erst im euklidischen Rahmen.

In der Minkowski-Welt (und nur hier) gibt es eine Vorschrift, wie man das konjugierte Feld $\psi^c$ aus $\psi$ gewinnt:

$$\psi^c(x) = C\bar\psi(x)^T \quad , \quad \bar\psi = \psi^* \gamma^0, \tag{10.4}$$

wobei die $4 \times 4$-Matrix $C$ durch die Eigenschaften

$$(\gamma^\mu C)^T = \gamma^\mu C \quad C^T = C^* = C^{-1} = -C \tag{10.5}$$

definiert ist. Insbesondere sehen wir, daß $C$ unitär ist. Für die von uns benutzte Darstellung der $\gamma$-Matrizen gilt

$$C = i\gamma^2 \gamma^0 = \begin{pmatrix} -i\sigma_2 & 0 \\ 0 & i\sigma_2 \end{pmatrix} \quad i\sigma_2 = \begin{pmatrix} 0 & 1 \\ -1 & 0 \end{pmatrix}. \tag{10.6}$$

Mit der üblichen Darstellung

$$\psi = \begin{pmatrix} \xi \\ \chi \end{pmatrix} \quad \psi^c = \begin{pmatrix} \xi^c \\ \chi^c \end{pmatrix}$$

durch zweikomponentige Spinoren wird jedes Dirac-Feld in seinen rechtshändigen Anteil $\xi$ und seinen linkshändigen Anteil $\chi$ zerlegt. In dieser Schreibweise lautet die Vorschrift für den Übergang zu den konjugierten Feldern so:

$$\xi^c(x) = -i\sigma_2 \chi^*(x)^T \tag{10.7}$$
$$\chi^c(x) = i\sigma_2 \xi^*(x)^T, \tag{10.8}$$

d.h. rechtshändige Spinoren werden in linkshändige verwandelt und umgekehrt. Diese Helizitätsumkehr wird zwar von vielen fundamentalen Kräften in der Natur respektiert, jedoch nicht von allen. So sind die schwachen Wechselwirkungen nicht invariant unter der Ladungskonjugation.

Ein freies Dirac-Feld ist bereits durch Angabe seiner Zweipunktfunktionen festgelegt. Diese sind im wesentlichen die beiden Funktionen

$$(\Omega, \psi(x)\bar\psi(y)\Omega) = S_+(x-y;m) = (i\not\partial + m)\Delta_+(x-y;m)$$
$$(\Omega, \psi(x)\psi(y)^T \Omega) = 0 \quad (\Omega = \text{Vakuum}).$$

Hier interpretieren wir $\psi\bar\psi$ und $\psi\psi^T$ als $4\times 4$-Matrizen. Auf dem Fock-Raum, der dem freien Feld zugeordnet ist, existiert ein unitärer Operator $U$, der die Ladungskonjugation an den Zuständen ($n$-Teilchen-Wellenfunktionen) ausführt. Er besitzt die definierenden Eigenschaften

$$U\psi(x)U^{-1} = \psi^c(x) \quad \text{und} \quad U\Omega = \Omega.$$

Die Existenz des Operators $U$ führt auf Relationen, die verschiedene Zweipunktfunktionen miteinander verknüpfen:

$$(\Omega, \psi(x)\psi^c(y)^T\Omega) = (\Omega, \psi^c(x)\psi(y)^T\Omega) \tag{10.9}$$
$$(\Omega, \psi^c(x)\psi^c(y)^T\Omega) = (\Omega, \psi(x)\psi(y)^T\Omega). \tag{10.10}$$

Diese Relationen und $\psi^c(y)^T = -\bar\psi(y)C$ nutzend können wir das Ergebnis so zusammenfassen:

$$(\Omega, \Psi(x)\Psi(y)^T\Omega) = W_2(x,y)$$

indem wir $(\Omega, \Psi_a(x)\Psi_b(y)\Omega)$ $(a,b = 1,\ldots,8)$ als eine $8\times 8$-Matrix auffassen und

$$W_2(x,x) = \begin{pmatrix} 0 & -S_+(x-y;m)C \\ -S_+(x-y;m)C & 0 \end{pmatrix}$$
$$= \begin{pmatrix} 0 & -(i\not\partial + m)C \\ -(i\not\partial + m)C & 0 \end{pmatrix} \Delta_+(x-y;m), \tag{10.11}$$

setzen. Allgemein gilt, daß die $n$-Punktfunktionen

$$W_n(x_1,\ldots,x_n)_{a_1\cdots a_n} = (\Omega, \Psi_{a_1}(x_1)\cdots\Psi_{a_n}(x_n)\Omega) \tag{10.12}$$

als Tensoren anzusehen sind, wobei wir uns gelegentlich erlauben, die Indizes $a_1,\ldots,a_n$ zu unterdrücken. Wegen des Fermi-Charakters des Feldes verschwinden alle Funktionen $W_n$ für ungerades $n$. Handelt es sich, wie in dem von uns diskutierten Fall, um ein freies Feld, so gilt die Rekursionsformel

$$W_n(x_1,\ldots,x_n)_{a_1\cdots a_n} =$$
$$\sum_{i=1}^{n-1}(-1)^{i+1}W_{n-2}(x_1,\ldots,\hat x_i,\ldots,x_{n-1})_{a_1\cdots\hat a_i\cdots a_{n-1}}W_2(x_i,x_n)_{a_i a_n}, \tag{10.13}$$

die man in gleicher Weise ableitet, wie die entsprechende Formel für ein Bose-Feld. Charakteristisch für das Fermi-Feld ist, daß die einzelnen Beiträge ein alternierendes Vorzeichen bekommen. Dieses Vorzeichen entsteht durch die Verwendung von Antivertauschungsrelationen.

## 10.2 Das euklidische Dirac-Feld

Wenn wir jetzt die euklidische Version der Dirac-Theorie der Minkowski-Version gegenüberstellen, ist es notwendig, den bisher verwendeten $\gamma$-Matrizen einen Index $M$ anzuhängen, der ihren Bezug zu der Minkowski-Struktur hervorhebt. Bei

Verwendung der euklidischen Metrik werden neue Matrizen benötigt, die sog. *euklidischen $\gamma$-Matrizen*:

$$\gamma^k = -i\gamma_M^k \quad (k=1,2,3) \quad , \quad \gamma^4 = \gamma_M^0. \tag{10.14}$$

Sie sind hermitesch, erfüllen die Relation

$$\gamma^k \gamma^\ell + \gamma^\ell \gamma^k = 2\delta^{k\ell} \quad (k,\ell = 1,\ldots,4) \tag{10.15}$$

und sind somit Erzeuger einer Clifford-Algebra (über dem Raum $E_4$).

Durch die formale Ersetzung $ix^0 \to x^4$ in (10.11) und unter Verwendung der Abkürzung $\partial\!\!\!/ = \gamma^k \partial_k$ (Summe über $k = 1,\ldots,4$) erhält die euklidische Zweipunktfunktion eines freien Feldes die Gestalt

$$S_2(x,y) = \begin{pmatrix} 0 & (\partial\!\!\!/ - m)C \\ (\partial\!\!\!/ - m)C & 0 \end{pmatrix} S(x-y;m) \tag{10.16}$$

mit $x, y \in E_4$ und der Schwinger-Funktion $S(x;m)$ wie im Abschnitt 7.2.

Aus $S(x-y,m) = S(y-x,m)$ und $((\partial\!\!\!/ - m)C)^T = (\partial\!\!\!/ + m)C$ (eine Konsequenz der Relationen $C^T = -C$ und $(\gamma^\mu C)^T = \gamma^\mu C$) erhalten wir die *Antisymmetrie* der euklidischen Zweipunktfunktion:

$$S_2(x,y) = -S_2(y,x)^T. \tag{10.17}$$

Diese Eigenschaft ist das Fundament für die Konstruktion des freien euklidischen Dirac-Feldes $\Psi(x)$. Sie ist nämlich der Relation

$$\Psi_a(x)\Psi_b(y) = -\Psi_b(y)\Psi_a(x) \tag{10.18}$$

äquivalent, die $\Psi$ zu einer Grassmann-Variablen macht. Der Grund hierfür ist, daß die Rekursionsformel

$$S_n(x_1,\ldots,x_n)_{a_1\cdots a_n} =$$
$$\sum_{i=1}^{n-1} (-1)^{i+1} S_{n-2}(x_1,\ldots,\hat{x}_i,\ldots,x_{n-1})_{a_1\cdots \hat{a}_i \cdots a_{n-1}} S_2(x_i,x_n)_{a_i a_n} \tag{10.19}$$

($n = 4,6,8,\ldots$) zusammen mit (10.17) zur Antisymmetrie aller $n$-Punktfunktionen führt:

$$S_n(x_1,\ldots,x_n)_{a_1\cdots a_n} = \text{sgn}\,\pi\, S_n(x_{\pi(1)},\ldots,x_{\pi(n)})_{a_{\pi(1)}\cdots a_{\pi(n)}} \tag{10.20}$$

($\pi$ = beliebige Permutation von $1,2,\ldots,n$). Auch bei dem weiteren Ausbau Theorie halten wir an dem allgemeinen Prinzip fest:

*Euklidische Fermi-Felder besitzen antisymmetrische, Bose-Felder symmetrische Schwinger-Funktionen.*

Es ist wünschenswert, sowohl Bose- wie Fermi-Felder ausschließlich mit den Methoden der *kommutativen* Algebra zu behandeln. Dies gelingt dann, wenn durch Integration mit geeigneten Quellfunktionen $\eta^a(x)$ die Fermi-Felder $\Psi_a(x)$ in kommutierende Größen verwandelt werden, und setzt voraus, daß sowohl die Hilfsgrößen

## 10.2. Das euklidische Dirac-Feld

$\eta^a(x)$ als auch die Felder $\Psi_a(x)$ Elemente einer *gemeinsamen* Grassmann-Algebra $\mathcal{A}$ sind:

$$\eta^a(x)\eta^b(y) + \eta^b(y)\eta^a(x) = 0 \qquad (10.21)$$

$$\eta^a(x)\Psi_b(y) + \Psi_b(y)\eta^a(x) = 0 \qquad (10.22)$$

$$\Psi_a(x)\Psi_b(y) + \Psi_b(y)\Psi_a(x) = 0 \qquad (10.23)$$

($a, b = 1, \ldots, 8$). In einem noch zu erläuternden Sinne sind die Feldvariablen *dual* zu den Quellfunktionen. Wir werden später diese Tatsache in den rein algebraischen Erörterungen durch die Schreibweise $\eta_a^*(x) = \Psi_a(x)$ unterstreichen.

Unter Verzicht auf die mathematischen Hilfsmittel, für deren Einführung wir die nötige Motivation erst schaffen wollen, gehen wir im Augenblick rein heuristisch vor und richten das Augenmerk auf die Integrale

$$\Psi(\eta) = \int d\mathbf{x}\, \Psi_a(\mathbf{x})\eta^a(\mathbf{x}) = -\int d\mathbf{x}\, \eta^a(\mathbf{x})\Psi_a(\mathbf{x}),$$

die ein einfacheres Verhalten zeigen: Sie kommutieren mit allen Elementen der Grassmann-Algebra, und Erwartungswerte $\langle \cdot \rangle$ können ähnlich wie im Fall der Bose-Felder definiert werden. Die Kenntnis des $n$-ten Momentes $\langle \Psi(\eta)^n \rangle$ beispielsweise gibt uns vollständigen Aufschluß über die $n$-Punktfunktion des Feldes, und, falls es sich um ein freies Feld handelt, können die Momente genau wie im Bose-Fall aus einem Gaußschen Funktional hergeleitet werden:

$$E\{\eta\} = \exp(-S\{\eta\}) = 1 + \sum_{n=1}^{\infty} \frac{1}{n!} \langle \Psi(\eta)^n \rangle \qquad (10.24)$$

$$S\{\eta\} = \tfrac{1}{2} \int d\mathbf{x} \int d\mathbf{y}\, S_2(\mathbf{x}, \mathbf{y})_{ab}\, \eta^a(\mathbf{x}) \eta^b(\mathbf{y}). \qquad (10.25)$$

In der Situation des freien Skalarfeldes war $S_2(\mathbf{x}, \mathbf{y})$ der Integralkern eines inversen Differentialoperators. Auch im Dirac-Fall liegt diese Struktur vor. Denn führen wir den Operator

$$\mathcal{F}_0 = \begin{pmatrix} 0 & C(\slashed{\partial} + m) \\ C(\slashed{\partial} + m) & 0 \end{pmatrix} \qquad (10.26)$$

ein, so ergibt sich der folgende Ausdruck für sein Inverses:

$$\mathcal{F}_0^{-1} = \begin{pmatrix} 0 & (\slashed{\partial} - m)C \\ (\slashed{\partial} - m)C & 0 \end{pmatrix} (-\Delta + m^2)^{-1}. \qquad (10.27)$$

Deshalb können wir den Integralkern von $\mathcal{F}_0^{-1}$ mit der Zweipunktfunktion des freien (euklidischen) Dirac-Feldes identifizieren,

$$\langle \mathbf{x} | \mathcal{F}_0^{-1} | \mathbf{y} \rangle = \begin{pmatrix} 0 & (\slashed{\partial} - m)C \\ (\slashed{\partial} - m)C & 0 \end{pmatrix} \langle \mathbf{x} | (-\Delta + m^2)^{-1} | \mathbf{y} \rangle = S_2(\mathbf{x}, \mathbf{y}),$$

und schreiben:

$$S\{\eta\} = \tfrac{1}{2}(\eta, \mathcal{F}_0^{-1}\eta) \equiv \tfrac{1}{2} \int d\mathbf{x}\, \eta^a(\mathbf{x})[\mathcal{F}_0^{-1}\eta]_a(\mathbf{x}). \qquad (10.28)$$

Die Operatoren $\mathcal{F}_0$ und $\mathcal{F}_0^{-1}$ sind *antisymmetrisch* in dem folgenden Sinne: Angenommen, $u$ und $v$ seien gewöhnliche Funktionen mit Werten in $\mathbb{C}^8$, so sind $(u, \mathcal{F}_0 v)$ und $(u, \mathcal{F}_0^{-1} v)$ antisymmetrische Bilinearformen in $u, v$. Insbesondere verschwinden die Formen für $u = v$. Hingegen gilt $(\eta, \mathcal{F}_0^{-1} \eta) \ne 0$, und $E\{\eta\}$ dürfen wir als ein Gauß-Funktional — abhängig von der Grassmann-Variablen $\eta$ — ansehen. Später (im Abschnitt 10.5.4) wird gezeigt, daß die Fourier-Laplace-Transformation für ein Gauß-Funktional erklärt werden kann und daß wir eine Darstellung der folgenden Art besitzen[1]:

$$E\{\eta\} = \exp\{-\tfrac{1}{2}(\eta, \mathcal{F}_0^{-1}\eta)\} = \frac{\int \mathcal{D}\Psi \exp(\Psi(\eta) - W\{\Psi\})}{\int \mathcal{D}\Psi \exp(-W\{\Psi\})} \qquad (10.29)$$

mit der euklidischen Wirkung $W$ eines freien Dirac-Feldes:

$$\begin{aligned} W\{\Psi\} &= W\{\psi, \bar\psi\} = \tfrac{1}{2}(\Psi, \mathcal{F}_0 \Psi) \equiv \tfrac{1}{2}\int dx\, \Psi_a(x)[\mathcal{F}_0 \Psi]^a(x) \\ &= \tfrac{1}{2}\int dx\, \{\psi(x)^T C(\slashed\partial + m)\psi^c(x) + \psi^c(x)^T C(\slashed\partial + m)\psi(x)\} \\ &= \int dx\, \bar\psi(x)(\slashed\partial + m)\psi(x). \end{aligned} \qquad (10.30)$$

Dabei haben wir den euklidischen Bispinor $\Psi$ wieder in gewöhnliche Spinoren zerlegt:

$$\Psi = \begin{pmatrix} \psi \\ \psi^c \end{pmatrix}, \qquad \psi^c(x) = C\bar\psi(x)^T. \qquad (10.31)$$

An dieser Stelle wird deutlich, daß die euklidische Version der Dirac-Theorie sich von der Formulierung im Minkowski-Raum schon dadurch unterscheidet, daß auf dem Raum $E_4$ die Spinoren $\psi$ und $\bar\psi$ (äquivalent $\psi$ und $\psi^c$) als *unabhängige* dynamische Variable eingeführt werden, d.h., obwohl wir an der Relation $\psi^c = C\bar\psi^T$ auch im euklidischen Rahmen festhalten, geben wir jede Beziehung zwischen $\psi$ und $\bar\psi$ preis.

Neben der sehr kompakten Formulierung (10.29) kann man selbstverständlich auch zu einer Beschreibung zurückkehren, die das gewohnte Bild der Wirkung, ausgedrückt in $\psi$ und $\bar\psi$, enthält. So können wir für das erzeugende Funktional der $n$-Punktfunktionen auch schreiben:

$$\begin{aligned} E\{\eta\} = E\{\zeta, \bar\zeta\} &= Z^{-1} \int \mathcal{D}\psi \mathcal{D}\bar\psi \exp\{-W\{\psi, \bar\psi\} + \bar\zeta(\psi) + \bar\psi(\zeta)\} \\ Z &= \int \mathcal{D}\psi \mathcal{D}\bar\psi \exp\{-W\{\psi, \bar\psi\}\} \\ \bar\zeta(\psi) + \bar\psi(\zeta) &= \int dx\, \{\bar\zeta(x)\psi(x) + \bar\psi(x)\zeta(x)\}. \end{aligned}$$

Hierin sind $\zeta$ und $\bar\zeta$ *unabhängige* antikommutierende Dirac-Spinoren. Die Formeln

$$\eta = \begin{pmatrix} 0 & C \\ C & 0 \end{pmatrix} \begin{pmatrix} \zeta \\ \zeta^c \end{pmatrix}, \qquad \zeta^c(x) = C\bar\zeta(x)^T \qquad (10.32)$$

stellen den Zusammenhang zwischen den beiden Beschreibungen her.

---
[1] Wir machen nun keinen Unterschied mehr zwischen dem Feld $\Psi$ und den „Pfaden" des Feldes, über die integriert wird.

### Äußere Vektorpotentiale

Eine naheliegende Erweiterung besteht darin, daß wir, den Vorschriften der Eichtheorien folgend, eine Ankopplung an ein von außen aufgeprägtes Vektorpotential $A_k(x)$ vornehmen. In der einfachsten Situation könnte es sich hierbei um ein elektromagnetisches Potential handeln, und wir hätten von der Wirkung

$$W_A\{\Psi\} = \int dx\, \bar{\psi}(\partial\!\!\!/ + m + iq A\!\!\!/)\psi = \tfrac{1}{2}(\Psi, \mathcal{F}_A \Psi) \tag{10.33}$$

auszugehen mit dem antisymmetrischen Operator

$$\mathcal{F}_A = \begin{pmatrix} 0 & C(\partial\!\!\!/ + m - iqA\!\!\!/) \\ C(\partial\!\!\!/ + m + iqA\!\!\!/) & 0 \end{pmatrix} \tag{10.34}$$

($A\!\!\!/ = \gamma^\alpha A_\alpha(x)$). Entscheidend ist, daß bei allen Ansätzen dieser Art die Wirkung bilinear in den Dirac-Feldern ist. Das hat zur Folge, daß — wie in (10.29) — das Funktionalintegral Gaußsch, also ausführbar ist. Wir erhalten so das erzeugende Funktional

$$E_A\{\eta\} = \exp\{-\tfrac{1}{2}(\eta, \mathcal{F}_A^{-1}\eta)\} = \exp \int dx\, \bar{\zeta}(x)(\partial\!\!\!/ + m + iqA\!\!\!/)^{-1}\zeta(x) \tag{10.35}$$

mit

$$\mathcal{F}_A^{-1} = \begin{pmatrix} 0 & -(\partial\!\!\!/ + m + iqA\!\!\!/)^{-1}C \\ -(\partial\!\!\!/ + m - iqA\!\!\!/)^{-1}C & 0 \end{pmatrix}. \tag{10.36}$$

Die Invertierung des Operators $\mathcal{F}_A$ ist jedoch formal und setzt geeignete Eigenschaften des Potentials $A_k$ voraus.

In den folgenden Abschnitten befassen wir uns näher mit der Mathematik, die der Einführung von $\eta$ und $\Psi$ als Größen einer Grassmann-Algebra zugrunde liegt. Insbesondere möchten wir die Integralformeln rechtfertigen, von denen wir bereits Gebrauch gemacht haben.

## 10.3 Grassmann-Algebren

Um die klassische Konstruktion von Grassmann-Algebren vorzustellen, gehen wir von einem $n$-dimensionalen komplexen Vektorraum $E$ aus. Eine Abbildung

$$S : \underbrace{E \times \cdots \times E}_{p} \longrightarrow \mathbb{C}$$

heißt *p-linear*, wenn $S(u_1, \ldots, u_n)$ in jedem Argument $u_k \in E$ linear ist. Sie heißt *antisymmetrisch*, wenn für jede Permutation $\pi$ von $\{1, \ldots, p\}$ gilt:

$$S(u_{\pi(1)}, \ldots, u_{\pi(p)}) = \operatorname{sgn}\pi\, S(u_1, \ldots, u_p). \tag{10.37}$$

Mit $A^p(E)$ bezeichnen wir den Raum der $p$-linearen antisymmetrischen Funktionen über $E$. Da man Elemente von $A^p(E)$ addieren und mit komplexen Zahlen multiplizieren kann, besitzt $A^p(E)$ die Struktur eines Vektorraumes. Man setzt $A^0(E) = \mathbb{C}$ und zeigt leicht:

$$\dim A^p(E) = \binom{n}{p} \qquad 0 \leq p \leq n \qquad (10.38)$$

$$A^p(E) = 0 \qquad p > n. \qquad (10.39)$$

Ein Produktabbildung $A^p(E) \times A^q(E) \to A^{p+q}(E)$ ist dadurch erklärt, daß wir jedem Vektor $T \in A^p$ und jedem Vektor $T \in A^q$ einen Vektor $ST \in A^{p+q}$ zuordnen vermöge der Vorschrift

$$ST(u_1, \ldots, u_{p+q}) = \frac{1}{p!q!} \sum_\pi \operatorname{sgn} \pi \, S(u_{\pi(1)}, \ldots, u_{\pi(p)}) T(u_{\pi(p+1)}, \ldots, u_{\pi(p+q)}) \quad (10.40)$$

(die Summe erstreckt sich über alle Permutationen von $\{1, \ldots, p+q\}$). Man bezeichnet $ST$ als das *Grassmann-Produkt* von $S$ und $T$. Das Assoziativgesetz $R(ST) = (RS)T$ ist sicher erfüllt; anstelle des Kommutativgesetzes haben wir jedoch nur die Regel

$$ST = (-1)^{pq} TS \qquad \text{falls } S \in A^p, \, T \in A^q. \qquad (10.41)$$

Dies folgt, weil für die Permutation $\pi$, die $(1, \ldots, p, p+1, \ldots, p+q)$ in $(p+1, \ldots, p+q, 1, \ldots, p)$ überführt, $\operatorname{sgn} \pi = (-1)^{pq}$ gilt.

Indem wir das Grassmann-Produkt erklärt haben, wird die direkte Summe

$$A(E) = \bigoplus_{p=0}^{n} A^p(E)$$

von Vektorräumen zu einer Algebra. Man nennt $A(E)$ die *Grassmann-Algebra über dem Vektorraum $E$.*. Ein Element der Algebra ist demnach eine Summe $S_0 + S_1 + \cdots + S_n$ mit $S_p \in A^p(E)$. Aus $\sum_p \binom{n}{p} = 2^n$ folgt

$$\dim A(E) = 2^{\dim E}. \qquad (10.42)$$

Man kann $A$ immer in einen geraden und einen ungeraden Anteil zerlegen:

$$\begin{aligned}
A &= A_+ + A_- \\
A_+ &= A^0 \oplus A^2 \oplus \cdots \qquad \text{(gerader Anteil)} \\
A_- &= A^1 \oplus A^3 \oplus \cdots \qquad \text{(ungerader Anteil)}.
\end{aligned}$$

Aus (10.41) folgt dann die Regel

$$ST = \begin{cases} TS & S \in A_+ \text{ oder } T \in A_+ \\ -TS & S \in A_- \text{ und } T \in A_-. \end{cases} \qquad (10.43)$$

Insbesondere gilt:

*Der gerade Anteil $A_+$ ist eine kommutative Unteralgebra von $A$.*

## 10.3. Grassmann-Algebren

Dadurch ist es möglich, viele Funktionen auf $A_+$ zu erklären (Polynome, die Exponentialfunktion etc.), und zwar in eindeutiger Weise. Da man solche Funktionen addieren und miteinander multiplizieren kann, spricht man von einem *Funktionenkalkül* auf $A_+$. Sogar die üblichen Funktionalgleichungen lassen sich übertragen; z.B. gilt

$$e^S e^T = e^{S+T} \qquad S, T \in A_+. \tag{10.44}$$

In vieler Hinsicht verhalten sich die Elemente von $A_+$ wie gewöhnliche Zahlen, nur die Existenz eines inversen Elementes ist im allgemeinen nicht gewährleistet.

Ein Beispiel: Für $S \in A^2$ existieren alle Potenzen

$$S^m = \underbrace{SS \cdots S}_{m} \in A^{2m}$$

mit positiven Exponenten $m$, und es gilt überdies $S^m = 0$ für $2m > n$. Jedoch $S^{-m}$ ist ein sinnloser Ausdruck: keine der Potenzen $S^m$ ist invertierbar. Man vereinbart $S^0 = 1 \in A^0$. Für die Exponentialfunktion

$$e^{-S} = \sum_{m \geq 0} \frac{(-1)^m}{m!} S^m \in A_+$$

(eine endliche Reihe!) findet man hingegen ein inverses Element, nämlich $e^S$. Denn es gilt $e^{-S} e^S = 1$.

Nun sei $(e_i)_{i=1,\ldots,n}$ eine Basis in dem Vektorraum $E$. Ein Vektor $u \in E$ besitzt dann die Darstellung $\sum u^i e_i$ mit $u^i \in \mathbb{C}$. Wir definieren spezielle Elemente $\eta^i \in A^1$:

$$\eta^i(u) = u^i \qquad i = 1, \ldots, n \quad u \in E \text{ beliebig}, \tag{10.45}$$

d.h. $\eta^i$ ordnet jedem Vektor $u \in E$ seine $i$-te Komponente zu. Die folgenden Eigenschaften sind elementar und drücken unter anderem aus, daß die $\eta^i$ die gesamte Grassmann-Algebra erzeugen:

1. *Es gelten die Kommutatorrelationen*

$$\eta^i \eta^k + \eta^k \eta^i = 0 \qquad (i, k = 1, \ldots, n). \tag{10.46}$$

2. *Jeder Vektor $S \in A^p$ besitzt eine Darstellung der Art*

$$S = \frac{1}{p!} \sum_{i_1 \cdots i_p} s_{i_1 \cdots i_p} \eta^{i_1} \cdots \eta^{i_p} \tag{10.47}$$

*mit komplexen Koeffizienten $s_{i_1 \cdots i_p}$.*

Das Schema der Koeffizienten von $S$ ist stets *antisymmetrisch* unter Permutationen der Indizes.

Für unser obiges Beispiel gilt: Nach Wahl einer Basis in $E$ liegt jedes Element $S \in A^2(E)$ in der Form

$$S = \tfrac{1}{2} \sum_{ik} s_{ik} \eta^i \eta^k \qquad s_{ik} = -s_{ki} \in \mathbb{C} \tag{10.48}$$

vor. Umgekehrt ist jeder komplexen antisymmetrischen $n \times n$-Matrix ein Element $S \in A^2(E)$ zugeordnet. Darüberhinaus existiert

$$e^{-S} = \sum_{m \geq 0} \frac{(-1)^m}{m!} S^m, \tag{10.49}$$

wobei durch

$$\frac{1}{m!} S^m = \frac{1}{m!} \left( \frac{1}{2} \sum_{ik} s_{ik} \eta^i \eta^k \right)^m = \frac{1}{(2m)!} \sum_{i_1 \cdots i_{2m}} s_{i_1 \cdots i_{2m}} \eta^{i_1} \cdots \eta^{i_{2m}} \tag{10.50}$$

ein antisymmetrisches Koeffizientensystem $s_{i_1 \cdots i_{2m}}$ gegeben ist, für das man mit einiger Mühe die Rekursionsformel

$$s_{i_1 \cdots i_{2m}} = \sum_{p=1}^{2m-1} (-1)^{p+1} s_{i_1 \cdots \hat{i}_p \cdots i_{2m-1}} s_{i_p i_{2m}} \tag{10.51}$$

nachweist. Formeln dieser Art sind uns bereits bei der Diskussion des euklidischen Dirac-Feldes begegnet. Wir erkennen jetzt, daß der Formalismus der Grassmann-Algebra geeignet ist, schwierige kombinatorische Sachverhalte auf elegante Weise zu beschreiben.

**Die Situation dim$E = \infty$**

Legen wir dem Dirac-Feld das Kontinuum $E_4$ zugrunde (also kein endliches Gitter), so sind wir aufgefordert, die Grassmann-Algebra über einem $\infty$-dimensionalen Vektorraum $E$ zu konstruieren, nämlich über einem Raum von Testfunktionen $f : E_4 \to \mathbb{C}^8$. Funktionswerte schreiben wir als $f^a(x)$ mit $a = 1, \ldots, 8$. Es entspricht allgemeiner Praxis, die Komponenten $f^a$ aus dem Schwartz-Raum $\mathcal{S}$ zu wählen. Wir definieren sodann die Erzeuger $\eta^a(x)$ der Grassmann-Algebra $A(E)$ — in Analogie zur Formel (10.45) — durch ihre Wirkung auf jedes $f \in E$:

$$\eta^a(x)(f) = f^a(x). \tag{10.52}$$

Das Paar $(a, x)$ wird hier offensichtlich wie ein einzelner Index behandelt. Es gelten die Relationen

$$\eta^a(x)\eta^b(y) + \eta^b(y)\eta^a(x) = 0. \tag{10.53}$$

Im Abschnitt 10.2 haben wir die Zweipunktfunktion $S_2(x,y)_{ab}$ dem freien Dirac-Feld zugeordnet und mit ihrer Hilfe ein Element der Algebra $A_+(E)$ konstruiert:

$$S = \tfrac{1}{2} \int dx \int dy \, S_2(x,y)_{ab} \, \eta^a(x) \eta^b(y). \tag{10.54}$$

Genauer: $S$ liegt in $A^2(E)$. Ein wichtiger Schritt besteht in dem Übergang zur Exponentialfunktion $e^{-S} \in A_+(E)$:

$$\begin{aligned} e^{-S} &= 1 + \sum_{n=1}^{\infty} \frac{1}{n!} \langle \Psi(\eta)^n \rangle = \\ 1 &+ \sum_{m=1}^{\infty} \frac{(-1)^m}{(2m)!} \int dx_1 \cdots \int dx_{2m} \, \langle \Psi_{a_1}(x_1) \cdots \Psi_{a_{2m}}(x_{2m}) \rangle \, \eta^{a_1}(x_1) \cdots \eta^{a_{2m}}(x_{2m}). \end{aligned}$$

Die $n$-Punktfunktionen des freien Dirac-Feldes erweisen sich somit als die Entwicklungskoeffizienten von $e^{-S}$ nach den Erzeugern $\eta^a(x)$.

## 10.4 Formale Ableitungen

In der Analysis benutzt man den Begriff der Ableitung im Sinne einer Differentiation nach reellen Variablen, und in der Funktionentheorie führt man Ableitungen nach komplexen Größen ein. Damit sind die Möglichkeiten, den Begriff auf andere Bereiche auszudehnen, bei weitem nicht erschöpft. In der klassischen Mechanik begegnen wir der Poisson-Klammer $\{F, H\}$ mit den charakteristischen Eigenschaften

- $\{FG, H\} = \{F, H\}G + F\{G, H\}$
- $\{F, H\} = 0 \quad$ für $F = const.$

In der Quantenmechanik übernimmt diese Rolle der Kommutator $[F, H]$ mit vergleichbaren Eigenschaften. Viele der genannten Beispiele illustrieren den Begriff der *Derivation* einer Algebra.

Auch in einer Grassmann-Algebra kann man Ableitungen bilden. Wir gehen dabei wieder von einem Vektorraum $E$ aus und erklären für beliebiges $u \in E$ eine lineare Abbildung

$$d_u : A^p(E) \to A^{p-1}(E)$$

durch die Vorschrift

$$(d_u S)(u_2, \ldots, u_p) = S(u, u_2, \ldots, u_p) \tag{10.55}$$

für alle $S \in A^p$. Wir vereinbaren: $d_u S = 0$ falls $S \in A^0$. Der Operator $d_u$ wird so zu einer linearen Abbildung $A \to A$. Nach Wahl einer Basis in $E$ besitzen wir Darstellungen der Art

$$S(u_1, \ldots, u_p) = \sum_{i_1 \cdots i_p} s_{i_1 \ldots i_p} u_1^{i_1} \cdots u_p^{i_p} \tag{10.56}$$

$$(d_u S)(u_2, \ldots, u_p) = \sum_{i_2 \cdots i_p} s'_{i_2 \ldots i_p} u_2^{i_2} \cdots u_p^{i_p} \tag{10.57}$$

mit

$$s'_{i_2 \ldots i_p} = \sum_{i_1} s_{i_1 \ldots i_p} u^{i_1}. \tag{10.58}$$

Eine dritte Weise, die Wirkung des Operators $d_u$ zu beschreiben, erhält man durch Einführung der Erzeuger $\eta^i$:

$$S = \frac{1}{p!} \sum_{i_1 \cdots i_p} s_{i_1 \ldots i_p} \eta^{i_1} \cdots \eta^{i_p} \tag{10.59}$$

$$d_u S = \frac{1}{(p-1)!} \sum_{i_1 \cdots i_p} s_{i_1 \ldots i_p} u^{i_1} \eta^{i_2} \cdots \eta^{i_p}. \tag{10.60}$$

In der Minkowski-Feldtheorie begegnet man dem Operator $d_u$ bei der Diskussion des Fock-Raumes der Fermionen. Dort ist $E$ der Einteilchenraum, $A(E)$ die Algebra der *Erzeugungsoperatoren* (man schreibt $a_i^\dagger$ anstelle von $\eta^i$) und $d_u$ übernimmt die Rolle eines *Vernichtungsoperators* (man schreibt $a_i$ anstelle von $d_{e_i}$).

Gilt die Produktregel für Ableitungen? Wir finden eine leicht modifizierte Regel, nämlich

$$d_u(ST) = (d_u S)T + (-1)^p S(d_u T) \qquad S \in A^p, \ T \in A. \tag{10.61}$$

Wegen des $p$-abhängigen Vorzeichens heißt $d_u$ eine *Antiderivation* der Algebra $A$; $d_u$ hängt in linearer Weise von $u$ ab, so daß wir — nach Wahl einer Basis — schreiben können:

$$d_u = \sum_{i=1}^n u^i \frac{\partial}{\partial \eta^i}.$$

Diese Bezeichnung liegt in der Tat sehr nahe, weil man den Inhalt von (10.60) nun so wiedergeben kann:

$$\boxed{\frac{\partial}{\partial \eta^i} \sum_{i_1 \cdots i_p} s_{i_1 \ldots i_p} \eta^{i_1} \cdots \eta^{i_p} = p \sum_{i_2 \cdots i_p} s_{i i_2 \ldots i_p} \eta^{i_2} \cdots \eta^{i_p}.} \tag{10.62}$$

Man macht sich leicht klar, daß die formale Ableitung durch drei Regeln vollständig charakterisiert ist:

**Regel 1** $\quad \frac{\partial}{\partial \eta^i}(\alpha S + \beta T) = \alpha \frac{\partial}{\partial \eta^i} S + \beta \frac{\partial}{\partial \eta^i} T \qquad (\alpha, \beta \in \mathbb{C})$

**Regel 2** $\quad \frac{\partial}{\partial \eta^i} 1 = 0$

**Regel 3** $\quad \frac{\partial}{\partial \eta^i}(\eta^k S) = \delta_i^k S - \eta^k \frac{\partial}{\partial \eta^i} S.$

Hierin sind $S$ und $T$ beliebige Elemente der Algebra. Im Gegensatz zur klassischen Analysis gilt in einer Grassmann-Algebra:

$$\frac{\partial^2}{\partial \eta^i \partial \eta^k} = - \frac{\partial^2}{\partial \eta^k \partial \eta^i} \quad \text{insbesondere} \quad \left(\frac{\partial}{\partial \eta^i}\right)^2 = 0. \tag{10.63}$$

Nun sei speziell $S$ ein *gerades* Element der Algebra, d.h. $S \in A_+$. In diesem Fall ergeben unsere Regeln:

$$\frac{\partial}{\partial \eta^i} S^m = \frac{\partial}{\partial \eta^i} (\underbrace{SS \cdots S}_{m}) = \sum_{k=1}^m S^{k-1} \left(\frac{\partial}{\partial \eta^i} S\right) S^{m-k} = m S^{m-1} \frac{\partial}{\partial \eta^i} S.$$

Denn $S \in A_+$ und $\frac{\partial}{\partial \eta^i} S \in A_-$ kommutieren. Was für Potenzen gilt, läßt sich auf Potenzreihen $f(S) = \sum a_m S^m$ ($a_m \in \mathbb{C}$) ausdehnen, d.h. für alle $S \in A_+$ gilt

$$\frac{\partial}{\partial \eta^i} f(S) = f'(S) \frac{\partial}{\partial \eta^i} S. \tag{10.64}$$

Rechts steht das Produkt zweier Elemente der Algebra, wobei das erste in $A_+$, das zweite in $A_-$ liegt. Folglich ist die Reihenfolge der Faktoren gleichgültig.

Eine einfache Anwendung betrifft die Exponentialfunktion:

$$\frac{\partial}{\partial \eta^i} e^{-S} = -e^{-S} \frac{\partial}{\partial \eta^i} S \qquad (S \in A_+). \tag{10.65}$$

Mit

$$S = \tfrac{1}{2}(\eta, \mathcal{F}_A^{-1} \eta) = \tfrac{1}{2} \int dx \int dy \, S_2(x, y; A)_{ab} \eta^a(x) \eta^b(y) \tag{10.66}$$

für ein Potential $A_k(x)$ erhielten wir

$$e^S \frac{\partial^2}{\partial \eta^a(x) \partial \eta^b(y)} e^{-S} = S_2(x, y; A)_{ab}. \tag{10.67}$$

Die Regel (10.63) für den Umgang mit partiellen Ableitungen sorgt für die Antisymmetrie der Zweipunktfunktion bei einer Vertauschung $(x, a) \leftrightarrow (y, b)$.

## 10.5 Formale Integration

### 10.5.1 Integrale über $A(E)$

Wir möchten einen geeigneten Integralbegriff in die Grassmann-Algebra einführen, der ebenso wie die Ableitung *rein algebraisch* aufzufassen ist. Wir gehen dabei nicht von der Vorstellung aus, die dem unbestimmten Integral zugrunde liegt, nämlich, daß das Integral eine Art Umkehrung der Differentiation sein sollte. Vielmehr suchen wir, das Grassmann-Integral $\int d\eta \, S$ in Analogie zum gewöhnlichen Volumenintegral zu definieren.

Es sei also $\dim E = n < \infty$, $S \in A(E)$ und die Wahl einer Basis in $E$ vorausgesetzt. Wir fordern:

**Regel 1** Das Integral $\int d\eta \, S$ ist eine komplexe Zahl, und die Abbildung $A(E) \to \mathbb{C}$, $S \mapsto \int d\eta \, S$ ist linear.

**Regel 2** Es gilt $\int d\eta \, \frac{\partial}{\partial \eta^i} S = 0$ für $i = 1, \ldots, n$.

**Regel 3** Normierung: $\int d\eta \, \eta^1 \eta^2 \cdots \eta^n = 1$.

Das Integral ist also ein lineares Funktional auf der Algebra mit besonderen Eigenschaften. Wir zeigen die Existenz eines Funktionals, das den Regeln 1-3 genügt, dadurch, daß wir jedes Element $S \in A(E)$ in kanonischer Weise zerlegen:

$$S = S_0 + S_1 + \cdots + S_n \quad , \quad S_p \in A^p(E). \tag{10.68}$$

Die letzte dieser Komponenten können wir so darstellen:

$$S_n = I \eta^1 \eta^2 \cdots \eta^n \quad , \quad I \in \mathbb{C}. \tag{10.69}$$

Die komplexe Zahl $I$ charakterisiert das Element $S_n$ der Algebra bereits vollständig; denn $\dim A^n = \binom{n}{n} = 1$. Eine alternative Möglichkeit, die Zahl $I$ zu bestimmen, sehen wir in der Formel

$$I = \frac{\partial}{\partial \eta^n} \cdots \frac{\partial}{\partial \eta^2} \frac{\partial}{\partial \eta^1} S. \tag{10.70}$$

Sodann definieren wir

$$\boxed{\int d\eta\, S = I,} \tag{10.71}$$

d.h. wir identifizieren ganz einfach das Integral mit der Zahl $I$. Durch diesen Ansatz werden tatsächlich die Regeln 1-3 erfüllt. Aber auch die Umkehrung ist leicht einzusehen: In der Zerlegung (10.68) ist jede Komponente $S_p$ mit $p < n$ als Ableitung erhältlich, folglich gilt $\int d\eta\, S_p = 0$ für $p = 0, \ldots, n-1$ aufgrund der Regel 2. Mit der Regel 1 folgt dann $\int d\eta\, S = \int d\eta\, S_n$. Jetzt nutzen wir die Darstellung (10.69) und wiederum die Regel 1:

$$\int d\eta\, S = I \int d\eta\, \eta^1 \eta^2 \cdots \eta^n.$$

Die Normierung (Regel 3) schließlich führt auf $\int d\eta\, S = I$.

Wir wenden uns nun den Eigenschaften des Integrals zu:

**1. Formel** (*partielle Integration*):

$$\int d\eta \left( \frac{\partial}{\partial \eta^i} S \right) T = (-1)^{p+1} \int d\eta\, S \frac{\partial}{\partial \eta^i} T \qquad S \in A^p,\, T \in A. \tag{10.72}$$

Dies folgt aus $\int d\eta\, \frac{\partial}{\partial \eta^i}(ST) = 0$ und der Produktregel für Ableitungen.

Die nächste Formel betrifft das Transformationsverhalten des Integrals unter einer linearen Abbildung $a : E \to E$. Durch

$$S^a(u_1, \ldots, u_p) = S(au_1, \ldots, au_p)$$

ist eine Wirkung von $a$ auf $A^p$ für jedes $p$ erklärt, die man zu einer linearen Abbildung $A \to A$, $S \mapsto S^a$ ausdehnen kann. In bezug auf eine Basis schreiben wir

$$(au)^i = \sum_k a^i{}_k u^k \qquad (a\eta)^i = \sum_k a^i{}_k \eta^k \tag{10.73}$$

und erhalten (für $S \in A^p$)

$$S^a = \frac{1}{p!} \sum s_{i_1 \cdots i_p} (a\eta)^{i_1} \cdots (a\eta)^{i_p}. \tag{10.74}$$

Es erweist sich als bequem, die Schreibweise $S = S\{\eta\}$ zu benutzen. Dann können wir schreiben: $S^a = S\{a\eta\}$. Ein besonderer Fall tritt für $p = n = \dim E$ ein. Ist nämlich $S \in A^n$, so gilt $S\{a\eta\} = \det a\, S\{\eta\}$, wenn wir (10.69) beachten. Daraus folgt die

**2. Formel:** *Für alle $S \in A$ gilt*

$$\int d\eta\, S\{a\eta\} = \det a \int d\eta\, S\{\eta\}. \tag{10.75}$$

Wir erinnern uns, daß in der gewöhnlichen Analysis eine ähnliche Formel gilt:

$$\int dx\, f(ax) = |\det a|^{-1} \int dx\, f(x) \quad , \quad (x \in \mathbb{R}^n)$$

vorausgesetzt, $a$ ist nichtsingulär.

### 10.5.2 Integrale über $A(E \oplus F)$

Nun habe der Vektorraum die Struktur einer direkten Summe $E \oplus F$ (dieser Fall wird im Zusammenhang mit dem Dirac-Feld bedeutsam sein). Vektoren in einem solchen Raum sind Paare $(u, v)$ mit $u \in E$ und $v \in F$. Es sei $(e_i)$ eine Basis in $E$ und $(f_k)$ eine Basis in $F$. Wir definieren die Erzeuger der Grassmann-Algebra $A(E \oplus F)$:

$$\eta^i(u, v) = u^i \quad (u = \sum u^i e_i) \tag{10.76}$$

$$\zeta^k(u, v) = v^k \quad (v = \sum v^k f_k). \tag{10.77}$$

Alle Antikommutatoren der Erzeuger verschwinden identisch. Wir verstehen $A(E)$ und $A(F)$ als zwei Unteralgebren von $A(E \oplus F)$, erzeugt von den $\eta^i$ bzw. $\zeta^k$. Ein allgemeines Element der Algebra $A(E \oplus F)$ besitzt eine Entwicklung nach *allen* Erzeugern, $\eta^i$ und $\zeta^k$. Für ein solches Element schreiben wir daher $S\{\eta, \zeta\}$ und definieren Teilintegrale

$$\int d\eta\, S\{\eta, \zeta\} = \frac{\partial}{\partial \eta^n} \cdots \frac{\partial}{\partial \eta^2} \frac{\partial}{\partial \eta^1} S\{\eta, \zeta\} \quad (n = \dim E) \tag{10.78}$$

und

$$\int d\zeta\, S\{\eta, \zeta\} = \frac{\partial}{\partial \zeta^m} \cdots \frac{\partial}{\partial \zeta^2} \frac{\partial}{\partial \zeta^1} S\{\eta, \zeta\} \quad (m = \dim F). \tag{10.79}$$

Im ersten Fall ergibt das Teilintegral ein Element in $A(F)$, im zweiten Fall ein Element in $A(E)$. Das vollständige Integral $\int d\eta \int d\zeta\, S\{\eta, \zeta\}$ entsteht durch Hintereinanderschalten der beiden Prozesse. Hierbei ist es jedoch wichtig, auf die Integrationsreihenfolge zu achten; denn es gilt die Regel

$$\int d\eta \int d\zeta\, S\{\eta, \zeta\} = (-1)^{nm} \int d\zeta \int d\eta\, S\{\eta, \zeta\}. \tag{10.80}$$

Für Teilintegrale gilt bezüglich einer linearen Transformation $a$:

**3. Formel:**

$$\int d\eta\, S\{a\eta, \zeta\} = \det a \int d\eta\, S\{\eta, \zeta\}. \tag{10.81}$$

Ein Sonderfall tritt für $\dim E = \dim F = n$ ein, wenn ein Element der Algebra die Form $S\{\eta + \zeta\}$ hat (d.h. es besitzt eine Entwicklung nach $\xi^i = \eta^i + \zeta^i$).

**4. Formel:** (Translationsinvarianz)
$$\int d\eta\, S\{\eta + \zeta\} = \int d\eta\, S\{\eta\} \tag{10.82}$$

Der Beweis ist wieder rein algebraisch: Der höchste Term der Entwicklung von $S\{\eta\}$ nach den Erzeugern hat die Form $I\eta^1\eta^2\cdots\eta^n$ mit $I = \int d\eta\, S\{\eta\}$. Der höchste Term der Entwicklung von $S\{\eta + \zeta\}$ nach den $\eta^i$ ist in $I(\eta^1 + \zeta^1)\cdots(\eta^n + \zeta^n)$ enthalten und stimmt mit dem vorigen Ausdruck überein.

### 10.5.3 Integrale vom Exponentialtyp

Wir nehmen an, daß die Räume $E$ und $F$ die gleiche Dimension $n$ haben, und behaupten: Für jede komplexe $n \times n$-Matrix $a = (a_{ik})$ gilt

$$\int d\eta \int d\zeta\, \exp \sum_{ik} a_{ik}\zeta^i\eta^k = (-1)^{\binom{n}{2}} \det a. \tag{10.83}$$

Zum Beweis setzen wir $S\{\eta,\zeta\} = \exp \sum_i \zeta^i\eta^i$ und haben

$$\int d\eta \int d\zeta\, S\{a\eta,\zeta\} = \det a \int d\eta \int d\zeta\, S\{\eta,\zeta\}.$$

Die kanonische Zerlegung $S = S_0 + \cdots + S_n$ führt auf

$$\begin{aligned}
S_n &= \frac{1}{n!}\left(\sum_i \zeta^i\eta^i\right)^n \\
&= (\zeta^1\eta^1)(\zeta^2\eta^2)\cdots(\zeta^n\eta^n) \\
&= (-1)^{\binom{n}{2}}(\zeta^1\cdots\zeta^n)(\eta^1\cdots\eta^n).
\end{aligned}$$

Damit folgt $\int d\eta \int d\zeta\, S\{\eta,\zeta\} = (-1)^{\binom{n}{2}}$.

**Definition** *Es sei $n = 2m$ gerade und $A = (A_{ki})$ eine antisymmetrische $n \times n$-Matrix. Dann heißt die durch*

$$\frac{1}{m!}\left(\tfrac{1}{2}\sum_{ik} A_{ik}\eta^i\eta^k\right)^m = \mathrm{Pf}\, A\; \eta^1\eta^2\cdots\eta^n \tag{10.84}$$

*bestimmte komplexe Zahl* $\mathrm{Pf}\, A$ *die Pfaffian von $A$.*

Als Funktion der Matrixelemente ist $\mathrm{Pf}\, A$ homogen vom Grade $m$. Für niedrige Dimensionen ($n = 2, 4, \ldots$) finden wir:

$$\begin{aligned}
\mathrm{Pf}\, A &= A_{12} & m &= 1 \\
\mathrm{Pf}\, A &= A_{12}A_{34} - A_{13}A_{24} + A_{14}A_{23} & m &= 2.
\end{aligned}$$

Als direkte Folge der Definition der Pfaffian erhalten wir die Formel

$$\int d\eta\, \exp\left(\tfrac{1}{2}\sum_{ik} A_{ik}\eta^i\eta^k\right) = \mathrm{Pf}\, A. \tag{10.85}$$

## 10.5. Formale Integration

Denn von der Entwicklung der Exponentialfunktion trägt zum Integral nur der Term (10.84) bei. Anmerkung: Das Integral verschwindet, wenn $n$ ungerade ist.

Die nächste Aussage weist auf einen interessanten Zusammenhang zwischen den Begriffen *Determinante* und *Pfaffian*.

*Sei $a$ eine komplexe $m \times m$-Matrix und $a^T$ die transponierte Matrix. Dann ist die Blockmatrix*

$$A = \begin{pmatrix} 0 & a \\ -a^T & 0 \end{pmatrix} \tag{10.86}$$

*antisymmetrisch und es gilt*

$$\text{Pf}\, A = (-1)^{\binom{m}{2}} \det a. \tag{10.87}$$

Um dies zu beweisen, schreiben wir zuerst

$$\sum_{ik} a_{ik} \zeta^i \eta^k = \tfrac{1}{2} \xi^T A \xi \qquad \xi = \begin{pmatrix} \zeta \\ \eta \end{pmatrix}$$

und danach

$$\int d\xi \exp \tfrac{1}{2} \xi^T A \xi = \int d\eta \int d\zeta \, \exp \zeta^T a \eta.$$

Beide Seiten lassen sich mit Hilfe der Formeln (10.83) und (10.85 auswerten und liefern das Ergebnis (10.87).

Es existiert ein weiterer oft zitierter Zusammenhang, nämlich

$$\det a = \begin{cases} (\text{Pf}\, a)^2 & m \text{ gerade} \\ 0 & m \text{ ungerade}, \end{cases} \tag{10.88}$$

gültig für jede antisymmetrische $m \times m$-Matrix $a$. Der Beweis dieser Formel wird dem Leser anempfohlen.

### 10.5.4 Die Fourier-Laplace-Transformation

Die klassische Fourier-Transformation verwandelt Funktionen $f(x)$, definiert für Vektoren $x \in E$ ($E$ ein $n$-dimensionaler reeller Vektorraum), in Funktionen $\tilde{f}(p)$, definiert für $p \in E^*$ ($E^*$ der Dualraum zu $E$). Ähnliches leistet die beidseitige Laplace-Transformation. Ist der Vektorraum komplex, so besteht kein wesentlicher Unterschied mehr zwischen der Fourier- und der Laplace-Transformation. Wir sprechen deshalb kurz von der FL-Transformation.

Auf einer Grassmann-Algebra führt die FL-Transformation in ähnlicher Weise Elemente $S \in A(E)$ über in Elemente $\tilde{S} \in A(E^*)$. Sie ist eng verbunden mit der in der Algebra häufig benutzten $\star$-Abbildung, auch *Hodge-Abbildung* genannt,

$$\star : A^p(E) \to A^{n-p}(E^*) \qquad (p = 0, \ldots, n = \dim E), \tag{10.89}$$

der wir uns zunächst zuwenden. Es sei also $(e_i)$ eine Basis in $E$ und $(e_*^i)$ die induzierte duale Basis in $E^*$, so daß $\langle e_*^i, e_k \rangle = \delta_k^i$ gilt. Jedes $u \in E$ besitzt die Darstellung $\sum u^i e_i$, jedes $v \in E^*$ die Darstellung $\sum v_i e_*^i$. Wir definieren

die Erzeuger von $A(E)$ : $\eta^i(u) = u^i$
die Erzeuger von $A(E^*)$ : $\eta^*_i(v) = v_i$.

Ein Element $S \in A^p(E)$ besitzt die Gestalt

$$S = \frac{1}{p!} \sum_{i_1 \cdots i_p} s_{i_1 \cdots i_p} \eta^{i_1} \cdots \eta^{i_p}. \tag{10.90}$$

Die Hodge-Abbildung (10.89) wird erklärt durch die Vorschrift

$$\star S = \frac{1}{(n-p)!} \sum_{i_{p+1} \cdots i_n} s_*^{i_{p+1} \cdots i_n} \eta^*_{i_{p+1}} \cdots \eta^*_{i_n} \tag{10.91}$$

$$s_*^{i_{p+1} \cdots i_n} = \frac{1}{p!} \sum_{i_1 \cdots i_p} s_{i_1 \cdots i_p} \epsilon^{i_1 \cdots i_n} \tag{10.92}$$

($\epsilon$ ist das Levi-Civita-Symbol). Sie hat die Eigenschaft

$$\star \star S = (-1)^{p(n-p)} S \quad , \quad S \in A^p(E). \tag{10.93}$$

Das entstehende Vorzeichen ist $p$-abhängig. Dehnt man also $\star$ zu einer linearen Abbildung auf ganz $A(E)$ aus, so erhält man keine Involution. Das macht die Hodge-Abbildung für unsere Zwecke ungeeignet.

Mit einer geringfügigen Änderung läßt sich die Sache bereinigen. Wir definieren

$$\tilde{S} = (-1)^\sigma \star S \quad , \quad \sigma = \binom{n-p+1}{2} \quad , \quad S \in A^p(E) \tag{10.94}$$

und finden

$$\tilde{\tilde{S}} = (-1)^{\binom{n+1}{2}} S. \tag{10.95}$$

Das Vorzeichen ist unabhängig von $p$. Wir bezeichnen $\tilde{S}$ als die FL-Transformierte von $S$.

Die Vorschrift zur Konstruktion von $\tilde{S}$ kann auch auf eine ganz andere Weise gegeben werden. Wir betten hierzu $A(E)$ und $A(E^*)$ in die gemeinsame Algebra $A(E \oplus E^*)$ ein, benutzen die Schreibweise $\langle \eta^*, \eta \rangle := \sum_i \eta^*_i \eta^i = -\sum_i \eta^i \eta^*_i$ und setzen

$$\tilde{S}\{\eta^*\} = \int d\eta \, S\{\eta\} \exp\langle \eta^*, \eta \rangle. \tag{10.96}$$

Daß auf diese Weise die gleiche Abbildung beschrieben wird, folgt aus dem speziellen Integral

$$\int d\eta \, \eta^1 \eta^2 \cdots \eta^p \exp\langle \eta^*, \eta \rangle = (-1)^{\binom{n-p+1}{2}} \eta^*_{p+1} \cdots \eta^*_n. \tag{10.97}$$

Wir wollen nun eine konkrete FL-Transformierte berechnen.

*Es sei $A = (A_{ik})$ eine antisymmetrische nichtsinguläre $n \times n$-Matrix ($n$ ist notwendig gerade). Dann besitzt*

$$S\{\eta\} = \exp\left[\tfrac{1}{2} \sum A_{ik} \eta^i \eta^k\right] \tag{10.98}$$

*die FL-Transformierte*

$$\tilde{S}\{\eta^*\} = \operatorname{Pf} A \exp\left[\tfrac{1}{2} \sum (A^{-1})^{ik} \eta^*_i \eta^*_k\right]. \tag{10.99}$$

Der Beweis ist einfach: Wir schreiben (alle Summanden in $A_+(E \oplus E^*)$)

$$\tfrac{1}{2}\eta^T A\eta + \langle \eta^*, \eta \rangle = \tfrac{1}{2}(\eta + \zeta)^T A(\eta + \zeta) + \tfrac{1}{2}\eta^{*T} A^{-1} \eta^*$$

mit $\zeta = -A^{-1}\eta^*$. Es gilt $\int d\eta\, S\{\eta + \zeta\} = \int d\eta\, S\{\eta\} = \operatorname{Pf} A$.

Durch die Entwicklung der Exponentialfunktion in (10.96) und einer eben solchen Entwicklung von (10.99) gewinnen wir Formeln für die *Momente* der $\eta^i$. Die ersten fünf Formeln dieser Art schreiben wir so auf, daß wir darin die Matrix $A$ durch $-A$ ersetzen:

$$\begin{aligned}
\int d\eta \, \exp(-\tfrac{1}{2}\eta^T A\eta) &= \operatorname{Pf}(-A) \\
\int d\eta \, \eta^i \exp(-\tfrac{1}{2}\eta^T A\eta) &= 0 \\
\int d\eta \, \eta^i \eta^j \exp(-\tfrac{1}{2}\eta^T A\eta) &= \operatorname{Pf}(-A) B^{ij} \qquad B = A^{-1} \\
\int d\eta \, \eta^i \eta^j \eta^k \exp(-\tfrac{1}{2}\eta^T A\eta) &= 0 \\
\int d\eta \, \eta^i \eta^j \eta^k \eta^\ell \exp(-\tfrac{1}{2}\eta^T A\eta) &= \operatorname{Pf}(-A)(B^{ij}B^{k\ell} - B^{ik}B^{j\ell} + B^{i\ell}B^{jk}).
\end{aligned}$$

Die zweimalige Anwendung der FL-Transformation multipliziert die „Gauß-Funktion" (10.98) mit dem Faktor $\operatorname{Pf} A \operatorname{Pf} A^{-1}$. Daraus schließen wir:

$$\operatorname{Pf} A \, \operatorname{Pf} A^{-1} = (-1)^{\binom{n+1}{2}} = (-1)^m \qquad (2m = n). \tag{10.100}$$

Bei der Behandlung euklidischer Dirac-Felder stoßen wir stets auf die spezielle Blockstruktur

$$A = \begin{pmatrix} 0 & a \\ -a^T & 0 \end{pmatrix} \qquad A^{-1} = \begin{pmatrix} 0 & -a^{-1T} \\ a^{-1} & 0 \end{pmatrix}. \tag{10.101}$$

Hier ist $a$ ein Differentialoperator, der sich erst vermöge einer Regularisierung (z.B. nach Wahl eines endlichen Gitters) in eine $m \times m$-Matrix verwandelt. In diesem Fall können wir von der Relation (10.87) Gebrauch machen und so die Einführung der Pfaffian eines antisymmetrischen Operators vermeiden.

## 10.6 Funktionalintegrale der QED

Stellvertretend für die Eichtheorien mit Ankopplung an Materiefelder soll nun die $U(1)$-Eichtheorie betrachtet werden. In allen Formeln werden wir $\hbar = 1$ setzen. Wir gehen von einer Formulierung im Kontinuum aus, obwohl in diesem Fall der zugrunde liegende Vektorraum $E$ der Fermionen notwendig unendlichdimensional ist und die Funktionalintegrale, Determinanten, Pfaffians etc. einer Regularisierung bedürfen, damit alle Ausdrücke dieses Abschnittes wohldefiniert sind.

Zuerst schreiben wir die Wirkung für ein Dirac-Teilchen der Masse $m$, der Ladung $q$ und dem Eichparameter $\lambda$ so um, daß sie als Summe zweier quadratischer

Formen erscheint:

$$\begin{aligned} W\{A,\Psi\} &= \int dx \left( \tfrac{1}{4}F^{k\ell}F_{k\ell} + \tfrac{1}{2}\lambda(\partial_k A^k)^2 + \bar\psi(\slashed\partial + m + iq\slashed A)\psi \right) \\ &= \tfrac{1}{2}(\Psi, \mathcal{F}_A \Psi) + \tfrac{1}{2}(A, \mathcal{C}A) \end{aligned} \qquad (10.102)$$

(siehe die Formeln (6.30-32) und (5.16-19)). Der Bispinor $\Psi$ enthält die Komponenten von $\psi$ und $\psi^c$. Das erzeugende Funktional der $n$-Punktfunktionen ist so definiert:

$$\begin{aligned} S\{\eta,j\} &= Z^{-1} \int \mathcal{D}A\,\mathcal{D}\Psi \, \exp\bigl(\Psi(\eta) + A(j) - W\{A,\Psi\}\bigr) \\ Z &= \int \mathcal{D}A\,\mathcal{D}\Psi \, \exp\bigl(-W\{A,\Psi\}\bigr). \end{aligned} \qquad (10.103)$$

Hier läßt sich das Integral über die fermionischen Freiheitsgrade ausführen, weil die Wirkung bilinear in dem $\Psi$-Feld ist (diese Beobachtung trifft auf alle Eichtheorien zu, sofern Selbstkopplungen der Dirac-Felder ausgeschlossen sind):

$$S\{\eta,j\} = \int d\mu(A) \exp\bigl(A(j) - \tfrac{1}{2}(\eta, \mathcal{F}_A^{-1}\eta)\bigr) \qquad (10.104)$$

$$d\mu(A) = Z^{-1}\mathcal{D}A \, \det(\slashed\partial + m + iq\slashed A) \exp\bigl(-\tfrac{1}{2}(A,\mathcal{C}A)\bigr) \qquad (10.105)$$

$$Z = \int \mathcal{D}A \, \det(\slashed\partial + m + iq\slashed A) \exp\bigl(-\tfrac{1}{2}(A,\mathcal{C}A)\bigr). \qquad (10.106)$$

Das Ergebnis kommt deshalb zustande, weil $\det(-C) = 1$ und

$$\mathrm{Pf}(-\mathcal{F}_A) = \det\bigl(-C(\slashed\partial + m + iq\slashed A)\bigr) = \det(\slashed\partial + m + iq\slashed A) \qquad (10.107)$$

gilt. Die hierbei auftretende *Fermion-Determinante* ist eine bemerkenswerte formale Größe, die der Regularisierung bedarf (wir werden auf dieses Problem nicht weiter eingehen).

Durch Entwicklung des erzeugenden Funktionals gelangen wir zu den Korrelationsfunktionen der $U(1)$-Eichtheorie. Die erste Größe, auf die sich unser Interesse richtet, ist die euklidische Zweipunktfunktion des Fermions (eine $8 \times 8$-Matrix):

$$\langle \Psi(x)\Psi(y) \rangle = \int d\mu(A) \, \langle x | \mathcal{F}_A^{-1} | y \rangle. \qquad (10.108)$$

Hieraus ergibt sich unmittelbar der Ausdruck

$$\boxed{\langle \psi(x)\bar\psi(y) \rangle = \int d\mu(A) \, \langle x | (\slashed\partial + m + iq\slashed A)^{-1} | y \rangle} \qquad (10.109)$$

(eine $4 \times 4$-Matrix). Eine weitere Vereinfachung scheint nicht mehr möglich zu sein. Die Zweipunktfunktion (10.109) enthält eine wesentliche Information, nämlich die Masse $M$ des Dirac-Teilchens. Sie stimmt im allgemeinen nicht mit dem Parameter $m$ überein, vielmehr muß sie aus dem exponentiellen Abfall für $|x-y| \to \infty$ erst ermittelt werden.

Für $q \to 0$ geht der Ausdruck auf der rechten Seite von (10.109) in die freie Zweipunktfunktion über.

Die Zweipunktfunktion des Eichfeldes erhält die Gestalt

$$\langle A_k(x) A_\ell(y)\rangle = \int d\mu(A)\, A_k(x) A_\ell(y). \qquad (10.110)$$

Er enthält Informationen über die Vakuum-Polarisation, d.h. über die virtuelle Paar-Produktion der Photonen. Schließlich ist die Vertex-Funktion

$$\langle \psi(x) A_k(y) \bar{\psi}(x')\rangle = \int d\mu(A)\, \langle x|(\partial\!\!\!/ + m + iq A\!\!\!/)^{-1}|x'\rangle A_k(y) \qquad (10.111)$$

von Interesse, in der die Information über die renormierte Ladung und das anomale magnetische Moment enthalten ist.

*Anmerkung:* Das Maß $d\mu(A)$ ist zwar normiert, aber es fehlt ein Beweis, daß es positiv ist. Man kann relativ leicht einsehen, daß es reell ist. Dazu weist man nach, daß die Fermion-Determinante reell ist. Alle $n$-Punktfunktionen des Photonfeldes sind dann ebenfalls reell, wie wir es aus physikalischen Gründen erwarten. In dem erzeugenden Funktional erscheint die Kopplungskonstante $q$ an zwei Stellen: (1) in der Fermion-Determinante und (2) in dem Operator $\mathcal{F}_A^{-1}$. Ein Näherungsverfahren (engl. *quenched approximation*) gründet darauf, daß man $q = 0$ (äquivalent $m = \infty$) in der Determinante setzt. Dann verschwindet die Determinante überhaupt aus dem Maß $d\mu(A)$ und wir erhalten ein Gaußsches W-Maß $d\mu_0(A)$, das ohne jegliche Regularisierung auch im Kontinuum wohldefiniert ist:

$$\int d\mu_0(A)\, \exp A(j) = \exp\{\tfrac{1}{2}(j, \mathcal{C}^{-1} j)\}. \qquad (10.112)$$

Die Ersetzung von $d\mu(A)$ durch $d\mu_0(A)$ bewirkt, daß $A_k(x)$ ein freies Feld wird, daß das Fermion sozusagen an ein freies Feld koppelt. Die Unterdrückung der Fermion-Determinante bedeutet – in der Sprache der Störungstheorie – den Fortfall aller Feynman-Graphen, die wenigstens eine Fermionschleife enthalten. Die Näherung ist gut, solange die Masse $m$ als „groß" angesehen werden darf. Denn rein formal betrachtet geht $d\mu(A)$ im Limes $m \to \infty$ in das Maß $d\mu_0(A)$ über.

## 10.7 Die $SU(n)$-Gittereichtheorie mit Fermionen

Auf dem Gitter $(\mathbb{Z}_N)^4$ betrachten wir ein Multiplett von $n$ gleichartigen Dirac-Feldern:

$$\psi(x) = \begin{pmatrix} \psi_1(x) \\ \vdots \\ \psi_n(x) \end{pmatrix} \qquad \bar{\psi}(x) = \big(\bar{\psi}_1(x), \ldots, \bar{\psi}_n(x)\big). \qquad (10.113)$$

Auf einem solchen Multiplett wirkt die Gruppe $SU(n)$ in natürlicher Weise. Wir sagen, die Felder transformieren sich gemäß der natürlichen Darstellung der $SU(n)$. Die gegenwärtige Form der starken Wechselwirkung, die sog. Quantenchromodynamik, geht von $n = 3$ aus. Die mit dem Feld $\psi(x)$ verbundenen Teilchen heißen

*Quarks*, und die drei internen Freiheitsgrade werden die *Farben* des Teilchens genannt.

Die eichinvariante Wirkung hat in jedem Fall den typischen Aufbau:

$$W(\psi, \bar{\psi}, U) = W_2 + W_1 + W_0, \tag{10.114}$$

wobei $W_2$ (bzw. $W_1$, $W_0$) eine Summe über Plaketten (bzw. Gitterkanten, Gitterpunkte) darstellt:

$$W_2 = \frac{1}{4g^2} \sum_p \text{Spur}(1 - U_{\partial p})^*(1 - U_{\partial p}) \tag{10.115}$$

$$W_1 = \tfrac{1}{2} \sum_{xk} \big( \bar{\psi}(x) \gamma_k U_{xk}^* \psi(x + e_k) - \bar{\psi}(x + e_k) \gamma_k U_{xk} \psi(x) \big) \tag{10.116}$$

$$W_0 = m \sum_x \bar{\psi}(x) \psi(x). \tag{10.117}$$

Die Vorschrift zur Konstruktion von $W_1$ entspricht der Einführung einer Gitterversion der kovarianten Ableitung in Form einer Matrix

$$D_{xy}^k = \begin{cases} \tfrac{1}{2} U_{xk}^* & y = x + e_k \\ -\tfrac{1}{2} U_{yk} & x = y + e_k \\ 0 & \text{sonst.} \end{cases} \tag{10.118}$$

Für $U_{xk} = 1$ (alle $x, k$) geht sie über in den Gittergradienten

$$\partial_{xy}^k = \begin{cases} \tfrac{1}{2} & y = x + e_k \\ -\tfrac{1}{2} & x = y + e_k \\ 0 & \text{sonst.} \end{cases} \tag{10.119}$$

Dieser Gradient entspricht, wie man sieht, der halben Summe aus dem Vorwärts- und dem Rückwärts-Gradienten. Vereinfachend können wir schreiben:

$$W_1 = \sum_{xy} \bar{\psi}(x) \slashed{D}_{xy} \psi(y) \quad , \quad \slashed{D} \equiv \gamma_k D^k. \tag{10.120}$$

Ein weitere Vereinfachung der Bezeichnung erzielen wir durch die Abkürzungen

$$\Psi = \begin{pmatrix} \psi \\ \psi^c \end{pmatrix} \quad , \quad \mathcal{F}_U = \begin{pmatrix} 0 & -[C(\slashed{D}+m)]^T \\ C(\slashed{D}+m) & 0 \end{pmatrix} \otimes \mathbf{1}_n \tag{10.121}$$

($\mathbf{1}_n = n \times n$-Einheitsmatrix, der Spinor $\Psi$ besitzt $8n$ Komponenten). Denn so können wir einen Teil der Wirkung als eine quadratische Form auffassen:

$$W_1 + W_0 = \tfrac{1}{2}(\Psi, \mathcal{F}_U \Psi). \tag{10.122}$$

Dies führt dazu, daß die fermionischen Freiheitsgrade sich vollständig ausintegrieren lassen, d.h. nach Einführung von Grassmann-Variablen $\eta(x)$ mit $8n$ Komponenten erhalten wir:

$$\int \mathcal{D}\psi \int \mathcal{D}\bar{\psi} \exp\big(\Psi(\eta) - W_1 - W_0\big) = \det(\slashed{D}+m)^n \exp\big(-\tfrac{1}{2}(\eta, \mathcal{F}_U^{-1} \eta)\big). \tag{10.123}$$

## 10.7. Die $SU(n)$-Gittereichtheorie mit Fermionen

Die Fermion-Determinante hat auf einem endlichen Gitter eine etwas veränderte Struktur. Aber sie ist wohldefiniert und bedarf keiner Regularisierung: $\slashed{D} + m$ ist eine Matrix der Dimension $4nN^4$. Selbst für bescheidene Gittergrößen (z.B. $N = 12$) ist eine numerische Auswertung dieser Determinante für gegebenes $U_{xk}$ nur unter Einsatz eines Großrechners möglich.

Nach Integration über die Fermion-Variablen erhalten wir das folgende normierte Maß auf der Eichgruppe:

$$d\mu(U) = Z^{-1}\mathcal{D}U \, \det(\slashed{D} + m)^n \, \exp(-W_2). \tag{10.124}$$

Mit seiner Hilfe lassen sich alle Erwartungswerte ausdrücken, z.B. gilt

$$\langle U_{\partial G}\rangle = \int d\mu(U)\, U_{\partial G} \tag{10.125}$$

für eine Wilson-Schleife $\partial G$. Die Fermion-Determinante beeinflußt das Verhalten dieser Größe ganz entscheidend. Nur im Limes $m \to \infty$ (im statischen Grenzfall also) ist das Maß $d\mu(U)$ frei von Einflüssen des Materiefeldes.

# Anhang A

# Symbolverzeichnis und Glossar

| | |
|---|---|
| 1 | die Zahl *eins*, die konstante Funktion 1, die Einheitsmatrix, das neutrale Element einer Gruppe oder auch der Einheitsoperator in einem Hilbertraum. Die jeweilige Bedeutung geht aus dem Zusammenhang hervor. Falls $c1$ ($c$ reell oder komplex) definiert ist, unterscheiden wir nicht zwischen $c1$ und $c$. |
| $\mathbb{N}, \mathbb{Z}, \mathbb{R}, \mathbb{C}$ | die Menge der natürlichen, ganzen, reellen bzw. komplexen Zahlen |
| $\mathbb{R}_+$ | die Menge der nichtnegativen reellen Zahlen |
| $a\mathbb{Z}$ | die Menge der ganzzahligen Vielfachen einer Zahl $a$, veranschaulicht als ein unendlich ausgedehntes eindimensionales Gitter; $a$ heißt die *Gitterkonstante*. |
| $A \times B$ | das kartesische Produkt der Mengen $A$ und $B$. Elemente von $A \times B$ sind die geordneten Paare $(a,b)$ mit $a \in A$ und $b \in B$. |
| $A^d$ | das $d$-fache kartesische Produkt der Menge $A$ mit sich selbst: $A \times \cdots \times A$ ($n$ Faktoren) |
| $\mathbb{R}^d$ | der „$d$-dimensionale Raum", in der Regel mit der euklidischen Struktur versehen. Spezielle Situationen sind: $\mathbb{R}^3 =$ Ortsraum eines Teilchens, $\mathbb{R}^{3n} =$ Konfigurationsraum von $n$ Teilchen, $E_4 = \mathbb{R}^4 =$ euklidische Raum-Zeit. Für das Skalarprodukt $\sum_k x_k x'_k$ zweier Vektoren $x, x' \in \mathbb{R}^d$ mit den Komponenten $x_k$ bzw. $x'_k$ schreiben wir $xx'$ oder $x \cdot x'$ oder auch $x^T x$. Wir nennen $x^2 = x \cdot x$ das *Quadrat* und $|x| = \sqrt{x^2}$ die *Länge* von $x$. |

| | |
|---|---|
| $(a\mathbb{Z})^d$ | das unendlich ausgedehnte hyperkubische Gitter, eingebettet in dem Raum $\mathbb{R}^d$, $a$ heißt die *Gitterkonstante*. |
| $(\mathbb{Z}_N)^d$ | endliches (toroidales) Gitter der Periode $N$. Formal: $\mathbb{Z}_N = \mathbb{Z}/N\mathbb{Z}$. Die Gitterkonstante ist 1. |
| $O(h^n)$ | ein Fehler der Ordnung $h^n$, wenn $h \to 0$ |
| $\Re z$, $\Im z$ | der Real- bzw. Imaginärteil einer komplexen Zahl $z$ |
| $A^T$ | transponierte Matrix: $(A^T)_{ik} = A_{ki}$ |
| $A^*$ | adjungierte Matrix: $(A^*)_{ik} = \bar{A}_{ki}$ |
| $\det A$, $\operatorname{Spur} A$ | Determinante bzw. Spur einer $n \times n$-Matrix $A$ |
| $O(n)$, $SO(n)$ | die Gruppe der (reellen) orthogonalen bzw. speziellen orthogonalen $n \times n$-Matrizen $A$: $A^T A = 1$. „Speziell" heißt: $\det A = 1$. |
| $U(n)$, $SU(n)$ | die Gruppe der (komplexen) unitären bzw. speziellen unitären $n \times n$-Matrizen $U$: $U^*U = 1$. „Speziell" heißt $\det U = 1$. |
| **su(n)** | Lie-Algebra der Gruppe $SU(n)$ |
| $\tilde{f}(p)$ | die Fourier-Transformierte einer Funktion $f(x)$. Hierbei sind sowohl $x$ wie auch $p$ Vektoren mit $n$ Komponenten. |
| $\nabla f$ | der Gradient einer Funktion $f(x)$ ($x \in \mathbb{R}^d$). Die Bezeichnungen grad, rot und div sind der Situation $d = 3$ vorbehalten. |
| $\Delta$ | der Laplace-Operator in $d$ Dimensionen: $\sum \partial^2/\partial x_k^2 \equiv \sum \partial_k^2$ |
| $dx$ | das Volumenelement des $\mathbb{R}^d$, auch das *Lebesgue-Maß* genannt: $dx = dx_1 dx_2 \cdots dx_d$ |
| $\delta(x)$ | die Diracsche Deltafunktion für $x \in \mathbb{R}^d$: $\int dx\, \delta(x) f(x) = f(0)$ |
| $\delta_*(\tau)$ | die periodische Deltafunktion für $\tau \in \mathbb{R}$: $\delta_*(\tau) = \sum_{n=-\infty}^{\infty} \delta(\tau + n)$ |

… Anhang A. Symbolverzeichnis und Glossar

$K(x,z)$     die Gauß-Funktion $(2\pi z)^{-d/2}\exp(-x^2/2z)$, $x\in\mathbb{R}^d$, $z=s+it\in\mathbb{C}$. Bei Anwendungen in der Diffusion gilt $t=0$ (die Zeit ist *reell*), bei Anwendungen in der Quantentheorie gilt $s=0$ (die Zeit ist *imaginär*).

exp, log     Exponentialfunktion bzw. natürlicher Logarithmus

$I_\nu(z)$, $K_\nu(z)$     die modifizierten Besselfunktionen der Ordnung $\nu$, siehe [2]. Die gewöhnlichen Bessel-Funktionen werden mit $J_\nu(z)$, die sphärischen mit $j_n(z)$ bezeichnet.

$\|f\|$     die Norm einer Funktion $f(x)$, in der Regel $\|f\|^2 = \int_G dx\,|f(x)|^2$ für ein Gebiet $G\subset\mathbb{R}^d$

$L^2(G)$     der Hilbertraum aller Funktionen $f:G\to\mathbb{C}$ mit $\|f\|<\infty$, häufig der Zustandraum eines quantenmechanischen Systems. Wir schreiben $L^2(a,b)$, wenn $G$ das reelle Intervall $a\le x\le b$ ist.

$V(x)$, $V$     Potentialfunktion bzw. der mit $V(x)$ verknüpfte Operator $[V\psi](x)=V(x)\psi(x)$, $\psi\in L^2(\mathbb{R}^d)$

$H$     der *Hamilton-* oder *Energie-Operator* eines quantenmechanischen Systems, oft von Form $H=-\frac{1}{2}\Delta+V$, mitunter auch $H=\frac{1}{2}(i\nabla+A)^2+V$ für ein Vektorpotential $A(x)$.

spec $P$     Spektrum eines Operators P, bestehend aus den Eigenwerten und den Punkten des kontinuierlichen Spektrums

$\Omega$     oft der Grundzustand eines Hamilton-Operators mit $\Omega(x)>0$ und $\|\Omega\|=1$, gelegentlich der *Phasenraum* oder eine Menge von Brownschen Pfaden mit bestimmten Eigenschaften. In der Feldtheorie bezeichnet $\Omega$ den Vakuumzustand.

$e^{-sH}$    $(s\in\mathbb{R}_+)$     die Schrödinger-Halbgruppe eines Energie-Operators $H$; sie charakterisiert einen Diffusionsprozeß.

$e^{-itH}$    $(t\in\mathbb{R})$     die unitäre Schrödinger-Gruppe; sie bestimmt die Zeitevolution in der Quantentheorie.

$\langle x'|T|x\rangle$     der Integralkern (kurz: *Kern*) eines Operators $T$ (Diracsche Schreibweise), d.h. es gilt $[Tf](x')=\int dx\,\langle x'|T|x\rangle f(x)$ für $f$ im Definitionsbereich von $T$.

| | |
|---|---|
| $D$ | oft ein Differentialoperator, gegeben durch einen *Differentialausdruck* und durch *Randbedingungen*. In anderen Zusammenhängen bezeichnet $D$ die *Diffusionskonstante*. |
| $\langle x'\|D^{-1}\|x\rangle$ | die *Greensche Funktion* des Differentialoperators $D$, identisch mit dem Kern von $D^{-1}$ |
| $\langle x',s'\|x,s\rangle$ $(s'\geq s)$ | die *Übergangsamplitude*, identisch mit dem Integralkern $\langle x'\|e^{-(s'-s)H}\|x\rangle$ der Schrödinger-Halbgruppe, falls $H$ zeitunabhängig ist. Für einen zeitabhängigen Energie-Operator und $[H(t),H(t')]=0$ ist die Übergangsamplitude identisch mit $\langle x'\|\exp\{-\int_s^{s'}dt\,H(t)\}\|x\rangle$, im allgemeinen Fall mit $\langle x'\|T\exp\{-\int_s^{s'}dt\,H(t)\}\|x\rangle$, wobei $T\exp$ die zeitgeordnete Exponentialfunktion darstellt. |
| $\hbar$ | Plancksche Konstante, i.allg. gleich 1 gesetzt |
| $\beta^{-1}=k_B T$ | $T$=Temperatur, $k_B$=Boltzmann-Konstante |
| $\ell$ | eine charakteristische Länge. Entweder gilt $\ell^2=\hbar^2/(mk_B T)$ oder $\ell^2=\hbar(s'-s)/m$ ($s'-s$ =Zeitdifferenz, $m$ =Masse). |
| $\tau$ | eine dimensionslose Zeitvariable mit $0\leq\tau\leq 1$. Für eine dimensionierte Zeit $t$ im Bereich $s\leq t\leq s'$ gilt der Zusammenhang $t=s+(s'-s)\tau$. |
| $Z=\exp(-\beta F)$ | die Zustandssumme eines Systems der statistischen Mechanik, $F$ heißt *freie Energie*. Im thermodynamischen Limes ist $f=\lim_{V\to\infty}F/V$ die freie Energie pro Volumen. |
| $X,Y$ usw. | Zufallsvariable mit Werten in $\mathbb{R}$ oder allgemeiner in $\mathbb{R}^d$, $d$ heißt die *Dimension* von $X$. Die Komponenten von $X$ werden mit $X_k$ ($k=1,\ldots,d$) bezeichnet. |
| $P(X\in A)$ | die *Verteilung* einer Zufallsvariablen $X$, ein Wahrscheinlichkeitsmaß (positiv und auf 1 normiert), auch kurz ein *W-Maß* genannt |
| $E(X)$ | der *Erwartungswert* einer Zufallsvariablen, auch sein *Mittelwert* genannt. Ist $X$ eindimensional, so heißt $E(X^n)$ das *n-te Moment* der Verteilung von $X$. |

# Anhang A. Symbolverzeichnis und Glossar

| | |
|---|---|
| $\mathrm{Var}(X) := \boldsymbol{E}(X^2)$ | die *Varianz* einer eindimensionalen Zufallsvariablen, falls $\boldsymbol{E}(X)$ gilt ($X$ ist *zentriert*). Als *Kovarianz* einer mehrdimensionalen Zufallsvariablen bezeichnet man $c_{kk'} := \boldsymbol{E}(X_k X_{k'})$. Die reelle $d \times d$-Matrix $C = (c_{kk'})$ heißt *Kovarianzmatrix*. |
| $f(t) = \boldsymbol{E}(\exp(itX))$ | die *charakteristische Funktion* von $X$, zugleich die *erzeugende Funktion* für die Momente $\boldsymbol{E}(X^n)$ |
| $\boldsymbol{C}_n(X)$ | die *n-te Kumulante* von $X$. Die erzeugende Funktion hierfür ist $\log \boldsymbol{E}(\exp(itX))$. |
| $X_t$, $Y_t$ usw. | stochastische Prozesse in kontinuierlicher Zeit mit Werten in $\mathbb{R}$ oder in $\mathbb{R}^d$, $t \in I$ mit $I = \mathbb{R}$, $\mathbb{R}_+$ oder $[0,1]$. Im allgemeinen ist $X_t$ der *Wiener-Prozeß*, $Q_t$ bezeichnet den *Oszillator-Prozeß* und $\bar{X}_\tau$ die *Brownsche Brücke* (siehe Anhang B für nähere Hinweise). |
| $dX_t$ | das *Differential* des Wiener-Prozesses, definiert für *alle* $t \in \mathbb{R}$, differentielle Zuwächse zu verschiedenen Zeiten sind unabhängig. Mittelwert $= 0$, Varianz $= \boldsymbol{E}(dX_t^2) = dt$. Formal: $dX_t = W_t dt$ ($W_t =$ weißes Rauschen). |
| $\boldsymbol{P}(X_{s'} \in A \mid X_s = x)$ | Übergangsfunktion eines Markoff-Prozesses, zugleich eine bedingte Wahrscheinlichkeit. Voraussetzung: $s' > s$ |
| $\boldsymbol{E}(X_s X_{s'})$ | die *Kovarianz* eines stochastischen Prozesses. Ist $X_s$ mehrdimensional mit Komponenten $X_{sk}$, so ist die Kovarianz als eine Matrix aufzufassen mit den Matrixelementen $c_{kk'} := \boldsymbol{E}(X_{sk} X_{s'k'})$. |
| $\omega(t)$ ($t \in \mathbb{R}_+$) | ein Pfad des Wiener-Prozesses $X_t$, sehr oft ein spezieller Pfad mit fixierten Endpunkten: $s \leq t \leq s'$, $\omega(s) = x$, $\omega(s') = x'$. Wir schreiben dann $\omega : (x,s) \rightsquigarrow (x',s')$. |
| $d\mu(\omega)$ | das *bedingte Wiener-Maß*, kein W-Maß, sondern so normiert, daß $\int d\mu(\omega) = K(x'-x, s'-s)$ gilt; dient zur Definition des Pfadintegrals $I(f) := \int d\mu(\omega) f(\omega)$. Integriert wird dabei über alle Pfade $\omega : (x,s) \rightsquigarrow (x',s')$. Das bedingte Wiener-Maß (und somit $I(f)$) hängt von den Parametern $x, s, x', s'$ ab. |
| $\bar{\omega}(\tau)$ ($\tau \in [0,1]$) | ein Pfad der Brownschen Brücke. Die Endpunkte sind fixiert: $\bar{\omega}(0) = \bar{\omega}(1) = 0$. |
| $d\bar{\omega}$ | das W-Maß auf dem Raum aller Pfade der Brownschen Brücke, so daß $\int d\bar{\omega}\, f(\bar{\omega}) = \boldsymbol{E}(f(\bar{X}))$ |

| | |
|---|---|
| $W_t \quad (t \in \mathbb{R})$ | das *weiße Rauschen*, ein verallgemeinerter stochastischer Prozeß, Gaußsch mit Mittelwert 0 und Kovarianz $\delta(t-t')$ |
| $W(f)$ | das *stochastische Integral* (kein Pfadintegral!) einer reellen Funktion $f \in L^2(\mathbb{R})$, eine Gaußsche Zufallsvariable mit dem Mittelwert 0 und der Varianz $\|f\|^2$; darstellbar als $\int f(t)dX_t$ ($X_t$ =Wiener-Prozeß) oder auch als $\int dt\, f(t)W_t$ ($W_t$ =weißes Rauschen). In analoger Weise: $\bar{W}(f) = \int f(\tau)d\bar{X}_\tau$ für $f \in L^2(0,1)$ und die Brownsche Brücke $\bar{X}_\tau$. |
| $\int A(X_t)\cdot dX_t$ | das *Itô-Integral* (kein Pfadintegral!) einer Vektorfunktion $A: \mathbb{R}^d \to \mathbb{R}^d$ ($X_t$ ist der d-dimensionale Wiener-Prozeß), verallgemeinert den Begriff *Kurvenintegral*. Das Itô-Integral erstreckt sich über den Abschnitt $s \leq t \leq s'$. |
| $\mathrm{var}(f)$ | Bezeichnung für $\int_0^1 d\tau\, f(\tau)^2 - \left(\int_0^1 d\tau\, f(\tau)\right)^2$, falls $f \in L^2(0,1)$ |
| $M_4$ | der vierdimensionale Minkowski-Raum mit der indefiniten Metrik $(x,x) = (x^0)^2 - (x^1)^2 - (x^2)^2 - (x^3)^2$ für $x \in M_4$. |
| $E_4$ | der vierdimensionale euklidische Raum mit der Metrik $x^2 = (x^1)^2 + (x^2)^2 + (x^3)^2 + (x^4)^2$ für $x \in E_4$. |
| $\Phi(x)$ | ein Operatorfeld über dem Minkowski-Raum, oft ein Skalarfeld |
| $\Phi(x)$ | ein Skalarfeld über dem euklidischen Raum |
| $\psi(x)$ | Dirac-Feld auf dem Raum $M_4$, besitzt vier Komponenten |
| $\Psi(x)$ | Bispinor, bestehend aus $\psi(x)$ und $\psi(x)^c$ |
| $\Psi(x)$ | euklidisches Dirac-Feld, besitzt acht Komponenten |
| $\Omega$ | der Vakuumzustand |
| $\omega$ | Abkürzung für $\sqrt{m^2 + \mathbf{p}^2}$ |
| $\mathcal{S}(E_4)$ | Schwartz-Raum von Funktionen $f: E_4 \to \mathbb{R}$. Der Raum $\mathcal{S}^c$ besteht aus allen Funktionen $f_1 + if_2$ mit $f_i \in \mathcal{S}$, der Unterraum $\mathcal{S}_+$ aus allen $f \in \mathcal{S}$ mit $f(\mathbf{x}, x^4) = 0$ für $x^4 < 0$. |
| $\mathcal{S}'$ | Raum der Distributionen im Sinne von L.Schwartz, zugleich der Dualraum von $\mathcal{S}$ |

Anhang A. Symbolverzeichnis und Glossar          243

| | |
|---|---|
| $\phi(x)$ | Zufallswert eines Skalarfeldes, zugleich ein Element in $\mathcal{S}'$ |
| $W\{\cdots\}$ | euklidische Wirkung |
| $S\{\phi\}$ | Schwinger-Funktional eines Skalarfeldes, erzeugendes Funktional der Schwinger-Funktionen |
| $d\mu(\phi)$ | Gibbs-Maß: Ein W-Maß, das sich aus der euklidischen Wirkung ergibt |
| $S(\mu)$ | Entropie eines W-Maßes |
| $D_k$ | kovariante Ableitung in einer euklidischen Eichtheorie: $D_k = \partial_k - A_k$, $(k = 1, \ldots 4)$, $A_k$ = Eichfeld. |
| $\mathcal{D}\phi$, $\mathcal{D}A$ | formale Differentiale von Feldern, die nach einer Regularisierung durch Einführung eines endlichen Gitters in das Lebesgue-Maß übergehen |
| $\gamma^\mu$ | Dirac-Matrizen bezüglich der Minkowski-Metrik, die Dirac-Matrizen bezüglich der euklidischen Metrik werden mit $\gamma^k$ bezeichnet. |
| $A(E)$ | Grassmann-Algebra über einem Vektorraum $E$ |
| $A^p(E)$ | Raum der $p$-linearen antisymmetrischen Funktionen über $E$ |
| $A_+$ | gerader Anteil einer Grassmann-Algebra, eine kommutative Unteralgebra |
| $E \oplus F$ | direkte Summe zweier linearer Räume |

# Anhang B
# Häufig benutzte Gauß-Prozesse

Die Konstruktionsprinzipien wichtiger Gauß-Prozesse können auf einen Nenner gebracht werden, indem man sie auf den Begriff des stochastischen Integrals $W(f)$ zurückführt. Wir beschränken uns bei der folgenden Übersicht auf den Fall einer Dimension, so daß $W(f)$ für beliebiges reelles $f \in L^2(\mathbb{R})$ eine Zufallsvariable mit Werten in $\mathbb{R}$ darstellt. Die Abbildung $f \mapsto W(f)$ ist linear und es gilt

$$E\big(\exp\{iW(f)\}\big) = \exp\{-\tfrac{1}{2}\|f\|^2\}$$

mit $\|f\|^2 = \int_{-\infty}^{\infty} |f(s)|^2 ds$. Rein formal setzt man

$$W(f) = \int_{-\infty}^{\infty} f(s) W_s \, ds$$

und nennt $W_s$ das *weiße Rauschen*. Bei geeignet gewählter Familie $f_t \in L^2$ für $t \in I \subset \mathbb{R}$ ist $X_t = W(f_t)$ ein Markoff-Prozeß auf dem Zeitintervall $I$. Die wichtigsten Beispiele sind:

| Name | Zeitintervall $I$ | $f_t(s)$ |
|---|---|---|
| Wiener-Prozeß | $[0, \infty)$ | $\begin{array}{ll}1 & 0 \leq s \leq t \\ 0 & \text{sonst}\end{array}$ |
| Ornstein-Uhlenbeck-Prozeß | $[0, \infty)$ | $\begin{array}{ll}(2\gamma)^{-1} e^{-\gamma(t-s)} & 0 \leq s \leq t \\ 0 & \text{sonst}\end{array}$ |
| Oszillator-Prozeß | $(-\infty, \infty)$ | $\begin{array}{ll}(2k)^{-1} e^{-k(s-t)} & s \geq t \\ 0 & \text{sonst}\end{array}$ |
| Brownsche Brücke | $[0, 1]$ | $\begin{array}{ll}1-t & 0 \leq s \leq t \\ -t & t \leq s \leq 1 \\ 0 & \text{sonst}\end{array}$ |

Bei dem Ornstein-Uhlenbeck-Prozeß wird $\gamma > 0$ als *Reibungskonstante*, bei dem Oszillator-Prozeß $k > 0$ als *Frequenz* interpretiert. Identifiziert man $k$ mit $\gamma$, so besitzen beide Prozesse die gleiche Übergangsfunktion, nämlich

$$\boldsymbol{P}(X_{t'} \in dx'|X_t = x) = dx' \left(\frac{k/\pi}{1-e^{-2\nu}}\right)^{1/2} \exp\left\{-k\frac{(x'-e^{-\nu}x)^2}{1-e^{-2\nu}}\right\} \quad \text{(B.1)}$$

für $\nu = k(t'-t) > 0$. Sie unterscheiden sich jedoch in der Anfangsverteilung:

$$\boldsymbol{P}(X_0 \in dx) = \begin{cases} dx\, (k/\pi)^{1/2} \exp(-kx^2) & \text{Oszillator} \\ dx\, \delta(x) & \text{Ornstein-Uhlenbeck} \end{cases} \quad \text{(B.2)}$$

Die Anfangsverteilung des Oszillator-Prozesses ist stationär:

$$\boldsymbol{P}(X_t \in dx) = \boldsymbol{P}(X_0 \in dx)$$

für alle $t \in \mathbb{R}$. Sie stimmt mit der asymptotischen Verteilung $\lim_{t\to\infty} \boldsymbol{P}(X_t \in dx)$ des Ornstein-Uhlenbeck-Prozesses überein. Deshalb ist die Ausdrucksweise gerechtfertigt, daß beide Prozesse für große Zeiten ununterscheidbar werden.

Die Kovarianz eines Prozesses $X_t = W(f_t)$ ergibt sich allgemein aus der Formel

$$G(t, t') := \boldsymbol{E}(X_t X_{t'}) = (f_t, f_{t'}) := \int_{-\infty}^{\infty} f_t(s) f_{t'}(s)\, ds$$

In den von uns betrachteten Fällen ist $G(t, t')$ zugleich die Greensche Funktion eines selbstadjungierten Differentialoperators $D$ auf $L^2(I)$, wobei das Zeitintervall $I$ mit dem Prozeß verknüpft ist, d.h $G(t,t')$ ist der Integralkern des Operators $D^{-1}$, der darum auch *Kovarianzoperator* des Prozesses genannt wird:

$$G(t, t') = \langle t|D^{-1}|t'\rangle \quad (t, t' \in I)$$

Der Operator $D$ ist durch den Differentialausdruck allein nicht erklärt. Hinzu treten Randbedingungen in den Endpunkten des Intervalles $I$, wenn solche Endpunkte existieren. Verschiedene Randbedingungen führen im allgemeinen zu verschiedenen Operatoren, also auch zu verschiedenen Kovarianzen. In der folgenden Tabelle ist $u \in L^2(I)$ eine Funktion im Definitionsbereich von $D$.

| Name des Prozesses | Kovarianz $G(t,t')$ = Greensche Funktion | Operator $D$ = Differentialausdruck + Randbedingungen |
|---|---|---|
| Wiener-Prozeß | $\text{Min}(t,t')$ | $-d^2/dt^2$ , $u(0) = 0$ |
| Ornstein-Uhlenbeck | $\frac{1}{2\gamma}\left(e^{-\gamma|t-t'|} - e^{-\gamma(t+t')}\right)$ | $-d^2/dt^2 + \gamma^2$ , $u(0) = 0$ |
| Oszillator | $\frac{1}{2k}e^{-k|t-t'|}$ | $-d^2/dt^2 + k^2$ |
| Brownsche Brücke | $\text{Min}(t,t') - tt'$ | $-d^2/dt^2$ , $u(0) = u(1) = 0$ |

Anhang B. Häufig benutzte Gauß-Prozesse

**Nichtlineare Transformationen der Zeit**

Sind zwei Prozesse auf dem gleichen Zeitintervall definiert und besitzen sie die gleichen $n$-Verteilungen, so schreiben wir $X_t \doteq Y_t$. Es sei $X_t$ der Wiener-Prozeß, $\bar{X}_\tau$ die Brownsche Brücke, $Y_t$ der Ornstein-Uhlenbeck-Prozeß und $Q_t$ der Oszillator-Prozeß. Dann gilt:

$$(1) \quad X_t \doteq t X_s, \quad t = s^{-1} \qquad (B.3)$$

$$(2) \quad X_t \doteq \sqrt{2kt}\, Q_s, \quad t = (2k)^{-1} e^{-2ks} \qquad (B.4)$$

$$(3) \quad \bar{X}_\tau \doteq \sqrt{2\gamma\tau}\, Y_s, \quad \tau = e^{-2\gamma s} \qquad (B.5)$$

# Anhang C
# Die Ungleichung von Jensen

Viele Ungleichungen in Physik und Mathematik haben ihren Ursprung in dem Begriff der Konvexität und dem damit verbundenen Theorem von Jensen [106]. Wir wollen die Ungleichung von Jensen vom Standpunkt der Wahrscheinlichkeitstheorie her beleuchten und diskutieren.

Eine reelle Funktion $f$ heißt *konvex* auf einem offenen Intervall $I \in \mathbb{R}$, wenn

$$f\big(\alpha u_1 + (1-\alpha)u_2\big) \leq \alpha f(u_1) + (1-\alpha)f(u_2) \tag{C.1}$$

für alle $u_1, u_2 \in I$ und $0 \leq \alpha \leq 1$ gilt. Aus dieser Eigenschaft folgt bereits durch Induktion

$$f(\textstyle\sum \alpha_i u_i) \leq \sum \alpha_i f(u_i) \tag{C.2}$$

für alle $u_i \in I$ und $0 \leq \alpha_i \leq 1$, $i = 1, \ldots, n$, mit $\sum \alpha_i = 1$ und $n \in \mathbb{N}$ beliebig.

Begreifen wir die Zahlen $\alpha_i$ als Warscheinlichkeiten für irgendwie geartete Ereignisse $i$, so können wir die in (C.2) auftretenden Summen als Erwartungswerte bezüglich der durch $\{\alpha_i\}$ gegebenen Verteilung deuten. Von dieser Deutung ausgehend liegt es nahe, einen Übergang von Summen zu Integralen zu versuchen.

Eine Menge $\Omega$ wird zu einem Wahrscheinlichkeitsraum, wenn auf ihr ein W-Maß $\mu$ erklärt ist; die Punkte $\omega \in \Omega$ heißen dann *Elementarereignisse*, allgemeine Ereignisse können mit Teilmengen von $\Omega_i \in \Omega$ identifiziert werden. Wir stellen uns nun vor, $\{\Omega_i | i = 1, \ldots, n\}$ sei eine disjunkte Zerlegung von $\Omega$, und es gelte $\alpha_i = \mu(\Omega_i)$, d.h. $\alpha_i$ ist die Wahrscheinlichkeit für das Ereignis $\omega \in \Omega_i$. Für eine Funktion $g : \Omega \to I$ und gewisse $\omega_i \in \Omega_i$ gelte $u_i = g(\omega_i)$, so daß die Ungleichung (C.2) sich wie folgt liest:

$$f\big(\textstyle\sum_i \mu(\Omega_i) g(\omega_i)\big) \leq \sum_i \mu(\Omega_i) f(g(\omega_i)) \tag{C.3}$$

Die hier auftretenden Summen erscheinen als diskrete Approximationen von Integralen bezüglich des W-Maßes $\mu$. Verfeinern wir nämlich die Zerlegung des Raumes $\Omega$ in geeigneter Weise, so erhalten wir die Integrale anstelle ihrer Näherungen:

$$f\big(\textstyle\int d\mu(\omega)\, g(\omega)\big) \leq \int d\mu(\omega)\, f(g(\omega)) \tag{C.4}$$

Dies ist bereits die *Ungleichung von Jensen*, und die drei Voraussetzungen für ihre Gültigkeit sind: (1) $f : I \to \mathbb{R}$ ist konvex, (2) $\mu$ ist ein W-Maß auf $\Omega$ und (3)

$g: \Omega \to I$ ist absolut integrabel bezüglich $\mu$. Wir erwähnen nun spezielle Situationen im Zusammenhang mit dem Thema dieses Buches, in denen die Ungleichung genutzt werden kann.

Es sei $X_t$ ein stochastischer Prozeß und $g(X)$ eine reelle Zufallsvariable, die von einem Abschnitt $\{X_t | s \leq t \leq s'\}$ abhängig ist. Für ein auf ganz $\mathbb{R}$ konvexes $f$ gilt

$$f\big(E(g(X))\big) \leq E\big(f(g(X))\big) . \tag{C.5}$$

Die Funktion $f(t) = \exp t$ ist konvex auf $I = \mathbb{R}$. Für diesen sehr häufig in den Anwendungen auftretenden Fall erhalten wir speziell:

$$\exp\left(\int d\mu(\omega)\, g(\omega)\right) \leq \int d\mu(\omega)\, \exp(g(\omega)) \tag{C.6}$$

Die Ungleichung wird konkreter, wenn $d\mu(\omega)$ ein normiertes Wiener-Maß ist, wir also über Brownsche Pfade $\omega$ integrieren wollen.

Eine andere spezielle Form der Ungleichung von Jensen lautet

$$\exp\left(\frac{1}{s}\int_0^s dt\, g(t)\right) \leq \frac{1}{s}\int_0^s dt\, \exp(g(t)) \tag{C.7}$$

Hier ist man von dem Raum $\Omega = [0, s]$ und der Gleichverteilung ausgegangen.

# Bibliographie

[1] Abbot, L.F., und M.B.Wiese, Dimension of a quantum-mechanical path. *American J.Phys.* **49**, 37 (1981)

[2] Abramowitz, M. und I.A.Stegun, *Handbook of Mathematical Functions*, Dover, New York 1965

[3] Abrikosov, A.A., Dokl.Akad.Nauk SSSR **86**,489 (1952)

[4] Accardi, L. und W.von Waldenfels (Eds.), *Quantum Probability and Applications II*, Proc. Heidelberg 1984, Springer, New York, 1985

[5] Accardi, L. und S.Olla, On the polaron asymptotics at finite coupling constant. In: [4], 1

[6] Adamowski, J., B.Gerlach und H.Leschke, Strong coupling limit of polaron energy, revisited. *Phys.Letters* **79A**, 249 (1980)

[7] Adamowski, J., B.Gerlach und H.Leschke, Explicit evaluation of certain Gaussian functionals arising in problems of statistical physics. *J.Math.Phys.* **23**, 243 (1982)

[8] Adler, R.J., *The Geometry of Random Fields*, Wiley, New York, 1981

[9] Aharonov,Y. und D.Bohm, Significance of electromagnetic potentials in quantum theory. *Phys.Rev.* **115**, 485 (1959)

[10] Aizenman, H. und B.Simon, Brownian Motion and Harnack inequality for Schrödinger operators, *Comm.Pure Appl.Math.* **35**, 209 (1982)

[11] Albeverio,S. und R.Hoegh-Krohn, *Mathematical Theory of Feynman Path Integrals*, Lecture Notes in Mathematics **523**, Springer, New York, 1976

[12] Albeverio, S., R.Hoegh-Krohn und L.Streit, Energy forms, Hamiltonians, and distorted Brownian path, *J.Math.Phys.* **18**, 907 (1977)

[13] Albeverio, S., Ph.Combe, R.Hoegh-Krohn, G.Rideau, M.Sirugue-Collin, M.Sirugue und R.Stora (Eds.) *Feynman Path Integrals, Proc.Int.Coll. Marseille 1978*, Lecture Notes in Physics **106**, Springer, New York, 1979

[14] Albeverio, S. und M.Röckner, Dirichlet forms, quantum fields, and stochastic quantization. In: Elworthy, K.D. und J.C.Zambrini (Eds.), *Stochastic Analysis, Path Integration and Dynamics*, Wiley, New York, 1989

[15] Alfaro, V.de, S.Fubini und G.Furlan, Conformal invariance in quantum mechanics. *Nuovo Cim.* **34A**, 569 (1976)

[16] Arthurs, A.M. (Ed.), *Functional Integration and Its Applications*, Oxford Univ.Press, London, 1975

[17] Auerbach, A. und S.Kivelson, The path decomposition expansion and multidimensional tunneling. *Nucl.Phys.* B **257**, 799 (1985)

[18] Auerbach, A., S.Kivelson und D.Nicole, Path decomposion in multidimensional tunneling, *Phys.Rev.Letters* **53**, 411 (1984); Erratum: **53**, 2275 (1984)

[19] Bauch, D., The path integral for a moving particle in $\delta$-function potential. *Nuovo Cim.* **85**B, 118 (1985)

[20] Bauer, H., *Wahrscheinlichkeitstheorie und Grundzüge der Maßtheorie*, De Gruyter, Berlin, 1968

[21] Beck, C. und G.Roepstorff, From dynamical systems to the Langevin equation. *Physica* **145**A, 1 (1987)

[22] Beck, C. und G.Roepstorff, From stochastic processes to the hydrodynamic equations. *Physica* A **165**, 270 (1990)

[23] Belavin, A.A., A.M.Polyakov, A.S.Schwartz und Y.S.Tyupkin, Pseudoparticle Solutions of the Yang-Mills Equations, *Phys.Lett.* B **59**, 85 (1975)

[24] Berezin, F.A., *The Method of Second Quantization*, Academic Press, New York 1966

[25] Berthier, A.M. und B.Gaveau, Critére de convergence des fonctionelles de Kac et application en mécanique quantique et en géométric, *J.Funct.Anal.* **29**, 416 (1978)

[26] Blanchard, Ph., Ph.Combe, M.Sirugue und M.Sirugue-Collin, Estimates of quantum deviations from classical mechanics using large deviation results. In: [4], 104

[27] Breiman,L., *Probability*, Addison-Wesley, Reading, Mass., 1968

[28] Brydges, J.Fröhlich und E.Seiler. Construction of Quantized Gauge Fields. I.General Results. *Ann.Phys.* **121**, 227 (1979), II.Convergence of Lattice Approximations. *Commun.Math.Phys.* **71**, 159 (1980), III. The Two-Dimensional Abelian Higgs Model Without Cutoffs. *Commun.Math.Phys.* **79**, 353 (1981)

[29] Brydges, D.C., J.Fröhlich und T.Spencer, The Random Walk Representation of Classical Spin Systems and Correlation Inequalities. Commun.Math.Phys. **83**, 123 (1983)

[30] Cai,P.Y., A.Inomata und P.Wang, Jackiw transformation in path integrals. *Phys.Lett.* **91**A, 331 (1982)

[31] Caubet, J.-P., Relativistic Brownian Motion. In: *Probabilistic Methods in Differential Equations*, Lect.Notes.Math. **451**, Springer, New York, 1975

[32] Chung, K.L. und S.R.S.Varadhan, Kac functional and Schrödinger equation. *Studia Math.* **68**, 249 (1979)

[33] Chung, K.L., *Lectures from Markov Processes to Brownian Motion*, Springer, New York, 1982

[34] Coalson, R.D., D.L.Freeman und J.D.Doll, Partial averaging approach to Fourier coefficient path integration. *J.Chem.Phys.* **85**, 4567 (1986)

[35] Coleman,S. und E.Weinberg, Radiative corrections as the origin of spontaneous symmetry breaking. *Phys.Rev.* D **7**,1888 (1973)

[36] Courant, R. und D.Hilbert, *Methoden der mathematischen Physik*, Springer, Berlin, 1968

[37] Cycon, H.L., R.G.Froese, W.Kirsch und B.Simon, *Schrödinger Operators with Applications to Quantum Mechanics and Global Geometry*. Textbooks in Mathematical Physics, Springer, New York 1986

[38] Davies und A.Truman, On the Laplace asymptotic expansion of conditional Wiener integrals and the Bender-Wu formula for $x^{2n}$-anharmonic oscillators. *J.Math.Phys.* **24**, 255 (1983)

[39] Davies, E.B., *Heat Kernels and Spectral Theory*, Cambridge University Press, Cambridge 1988

[40] De Angelis, G., D.de Falco und F.Guerra, Note on the Abelian Higgs Model on a Lattice: Absence of Spontaneous Magnetization. *Phys.Rev.* D **17**, 1624 (1978)

[41] Demuth, M., On transformations in the Feynman-Kac formula and quantum-mechanical N-body systems, *Math.Nachr.* **122**, 109 (1985)

[42] DeWitt-Morette, C., Feynman's path integral. Definition without limiting procedure. *Comm.Math.Phys.* **28**, 47 (1972)

[43] DeWitt-Morette, C., Feynman path integrals, I. Linear and affine transformations, II. The Feynman Green's function. *Comm.Math.Phys.* **37**, 63 (1974)

[44] Donsker, M.D. und S.R.S.Varadhan, Asymptotic evaluation of certain Markov process expectations for large time, I-IV. *Comm.Pure Appl.Math.* **28**, 1 (1975); **28**, 279 (1975); **29**, 389 (1976); **36**, 183 (1983)

[45] Donsker, M.D. und S.R.S.Varadhan, Asymptotics for the polaron. *Comm.Pure Appl.Math.* **36**, 505 (1983)

[46] Duru, I.H. und H.Kleinert, Solution of the path integral for the H-Atom. *Phys.Letters* **84**B, 185 (1979)

[47] Duru, I.H. und H.Kleinert, Quantum mechanics of H-Atom from path integrals. *Fortschr.Phys.* **30**, 401 (1982)

[48] Dvoretsky, A., P.Erdös und S.Kakutani, Double Points of Brownian motion in $n$-space. *Acta Sci.Math.(Szeged)* **12**, 75 (1950)

[49] Dvoretsky, A., P.Erdös und S.Kakutani, Multiple points of paths of Brownian motion in the plane, *Bulletin of the Research Council of Israel*, **3**, 364 (1954)

[50] Dvoretsky, A., P.Erdös, S.Kakutani und S.J.Taylor, Triple points of Brownian paths in three space, *Proc.Camb.Phil.Soc.* **53**, 856 (1957)

[51] Dvoretsky, A., P.Erdös und S.Kakutani, Nonincreasing everywhere of the Brownian motion process, *Proc.4th Berkeley Symp.Math. Stat. Prob.* **3**, 103 (1961)

[52] Dynkin, E. *Markov Processes*, Springer, New York 1965

[53] Edwards, S.F., A.Lenard, Exact statistical mechanics of a one-dimensional system with Coulomb forces, II. The method of functional integration. *J.Math.Phys.* **3**, 778 (1962)

[54] Einstein,A., *Investigations on the Theory of the Brownian Movement* (ed. R.Fürth), Dover, New York 1956

[55] Elitzur, S., Impossibility of Spontaneously Breaking Local Symmetries. *Phys.Rev.* **D12**, 3978 (1975)

[56] Ezawa, H., J.R.Klauder und L.A.Shepp, Vestigial effects of singular potentials in diffusion theory and quantum mechanics. *J.Math.Phys.* **16**, 783 (1975)

[57] Faddeev, L.D. und V.N.Popov, Feynman Diagrams for the Yang-Mills Field. *Phys.Lett.* B **25**, 29 (1967)

[58] Feller, W., *An Introduction to Probability Theory and Its Applications, I, II*, Wiley, New York 1961

[59] Fernique, X., Regularité de processus gaussiens. *Invent.Math.* **12**, 304 (1971)

[60] Feynman, R.P., Space-time approach to nonrelativistic quantum mechanics. *Rev.Modern Phys.* **20**, 367 (1948)

[61] Feynman, R.P. and A.Hibbs, *Quantum Mechanics and Path Integrals*, McGraw-Hill, New York, 1965

[62] Feynman, R.P., Slow electrons in a polar crystal. *Phys. Rev.* **97**, 660 (1955)

[63] Feynman, R.P., *Statistical Mechanics*, Benjamin, Reading, MA (USA), 1972

[64] Feynman, R.P. und H.Kleinert, Effective classical partition function. *Phys.Rev.* A**34**, 5080 (1986)

[65] Freedman, D., *Brownian Motion and Diffusion*, Holden-Day, San Francisco, CAL 1971

[66] Fröhlich, H., Electrons in lattice fields. *Advan.Phys.* **3**, 325 (1954)

[67] Fröhlich, J., Schwinger functions and their generating functionals. I, *Helv.Phys.Acta* **47**, 265 (1974)

[68] Fröhlich, J., B.Simon und T.Spencer, Infrared bounds, phase transitions, and continuous symmetry breaking. *Commun.math.Phys.* **50**, 79 (1976)

[69] Fröhlich, J., Classical and quantum statistical mechanics in one and two dimensions: two-component Yukawa and Coulomb systems. *Comm.Math.Phys.* **47**, 233 (1976)

[70] Fröhlich, J., Schwinger functions and their generating functionals. II, *Adv. in Math.* **23**, 119 (1977)

[71] Fröhlich, J., G.Morchio und F.Strocci, Higgs Phenomenon Without Symmetry Breaking Order Parameter. *Nucl.Phys.* B **190**, 353 (1981)

[72] Gaveau, B., T.Jacobson, M.Kac, L.S.Schulman, Relativistic extension of the analogy between quantum mechanics and Brownian motion. *Phys.Rev.Letters* **53**, 419 (1984)

[73] Gaveau, B. und L.S.Schulman, Explicit time dependent Schrödinger Propagators. *J.Phys.* A **19**, 1833 (1986)

[74] Gaveau, B. und L.S.Schulman, Grassmann-valued processes for the Weyl and the Dirac equation. *Phys.Rev.* D **36**, 1135 (1987)

[75] Gel'fand, I.M. und N.M.Chentsov, The numerical calculation of path integrals. *JETP* **31**, 1106 (1956)

[76] Gel'fand, I.M. und N.Ya.Vilenkin, *Generalized Functions*, Vol.4, Academic Press, New York, 1964

[77] Giachetti, R. und V.Tognetti, Variational approach to quantum statistical mechanics of nonlinear systems with applications to sine-Gordon chains. *Phys.Rev.Lett.* **55**,912 (1985)

[78] Giachetti, R. und V.Tognetti, Quantum Corrections to the thermodynamics of nonlinear systems, *Phys.Rev.* B **33**, 7647 (1986)

[79] Giachetti, R. und V.Tognetti, Variational approach to the thermodynamics of a quantum sine-Gordon field with out-of-plane fluctuations *Phys.Rev.* B **36**, 5512 (1987)

[80] Gichman, I.I. und A.W.Skorochod, *Stochastische Differentialgleichungen*, Akademie-Verlag, Berlin, DDR 1971

[81] Ginibre, J., Some applications of functional integration in statistical mechanics. In: C.DeWitt-Morette und R.Stora (Eds.) *Statistical Mechanics and Quantum Field Theory*, Les Houches 1970, Gordon & Breach, New York, 1971

[82] Glimm, J. und A.Jaffe, *Quantum physics: A Functional Integral Point of View*, Second Edition; Springer, New York, 1987

[83] Golden, S., Lower bounds for the Helmholtz function. *Phys.Rev.* B **137**, 1127 (1965)

[84] Goovaerts, A. und J.T.Devreese, Analytic treatment of the Coulomb potential in the path integral formalism by exact summation of a perturbation expansion. *J.Math.Phys.* **13**, 1070 (1972)

[85] Goovaerts, A., F.Broeckx und P.van Camp, Evaluation of the even wave functions of the hydrogen atom in a path-integral formalism. *Physica* **64**, 47 (1973)

[86] Goovaerts, A., A.Bacenco und J.T.Devreese, A new expansion method in the Feynman path integral formalism: application to a one-dimensional delta-function potential. *J.Math.Phys.* **14**, 554 (1973)

[87] Gribov, V.N., Quantization of Non-Abelian Gauge Theories. *Nucl.Phys.* B **139**,1 (1978)

[88] Gross, E.P., Analytical methods in the theory of electron lattice interactions. *Ann.Phys.* **8**, 78 (1959)

[89] Gross, E.P., Path integrals and lower bounds for density matrices. *J.Stat.Phys.* **21**, 215 (1979)

[90] Gross,E.P., Upper bounds for density matrices using path integrals. *J.Stat.Phys.* **30**, 45 (1983)

[91] Gross, E.P., Lower bounds for Wiener integrals. *J.Stat.Phys* **31**, 115 (1983)

[92] Gutzwiller, M.C., Periodic orbits and classical quantization condition. *J.Math.Phys.* **12**, 343 (1971)

[93] Gutzwiller, M.C., A.Inomata, J.R.Klauder und L.Streit (Eds.) *Path Integrals from meV to MeV*, World Scientific, Singapore, 1986

[94] Hida,T. und L.Streit, Generalized Brownian functionals and the Feynman integral. *Stoch.Proc.Appl.* **16**, 55 (1983)

[95] Higgs, P., Broken Symmetries, Massless Particles, and Gauge Fields. *Phys.Lett.* **12**, 132 (1964)

[96] Higgs, P., Spontaneous Symmetry Breaking Without Massless Particles. *Phys.Rev.* **145**, 1156 (1966)

[97] Ho, R. und A.Inomata, Exact-path-integral treatment of the hydrogen atom. *Phys.Rev.Letters* **48**, 231 (1982)

[98] Huang, K., *Statistical Mechanics*, Wiley, New York, 1963

[99] Hunt, G., Some theorems concerning Brownian motion. *Trans.Amer.Math.Soc.* **81**, 294 (1956)

[100] Iliopoulos, J., C.Itzykson und A.Martin, Functional methods and perturbation theory. *Rev.Mod.Phys.* **47**, 165 (1975)

[101] Inomata, A. und V.A.Singh, Path integrals with periodic constraint: entangled strings. *J.Math.Phys.* **19**, 2318 (1978)

[102] Itô, K. und H.McKean, *Diffusion Processes and Their Sample Paths*, Springer, New York, 1965

[103] Itzykson, C. und J.-B.Zuber, *Quantum Field Theory*, McGraw-Hill, New York, 1980

[104] Jackiw, R., Dynamical symmetry of the magnetic monopole. *Ann.Phys.(N.Y.)* **129**, 183 (1980)

[105] Jacobson, T. und L.S. Schulman, Quantum stochastics: the passage from a relativistic to a non-relativistic path integral. *J.Phys.* A **17**, 375 (1984)

[106] Jensen, J.L., Sur les fonctions convexes et les inégalités entre les valeurs moyennes. *Acta Math.* **30**, 175 (1906)

[107] Kac, M., Random walk and the theory of Brownian motion. *Amer.Math.Monthly*, **54**, No.7, abgedruckt in [174]

[108] Kac, M., On some connections between probability theory and differential equations. *Proc.2nd Berk.Symp.Math.Stat.Prob.*, 189 (1950)

[109] Kac, M., *Probability and related topics in the physical sciences*, Wiley (Interscience), New York, 1959

[110] Kac, M., *Integration in function spaces and some of its applications*, Lezioni Fermiane, Acad.Naz.Lincei, Scuola Norm.Sup., Pisa, 1980

[111] Kakutani, S., On Brownian Motion in $n$-space. *Proc. Japan Acad.* **20**, 648 (1944)

[112] Kakutani, S., Two-dimensional Brownian motion and harmonic functions. *Proc.Japan Acad.* **20**, 706 (1944)

[113] Kato, T., Trotter's product formula for an arbitrary pair of self-adjoint contraction semigroups. In: I.Gohberg und M.Kac (Eds.) *Topics in Functional Analysis*, Academic Press, New York, 1978

[114] Kleinert, H., *Path Integrals in Quantum Mechanics, Statistics, and Polymer Physics*, World Scientific, Singapore, 1990

[115] Langouche, F., D.Rockaerts und E.Tirapegui, *Functional Integration and Semi-Classical Expansions*, Reidel, Dordrecht 1982

[116] Landau,L.D. und E.M.Lifschitz, *Lehrbuch der Theoretischen Physik, V: Statistische Physik, Teil 1*, Akademie-Verlag, Berlin (DDR), 1979

[117] Larsen, D.M., Upper and lower bounds for the intermediate-coupling polaron ground state energy. *Phys.Rev.* **172**, 967 (1968)

[118] Leschke, H., Functional integral representations and inequalities for Bose partition functions. In: *Lecture Notes in Physics* **106**, Springer, New York, 1979

[119] Lieb, E.H. und K.Yamazaki, Ground-state energy and effective mass of the polaron *Phys.Rev.* **111**, 728 (1958)

[120] Lieb, E.H., Existence and uniqueness of the minimizing solution of Choquard's nonlinear equation. *Studies in Applied Math.* **57**, 93 (1977)

[121] Luttinger, J.M. und C.-Y.Lu, Generalized path integral formalism of the polaron problem. *Phys.Rev.* B **21**, 4251 (1980)

[122] Luttinger, J.M., A new method for the asymptotic evaluation of a class of path integrals, *J.Math.Phys.* **23**, 1011 (1982)

[123] Luttinger, J.M., The asymptotic evaluation of a class of path integrals. II, *J.Math.Phys.* **24**, 2070 (1983)

[124] McKean, H., *Stochastic Integrals*, Academic Press, New York, 1969

[125] Nachtmann, O., *Phänomene und Konzepte der Elementarteilchenphysik*, Vieweg, Wiesbaden 1986

[126] Nelson, E., Feynman integrals and the Schrödinger equation. *J.Math.Phys.* **5**, 332 (1964)

[127] Nelson, E., *Dynamical Theories of Brownian Motion*, Princeton Univ.Press, Princeton, N.J., 1967

[128] Nelson, E., Probability theory and Euclidean field theory. In: Velo,G. und A.Wightman (Eds.) *Constructive Quantum Field Theory*, Springer, New York, 1973

[129] MacCoy, B.M. und T.T.Wu, *The Two-Dimensional Ising Model*, Harvard University Press, Cambridge, Mass. 1973

[130] Mandelbrot, B.B., *Die fraktale Geometrie der Natur*, Birkhäuser, Basel, 1987

[131] Miyake, S.J., Strong-coupling limit of the polaron ground state. *J.Phys.Soc.Japan* **38**, 181 (1975)

[132] Olarin,S. und I.I.Popescu, The quantum effects of electromagnetic fluxes. *Rev.Mod.Phys.* **57**, 339 (1985)

[133] Osterwalder, K. und R.Schrader, Axioms for Euclidean Green's functions. I, II, *Commun.Math.Phys.* **31**, 83 (1973); **42**, 281 (1975)

[134] Parisi, G., *Statistical Field Theory*, Addison-Wesley, Redwood City, CA 1988

[135] Parthasarathy, K.R., Some remarks on the integration of Schrödinger equation using the quantum stochastic calculus. In: [4], 409

[136] Pekar, S.I., Theory of Polarons. *Zh.Experim.i Theor.Fiz.* **19**, (1949)

[137] Percus, J.K., *Combinatorial Methods*, Appl.Math.Sciences **4**, Springer, New York, 1971

[138] Polya, G., Über eine Aufgabe der Wahrscheinlichkeitsrechnung betreffend die Irrfahrt im Straßennetz. *Math.Ann.* **84**, 149 (1921)

[139] Roberts, J.E. und G.Roepstorff, Some basic concepts of algebraic quantum theory. *Commun.math.Phys.* **11**, 321 (1969)

[140] Roepstorff, G., Correlation inequalities in quantum statistical mechanics and their application in the Kondo problem. *Commun.Math.Phys.* **46**, 253 (1976)

[141] Roepstorff, G., On inequalities of Falk, Bruch, Fortune, and Berman. *Coll.Math.Soc.János Bolyai, 27. Random Fields, Esztergom (Ungarn) 1979*, 915

[142] Roepstorff, G., Bounds for a condensate in dimensions $\nu \geq 3$. *J.Stat.Phys.* **18**, 191 (1978)

[143] Ruelle, D., *Statistical Mechanics*, Benjamin, New York, 1969

[144] Sa-yakanit, V., W.Sitrakool, J.-O.Berananda, M.C.Gutzwiller, A.Inomata, S.Lundqvist, J.R.Klauder und L.S.Schulman, *Path Integrals from meV to MeV*, Bangkok, 1989. World Scientific, Singapore, 1989

[145] Saint-James, G.Sarma und E.J.Thomas, *Type II Superconductivity*, Pergamon Press, Oxford 1969

[146] Schulman, L.S., *Techniques and applications of path integration*, Wiley, New York, 1981

[147] Schulman, L.S., Ray optics for diffraction: A useful paradox in a path integral context. In: *Wave particle dualism*, ed. S.Diner, D.Fargue, G.Lochak und F.Selleri, Reidel, Dortrecht, 1984

[148] Schweizer, K.S., R.M.Stratt, D.Chandler und P.G.Wolynes, Convenient and accurate discretized path integral methods for equilibrium quantum mechanical calculations. *J.Chem.Phys.* **75**, 1347 (1981)

[149] Seiler, E., Gauge Theories as a Problem of Constructive Field Theory and Statistical Mechanics. In: *Lecture Notes in Physics* **159**, Springer, New York 1982

[150] Siegert, A., Partition functions as averages of functionals of Gaussian random functions. *Physica* **26**, S30 (1960)

[151] Simon, B., *The $P(\Phi)_2$ Euclidean (Quantum) Field Theory*, Princeton Univ.Press, Princeton, NJ, 1974

[152] Simon, B., *Functional integration and quantum physics*, Academic Press, New York, 1979

[153] Simon, B., Brownian Motion, $L^p$-properties of Schrödinger operators, and the localization of binding. *J.Funct.Anal.* **35**, 215 (1980)

[154] Simon, B., Large time behavior of the $L^p$-norm of Schrödinger semigroups. *J.Funct.Anal.* **40**, 66 (1981)

[155] Simon, B., Schrödinger semigroups, *Bull.Amer.Math.Soc.* **7**, 447 (1982)

[156] Singer, I.M., Some Remarks on the Gribov Ambiguity. *Commun.Math.Phys.* **60**, 7 (1978)

[157] Solov'ev, M.A., Global Gauge in a Non-Abelian Theory. *JETP Lett.* **38**, 505 (1983)

[158] Spitzer, F., *Principles of Random Walk*, Van Nostrand, New York, 1964

[159] Streit, L., Energy forms: Schrödinger theory, processes. In: DeWitt-Morette, C. und K.D.Elworthy (Eds.) *New Stochastic Methods in Physics*, Phys.Rep. **77**, 1981

[160] Symanzik, K., Euclidean Quantum Field Theory. In: *Local Quantum Theory*, R.Jost (Ed.), Academic Press, New York 1969

[161] Symanzik, K., Proof and refinements of an inequality of Feynman. *J.Math.Phys.* **6**, 1155 (1965)

[162] Thirring, W., *Lehrbuch der Mathematischen Physik, Bd.4: Quantenmechanik großer Systeme*, Springer, Wien 1980

[163] Thompson, C.T., Inequality with applications in statistical mechanics. *J.Math.Phys.* bf 6, 1812 (1965)

[164] Thompson, C.T., *Mathematical Statistical Mechanics*, Princeton University Press, Princeton, N.J. 1972

[165] Trotter, H., On the product of semigroups of operators. *Proc.Amer.Math.Soc.* **10**, 545 (1959)

[166] Truman, A., Feynman path integrals and quantum mechanics as $\hbar \to 0$. *J.Math.Phys.* **17**, 1852 (1967)

[167] Truman, A., The classical action in non-relativistic quantum mechanics. *J.Math.Phys.* **18**, 1499 (1977)

[168] Truman, A., Classical mechanics, the diffusion (heat) equation, and the Schrödinger equation. *J.Math.Phys.* **18**, 2308 (1977)

[169] Truman, A., The Feynman maps and the Wiener integral. *J.Math.Phys.* **19**, 1742 (1978)

[170] Truman, A., Some applications of vector space measure to non-relativistic quantum mechanics. In: R.Aron und S.Dineen (Eds.), *Vector Space Measures and Applications*, Lecture Notes in Math. **644**, Springer, New York, 1978

[171] Truman, A., The polygonal path formulation of the Feynman path integral. In: [13], 73

[172] Uhlenbeck, G.E. und L.S.Ornstein, On the theory of Brownian motion, I. *Phys.Rev.* **36**, 823 (1930)

[173] Uhlenbeck, K.K., Removable Singularities in Yang-Mills Fields. *Commun.Math.Phys.* **83**, 31 (1982)

[174] Wax, N.(Ed.), *Selected Papers on Noise and Stochastic Processses*, Dover, New York 1954

[175] Weiss, U. und W.Haeffner, Complex-time path integrals beyond the stationary phase approximation: decay of metastable states and the quantum statistical metastability. *Phys.Rev.* D **27**, 2916 (1983)

[176] Wiegel, F.W., *Introduction to path-integral methods in physics and polymer science*, World Scientific, Singapore, 1986

[177] Wiener, N., Differential space. *J.Math.and Phys.Sci.* **2**, 132 (1923)

[178] Wightman, A.S., Quantum field theory in terms of vacuum expectation values. *Phys.Rev.* **101**, 860 (1956)

[179] Wigner, E.P., On the quantum correction for thermodynamic equilibrium. *Phys. Rev.* **40**, 749 (1932)

[180] Wilson, K.G., Confinement of Quarks. *Phys. Rev.* D **10**, 2445 (1974)

# Stichwortverzeichnis

Abschirmungseffekt 107
Anfangsverteilung 2
Antiderivation 224
Avogadro-Zahl 4
Auslenkung, mittlere quadratische 12

Bessel-Funktionen 42, 123, 125, 131
Bernoulli-Irrfahrt 5
Boltzmann-Gewichte 91
Boltzmann-Konstante 4, 62, 91
Bose-Einstein-Statistik 91
Bosonen 91f
Brillouin-Funktion 160
Brillouin-Zone 8, 97, 153, 166
Brownsche Bewegung 1, 6
Brownsche Brücke 60, 63, 115, 246
Brownscher Pfad 6
Brownsche Spur 6

Chapman-Kolmogoroff-Gleichung 5
Compton-Wellenlänge 155
Confinement 209
Cooper-Paare 175
Coulomb-Potential 67
Curie-Punkt 173
Curie-Weiss-Theorie 178f

$\delta$-Potential 66
Derivation 223
Diffusionsgleichung 3
Diffusionskonstante 3
Dirac-Feld 213
Doppelmuldenpotential 165
Doppelspalt-Experiment 14
Dreiecksgitter 177
Driftgeschwindigkeit 6
Duhamelsche Funktion 106

Elektron 97, 107, 120

Eichfeld (abelsch) 185f
Eichfeld (nichtabelsch) 191f, 205
Eichfixierung 188f
Eichgruppe 192
Eichtransformation
—, abelsch 109, 176, 187
—, nichtabelsch 192
Eichtheorie 185f
Einhüllende (konvexe Funktion) 176
Einstein 1, 4
Ensemble, kanonisches 46
Entropie 159, 162
Ereignisse 17–18
Erwartungswert 22, 34, 135
—, bedingter 23
Erzeugendes Funktional 134, 170, 219
Erzeugungsoperator 91, 128, 223
Euklidische Struktur 127
Extremale Zustände 173

Faddeev-Popov-Theorie 194f, 203
Faddeev-Popov-Geister 198f
Feld
—, elektrisches 87
—, euklidisches 133f, 141, 149, 169
—, klassisches 167
—, oszillierendes 87f
Feldstärketensor 185
Fermi-Energie 175
Fermi-Feld 215
Fermionen 213f
Fermion-Determinante 234
Ferromagnet 173
Feynman-Eichung 191
Feynman-Funktion 131
Feynman-Graph 233
Feynman-Kac-Formel 38
Feynman-Kac-Îto-Formel 114

Flächengesetz (Wilson) 208
Fluktuationen 164
Fluktuations-Dissipations-Theorem 4
Flußlinien, magnetische 121
Flußquantisierung 125
Flußröhre 177
Fock-Raum 223
Fourier-Darstellung 35, 75f
Fraktale Mengen 7
Freie Energie 45, 114, 165
— des Oszillators 29
Fröhlich-Parameter 98
Funktion, erzeugende 9

Galilei-Transformation 6, 26
Gamma-Matrizen 213
—, euklidische 216
Gauß-Prozeß 21, 245
Gauß-Spalt 15
Gauß-Verteilung 5, 12, 15, 77
Gaußsche Approximation (einer Feldtheorie) 182
Gedächtnis eines Prozesses 19
Gesetz des iterierten Logarithmus 101
Gibbs-Maß 162, 190, 203
Ginsburg-Landau-Gleichungen 174f
Ginsburg-Landau-Funktional 175
Gitter 6, 52, 55, 149f
Gittereichtheorie 200f
Gittergradient 150, 152
Gitterkonstante 6, 151, 153, 155, 202
Grassmann-Algebra 217, 219f
Grassmann-Variable 199, 217
Greensche Funktion 24, 63, 94, 133
Grenzwertsatz 5
Gribov-Determinante 196
Gribov-Mehrdeutigkeit 195
Grundzustand 39, 47
Grundzustandsenergie 39, 44, 58, 114
GTS-Ungleichung 45

Halbgruppe 16
Hamilton-Operator 38, 128, 146
Hamiltonsches Prinzip 163
Helizität 214

Higgs-Modell 140, 209f
Higgs-Feld 209
Hodge-Abbildung 229
Homogenität, räumliche 2
—, zeitliche 19
Homotopie 122, 193

Innere Energie 165
Infrarotdivergenz 11
Integration (Grassmann) 225
Interferenz 14
Invarianter Prozeß 28
Irrfahrt, eindimensional 1
—, mehrdimensional 6
Îto-Integral 111f
Îtos Lemma 113

Klein-Gordon-Gleichung 128
Kondensat 133
Kontinuumslimes 12, 99, 151
Konvexität 69, 169, 172, 180, 249
Korrelationen 155, 156
Korrelationsfunktion 48
Kovariante Ableitung 192
Kovarianz-Matrix 23
Kovarianz-Operator 23, 27, 28, 246
Kraftstoß 69
Kritischer Punkt
Kumulante 51, 106

Ladungskonjugation 214
Landau-Eichung 191
Landau-Niveau 176
Landauscher Diamagnetismus 119f
Laplace-De Moivre, Theorem von 5
Lie-Algebra 192, 200
Lorentz-Gruppe 185
Langevin-Gleichung 25
Lebensdauer 44

Magnetfeld 109, 174
—, konstantes 116, 160
Magnetische Phase 122
Manhattan-Metrik 13
Maxwell-Boltzmann-Statistik 46
Maxwell-Feld 186

Maxwell-Theorie 185
Markoff-Kette 2
Markoff-Prozeß 19
Mehlersche Formel 28, 39, 57
Meissner-Ochsenfeld-Effekt 174
Metastabilität 78
Minkowski-Raum 127
Molekularfeld 178, 181
Molekularfeldnäherung 177f
Multiplett 233

Ordnungsparameter 173, 175
Ornstein-Uhlenbeck-Prozeß 25, 246
Oszillator, harmonischer 28, 39, 40,
    49, 55, 71, 101
—, getriebener 84
—, gestörter 50
Oszillator-Prozeß 27, 49, 246

Paulischer Paramagnetismus 121
Partielle Spur 92
Peierls, Argument von 10
Pfadgeordnetes Produkt 201
Pfadintegral, Definition 32
Pfaffian 228
Phasenübergang 172
Phononen 91, 97
Plakette (eines Gitters) 202, 234
Plancksche Konstante 13, 16
Poisson-Statistik 89
Polarisation 97
Polaron 97f
Polya 11
Position, mittlere 72, 73
Positivität, Erhaltung der 16
Potential 36, 41, 140, 185, 207
—, effektives 45, 79, 96, 172f
—, — des Higgs-Modells 210
Produktmaß 178
Propagator 136, 157
Pseudo-euklidische Struktur 127

Quantenelektrodynamik
    190f, 201, 231
Quantenchromodynamik 201, 233
Quantenwirbel 177

Quantisierungsvolumen 97
Quelle, äußere 105

Raumfüllende Kurve 7
Reibungskonstante 26, 245
Reflexionsprinzip 58
Reflexionspositivität 144
Regularität Brownscher Pfade 100f
Rekurrentes Verhalten 11
Resonanz 90

Schleifenentwicklung 166
Schleifenintegral 205
Schrödinger-Gleichung 13f, 176
Schwartz-Raum 137
Schwinger-Funktion 129, 216
Schwinger-Funktional 134, 140, 141
Selbstähnlichkeit 20
Selbstenergie 206
Semiklassische Näherung 66, 73, 77,
    115
Skalarfeld 130
Skaleninvarianz 12, 61
Skalentransformation 151
Spin 160
Spinoren 213f
Spinsystem 52, 55
Spontane Symmetriebrechung
    165, 171
Stabilitätsbedingung 150, 186, 187
Statischer Limes 204
Statistischer Operator 93, 94
Stochastisches Integral 25, 64, 245
Stochastischer Prozeß 2, 18
—, verallgemeinerter 24
Stokes, Formel von 4
Strom 187
Supraleitung 174f
Suszeptibilität 121
Systeme, gekoppelte 81f
Systeme, offene 82

Teilchenzahl 91
Temperatur 4, 26
—, kritische 78, 176
thermische Energie 78

Thermodynamik 46, 52
Thermodynamischer Limes
  53, 99, 151
Topologischer Index 122, 193
Transientes Verhalten 11
Trotter-Formel 37
Taxifahrer-Metrik 13

Übergangsamplitude 29, 38, 65
Übergangsfunktion 13, 19
Übergangsmatrix 2
Umfangsgesetz (Wilson) 208
Ungleichung von Jensen 249

Vakuum 128, 129f
Varianz 15, 26
Variationsprinzip 70, 158f, 163
Vektorpotential 109, 175, 219
Vernichtungsoperator 91, 128, 223
Verteilung 17, 19

Wärmeleitung 4
Weißes Rauschen 24, 25, 28, 245
Wiederkehrverhalten 9-11
Wiederkehrzeit, mittlere 11

Wiener-Maß 17, 250
—, bedingtes 32
Wiener-Prozeß 17
Wightman-Funktion 129, 132
Wigner-Entwicklung 79f
Wilson-Schleife 206, 235
Wilson-Wirkung 203,
Windungszahl 122
Wirkung 53, 149, 163, 170
—, effektive 105, 170, 171, 174, 178
—, mittlere 163
W-Maß 17

Yukawa-Kopplung 204

Zeit, allgemein 17
—, reelle 17
—, imaginäre 13
Zeitumkehr 144, 147
Zufallsfeld 129
Zufallsvariable 17
Zustandssumme 47, 29, 91
Zweipunktfunktion 129
Zylindermenge 138

# Die Debatte um die Quantentheorie

von Franco Selleri

3., überarbeitete Auflage 1990. X, 212 Seiten (Facetten).
Gebunden.
ISBN 3-528-28518-4

Die Quantentheorie nimmt keineswegs eine philosophisch neutrale Stellung ein – im Gegenteil: Sie führt zu Vorhersagen, die im Widerspruch zu einigen als selbstverständlich erscheinenden Auffassungen der physikalischen Realität stehen: unsere Sichtweise der Realität muß überdacht werden, wenn die Quantentheorie wahr ist.

Grundsätzliche Unterschiede in der philosophischen Haltung führen zu einer Kontroverse um die Quantentheorie, die zwischen den Befürwortern (wie Bohr, Heisenberg und Born) und ihren Gegnern (wie Einstein, Planck und de Broglie) entstand. Nicht zuletzt durch neue, zum Teil bis an die Grenzen der herkömmlichen Physik stoßende Experimente lebte die Debatte wieder auf – weitreichende philosophische Konsequenzen deuten sich an.

„(...) Ausführlich setzt sich Sellerie mit den verschiedenen Interpretationen und ihren Schwachstellen auseinander. Philosophische Exkurse sowie die Herleitung mancher Formel mit Hilfe des quantenmechanischen Formalismus fehlen nicht. Einen breiten Raum nimmt das Gedankenexperiment von Einstein, Podolsky und Rosen ein, welches in lobenswerter Schärfe analysiert wird."  Bild der Wissenschaft

Verlag Vieweg · Postfach 58 29 · D-6200 Wiesbaden

# Probability and Heat

Fundamentals of Thermostatistics
by Friedrich Schlögl

1989. XII, 249 pages with 52 figures. Hardcover.
ISBN 3-528-06343-2

Contents: General Statistics: Probability, Information Measures, Generalized Canonical Distributions – Thermodynamics of Equilibria: Thermal States, Statistical Foundations of the Macroscopic Scheme, The Phenomenological Framework, The Low Temperature Regime – Macroscopic Description of Special Systems: Gases and Solutions, Chemical Reactions, The Method of Cycle Processes – Microscopic Description of Special Systems: Thermal Equations of State, Specific Heat, Magnetism – Nonequilibria: Thermal Fluctuations, Nonequilibrium Dynamics, Linear Thermodynamics, A Model of Time Scale Separation.

(...) The aim of the author, "to make things simpler and more transparent in statistical thermodynamics" is fully attained. (...)

(...) This textbook can not be only recommended to graduate students, but also to all those who do research work in physics, physical chemistry, and even in the modelling of technical processes.

Zeitschrift für physikalische Chemie

Vieweg Publishing · P. O. Box 58 29 · D-6200 Wiesbaden/FRG